中国核科学技术进展报告

（第八卷）

中国核学会 2023 年学术年会论文集

中国核学会◎编

第 5 册

计算物理分卷

核物理分卷

粒子加速器分卷

核聚变与等离子体物理分卷

辐射物理分卷

核测试与分析分卷

核工程力学分卷

高温堆分卷

U0345252

科学技术文献出版社

SCIENTIFIC AND TECHNICAL DOCUMENTATION PRESS

·北京·

图书在版编目（CIP）数据

中国核科学技术进展报告. 第八卷. 中国核学会2023年学术年会论文集. 第5册，计算物理、核物理、粒子加速器、核聚变与等离子体物理、辐射物理、核测试与分析、核工程力学、高温堆 / 中国核学会编. —北京：科学技术文献出版社，2023.12
ISBN 978 7 5235 1046 9

Ⅰ.①中…　Ⅱ.①中…　Ⅲ.①核技术—技术发展—研究报告—中国　Ⅳ.① TL-12

中国国家版本馆 CIP 数据核字（2023）第 229201 号

中国核科学技术进展报告（第八卷）第5册

策划编辑：张雨涵　　责任编辑：韩　晶　　责任校对：张永霞　　责任出版：张志平

出　版　者	科学技术文献出版社	
地　　　址	北京市复兴路15号　　邮编 100038	
编　务　部	(010) 58882938，58882087（传真）	
发　行　部	(010) 58882868，58882870（传真）	
邮　购　部	(010) 58882873	
官方网址	www.stdp.com.cn	
发　行　者	科学技术文献出版社发行　　全国各地新华书店经销	
印　刷　者	北京厚诚则铭印刷科技有限公司	
版　　　次	2023 年 12 月第 1 版　2023 年 12 月第 1 次印刷	
开　　　本	880×1230　1/16	
字　　　数	711千	
印　　　张	25.25	
书　　　号	ISBN 978-7-5235-1046-9	
定　　　价	120.00元	

中国核学会 2023 年
学术年会大会组织机构

主办单位　中国核学会

承办单位　西安交通大学

协办单位　中国核工业集团有限公司　　国家电力投资集团有限公司

　　　　　中国广核集团有限公司　　　清华大学

　　　　　中国工程物理研究院　　　　中国工程院

　　　　　中国科学院近代物理研究所　中国华能集团有限公司

　　　　　哈尔滨工程大学　　　　　　西北核技术研究院

大会名誉主席　余剑锋　中国核工业集团有限公司党组书记、董事长

大 会 主 席　王寿君　中国核学会党委书记、理事长

　　　　　　　卢建军　西安交通大学党委书记

大会副主席　王凤学　张涛　邓戈　欧阳晓平　庞松涛　赵红卫　赵宪庚

　　　　　　姜胜耀　殷敬伟　巢哲雄　赖新春　刘建桥

高 级 顾 问　王乃彦　王大中　陈佳洱　胡思得　杜祥琬　穆占英　王毅韧

　　　　　　赵 军　丁中智　吴浩峰

大会学术委员会主任　欧阳晓平

大会学术委员会副主任　叶奇蓁　邱爱慈　罗 琦　赵红卫

大会学术委员会成员　（按姓氏笔画排序）

　　　　　　　　　于俊崇　万宝年　马余刚　王 驹　王贻芳　邓建军

　　　　　　　　　叶国安　邢 继　吕华权　刘承敏　李亚明　李建刚

　　　　　　　　　陈森玉　罗志福　周 刚　郑明光　赵振堂　柳卫平

　　　　　　　　　唐 立　唐传祥　詹文龙　樊明武

大会组委会主任　刘建桥　苏光辉

大会组委会副主任　高克立　田文喜　刘晓光　臧 航

大会组委会成员　（按姓氏笔画排序）

　　　　　　　　丁有钱　丁其华　王国宝　文 静　帅茂兵　冯海宁　兰晓莉

　　　　　　　　师庆维　朱 华　朱科军　刘 伟　刘玉龙　刘蕴韬　孙 晔

　　　　　　　　苏 萍　苏艳茹　李 娟　李亚明　杨 志　杨 辉　杨来生

　　　　　　　　吴 蓉　吴郁龙　邹文康　张 建　张 维　张春东　陈 伟

　　　　　　　　陈 煜　陈启元　郑卫芳　赵国海　胡 杰　段旭如　昝元锋

耿建华　徐培昇　高美须　郭　冰　唐忠锋　桑海波　黄　伟
黄乃曦　温　榜　雷鸣泽　解正涛　薛　妍　魏素花

大会秘书处成员　（按姓氏笔画排序）

于　娟　王　笑　王亚男　王明军　王楚雅　朱彦彦　任可欣
邬良芃　刘　宣　刘思岩　刘雪莉　关天齐　孙　华　孙培伟
巫英伟　李　达　李　彤　李　燕　杨士杰　杨骏鹏　吴世发
沈　莹　张　博　张　魁　张益荣　陈　阳　陈　鹏　陈晓鹏
邵天波　单崇依　赵永涛　贺亚男　徐若珊　徐晓晴　郭凯伦
陶　芸　曹良志　董淑娟　韩树南　魏新宇

技术支持单位　各专业分会及各省级核学会

专 业 分 会　核化学与放射化学分会、核物理分会、核电子学与核探测技术分会、原子能农学分会、辐射防护分会、核化工分会、铀矿冶分会、核能动力分会、粒子加速器分会、铀矿地质分会、辐射研究与应用分会、同位素分离分会、核材料分会、核聚变与等离子体物理分会、计算物理分会、同位素分会、核技术经济与管理现代化分会、核科技情报研究分会、核技术工业应用分会、核医学分会、脉冲功率技术及其应用分会、辐射物理分会、核测试与分析分会、核安全分会、核工程力学分会、锕系物理与化学分会、放射性药物分会、核安保分会、船用核动力分会、辐照效应分会、核设备分会、近距离治疗与智慧放疗分会、核应急医学分会、射线束技术分会、电离辐射计量分会、核仪器分会、核反应堆热工流体力学分会、知识产权分会、核石墨及碳材料测试与应用分会、核能综合利用分会、数字化与系统工程分会、核环保分会、高温堆分会、核质量保证分会、核电运行及应用技术分会、核心理研究与培训分会、标记与检验医学分会、医学物理分会、核法律分会（筹）

省级核学会　（按成立时间排序）

上海市核学会、四川省核学会、河南省核学会、江西省核学会、广东核学会、江苏省核学会、福建省核学会、北京核学会、辽宁省核学会、安徽省核学会、湖南省核学会、浙江省核学会、吉林省核学会、天津市核学会、新疆维吾尔自治区核学会、贵州省核学会、陕西省核学会、湖北省核学会、山西省核学会、甘肃省核学会、黑龙江省核学会、山东省核学会、内蒙古核学会

中国核科学技术进展报告
（第八卷）

总编委会

主　任　欧阳晓平

副主任　叶奇蓁　邱爱慈　罗　琦　赵红卫

委　员　（按姓氏笔画排序）

于俊崇　万宝年　马余刚　王　驹　王贻芳

邓建军　叶国安　邢　继　吕华权　刘承敏

李亚明　李建刚　陈森玉　罗志福　周　刚

郑明光　赵振堂　柳卫平　唐　立　唐传祥

詹文龙　樊明武

编委会办公室

主　任　刘建桥

副主任　高克立　刘晓光　丁坤善

成　员　（按姓氏笔画排序）

丁芳宇　于　娟　王亚男　朱彦彦　刘思岩

李　蕊　张　丹　张　闫　张雨涵　胡　群

秦　源　徐若珊　徐晓晴

前　言

《中国核科学技术进展报告（第八卷）》是中国核学会 2023 学术双年会优秀论文集结。

2023 年中国核科学技术领域取得重大进展。四代核电和前沿颠覆性技术创新实现新突破，高温气冷堆示范工程成功实现双堆初始满功率，快堆示范工程取得重大成果。可控核聚变研究"中国环流三号"和"东方超环"刷新世界纪录。新一代工业和医用加速器研制成功。锦屏深地核天体物理实验室持续发布重要科研成果。我国核电技术水平和安全运行水平跻身世界前列。截至 2023 年 7 月，中国大陆商运核电机组 55 台，居全球第三；在建核电机组 22 台，继续保持全球第一。2023 年国务院常务会议核准了山东石岛湾、福建宁德、辽宁徐大堡核电项目 6 台机组，我国核电发展迈进高质量发展的新阶段。我国核工业全产业链从铀矿勘探开采到乏燃料后处理和废物处理处置体系能力全面提升。核技术应用经济规模持续扩大，在工业、医学、农业等各领域，产业进入快速扩张期，预计 2025 年可达万亿市场规模，已成为我国核工业强国建设的重要组成部分。

中国核学会 2023 学术双年会的主题为"深入贯彻党的二十大精神，全力推动核科技自立自强"，体现了我国核领域把握世界科技创新前沿发展趋势，紧紧抓住新一轮科技革命和产业变革的历史机遇，推动交流与合作，以创新科技引领绿色发展的共识与行动。会议为期 3 天，主要以大会全体会议、分会场口头报告、张贴报告等形式进行，同时举办以"核技术点亮生命"为主题的核技术应用论坛，以"共话硬'核'医学，助力健康中国"为主题的核医学科普论坛，以"核能科技新时代，青年人才新征程"为主题的青年论坛，以及以"心有光芒，芳华自在"为主题的妇女论坛。

大会共征集论文 1200 余篇，经专家审稿，评选出 522 篇较高水平的论文收录进《中国核科学技术进展报告（第八卷）》公开出版发行。《中国核科学技术进展报告（第八卷）》分为 10 册，并按 40 个二级学科设立分卷。

《中国核科学技术进展报告（第八卷）》顺利集结、出版与发行，首先感谢中国核学会各专业分会、各工作委员会和23个省级（地方）核学会的鼎力相助；其次感谢总编委会和40个（二级学科）分卷编委会同仁的严谨作风和治学态度；最后感谢中国核学会秘书处和科学技术文献出版社工作人员在文字编辑及校对过程中做出的贡献。

《中国核科学技术进展报告（第八卷）》总编委会

计算物理
Computational Physics

目　录

活化和燃耗计算方法比较研究

倪王慕鸿，张竞宇*，于　虓，王娟娟

（华北电力大学核科学与工程学院，北京　102206）

摘　要： 在核反应堆中，材料受中子辐照后会活化产生多种放射性核素，燃料燃耗产生的裂变产物也多为不稳定的放射性核素，其中某些核素由于存量较大、半衰期较长且能够放出高能粒子射线，从而会对核反应堆的运行检修人员造成辐射伤害，因此准确计算核素存量是辐射防护工作的重要任务。目前有多种方法用于活化和燃耗计算，常见的有线性子链方法（TTA）、泰勒展开方法、切比雪夫有理逼近方法（CRAM）。本文对于这 3 种典型方法进行了比较研究，基于典型算例分析了每种方法的计算精度和计算效率。研究结果表明：TTA 方法计算精度相较于数值方法较高，但是计算效率较低；泰勒展开方法计算效率最高，但是步长稳定性较差，并且可能发生核素存量突变的不合理现象；高阶的 CRAM 方法在取较大步长时，仍能保持较高的计算精度，综合性能最优。

关键词： 活化计算；燃耗计算；TTA 方法；泰勒展开方法；CRAM 方法

在核反应堆中，材料受中子辐照后会活化产生多种放射性核素，燃料燃耗产生的裂变产物也多为不稳定的放射性核素，其中某些核素由于存量较大、半衰期较长且能够放出高能粒子射线[1]，从而会对核反应堆的运行检修人员[2]或后处理厂工作人员[3]造成辐射伤害，因此准确计算核素存量是辐射防护工作的重要任务。

活化和燃耗计算中会涉及上千种核素，如何准确地计算出每种核素的存量一直是学者们所研究的课题。经过长时间的研究，他们开发了许多方法和程序。其中，方法可以分为线性子链方法和矩阵指数方法两大类。

线性子链方法（Transmutation Trajectory Analysis，TTA）是将若干核素形成的复杂反应网络拆分成独立的线性链后，每条线性链进行计算，再进行叠加得到最终结果[4]。所以线性子链方法分为两步：第一步是拆分；第二步是计算。对于涉及核素较少的简单问题，可以通过事先定义反应链的方式进行计算。但是这样的方法具有局限性，无法应用在涉及核素很多的复杂问题中。所以吴明宇等人[5]提出一种基于回溯法的搜索算法，可以自动生成反应链，大大扩大了线性子链方法的适用范围。线性子链的解析算法最早在 1910 年由 Bateman 提出[6]，他在文中推导了单一反应链的解析解。但在实际计算中，会遇到反应系数近似或在一条反应链中出现相同核素，导致结果出现无穷大或较大误差。为了避免这种情况的发生，在计算时通常会在重复的反应系数上添加微小扰动[7]。但这种扰动依然会带来一定的误差，所以 Jerzy Cetnar 在 Bateman 的基础上重新推导了线性链的通解[8]，在通解中没有反应系数的相减项，从而避免了结果出现无穷大的情况。线性子链方法的优点在于不需要直接对系数矩阵进行求解，从而避免了反应系数量级相差太大所带来的矩阵刚性问题。

矩阵指数方法是直接对活化和燃耗方程形成的系数矩阵求解的数值方法。对于系数矩阵的求解通常利用数值逼近理论，代表方法有 ORIGEN2 程序应用的泰勒展开方法[9]和切比雪夫有理逼近方法（Chebyshev Rational Approximation Method，CRAM）[10]。矩阵指数方法求解的困难在于反应系数量级相差太大所带来的矩阵刚性问题。因此，ORIGEN2 程序将短寿命核素从系数矩阵中剔除，降低系数矩阵的刚性后再进行求解。切比雪夫有理逼近方法是根据系数矩阵特征值分布在复数平面的负实轴附近[11]这一特

作者简介： 倪王慕鸿（1999—），男，2021 年毕业于华北电力大学，现为硕士研究生，研究领域为核科学与技术。

基金项目： 国家磁约束核聚变能发展研究专项（2019YFE03110000、2019YFE03110003）。

点进行有理化近似，因为其在不用剔除短寿命核素的情况下仍能保证较高计算精度的特点，在众多算法中脱颖而出。最初 Cody W J 提出的 CRAM 是多项式形式[12]，并给出了到 14 阶的多项式系数。在后来的研究中，多项式系数的精度不断提高，阶数也达到了 30 阶[13]。但多项式形式并不适合系数矩阵的计算，会产生较大的误差[14]。为提高 CRAM 在活化和燃耗计算中的适用性，Pusa Maria 提出 CRAM 的 PFD（Partial Fraction Decomposition）形式[14]，并在文中验证了当阶数 $k \leqslant 16$ 时，PFD 可以保证较高的准确性。在之后的应用中，张竞宇等人发现，CRAM 的 PFD 形式用于核素长期衰变计算可能导致计算错误，并提出了收缩乘方的改进方法[15]，使得 CRAM 的适用性得到更好满足。CRAM 的另一种形式是 IPF（Incomplete Partial Fractions）[16]。Pusa Maria 将该方法应用在求解系数矩阵上得到了相较于 PFD 更高的准确性[17]，并在文中给出了更高阶的 CRAM 系数。

本文选取 TTA、泰勒展开方法、CRAM 的 PFD 形式和 IPF 形式 4 种方法从准确性、步长稳定性和计算效率三方面进行比较分析，为活化和燃耗计算中算法选择提供参考依据。本文中所提到的泰勒展开方法均为 ORIGEN2 中所使用的方法。本文的研究对于准确高效地计算核素存量和做好辐射防护工作具有重要意义。

1 活化和燃耗计算方法

对于涉及 M 种核素的计算，方程如下：

$$\frac{dN_i(t)}{dt} = -(\lambda_i + \sigma_i \phi)N_i(t) + \sum_{j=1, j \neq i}^{M} (b_{i,j}\lambda_j + \sigma_{i,j}\phi)N_j(t), \qquad i = 1, \cdots, M。 \tag{1}$$

式中，$N_i(t)$ 为 t 时刻核素 i 的核素存量，atoms；λ_i 为核素 i 的衰变常数，s^{-1}；$\sigma_{i,j}$ 为核素 j 产生核素 i 的反应截面（包括裂变截面），cm^{-2}；ϕ 为中子通量密度，$cm^{-2} \cdot s^{-1}$；$b_{i,j}$ 为第 j 个核素衰变生成第 i 个核素的衰变分支比。

1.1 线性子链方法

线性子链方法先计算线性链再进行累加得到最后结果，所以线性链的燃耗方程简化为：

$$\frac{dN_i(t)}{dt} = -(\lambda_i + \sum_{j=1, j \neq i}^{M} \sigma_{i,j}\phi)N_i(t) + (b_{i-1,i}\lambda_{i-1} + \sigma_{i-1,i}\phi)N_{i-1}(t)。 \tag{2}$$

对方程求解后可得：

$$N_k(t) = N_1(0)B_k \sum_{i=1}^{k} \alpha_i^k e^{-\lambda_i^{eff} t}, \tag{3}$$

$$\lambda_i^{eff} = \lambda_i + \phi \sum_{j \neq i} \sigma_{ji}, \tag{4}$$

$$B_k = \prod_{j=1}^{k-1} b_{j+1,j}^{eff}, \tag{5}$$

$$b_{j,i}^{eff} = (b_{ji}\lambda_i + \sigma_{ji}\phi)/\lambda_i^{eff}, \tag{6}$$

$$\alpha_i^k = \frac{\prod_{j=1}^{k-1} \lambda_j^{eff}}{\prod_{j=1, j \neq i}^{k} (\lambda_j^{eff} - \lambda_i^{eff})}。 \tag{7}$$

式中，λ_i^{eff} 为第 i 个核素的有效衰变常量，s^{-1}；$b_{j,i}^{eff}$ 为第 i 个核素生成第 j 个核素的有效份额；$b_{j,i}$ 为第 i 个核素衰变生成第 j 个核素的衰变分支比。

1.2 矩阵指数方法

将式（1）写成矩阵形式：

$$\frac{dN}{dt} = A \cdot N(t)。 \tag{8}$$

式中，A 为方程组系数组成的矩阵，即燃耗矩阵；$N(t)$ 为核素存量向量。

对方程求解可得：

$$N(t) = e^{At} \cdot N(0) \text{。} \tag{9}$$

矩阵指数方法的本质是对 e^{At} 进行求解。

1.2.1 泰勒展开方法

利用泰勒展开方法将 e^{At} 写成如下形式：

$$e^{At} = \sum_{k=0}^{\infty} \frac{1}{k!} (At)^k \text{。} \tag{10}$$

当 $\|At\| \gg 1$ 时，泰勒展开方法会出现较大的误差。所以 ORIGEN2 程序先计算核素等效寿命：

$$T_{i,removal_{life}} = \frac{\ln 2}{\lambda_i + \sigma_{ii}\phi} \text{。} \tag{11}$$

将核素寿命小于 10％ 计算步长的核素判定为短寿命核素，从燃耗矩阵中剔除，根据修改后的燃耗矩阵计算长寿命核素，并将短寿命核素分为具有长寿命母核的短寿命核素和无长寿命母核的短寿命核素分别计算。无长寿命母核的短寿命核素应用线性子链方法，从短寿命核素向前寻找直至出现长寿命核素为止并形成线性链，再利用 Bateman 方程的广义形式求解线性链。在计算具有长寿命母核的短寿命核素时，假定短寿命核素在任何时间间隔结束时与其母核处于长期平衡状态，并用高斯塞德尔迭代进行计算。文章中算例使用的泰勒展开方法与 ORIGEN2 程序相同。

1.2.2 切比雪夫有理逼近方法

切比雪夫有理逼近方法是在区间 $(-\infty, 0]$ 对 e^x 进行有理化近似，将 e^x 写成如下形式：

$$e^x \approx \frac{P_k(x)}{Q_k(x)}, \qquad x \in (-\infty, 0] \text{。} \tag{12}$$

式中，$P_k(x)$ 和 $Q_k(x)$ 是 k 阶多项式。

考虑到计算的稳定性，将多项式形式写为以极数和留数表示的 PFD 形式：

$$e^x \approx \alpha_0 + Re \sum_{i=1}^{k} \frac{\alpha_i}{x - \theta_i}, \qquad x \in (-\infty, 0] \text{。} \tag{13}$$

式中，α_0 为 x 在 $-\infty$ 处 e^x 的极限值；α_i 为留数；θ_i 为极点；k 为展开阶数。

α_i 和 θ_i 是共轭出现的，因此在实际的计算中只取一半即可：

$$e^x \approx \alpha_0 + 2Re \sum_{i=1}^{k/2} \frac{\alpha_i}{x - \theta_i}, \qquad x \in (-\infty, 0] \text{。} \tag{14}$$

将 CRAM 算法 PDF 形式应用于燃耗计算，得到核素存量：

$$N(t) \approx \alpha_0 N(0) - 2Re \sum_{i=1}^{k/2} ((At + \theta_i I)^{-1}\alpha_i)N(0) \text{。} \tag{15}$$

CRAM 的 IPF 形式如下：

$$e^x = \alpha_0 \prod_{i=1}^{k/2} \left(1 + 2Re\left\{\frac{\widetilde{\alpha_i}}{x - \theta_i}\right\}\right) \text{。} \tag{16}$$

将 CRAM 算法 PDF 形式应用于燃耗计算，得到核素存量：

$$N(t) \approx \alpha_0 N_0 \prod_{l=1}^{k/2} (I + 2Re\{\widetilde{\alpha}_l (At - \theta_l)^{-1}\}) \text{。} \tag{17}$$

2 算法比较分析

2.1 准确性分析

准确性是评估一种方法最重要的指标，结果准确与否直接影响到后续的源项相关分析工作。准确性分析的算例中，初始核素为 1000 g ^{235}U，中子通量为 $3.640\ 99 \times 10^{15}$ cm^{-2} · s^{-1}，计算时间为 100 d，采用泰勒展开方法、TTA、CRAM 的 PFD 形式和 IPF 形式 4 种方法进行计算。其中 TTA 为解析方法，结果较为准确，故作为基准与另外 3 种方法进行误差分析。泰勒展开方法、CRAM 的 PFD 形式、CRAM 的 IPF 形式的计算步长为 10 d，CRAM 的 PFD 形式为 14 阶，CRAM 的 IPF 形式分别选取 16 阶、32 阶和 48 阶，TTA 的截断误差为 1×10^{-30}。结果选取核素存量靠前的核素进行展示，计算结果如图 1、图 2 所示。

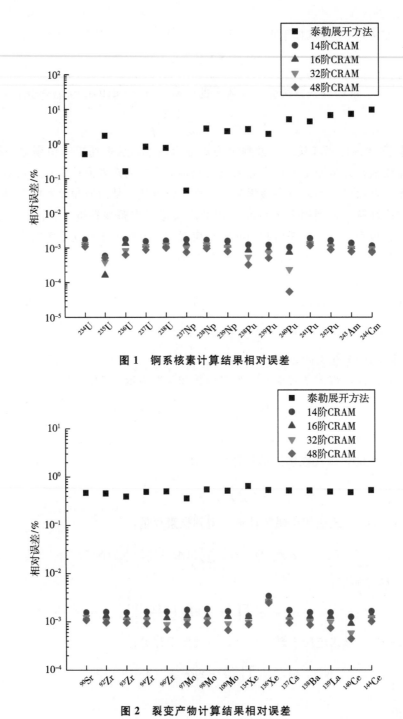

图 1　锕系核素计算结果相对误差

图 2　裂变产物计算结果相对误差

通过计算结果可以看到，在计算锕系核素时，CRAM 的 IPF 形式的误差略小于 CRAM 的 PFD 形式，两者的误差均在 0.001% 左右，差别不大。说明 CRAM 方法与 TTA 方法结果吻合，计算足够精准。而泰勒展开方法在计算锕系核素时，质量数较小的核素误差在 1%～10%，质量数较大的核素误差在 5% 以上，误差相较于 CRAM 方法高出几个数量级。质量数较大的锕系核素普遍在反应链中靠后位置，这些反应链的靠前位置通常存在半衰期较小的核素，泰勒展开方法在计算时会从燃耗矩阵中剔除这些半衰期较小的核素，导致对反应链后面的核素存量造成影响。以 ^{241}Pu 为例，图 3 展示了初始核素为 ^{235}U、目标核素为 ^{241}Pu 的反应链。当计算步长为 10 d 时，泰勒展开方法判断反应链中 ^{239}U、^{240}U、^{241}U、^{240}Np、^{241}Np 为短寿命核素，从系数矩阵中剔除。因此由这部分反应链产生的 ^{241}Pu 在计算时产生误差，并对最终结果造成影响。

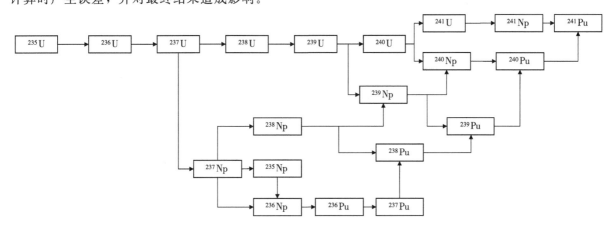

图 3　初始核素为 ^{235}U、目标核素为 ^{241}Pu 的反应链

在计算裂变产物时，CRAM 的 IPF 形式的误差略小于 CRAM 的 PFD 形式，误差均在 0.001%～0.01%。泰勒展开方法在计算裂变产物时误差也均在 1% 以下。综上所述，在当前算例中，CRAM 方法的精确度远高于泰勒展开方法，CRAM 的 IPF 形式和 CRAM 的 PFD 形式的精确度相当。

2.2　稳定性分析

稳定性分析是指分析在不同计算步长下，计算结果是否会产生误差。理想状态下，步长越小，计算的精度越精准。但在实际的应用中，需要计算的活化或燃耗问题时间较长，如果选取的步长过小，会造成计算次数过多，计算时间过长，会降低计算效率。因此要分析稳定性，确定合适的计算步长。

2.2.1　泰勒展开方法

算例中，初始核素为 1000 g ^{235}U，中子通量为 $3.640\,99\times10^{15}$ cm^{-2}·s^{-1}，计算时间为 100 d，计算步长选取 1 d、2 d、5 d、10 d、20 d、25 d、50 d、100 d，以步长为 1 d 的计算结果作为基准值计算相对误差，结果选取核素存量较大的展示，计算结果如图 4、图 5 所示：

从计算结果中可以看到，在步长选取 20 d 时，^{238}Np、^{238}Pu、^{239}Pu、^{240}Pu、^{241}Pu 的核素存量发生显著变化。此时步长大于 $10\times T_{\text{Np-238,removal life}}$，此时 ^{238}Np 被泰勒展开方法判定为短寿命核素，因此结果产生变化。而其余上述核素在燃耗链中均处于 ^{238}Np 后面，计算受 ^{238}Np 结果影响，结果也产生变化。在步长选取 100 d 时，^{237}U、^{238}U、^{237}Np、^{238}Np、^{238}Pu、^{239}Pu、^{240}Pu、^{241}Pu 的核素存量发生显著变化。此时步长大于 $10\times T_{\text{U-237,removal life}}$，此时 ^{237}U 被泰勒展开方法判定为短寿命核素，结果产生变化。而其余上述核素在燃耗链中均处于 ^{237}U 后面，计算受 ^{237}U 结果影响，结果也产生变化。

在计算裂变产物时泰勒展开方法的步长稳定性较好，误差均在 5% 以内。

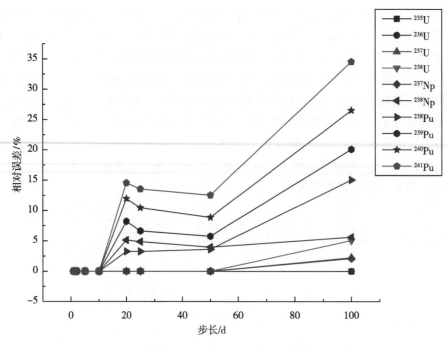

图 4　泰勒展开方法不同步长下锕系核素相对误差

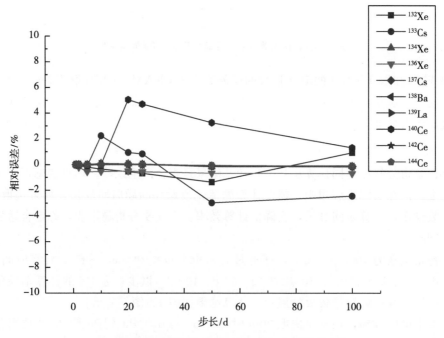

图 5　泰勒展开方法不同步长下裂变产物相对误差

2.2.2　CRAM 方法

初始核素为 1000 g ^{235}U，中子通量为 3.640 99×15 cm^{-2} · s^{-1}，计算时间为 100 d，计算步长选取 1 d、2 d、5 d、10 d、20 d、25 d、50 d、100 d，CRAM 的 PFD 形式阶数选取 14 阶，CRAM 的 IPF 形式阶数选取 16 阶、32 阶和 48 阶计算，结果如表 1、表 2 所示。

表 1 不同步长下 ^{255}Es 核素存量　　　　　　　　　　　　　　　　　　　　　单位：g

步长	TTA	14 阶 CRAM	16 阶 CRAM	32 阶 CRAM	48 阶 CRAM
1 d	2.4366E−19	2.4386E−19	2.4386E−19	2.4386E−19	2.4357E−19
2 d	2.4366E−19	2.4386E−19	2.4386E−19	2.4386E−19	2.4376E−19
5 d	2.4366E−19	2.4386E−19	2.4386E−19	2.4386E−19	2.4388E−19
10 d	2.4366E−19	2.4386E−19	2.4386E−19	2.4386E−19	2.4380E−19
20 d	2.4366E−19	2.4383E−19	2.4386E−19	2.4386E−19	2.4392E−19
25 d	2.4366E−19	2.4373E−19	2.4385E−19	2.4386E−19	2.4383E−19
50 d	2.4366E−19	2.1625E−19	2.4264E−19	2.4386E−19	2.4383E−19
100 d	2.4366E−19	−6.0251E−18	3.0829E−20	2.4386E−19	2.4389E−19

表 2 不同步长下 ^{131}I 核素存量　　　　　　　　　　　　　　　　　　　　　单位：g

步长	TTA	14 阶 CRAM	16 阶 CRAM	32 阶 CRAM	48 阶 CRAM
1 d	5.7799E−01	5.7805E−01	5.7803E−01	5.7801E−01	5.7801E−01
2 d	5.7799E−01	5.7803E−01	5.7803E−01	5.7801E−01	5.7801E−01
5 d	5.7799E−01	5.7803E−01	5.7803E−01	5.7801E−01	5.7801E−01
10 d	5.7799E−01	5.7803E−01	5.7803E−01	5.7801E−01	5.7801E−01
20 d	5.7799E−01	5.7803E−01	5.7801E−01	5.7801E−01	5.7801E−01
25 d	5.7799E−01	5.7803E−01	5.7801E−01	5.7801E−01	5.7801E−01
50 d	5.7799E−01	5.7801E−01	5.7801E−01	5.7801E−01	5.7801E−01
100 d	5.7799E−01	5.7803E−01	5.7801E−01	5.7801E−01	5.7801E−01

14 阶 CRAM 在计算锕系核素时，随着计算步长的增大，对于个别核素存量较小的核素会产生较大的误差，甚至产生错误。如计算结果中展示的 ^{255}Es，在步长选取 50 d 时出现较大的误差，在步长选取 100 d 时出现计算错误。CRAM 的 IPF 形式可以有效地避免这类计算错误，但 CRAM 的 IPF 形式在阶数较低、计算步长过大时仍然会产生较大的计算误差。计算结果中，16 阶 CRAM 在步长选取 100 d 时结果出现较大误差，提高阶数至 32 阶和 48 阶时，计算稳定性较好，未出现较大误差或错误。

CRAM 在计算裂变产物时，稳定性表现良好，IPF 形式和 PFD 形式之间的差距不大。

2.3 计算效率分析

以下时间均为计算 ^{235}U 裂变，一步计算（100 d）所需要的时间（表3）。

表 3 不同方法 CPU 占用时间

方法	CPU 占用时间/s
TTA	302.844
泰勒展开	<1
14 阶 CRAM	2.109
16 阶 CRAM	2.375
32 阶 CRAM	4.672
48 阶 CRAM	7.047

从结果可以看到，TTA 计算需要的时间是数值解法的数百倍。CRAM 方法随着阶数的提高，消耗时间有明显增加，但相对 TTA 还是有明显的优势。泰勒展开方法消耗的时间最短，在所测试的几种方法中计算效率最高。

3　结论

通过从准确性、稳定性和计算效率三方面的对比分析，可以得到如下结论：①因为 TTA 方法是解析计算，所以方法的精确性最高，而且不需要考虑步长稳定性的问题，但在计算裂变等涉及大量核素的计算问题时，计算效率过低；②泰勒展开方法的计算效率非常高，但准确性和步长稳定性均不佳，在计算时部分核素的误差较大，需要重点关注，并且需要结合实际问题确定合适的计算步长；③CRAM 方法的综合表现优异，阶数越高，准确性越好，误差为 0.001%～0.01%，并且步长稳定性也可以很好地满足工程需要，但是计算效率会有一定程度下降。

参考文献：

[1]　傅鹏轩．大亚湾、岭澳核电站一回路辐射源项调查及控制技术的研究 [D]．上海：上海交通大学，2009.

[2]　杨茂春．大亚湾核电站大修中职业照射控制的实践与经验 [J]．辐射防护，2004（Z1）：144－154.

[3]　马跃峰，战景明，张坤，等．乏燃料后处理厂职业危害分析与评价 [J]．中国辐射卫生，2016，25（2）：216－220.

[4]　杨洪新，张竞宇，李平烈，等．活化计算中核素径迹追踪贡献统计 [J]．核技术，2022，45（8）：55－63.

[5]　吴明宇，王事喜，杨勇，等．回溯算法在燃耗计算中的应用 [J]．原子能科学技术，2013，47（7）：1127－1132.

[6]　BATEMAN H. The solution of a system of differential equations occurring in the theory of radioactive transformations [J]. mathematical proceedings of the cambridge philosophical society, (1910) 15：423－427.

[7]　CETNAR J. A method of transmutation trajectories analysis in accelerator driven system [C]. Proceedings of the IAEA Technical Committee Meeting on Feasibility and Motivation for Hybrid Concepts for Nuclear Energy Generation and Transmutation, Madrid, 17－19 September 1997, IAEA TC－903. 3, Madrid：419428.

[8]　CETNAR J. General solution of Bateman equations for nuclear transmutations [J]. Annals of nuclear energy, 2006，33（7）：640－645.

[9]　CROFF A G. ORIGEN2：a versatile computer code for calculating the nuclide compositions and characteristics of nuclear materials [J]. Nuclear technology, 1983，62（3）：335－352.

[10]　LEPPÄNEN J, PUSA M, VIITANEN T, et al. The serpent monte carlo code：status, development and applications in 2013 [J]. Annals of nuclear energy, 2015，82：142－150.

[11]　PUSA M, LEPPÄNEN J. Computing the matrix exponential in burnup calculations [J]. Nuclear science and engineering, 2010，164（2）：140－150.

[12]　CODY W J, MEINARDUS G, VARGA R S. Chebyshev rational approximations to $e-x$ in $[0, +\infty)$ and applications to heat－conduction problems [J]. Journal of approximation theory, 1969，2（1）：50－65.

[13]　CARPENTER A J, RUTTAN A, VARGA R S. Extended numerical computations on the "1/9" conjecture in rational approximation Theory [M]. Berlin, Heidelberg：Springer Berlin Heidelberg, 1984：383－411.

[14]　NARIA P. Rational approximations to the matrix exponential in burnup calculations [J]. Nuclear science and engineering, 2011，169（2）：155－167.

[15]　张竞宇，马亚栋，陈义学，等．CRAM 在放射性核素存量计算中的应用 [J]．核技术，2017，40（8）：59－66.

[16]　CALVETTI D, GALLOPOULOS E, REICHEL L. Incomplete partial fractions for parallel evaluation of rational matrix functions [J]. Journal of computational and applied mathematics, 1995，59（3）：349－380.

[17]　MARIA P. Higher－order chebyshev rational approximation method and application to burnup equations [J]. Nuclear science and engineering, 2016，182（3）：297－318.

Comparative study on activation and burn-up calculation methods

NI WANG Mu-hong, ZHANG Jing-yu* , YU Xiao, WANG Juan-juan

(School of Nuclear Science and Engineering, North China Electric Power University, Beijing 102206, China)

Abstract: In a nuclear reactor, materials will be activated by neutron irradiation to produce a variety of radionuclides, and most of the fission products produced by fuel burnup are unstable radionuclides, some of which may cause radiation damage to the operation and maintenance personnel of nuclear reactors due to their large atom inventory and long half-life and their ability to emit high-energy particle rays. So accurate calculation of nuclide inventory is an important task in radiation protection work. At present, there are many activation and burnup calculation methods, including the TTA method, the CRAM method, and the matrix exponential method. This paper makes a comparative study of these three typical methods and analyzes the computational accuracy and efficiency of each method based on typical examples. The results show that the TTA method has higher computational accuracy than the numerical methods, but lower computational efficiency. The matrix exponential method has the highest computational efficiency, but the stability of time step is poor, and the unreasonable phenomenon of abrupt change of atom inventory may occur. Higher-order CRAM method can maintain high accuracy when taking a larger step length, showing the best comprehensive performance.

Key words: Activation calculation; Burnup calculation; TTA method; CRAM method; Matrix exponential method

间断有限元离散 S_N 输运方程的扩散综合加速方法

周生诚[1,2]，李志鹏[1,2]，安恒斌[1,2]，范荣红[1,2]

（1. 中物院高性能数值模拟软件中心，北京　100088；2. 北京应用物理与计算数学研究所，北京　100088）

摘　要： 以往的研究中曾提出多种基于对称和非对称版本的内惩罚（IP）方法的扩散综合加速方法（DSA），用以加速间断有限元（DFEM）方法离散的 S_N 输运方程的散射源迭代。基于不同 IP 方法的 DSA 方法的加速效果需要深入比较分析。在求解 DSA 方法中的扩散方程时，通常采用 Robin 或 Dirichlet 边界条件来描述真空边界，在 DSA 中真空边界不同边界条件的影响需要分析研究。在本研究中，比较了基于 3 种不同 IP 方法（IIP、NIP 和 SIP）的 DSA 方法的加速效果，讨论了在光厚区域处理 DSA 方法不稳定性问题的方法，分析了不同真空边界条件的影响。采用均匀介质问题开展数值实验，测试不同 DSA 方法的加速效果。数值结果表明，基于 3 种 IP 方法的 DSA 方法加速效果较为接近，未发现在任何条件下均占优势的 IP 方法。在其他条件不变的情况下，随着光学厚度的增加，采用 Dirichlet 边界条件的 DSA 方法的加速效果逐渐变得优于采用 Robin 边界条件的 DSA 方法。

关键词： 扩散综合加速；离散纵标输运方程；内惩罚方法；间断有限元方法

　　Boltzmann 输运方程描述了粒子在核系统或辐射系统中的运动、碰撞和产生等过程。离散纵标或 S_N 方法广泛用于离散角度变量。对于不同方向的角通量由散射导致的耦合作用，通常采用源迭代（SI）方法处理。当计算区域内包含光厚扩散区域时，需对源迭代进行加速。扩散综合加速（DSA）是加速 S_N 源迭代的最著名的加速方法之一[1]。从数学角度，DSA 是求解以角通量矩阵为未知量的线性方程组的预处理方法。DSA 预处理的迭代方法的谱半径越小，迭代收敛速度越快。间断有限元（DFEM）方法适用于非结构网格，能够处理扩散极限，具有高阶精度并易于实现 hp 自适应，因此逐渐成为 S_N 输运方程的流行空间离散格式[2]。2010 年，Wang 提出了改进内惩罚方法，从 DFEM 离散的 S_N 输运方程出发，确定了离散扩散方程的对称内惩罚（SIP）方法中惩罚系数的下界，用以解决原有 SIP 方法处理光厚区域的不稳定性问题[3]。由于内惩罚（IP）方法属于 DFEM 方法，因此采用 IP 方法的 DSA 方法与采用自适应网格的 DFEM 离散的 S_N 输运方程在空间离散格式上兼容。在本研究中，讨论了基于不同 IP 方法的 DSA 方法用于加速 DFEM 离散的 S_N 输运方程及处理 DSA 方法用于光厚区域的不稳定性问题，比较了采用不同 IP 方法的 DSA 方法加速 SI 迭代方法的效果，分析了求解 DSA 扩散方程时选择不同真空边界条件的影响。

1　计算方法

1.1　扩散综合加速

　　求解离散纵标输运方程时第 l 次源迭代可写为：

$$\Omega_m \cdot \nabla \psi_m^{l+1/2} + \sigma_t \psi_m^{l+1/2} = \frac{\sigma_s}{4\pi} \phi^l + q_m,$$

$$\phi^{l+1/2} = \sum_{m=1}^{M} w_m \psi_m^{l+1/2}。$$

（1）

　　角通量和标通量的准确加性修正项可定义为 $\delta_m^{l+1/2} = \psi_m - \psi_m^{l+1/2}$ 和 $u^{l+1/2} = \sum_{m=1}^{M} w_m \delta_m^{l+1/2}$。

作者简介： 周生诚（1989—），男，山东泰安人，助理研究员，博士，现主要从事粒子输运算法研究。

基金项目： 国家自然科学基金项目（12001050）。

定义 $\sigma = \sigma_t - \sigma_s$ 和 $f^{l+1/2} = \sigma_s(\phi^{l+1/2} - \phi^l)$，我们得到

$$\sum_{m=1}^{M} w_m \Omega_m \cdot \nabla \delta_m^{l+1/2} + \sigma u^{l+1/2} = f^{l+1/2} \text{。} \tag{2}$$

将方程中的输运算子替换为低阶扩散算子，忽略上标 $l+1/2$，我们得到

$$-\nabla \cdot \kappa \nabla u + \sigma u = f, \text{in } D \text{。} \tag{3}$$

这里采用传统的扩散系数定义 $\kappa = 1/(3\sigma_t)$。

采用加性修正后得到的标通量为 $\phi^{l+1} = \phi^{l+1/2} + u$。以上为著名的扩散综合加速方法。

对于扩散方程的真空边界，通常采用 Robin 边界条件表示：

$$\frac{1}{4}u + \frac{1}{2}n \cdot \kappa \nabla u = 0, \text{on } \partial D \text{。} \tag{4}$$

扩散方程的 Dirichlet 边界条件表示为：

$$u = 0, \text{on } \partial D \text{。} \tag{5}$$

1.2　内惩罚方法

将 $\mathcal{T}_h$ 表示为区域 $\mathcal{D}$ 的网格。对于所有单元 $T \in \mathcal{T}_h$，h_T 表示单元 T 的直径。两个相邻单元 T_1 和 T_2 之间的交界面定义为 $F = \partial T_1 \bigcap \partial T_2$，$F$ 上的单位法向量 n_1 和 n_2 分别指向 T_1 和 T_2 的外部。对单元 T，边界面定义为 $F = \partial T \bigcap \partial \mathcal{D}$。交界面和边界面的集合分别表示为 $\mathcal{F}_h$ 和 $\mathcal{P}_h$。对于标量函数 φ，其在网格 $\mathcal{T}_h$ 上分片光滑，记为 $\varphi_i = \varphi|_{T_i}$。对于交界面 $F = \partial T_1 \bigcap \partial T_2$，平均值定义为 $\{\varphi\} = (\varphi_1 + \varphi_2)/2$，交界面 F 上的跳跃值定义为 $[\![\varphi]\!] = \varphi_1 n_1 + \varphi_2 n_2$。对于向量函数 $\boldsymbol{\beta}$，其在网格 $\mathcal{T}_h$ 上分片光滑，交界面 F 上的平均值定义为 $\{\boldsymbol{\beta}\} = (\boldsymbol{\beta}_1 + \boldsymbol{\beta}_2)/2$，交界面 F 上的跳跃值定义为 $[\![\boldsymbol{\beta}]\!] = \boldsymbol{\beta}_1 \cdot n_1 + \boldsymbol{\beta}_2 \cdot n_2$。

S_N 输运方程通过迎风 DFEM 方法进行离散。为与输运方程的 DFEM 离散保持一致，扩散方程采用 IP 方法离散。在离散 S_N 输运方程和扩散方程时采用相同的有限元函数空间。针对区域 $\mathcal{D}$ 的网格 $\mathcal{T}_h$，采用有限元空间 $V_h^p = \{v \in L^2(\mathcal{D}) : v|_T \in Q_d^p(T), T \in \mathcal{T}_h\}$，这里 $Q_d^p(T)$ 为在 d 维中各维度多项式次数最高为 $p \geqslant 1$ 的张量积形式的多项式函数。

将方程乘以检验函数 $v_h \in V_h^p$，采用分部积分，然后引入对称项和惩罚项[4]，我们得到弱施加 Dirichlet 边界条件后的内惩罚方法双线性形式：

$$\begin{aligned}
a_h(u_h, v_h) = &\sum_{T \in \mathcal{T}_h} \int_T (\kappa \nabla u_h \cdot \nabla v_h + \sigma u_h v_h) \mathrm{d}x - \sum_{F \in \mathcal{F}_h^i} \int_F \{\kappa \nabla u_h\} \cdot [\![v_h]\!] \mathrm{d}s \\
&- \theta \sum_{F \in \mathcal{F}_h^i} \int_F [\![u_h]\!] \cdot \{\kappa \nabla v_h\} \mathrm{d}s + \sum_{F \in \mathcal{F}_h^i} \mu_F \int_F [\![u_h]\!] \cdot [\![v_h]\!] \mathrm{d}s \\
&+ \sum_{F \in \mathcal{P}_h^b} \int_F (-\kappa \nabla u_h \cdot n v_h - \theta \kappa \nabla v_h \cdot n u_h + \mu_F u_h v_h) \mathrm{d}s \text{。}
\end{aligned} \tag{6}$$

采用弱施加的 Robin 边界条件的内惩罚方法的双线性形式可写为：

$$\begin{aligned}
a_h(u_h, v_h) = &\sum_{T \in \mathcal{T}_h} \int_T (\kappa \nabla u_h \cdot \nabla v_h + \sigma u_h v_h) \mathrm{d}x - \sum_{F \in \mathcal{F}_h^i} \int_F \{\kappa \nabla u_h\} \cdot [\![v_h]\!] \mathrm{d}s \\
&- \theta \sum_{F \in \mathcal{F}_h^i} \int_F [\![u_h]\!] \cdot \{\kappa \nabla v_h\} \mathrm{d}s + \sum_{F \in \mathcal{F}_h^i} \mu_F \int_F [\![u_h]\!] \cdot [\![v_h]\!] \mathrm{d}s \\
&+ \frac{1}{2} \sum_{F \in \mathcal{P}_h^b} \int_F [\![u_h]\!] \cdot [\![v_h]\!] \mathrm{d}s \text{。}
\end{aligned} \tag{7}$$

这里参数 θ 可取值 -1、0 或 1。如果 $\theta = 1$，将得到的方法称为对称内惩罚方法（Symmetric Interior Penalty，SIP）；如果 $\theta = -1$，称之为非对称内惩罚方法（Nonsymmetric Interior Penalty，NIP）；如果 $\theta = 0$，称之为不完全内惩罚方法（Incomplete Interior Penalty，IIP）[4]。

SIP 和 IIP 方法惩罚参数的显式表达式通过与参考文献［5］中类似的方式推导得到。SIP 方法中惩罚参数的显式表达式可写为：

$$\mu_F^{\text{SIP}} = \begin{cases} \dfrac{C_1\ (p+1)^2}{2}\dfrac{\kappa_1}{h_1} + \dfrac{C_2\ (p+1)^2}{2}\dfrac{\kappa_2}{h_2} & \text{if } F \in \mathscr{F}_h \\[4mm] \dfrac{C\ (p+1)^2}{2}\dfrac{\kappa}{h} & \text{if } F \in \mathscr{P}_h \end{cases} \tag{8}$$

式中，C 为与单元长宽比和是否邻近边界相关的常数；p 为多项式基函数的次数；h 为单元尺寸。IIP 方法的惩罚参数为 SIP 方法惩罚参数的 1/4，即 $\mu_F^{\text{IIP}} = \mu_F^{\text{SIP}}/4$。在本研究中，将 IIP 方法中惩罚参数的表达式保守地应用于 NIP 方法，即 $\mu_F^{\text{NIP}} = \mu_F^{\text{IIP}}$。

为修复光厚区域 DSA 出现的不稳定性问题，Wang 提出了 MIP 方法以得到稳定有效的 DSA 方法，设置了惩罚参数的下界 $\mu_F^{\text{MIP}} = \max(\mu_F^{\text{SIP}}, 1/4)$[3]。DFEM 方法（包括 IP 方法）中惩罚参数的大小表示跨越交界面的物理量的连续性约束条件的强弱。惩罚参数越大，跨越交界面的物理量的连续性约束条件越强，反之则越弱。在光厚区域，材料总截面可能变得任意大，扩散系数接近零，方程中 IP 方法采用的惩罚参数相应地趋近于零。与此同时，S_N 输运方程 DFEM 方法的惩罚参数在扩散极限情况下趋近于 1/4。因此，在光厚区域，用以得到标通量修正项的 IP 方法采用的惩罚参数远小于得到标通量的 S_N 输运方程 DFEM 方法的惩罚参数。相应地，DSA 中扩散方程 IP 方法得到的标通量修正项的连续性约束可能远低于 S_N 输运方程 DFEM 方法得到的标通量的连续性约束，从而导致 DSA 加速过程发散或不稳定性问题。在本研究中，将 SIP、IIP 和 NIP 方法惩罚参数的下界设为 1/4。

2　数值实验

本研究在大规模并行 S_N 输运计算软件 JSNT - S[6] 中实现了基于 3 种 IP 方法（IIP、NIP 和 SIP）的 DSA 流程。在以下真空边界的均匀介质问题计算中，采用单能群、S_8 全对称求积组。在散射源迭代中，标通量的收敛准则为相对误差范数低于 1.0e - 10。

采用 100 cm × 100 cm 真空边界、方形均匀介质问题检验 3 种 IP 方法的 DSA 性能表现和真空边界条件选取的影响[7]。左侧和底部边界为反射边界，右侧和顶部边界为真空边界。计算区域均匀划分为 1 cm × 1 cm 的网格单元。区域内分布有各向同性的均匀体源，强度为 1.0 cm^{-3}s^{-1}。总截面在 2^{-7} ～ 2^{10} cm^{-1} 范围内变化，散射比在 0.99～0.9999 范围内变化。

采用一阶 DFEM 离散（Q1）和 Dirichlet 边界条件，基于 3 种 IP 方法的 DSA 预处理的 SI 方法的谱半径随光学厚度的变化曲线如图 1 所示。考虑所有的散射比情况，随着光学厚度的增加，基于 3 种 IP 方法的 DSA 预处理的 SI 方法的谱半径从约 0.55 降低至 0。基于 IIP 方法的 DSA 预处理的 SI 方法的谱半径在光学厚度 1～10 范围内出现局部震荡现象。

采用一阶 DFEM 离散（Q1），基于 3 种 IP 方法、采用两种边界条件的 DSA 预处理的 SI 方法的谱半径随光学厚度的变化曲线如图 2、图 3 和图 4 所示。对于 3 种 IP 方法，当光学厚度小于 1.0 时，采用 Robin 边界条件的 DSA 预处理的 SI 方法的谱半径小于采用 Dirichlet 边界条件的情况。当光学厚度大于 10 时，采用 Robin 边界条件的 DSA 预处理的 SI 方法的谱半径大于采用 Dirichlet 边界条件的情况。由于 DSA 预处理器主要负责处理光厚扩散性问题，Dirichlet 边界条件相比 Robin 边界条件为更佳的选择。

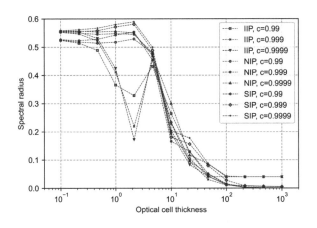

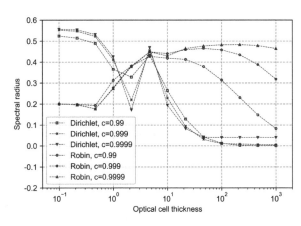

**图 1　采用 Dirichlet 边界条件的 DSA 预处理的 SI
方法的谱半径随光学厚度的变化曲线**

**图 2　IIP－DSA 预处理的 SI 方法的谱半径
随光学厚度的变化曲线**

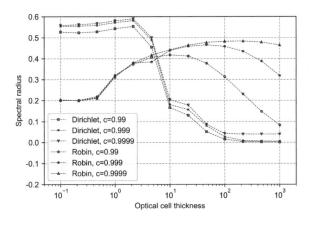

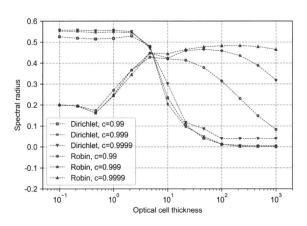

**图 3　SIP－DSA 预处理的 SI 方法的谱半径
随光学厚度的变化曲线**

**图 4　NIP－DSA 预处理的 SI 方法的谱半径
随光学厚度的变化曲线**

3　结论

　　本研究总结了基于 IP 方法的 DSA 方法以加速 S_N 输运计算的 SI 迭代。光厚区域 DSA 方法的不稳定性问题，通过将 IP 方法中采用的惩罚参数下界设为 1/4 来解决。数值实验表明，基于 IIP、NIP 和 SIP 方法的 DSA 方法加速 DFEM 离散的 S_N 输运方程的表现相近，不存在任意条件下均有优势的 IP 方法；固定 IP 方法和离散阶数，采用 Dirichlet 边界条件的 DSA 方法的表现随着光学厚度的增加变得逐渐优于 Robin 边界条件。

参考文献：

［1］　ALCOUFFE R E. Diffusion synthetic acceleration methods for the diamond-differenced discrete-ordinates equations
［J］. Nuclear science and engineering，1977（64）：344－355.

［2］　WAREING T A，MCGHEE J M，MOREL J E，et al. Discontinuous finite element S_N methods on three-dimensional unstructured grids ［J］. Nuclear science and engineering，2001. 138（3）：256－268.

［3］　WANG Y，RAGUSA J C. Diffusion synthetic acceleration for high-order discontinuous finite element S_N transport schemes and application to locally refined unstructured meshes ［J］. Nuclear science and engineering，2010，166
（2）：145－166.

[4] PIETRO D A D, ERN A. Mathematical aspects of discontinuous Galerkin methods [M] . Berlin, Heidelberg: Springer Berlin Heidelberg, 2012: XVII, 384.

[5] SHAHBAZI K. An explicit expression for the penalty parameter of the interior penalty method [J] . Journal of computational physics, 2005, 205 (2): 401 - 407.

[6] CHENG T, MO Z , YANG C. JSNT-S: a parallel 3D discrete ordinate radiation transport code on structured mesh [C] . 26th International Conference on Nuclear Engineering ICONE26, 2018.

[7] WANG Y, PRINCE Z, HARBOUR L. A flexible linear diffusion acceleration to k-eigenvalue neutron transport with S_N discontinuous finite element method [C] . PHYSOR 2022, American Nuclear Society (ANS), 2022.

Diffusion synthetic acceleration method for the S_N transport equation discretized with discontinuous finite element method

ZHOU Sheng-cheng[1,2] , LI Zhi-peng[1,2] , AN Heng-bin[1,2] , FAN Rong-hong[1,2]

(1. CAEP Software Center for High Performance Numerical Simulation, Beijing 100088, China;

2. Institute of Applied Physics and Computational Mathematics, Beijing 100088, China)

Abstract: Diffusion Synthetic Acceleration (DSA) techniques based on symmetric and nonsymmetric versions of the Interior Penalty (IP) method have been proposed to accelerate the scattering source iteration of the S_N transport equation discretized with discontinuous finite element method (DFEM) in the previous researches. The performances of DSA based on various IP methods need to be compared comprehensively. The Robin and Dirichlet boundary conditions are usually adopted to handle the vacuum boundaries in solving the diffusion equation of DSA. The influence of the boundary condition for the vacuum boundaries in DSA needs to be analyzed. In this study, the DSA schemes with three various IP methods (IIP, NIP and SIP) are summarized in a complete view, the approach to dealing with the instability problem of DSA in the optically thick regimes is discussed, and the influence of the vacuum boundary condition is analyzed. The numerical experiment with the homogeneous problem is carried out to test the acceleration effect of DSA. From the numerical experiments, it suggests that the DSA schemes with IIP, NIP and SIP perform closely to each other, and there is no specific IP method which shows advantages over the others under any conditions. With other conditions fixed, the performance of the DSA scheme with the Dirichlet boundary condition becomes better than that with the Robin boundary condition with the increase of optical cell thickness.

Key words: Diffusion synthetic acceleration; S_N transport equation; Interior penalty method; Discontinuous finite element method

面向 FTO 客体高精度诊断的高能质子照相系统研究

陈　锋[1]，施钧辉[1]，许海波[2]

（1. 之江实验室，浙江　杭州　310000；2. 北京应用物理与计算数学研究所，北京　100080）

摘　要： 美国洛斯·阿拉莫斯实验室的学者通过理论预测 50 GeV 的质子照相系统有望满足对 FTO 客体的高精度成像要求，即在亚毫米量级的像素上反演密度的精度达到 1%。实现该目标须保证质子通量的准确性。2005 年，美国科学家利用 20 GeV 的质子照相系统对台阶样品进行了初步实验，结果表明实验获得的通量值与理论计算值有较大差异，为了解决该问题，Neri 等提出了结合核反应和多次库伦散射计算通量的经验公式，其结果与实验值吻合。但是，Zumbro 等人反对该观点，他们通过数值模拟研究表明，准弹性散射不是造成通量不准确的原因，并且在文章中指出准直器厚度会导致截断角模糊。FTO 客体的面密度达到 200 g/cm²，如此高的面密度会造成较大的能量损失，而能量损失将破坏质子照相的点对点成像性能，该现象亦可能对通量的准确性有重要影响。因此，本文通过数值模拟对 FTO 客体成像时质子照相系统的点对点成像性能展开了研究。结果表明，200 GeV 的质子照相系统对 FTO 客体成像时，系统的点对点成像性能遭到严重破坏，1200 GeV 的质子照相系统对 FTO 客体成像时，系统的点对点成像性能保持良好。由此证明：造成通量不准确的根本原因是能量损失对系统成像性能的破坏。

关键词： 高能质子照相；FTO 客体；数值模拟

　　为了解决高能闪光照相在流体动力学诊断中的不足，Mottershead 等提出了高能质子照相[1]。至此以后，各国科学家对高能质子照相技术展开了大量研究。Aufderheide 等人提出了 800 MeV 及以上能量的质子作为材料探针，实现混合物质诊断的方法[2]。洛斯·阿拉莫斯（LANL）实验室的学者通过理论预测 50 GeV 的质子照相系统有望满足先进的流体动力学诊断要求[3]，并且提出建设先进流体动力学试验装置（AHF）——The Scrounge-Atron，计划建立质子能量为 20 GeV 的成像系统，更好地了解武器在正常状态和意外状态下初级内爆时的过程演化[4]。21 世纪初，LANL 实验室的学者利用布鲁克海文国家实验室 24 GeV 的加速器（AGS）建立了质子成像系统，该系统单个束团的质子数达到 10¹¹ 个，通过对实验数据的分析论证，他们对位置分辨率、边界分辨率和材料诊断等多个问题展开了研究[5-6]。2005 年，Neri 等发现实验所得通量值与经典的质子通量公式计算值不吻合，为了解释该问题，他们假设在高能质子照相中质子通过厚客体时多次库伦散射和核散射发生了耦合，从而提出了准弹性散射模型，通过实验证明，它可以很好地解决利用经典的质子通量公式得出的结果与实验结果不吻合的问题[7]。但是，学者们对该观点提出质疑，2006 年，Zumbro 等人基于 MCNP5 程序发展了连续能量的质子输运过程[8-9]，在原程序中增添了弹性散射、多次库伦散射、能量损失和歧离、磁场和核反应等物理过程，并且通过此程序模拟了 24 GeV 的质子成像系统[8]。模拟中使用高密度的材料模拟准直器从而减小其厚度（约 2 cm），而在实验中用的准直器是厚度为 60.96 cm 的钨材料。模拟结果表明，没有证据表明准弹性核散射对角分布起到明显的作用，Zumbro 等人在其文章中指出准直器的厚度会导致截断角模糊。2011 年，Morris 等利用该系统对法国试验客体（FTO）展开了研究，重建后的平均密度精度好于 1%，在通量处理上采用了一种经验的计算方式[6]。

　　质子通量的准确性对重建密度的精度和材料诊断的准确性至关重要，我们对该问题展开了深入研究。我们提出由能量损失造成的系统性能破坏可能是导致通量不准确的根本原因，并通过数值模拟，

作者简介： 陈锋（1994—），男，甘肃天水人，助理研究员，博士，目前主要从事辐射成像、光学成像相关的研究工作。

基金项目： 之江实验室青年基金项目（K2023MG0AA08）。

设计了多级成像系统，研究了更高能的质子照相系统对FTO客体成像时的性能。其研究结果弄清了造成通量不准确的根本原因。

1 质子通量不准确的因素分析

Zumbro等人的研究表明准弹性散射对通量准确性没有明显影响，并且他们在文章中指出准直器的厚度会造成截断角模糊[8]。使用准直器时，质子通量依赖截断角，如果截断角模糊（不准确），则会导致质子通量不准确。我们在2020年的研究工作表明，圆柱孔结构的准直器（传统准直器）确实对质子通量造成影响，并且厚度越大，影响程度越大，但是，如果考虑束流包络设计准直器时，准直器的厚度将不影响质子通量[10]。由此可见，准直器结构不是造成通量不准确的根本原因。除上述因素外，动量分散（色差）将破坏点对点成像，即当质子能量非单能时，聚焦平面不在同一平面，这将造成图像模糊。色差导致的质子位置误差为 $\Delta u = |R'_{x,12}| \theta_{mcs}$，$R_{x,12}$ 为系统的色差系数；$\delta = \frac{\Delta p}{p}$ 是动量分散，其中 p 是动量平均值，Δp 是动量标准差；θ_{mcs} 是多次库伦散射角的标准差，它与质子动量成反比[11]。由此可见，当质子动量分散越小且动量越大时造成的质子位置误差越小。单能的质子通过客体时，将造成能量损失，从而形成动量分散，并且发生多次库伦散射，这二者将造成图像模糊，即造成通量不准确。这也说明严格的点对点成像在实际中并不存在，点对点成像是误差范围内的近似。因此，动量分散和多次库伦散射是造成通量不准确的最可能因素。

2 研究方法

我们通过Geant4模拟[12]不同能量的成像系统并开展研究。FTO是衡量流体动力学诊断能力的标准模型，它由一组同心球构成，从内到外依次是空气（半径为1 cm）、钨（半径为4.5 cm）、铜（半径为6.5 cm），面密度值在空气与钨材料的边界上达到最大值206 g/cm²。模拟中，初始质子束为单能的，探测器为理想探测器，像素大小为100 μm×100 μm，客体采用FTO客体。该成像系统由3套成像单元构成，每一套成像单元均可实现点对点成像，并且3套成像系统中均不放置准直器，而且前成像单元的像平面与后成像单元的客体平面重合，如图1a所示。质子源在第一套成像单元之前；在第二套成像单元的客体平面上放置FTO客体，当质子穿过FTO客体后，质子将出现能量损失，并造成多次库伦散射，该过程将对点对点成像造成破坏；在第二套成像单元的成像平面上放置探测器（Detector 1），测量通过FTO客体的质子通量；在第三套成像单元的成像平面上放置探测器（Detector 2），发生多次库伦散射和能量损失的质子穿过该成像单元时，将造成图像模糊，即造成通量不准确。定义两探测器之间的相对通量值为 $I = \frac{I_{\text{Detector2}}}{I_{\text{Detector1}}}$，其中，$I_{\text{Detector1}}$ 是探测器"Detector1"的通量值，$I_{\text{Detector2}}$ 是探测器"Detector2"的通量值，并对其进行对称处理。相对通量值 I 可以反映点对点成像的好坏；如果在该像素大小上，点对点成像没有被破坏，则该值等于1；反之，破坏越严重，该值与1相差越大。因此，系统性能越好，该值越接近1。模拟中分别采用了200 GeV（系统参数：磁透镜梯度为22.20 T/m，磁透镜厚度为2.775 m，漂移距离为9.525 m）、600 GeV（系统参数：磁透镜梯度为22.21 T/m，磁透镜厚度为4.798 m，漂移距离为16.472 m）和1200 GeV（系统参数：磁透镜梯度为22.21 T/m，磁透镜厚度为6.783 m，漂移距离为23.285 m）的质子成像系统。图1b是相对通量分布值，振荡是统计涨落造成的，图1c是光滑处理后的相对通量分布值。我们可以看出：当质子能量为200 GeV时，像素Pixel＝900处（面密度最大值处）的相对通量值最小，为0.53，通量分布整体严重偏离1，这说明点对点成像性能已经遭到严重破坏；而当质子能量为1200 GeV时，像素Pixel＝900处的相对通量值为0.96，整体通量的平均值为0.98，标准差为0.04，这说明质子穿过FTO客体时未能对系统成像性能造成严重破坏，并且仍然保持着极好的点对点成像性能。并且，客体从边缘（面密度最小）到像素 Pixel＝900 附近（面密度最大），相对通量值与 1 之间的差值逐渐增大，这是因为面密度越大，能量损失越大，色差对系统点对点成像性能的破坏越大。综上所述，造成高能质子成像通量不准确的根本原因是系统色差系数、动量分散和多次库伦散射。

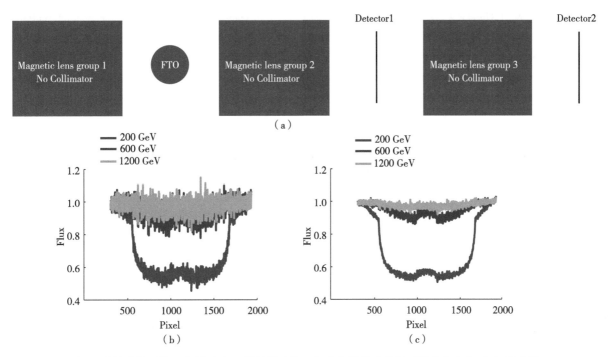

图 1 质子成像系统示意图（a）、质子通过第三组成像单元时的相对通量分布值（b）及光滑处理后的相对通量分布值（c）

3 结论

本文通过构建不同能量的多级成像系统，并以 FTO 客体为成像目标对高能质子照相中造成通量不准确的问题展开研究。通过测量不放置准直器时穿过 FTO 客体的质子在第三套成像单元中的相对通量值，研究了高能质子成像中影响质子通量准确性的原因。模拟结果表明，质子成像系统中的色差模糊是造成质子通量不准确的重要原因。准直器厚度不是造成通量不准确的根本因素，因为它可以通过考虑质子束包络设计而避免，而色差模糊由系统色差系数、动量分散和多次库伦散射决定，是不可避免的因素，因此，色差模糊是造成质子通量不准确的根本因素。对 FTO 客体的高精度成像可以通过优化成像系统和提高质子能量的方式实现。

参考文献：

[1] MOTTERSHEAD C T, ZUMBRO J D. Magnetic optics for proton radiography [C]. Proceedings of the 1997 Particle Accelerator Conference (Cat. No. 97CH36167)，1997，2：1397 - 1399.

[2] AUFDERHEIDE Ⅲ M B, PARK H S, HARTOUNI E P, et al. Proton radiography as a means of material characterization [C]. AIP Conference Proceedings，1999，497：706 - 712.

[3] COBBLE J A, JOHNSON R P, COWAN T E, et al. High resolution laser-driven proton radiography [J]. Journal of applied physics，2002，92（4）：1775 - 1779.

[4] ALFORD O J, BARNES P D, CHARGIN A K, et al. The scrounge-atron：a phased approach to the advanced hydrotest facility utilizing proton radiography [C]. Proceedings of the 1999 Particle Accelerator Conference (Cat. No. 99CH36366)，1999，4：2590 - 2592.

[5] MORRIS C. Proton radiography for an advanced hydrotest facility [R]. Los Alamos National Lab., NM (US), 2000.

[6] MORRIS C, ABLES E, ALRICK K, et al. Flash radiography with 24 GeV/c protons [J]. Journal of applied physics, 2011, 109 (10): 104905.

[7] NERI F, WALSTROM P. A simple empirical forward model for combined nuclear and multiple coulomb scattering in proton radiography of thick objects [J]. Nuclear instruments and methods in physics research section B beam interactions with materials and atoms, 2005, 229 (3-4): 425-435.

[8] ZUMBRO J D. Comment on "a simple empirical forward model for combined nuclear and multiple coulomb scattering in proton radiography of thick objects" [J]. Nuclear instruments methods in physics research, 2006, 246 (2): 479-482.

[9] ZUMBRO J D, ACUFF A, BULL J S, et al. Proton radiography applications with MCNP5 [J]. Radiation protection dosimetry, 2005, 117 (4): 447.

[10] CHEN F, XU H B, ZHENG N, et al. Theoretical study of angle-cut collimator based design in high-energy proton radiography [J]. Acta Physica Sinica, 2020, 69 (3): 032901.

[11] 何小中, 杨国君, 刘承俊. 质子照相磁透镜的优化设计 [J]. 强激光与粒子束, 2008 (2): 297-300.

[12] AGOSTINELLI S, ALLISON J, AMAKO K, et al. Geant4-a simulation toolkit [J]. Nucl Instrum Methods Phys Res, 2003, 506 (3): 250-303.

Research on high-energy proton radiography system for high-precision diagnosis of FTO object

CHEN Feng[1], SHI Jun-hui[1], XU Hai-bo[2]

(1. Zhijiang Lab, Hangzhou, Zhejiang 310000, China; 2. Beijing Institute of Applied Physics and Computational Mathematics, Beijing 100080, China)

Abstract: Scholars of Los Alamos Laboratory predicted theoretically that the 50 GeV proton radiography system can meet the requirements of high-precision imaging of FTO (French test object) about 1‰ reconstructed density accuracy achieved for sub-millimeter scale pixel. To achieve this goal, the accuracy of proton flux must be guaranteed. In 2005, American scientists conducted preliminary experiments on a step sample using a 20 GeV proton radiography system. The results showed significant differences between the obtained flux values and the theoretically calculated values. To address this issue, Neri et al. proposed an empirical formula that combines nuclear reactions and multiple Coulomb scattering to calculate the flux, which matched the experimental values. However, Zumbro et al. opposed this viewpoint. They demonstrated through numerical simulations that quasi-elastic scattering is not the cause of inaccurate flux and pointed out in their paper that the thickness of the collimator can lead to angular truncation blur. The surface density of the FTO target reached 200 g/cm², which resulted in significant energy loss. This energy loss can disrupt the point-to-point imaging performance of proton radiography and may have a significant impact on the accuracy of the flux. In this paper, the point-to-point imaging performance of proton radiography system for FTO object imaging is studied by numerical simulation. The results indicate that the point-to-point imaging performance of the 200 GeV proton radiography system is severely degraded when imaging FTO targets, while the point-to-point imaging performance of the 1200 GeV proton radiography system is good when imaging FTO targets. This proves that the fundamental reason for the inaccurate flux is the damage to the imaging performance of the system caused by energy loss.

Key words: High-energy proton radiography; FTO object; Numerical simulation

铀及其氧化物的基本物性与稳定性计算研究

党　奔

（中核控制系统工程有限公司，北京　102400）

摘　要：铀及其氧化物是一种重要的战略稀土资源，一直以来都是国防工业的重要研究对象，也是民用核电站的重要基本原料。铀及其氧化物有多种不同的存在形式，且在温度、压力调控下发生丰富相变。它们的丰富相图与奇特的物理性质，一直吸引着研究者的注意力。尽管数十年来有着大量的实验探索，但受限于材料的稀缺性与材料本身很强的放射性，以及材料应用于极端的外界环境中，研究者对于铀及其氧化物的研究还远远不够。本论文采用第一性原理计算方法，使用密度泛函理论对铀及其氧化物的电子结构等基本物性进行了理论模拟。同时通过晶格动力学分析，研究铀及其氧化物的晶格稳定性。本论文通过对铀及其氧化物不同结构下电子结构的对比分析，系统研究了该类体系电子的杂化行为及关联效应的影响。同时通过晶格动力学的分析，解释了该体系在不同外界环境下的稳定性成因。

关键词：铀；铀氧化物；第一性原理计算；电子结构；晶格动力学

铀及其氧化物在国防和核工业中一直扮演着重要的角色。铀及其氧化物经常被用于核武器、核反应堆等重要场景，是一种战略工程材料。铀具有放射性，通过裂变链式反应可以产生大量的能量，因此是核工业中的基础原材料。铀的氧化物种类有很多，如 UO_2 和 UO_3 等，其中最为广泛使用的是 UO_2。由于它具有高稳定性、高熔点等优异特征，目前商业核反应堆燃料大约有 95% 都采用的是 UO_2。

由于铀及其氧化物具有放射性，以及材料经常用于高温、高压等极端环境，对于铀及其氧化物基础物性的研究还相对缺乏。首先，实验上面临实验成本高、实验环境不友好、对人体伤害大的特点，限制了人们对该类材料的系统研究。其次，对于铀及其氧化物本身而言，它们含有 f-电子关联效应相对较强的单质或化合物，在关联效应的作用下，该类系统会出现大量的新奇量子现象。最为典型的有重电子效应、非常规超导、量子临界及复杂磁相变等，一直以来都在吸引大量科学家的研究。一直以来，铀及其氧化物的复杂性对理论研究也提出了不少挑战。

近几十年来，随着计算机技术的不断更新，特别是计算材料第一性原理的广泛应用与程序发展，已经有较多的工作应用于铀及其氧化物的基本物性研究中。在国内计算领域，中国工程物理研究院陈秋云等人对 UO_2 的晶格和电子结构进行了相关研究[1]。邱睿智课题组对铀单质的不同物相进行了计算[2]。兰州大学李玉红等人利用第一性原理计算研究了该类材料中关联效应的影响[3]。北京应用物理与计算数学研究所宋海峰课题组对铀及其氧化物的物态方程进行了系统的研究[4]。但是可以看出，目前的计算结果还存在诸多争议。由于该类体系的复杂性，即使是基本物性的模拟，也有较大的改进空间。

本工作将对常压下稳定存在 U 单质的 α-相及 UO_2 的萤石型晶体结构进行第一性原理计算研究。本工作主要针对电子结构及声子谱进行计算，这对研究铀及其氧化物来说十分重要。

1　计算模拟方法

1.1　理论模型

铀的复杂晶格结构和 $5f$ 电子的复杂表现有关。对于 U 单质的 α-相，它为正交结构，空间群为 $63-Cmcm$。图 1a 所示为 U 单质的 α-相的初基原胞，一个胞内含有两个 U 原子。对于 UO_2 的萤石型结构，为面心立方晶系（fcc），空间群为 $225-Fmm$，如图 1b 所示。在对 UO_2 的研究中，通过

作者简介：党奔（1992—），女，工程师，本科，现主要从事核电行业产品研发技术管理。

Nerikar 的研究发现，需要同时考虑关联效应及反铁磁基态构型，才能得到正确的计算结果[5]。因此，我们构建了如图 1c 所示的反铁磁构型 UO_2。

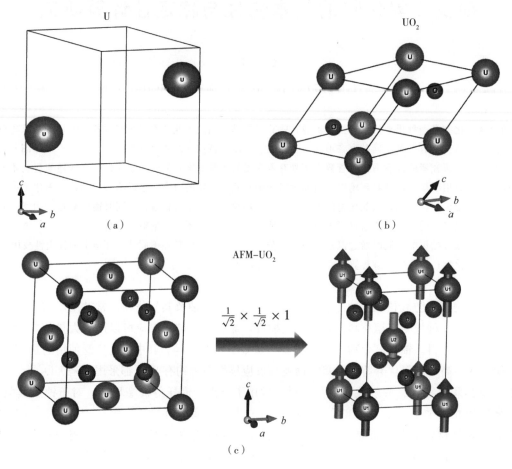

图 1　U 及 UO₂ 的晶格结构

(a) U；(b) UO_2；(c) 反铁磁构型 UO_2

对于晶格结构，我们首先采用实验值，对于 α-U 单质，我们选择 $a=b=2.854$ Å，$c=4.955$ Å。对于 UO_2，我们采用实验数值 $a=b=c=5.47$ Å。

1.2 计算方法

本文的计算采用的是开源 QE（Quantum Espresso）软件[6]。计算中，我们采用的是 PSlibrary 中的投影缀加平面波赝势（PAW）。交换关联能采用的是 Perdew-Burke-Ernzerhof（PBE）方案。波函数和电荷密度的能量截断分别为 93 Ry 和 683 Ry。总能的收敛标准为 1×10^{-10} eV。我们选用 Monkhorst-Pack 方案。对于 U 单质，我们采用 $19 \times 19 \times 10$ 的 k 点网格；对于 UO_2 的标准计算，我们选用 $16 \times 16 \times 16$ 的 k 点网格；对于反铁磁的 UO_2 构型，我们采用 $13 \times 13 \times 9$ 的网格。在声子的计算中，我们采用有限位移法，对于 U 单质和 UO_2 化合物，我们构建了 $3 \times 3 \times 3$ 的超胞。对于晶格结构，本文所展示的均为采用实验数据的结果。同时我们也进行了结构弛豫的计算，对电子结构和声子谱的整体影响较小。

为了考虑进 U 的强关联效应，我们采用了 DFT+U 的计算方式。对于库仑相互作用的选取存在不同的标准，这里我们将 U_{eff} 设置为 3.3 eV，这是根据李玉红研究组对于电子结构的研究进行的综合考虑[3]。对于自旋-轨道耦合效应，根据之前的研究表明，对于轻锕系元素，包括铀元素，自旋-轨道耦合非常小，为了减少计算量，本工作中也不考虑[7]。

2 计算结果与讨论

2.1 α-U 单质的计算结果

电子结构对理解 U 单质的物理特性非常重要，所以本文首先就进行了 U 单质电子结构的计算。图 2 展示的是 U 单质 GGA＋U 的计算结果。从分波态密度的计算上我们发现，整体上 U 的 s 电子态密度位于能量很低的位置，大约在费米能级之下 45 eV 附近，U 的 p 电子态密度也位于较深的位置，大约在费米能级之下 20 eV 附近。当然从态密度上可以看到部分 p 电子态密度也出现在费米能级附近，对于 U 的不同电子轨道杂化会有部分影响。U 的 d 电子在费米能级附近比较弥散，位于 $-5 \sim 10$ eV。从 U 的 f 电子分波态密度可以看出 f 电子的态密度有多个尖峰，对应 U 的 f 电子劈裂的多个晶体场能级。我们还可以看到，U 的 f 轨道相对 d 轨道要平坦很多。

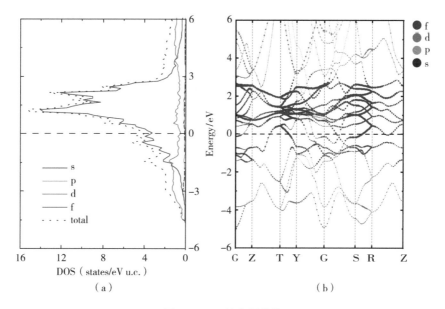

图 2　α-U 的电子结构

（a）分波态密度；（b）能带结构

根据 U 原子的核外电子分布并结合态密度，通过 s 电子在费米面附近很少的事实可以推断出 U 的 $7s$ 壳层电子主要转移到了 U 的 $6d$ 轨道上。费米面附近基本都被 U 的 f 电子占据，说明 f 电子对体系的物性影响将会非常大。值得注意的是，在 G 点附近的能带，可以看到明显的 U 的 $f-d$ 杂化痕迹。这告诉我们，之后的研究如果基于晶体场轨道分析，可能会得到更有意义的结果，需要未来的进一步计算研究。

声子的计算对研究晶格的稳定性具有重要的意义。由于 α-U 单质一个元胞包含两个原子，因此声子谱中应该含有 6 条谱线，与我们的计算一致。如图 3a 所示，最下面 3 条为声学枝，且在 G 点处没有看到虚频。虽然图 3 没有对结构进行优化，但计算结果表明本计算采用的结构是稳定的。这是因为 α-U 相在较大温度和压力区间都能稳定存在。在 R 点，声学枝劈裂成二下一上的简并形式，分别对应横声学枝（TA）和纵声学枝（LA）。

因为 U 的声子枝和光学枝的振幅模式都是来源于 U 原子，所以可以看到在 3 THz 附近，声学枝的顶部和光学枝交到了一起。从声子态密度上，如图 3b 所示，声子态密度对应的在 2.5 THz 和 3.5 THz 附近存在交叠的两个较宽范围的峰。

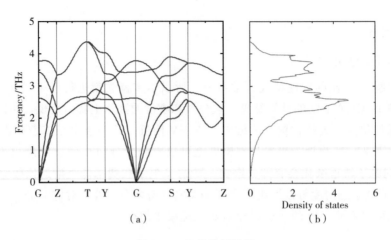

(a)   (b)

图3 α-U 的声子计算

(a) 声子谱；(b) 声子态密度

2.2 UO₂的计算结果

UO₂是核燃料里面比较稳定的一种化合物，它的熔点高、稳定性好的特性需要我们对其电子结构进行进一步的探索。首先，我们计算了UO₂正常结构的非磁性DFT＋U计算。图4a、图4b所示分别为萤石结构非磁分波态密度和非磁能带结构。尽管我们考虑了库仑相互作用，但是没有磁性时我们只能得到金属态的结果，这与实验不符。态密度结果表明有U的f电子权重能带穿过费米能级。U的f电子能带主要还是集中在费米能附近，且在费米能附近存在明显的3个尖峰，这是由库仑相互作用

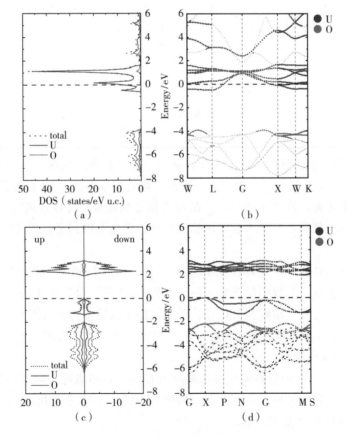

(a)   (b)

(c)   (d)

图4 UO₂的电子结构

(a) 非磁分波态密度；(b) 非磁能带结构；(c) 反铁磁分波态密度；(d) 反铁磁能带结构

和晶体场效应共同决定的能级劈裂。在费米能级之下主要是 O 的 p 电子贡献。需要注意的是，U 的 f 电子和 O 的 p 电子之间存在一个约 3 eV 的能量间隙。尽管能量间隙较大，但是我们依然看到在 $-8\sim-4$ eV 的能量范围内，在 O 权重主导的情况下，依然存在 U 的 f 电子权重。该计算结果表明，在 UO_2 中 f-d 电子杂化的效应还是非常明显的。

为了获得正确的基态电子结构信息，我们进一步进行了反铁磁的计算。为了获得反铁磁构型，我们需要建一个包含两个 U 原子的胞。通过基底的变换，我们采用如图 1c 所示的反铁磁结构，并采用图 1c 中箭头所表示的反铁磁自旋设置。考虑磁性之后的空间群为 123-P4/mmm，因为能带图中的高对称路径按照此空间群来展示。如图 4c、图 4d 所示，考虑反铁磁序之后态密度明显出现了一个 2 eV 左右能隙，成为绝缘体，这与实验及之前的理论计算一致。由于是反铁磁，所以我们看到自旋向上和自旋向下的态密度是一样的。

此外，值得重视的是考虑磁性之后能隙发生在 U 的 f 电子能带中间。从能带图上明显可以看出，磁性导致 U 的 f 电子的能级变得非常平坦，也就意味着 f 电子的局域性增强。从物理图像上可以想象，当系统有磁性之后，反铁磁性会对 f 电子产生散射，导致 f 电子的巡游性降低，能带变得平坦。磁性也通过对称性的改变，最终导致 U 的 f 电子最下面两条平带发生平移，与上面的能带剥离从而打开了约 2 eV 能隙。我们也计算了铁磁的结果，铁磁的结果表明体系仍然是一个金属态，与实际不符。图 4 的反铁磁电子结构也进一步向我们说明，U 和 O 之间存在非常强的杂化效应。实际上价态顶主要是由 O 的 $2p$ 轨道及少量 U 的 $5f$ 轨道构成。导带主要是由 U 的 $5f$ 和少量 U 的 $6d$ 轨道构成。

图 5 是 UO_2 的非磁性计算的声子谱，表明共有 3 条声学枝和 6 条光学枝。由于 U 和 O 的质量差距很大，因此，声学枝主要都是 U 的贡献。而 O 质量小，相对运行速度快，因此光学枝主要由 O 来贡献。与单质 U 不同的是，声学枝和光学枝之间存在一个明显的能隙。且进一步分析发现，光学枝在 7 THz 和 18 THz 附近存在两个明显的尖峰，声学枝在 2.5 THz 存在一个尖峰。声子平带的研究在铁电体系里面已经被发现对结构性质有重要影响。因此，我们认为该峰处的振动模式对 UO_2 的体系稳定性也会存在重要影响，值得我们进一步研究。

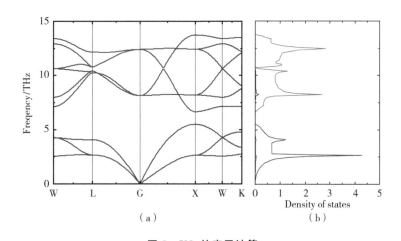

图 5　UO_2 的声子计算

（a）声子谱；（b）声子态密度

3　结论

本文采用密度泛函理论对常温、常压下稳定存在的 α-U 单质和 UO_2 化合物进行了电子结构和晶格动力学的研究。计算结果表明：① α-U 中 s 电子转移及 d-f 电子杂化对基态性质影响非常大，且声子谱计算说明 α-U 可以在较大范围内稳定存在；②对于萤石结构 UO_2，必须同时考虑反铁磁和库仑相互作用才能得到正确的绝缘态电子结构，且反铁磁对电子能级劈裂及局域性的影响是非常关键的因素。声子谱的计算告诉我们存在非常平坦的声子能带，其振动模式可能对 UO_2 稳定性产生巨大影响，需要未来进一步研究。

致谢

感谢中核控制系统工程有限公司及研发中心与科技管理部对本工作的支持。感谢北京科技大学提供的文献资源、合肥先进计算中心提供部分计算支持。

参考文献：

[1] 陈秋云，赖新春，王小英，等．UO_2 的电子结构及光学性质的第一性原理研究 [J]．物理学报，2010，59（7）：4945 – 4949.

[2] QIU RUIZHI. First – principles studies on the charge density wave in uranium [J]．Modelling Simul. Mater. Sci. Eng.，2016，24：55011.

[3] 范航，王珊珊，李玉红．二氧化铀电子结构和弹性性质的第一性原理研究 [J]．物理学报，2015，64：97101.

[4] 简单，朱燮刚，刘瑜，等．U 和 UO_2 状态方程研究进展 [J]．材料导报，2021，35（1）：1082 – 1095.

[5] KAUR G. Thermal properties of UO_2 with a non – local exchange – correlation pressure correction：a systematic first principles DFT＋U study [J]．Modelling Simul. Mater. Sci. Eng.，2013，21：65014.

[6] PAOLO G. Quantum espresso：a modular and open – source software project for quantum simulations of materials [J]．J. Phys. Condens. Matter，2009，21：395502.

[7] ADAK S. Uranium at high pressure from first principles [J]．Physica B，2011，406：3342 – 3347.

Computational study on basic physical properties and stability of uranium and its oxides

DANG Ben

(China Nuclear Control System Engineering Co. Ltd.，Beijing 102400，China)

Abstract：Uranium and its oxides are important strategic rare earth resource. They have been an important research object in the defense industry and an important basic material for civil nuclear power. Uranium and its oxides have many different forms，and undergo abundant phase transitions. Their rich phase diagrams and novel physical properties have attracted the researchers' attention. Although there have been a lot of experimental explorations in the past few decades，due to the scarcity of materials，the strong radioactivity of materials and extreme external environments in application，the research on uranium and its oxides is still lack. This paper adopts the first-principles calculations，and uses the density functional theory to theoretically simulate the basic physical properties of uranium and its oxides，such as the electronic structure. At the same time，the lattice stability of uranium and its oxides is studied through lattice dynamics analysis. This work systematically analysis the influence of the hybridization behavior and correlation effects in uranium and its oxides at different structures through the comparative analysis of the electronic structures. Meanwhile，through the analysis of lattice dynamics，the stability of the system under different external environments is explained.

Key words：Uranium；Uranium oxide；First-principles calculations；Electronic structures；Lattice dynamics

先进核能系统多物理求解器框架研发及应用

胡国军

（中国科学技术大学核科学技术学院，安徽　合肥　230026）

摘　要：数值模拟软件从结构上可分为底层求解器框架和上层应用两个层面。底层求解器框架的研发涉及偏微分方程、线性代数和软件工程等多种基础学科，是实现软件完全自主化不可或缺的关键技术。本项工作围绕先进核能系统安全分析展开，以 C++程序语言为基础、遵循现代面向对象设计方法，研发了一套多功能、易扩展的多物理求解器框架 RETA。RETA 内构建了一套通用、高效且支持并行计算的非线性方程求解器，并通过面相对象的设计方法集成了主流科学计算库。RETA 从底层网格单元设计开始，构建了有限元方法（FEM）和有限体积方法（FVM）求解模块。针对系统安全分析应用场景，RETA 求解器设计了适应性的离散系统求解模块。利用 RETA，我们研发了三维固体传热与系统分析等模块，结合铅铋回路与热管反应堆实验装置，开展了应用分析工作，验证了相关模块的准确性与 RETA 的可拓展性。

关键词：非线性方程求解器；先进反应堆；系统分析

1　概述

随着计算机技术的快速发展，数值模拟为核反应堆的设计和安全分析提供了重要手段和工具。随着公众和社会对核能的安全性与经济性的要求不断提高，传统设计分析方法存在精确性不足等限制。针对新型先进核能系统，发展高分辨率数值模拟软件、建立高保真数值反应堆多物理耦合分析模型，成为国内外研究者的共识[1]。统一、高效、扩展性强的多物理求解器框架是这项工作中的一项关键技术。国内外研究者先后开发了适应不同应用场景的求解器框架，包括开源框架和商用软件。

开源多物理求解器框架方面，美国爱达荷国家实验室开发的 MOOSE 框架[2]是技术成熟、应用范围广泛的框架之一。MOOSE 框架利用 Jacobian-Free Newton-Krylov（JFNK）方法求解强耦合非线性方程组，支持不同空间/时间尺度间的多物理场的耦合仿真，已经在核反应堆、地球物理、材料等领域的仿真模拟上取得了大量成果。但是，MOOSE 框架的功能模块研发与发布受到美国能源部的管制，应用开发者能够获得的技术支持十分有限。OpenFOAM[3]是另外一款常用多物理求解器库，其基于有限体积法，主干程序是 CFD 仿真，研究者们相继开发了中子输运、两相流等多物理场模块，并实现了核—热—力等多物理场的耦合计算。

商业软件方面，ANSYS Multiphysics 软件有结构力学、流体力学、热学、声学、电磁学等多种物理场计算程序，同时提供外耦合接口与其他软件进行数据传递。但是，由于源代码的封闭性，根据需求改动求解算法和模型的难度较大。COMSOL Multiphysics 是另外一款商用多物理场耦合软件，其支持物理过程的耦合并通过高级 GUI 提供模型设置，涵盖流动、传热、结构、声学和电磁等多物理场模块，相比 ANSYS 具有更高的灵活性，但是对其内部的算法和模型改动仍然难度较大。

国内，北京应用物理与计算数学研究所和中物院高性能数值模拟软件中心研制了用于非结构网格自适应并行计算的 JAUMIN 框架[4]，通过封装高性能数据结构，集成成熟数值算法，能够对多个物理场进行耦合计算。JAUMIN 框架对于单区域、连续变量系统的支持较好，但是对于多区域、离散变量系统的支持较差。

作者简介：胡国军（1991—），男，研究员，从事计算物理与反应堆安全分析研究。

基金项目：安徽省自然科学基金项目（2308085MA20）。

综合软件自主化建设需求，以 MOOSE 和 OpenFOAM 等开源框架为基础进行应用软件的开发是一种可行的技术方案，但同时存在一些限制问题。以 MOOSE 框架为例：

（1）"黑箱"使用问题。MOOSE 的软件架构复杂而且层次较深，通过大量接口程序调用第三方库。这一特点降低了应用程序的开发难度，但是，应用开发者也丧失了对底层求解器进行优化的可能，带来了"黑箱"使用问题。针对不同物理问题进行特异性的求解器优化较困难。

（2）技术支持问题。MOOSE 软件发源于美国能源部爱达荷国家实验室，主要用户是美国能源部国家实验室、高校和工业界。在日常开发过程中，这些主要用户与 MOOSE 软件开发者保持着稳定的交流渠道，能够获得及时有效的技术支持。国内开发者几乎无法获得 MOOSE 软件开发者的技术支持。

（3）技术同源问题。基于 MOOSE 开发的应用程序和相关内核受到美国政策管制，相关成熟代码和方法在国内无法获得。以 MOOSE 为基础开发的同类应用软件技术同源、相似度高，在国际上难以同美国已有的应用程序进行竞争。

以其他国外求解器框架为基础进行应用软件开发存在类似的限制问题。因此，研发一套自主可控的求解器框架具有显著的意义。本文接下来介绍 RETA 通用 PDE 数值求解器框架，及其在先进核能系统安全分析中的应用与验证。

2 RETA 求解器框架设计方法

2.1 软件技术细节

RETA 的开发遵循现代软件设计规范，主要技术细节列于表 1。

表 1 RETA 求解器框架技术细节

技术特征	技术细节	备注
程序语言	C++	遵循现代面向对象设计方法
软硬件平台	PC、工作站、服务器、超算	支持主流操作系统与 CPU 架构
开发环境	Conda、CMake、GitLab	Conda 配置开发环境、CMake 跨平台编译与移植、GitLab 软件版本管理、协同开发与自动测试
求解算法	Newton、PJFNK	具备 MPI 并行计算能力
输入文件	XML	面向对象、模块化与自由格式
几何与网格	1D/2D/3D 非结构化网格	FEM 网格：二进制 Exodus，文本文件 Gmsh FVM 网格：二进制 Exodus，Fluent 格式
输出文件	CSV、Exodus	支持常用数据后处理软件，如 Excel、Matlab、Python、Paraview 和 Visit

2.2 求解器设计

在求解器层面，RETA 构建了一套通用 PDE 数值求解器，通过面相对象的设计方法集成了科学计算库 PETSc[5]，如图 1a 所示。PETSc 是国际主流开源科学计算库，成熟稳定。现阶段，我们选择了 PETSc 作为 RETA 求解器框架的第三方依赖库，并提供调用其他线性方程求解器的接口。此方案避免了研发高性能线性方程求解器的技术困难，同时给开发者提供了足够的自由度进行求解算法的自主优化。

2.3 几何与网格

在几何处理层面，RETA 内置了非结构化 FEM 和 FVM 网格数据结构，支持线段、三角形、四边形、四面体、六面体和三棱柱等多种基本网格类型，如图 1b 所示。相较于其他大型有限元库，RETA 内置的几何与网格处理模块舍弃了部分复杂功能，追求极致的简单、轻量与可靠，目的是做到软件开发者可直观追踪网格数据结构的全貌并修改优化。在 FEM 和 FVM 网格数据结构基础上，RETA 内置了相应的 FEM 和 FVM 分析模块，分别用于多维固体和流体的模拟分析。

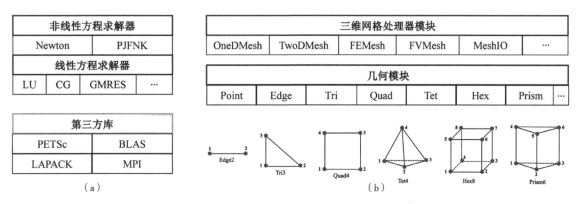

图 1　RETA 求解器、几何与网格处理模块示意图

2.4 输入输出格式

在输入和输出层面，RETA 采用了 XML 标准格式，通过面向对象与模块化的设计方法，提供了直观、可扩展的输入文件系统。RETA 的计算结果支持包括 CSV 文本文件、Exodus 二进制文件等多种格式输出，可由常用的数据后处理软件（如 Paraview 和 Visit）直接读取。

3　应用模块研发

3.1　系统分析模块

以反应堆系统热工水力分析为例，其求解对象为一系列几何结构不同、控制方程不同的对象组合而成的离散系统，待求解变量构成了一组离散的自由度空间，稀疏矩阵的结构规律复杂，故称之为离散系统。与其他框架相比，RETA 的一个技术特征是其对离散系统的支持。

RETA 的主要功能之一是核能系统热工水力建模与安全分析，相应模块称为系统分析模块。分析对象包括钠冷快堆（SFR）、铅冷快堆（LFR）、高温气冷堆（HTGR）、热管微堆（HPR）等先进反应堆。系统分析模块集成了零维控制体、一维流体及二维热导体等基本方程与计算模型。通过面向对象的软件设计方法，将反应堆主要部件自上而下分离为基本的一维流体、一维/二维热导体、零维连接部件等微单元，并对相应微单元守恒方程进行时空离散，获得残差方程组。然后通过自下而上的模块组合，将所有微单元的残差方程重组形成系统残差向量，利用 Newton 或 PJFNK 算法求解全部未知变量。

在空间离散方面，流体与热导体控制方程均采用 FVM 方法，一维流体采用了交错网格上的二阶精度 TVD 离散算法[6]，热导体采用了二阶精度中心差分算法；在时间离散方面，流体与热导体控制方程均采用了二阶精度的隐式 BDF2 算法[6]。图 2 展示了 RETA 一维流体模型空间离散精度和时间离散精度验证结果。结果显示，这些时空离散算法的组合保证了求解时的二阶计算精度。

3.2　三维固体传热模块

对于几类新型反应堆，如热管堆和高温气冷堆，由于紧凑的堆芯设计，基于一维/二维简化模型的传统系统建模方法存在较大的计算不确定度。因此，在 RETA 软件 FEM 模块基础上，我们开发了三维 FEM 固体传热模块，用于三维堆芯传热分析。传热模块的验证工作在下一节给出。

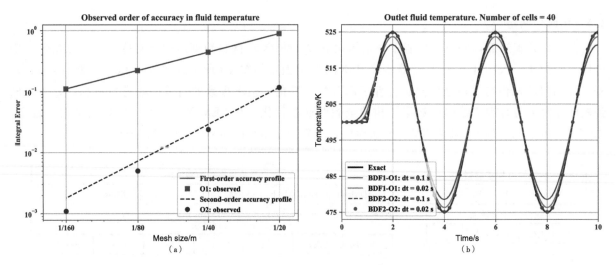

图 2　RETA 一维流体模型空间离散精度和时间离散精度验证结果

(a) 空间离散精度；(b) 时间离散精度

3.3　热管分析模块

基于 RETA 对于求解离散系统的支持，我们进行了一些特殊物理模型的开发，本文主要介绍热管计算模型。RETA 热管模型采用了一维可压缩蒸气与二维管壁/吸液芯热传导相结合的组合模型[7]，蒸气与吸液芯在吸液芯内壁面直接耦合。离散后的方程组由 Newton 或 PJFNK 算法进行求解。一维可压缩蒸气模型能精确捕捉管芯内蒸气温度、压力和流速的变化趋势，与热阻等简化模型相比，计算精度获得了提升。热管分析模型的验证工作在文献［7］中已详细给出。

4　应用与验证分析

本节将结合铅铋自然循环回路和热管反应堆实验装置，开展 RETA 的应用与验证分析工作。

4.1　TALL－3D 铅铋自然循环瞬态分析

TALL－3D 铅铋回路是由 KTH 设计与运行的实验装置[8]，用于研究铅铋快堆内的自然循环过程。TALL－3D 系统结构如图 3a 所示。该系统中包含两个回路：铅铋合金一回路和二次侧冷却回路。一回路由 3 条垂直流体支路、水平连接通道、弯头与接头等部件组成。3 条垂直流体支路分别为含加热器的 MH 支路、含 3D 实验池的 TS 支路和含热交换器的 HX 支路。加热器和 3D 实验池均设有加热装置。

图 3b 所示为利用 RETA 系统分析模块建立的 TALL－3D 分析模型。模型包括回路中的主要管道、加热器（1c）、3D 实验池（12b）、换热器（6c）和连接部件，其中 3D 实验池采用了简化的一维流体模型，忽略了对流体混合和分层现象的精细模拟。管道外包裹有隔热层，在分析模型中，隔热层外壁面与空气通过对流换热，空气温度取 300 K，等效对流换热系数取 10 W/（m² · K）。

利用此分析模型，选取 TALL－3D 实验序列 TR01.09 开展了强迫流动至自然循环流动的瞬态分析。在瞬态开始前，MH 支路和 TS 支路的加热功率分别为 2.58 kW 和 4.81 kW，质量流量分别为 2.63 kg/s 和 1.64 kg/s。TS 支路入口温度为 513 K，HX 二次侧冷却剂入口温度为 334 K。在瞬态开始后，回路主泵的驱动压头在 7 s 内下降为零，其他物理和边界条件保持不变，系统状态由强迫循环转变为自然循环。

图 3c 记录了不同支路的流量和不同位置处流体温度的瞬态变化趋势。实验数据表明，在系统由强迫循环转变为自然循环后，3 个支路中形成了流量和温度的振荡，振荡幅度随时间逐渐衰减。RE-TA 系统分析模型成功捕捉到支路内流量和温度的变化趋势，验证了分析模型的可靠性。同时，模拟计算结果与实验数据尚存在差异。模型对于 MH 支路的流量和温度的预测与实验数据吻合较好，而 TS

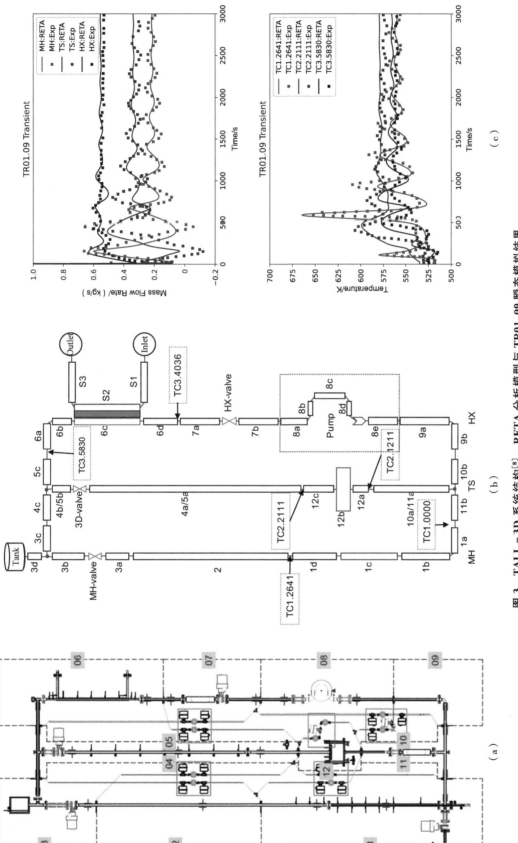

图 3 TALL - 3D 系统结构[8]、RETA 分析模型与 TR01.09 瞬态模拟结果

支路的流量和温度与实验数据吻合较差。实验数据显示，在瞬态开始后，TS 支路存在回流，但是 RETA 的模拟结果未捕捉到明显的回流，造成这种差异的原因包括 3D 实验池的简化模型和回流状况下支路摩擦力和形阻系数的变化。与实验数据对比，模拟结果中流量和温度的震荡幅度衰减更快，差异来源于系统分析模型的数值耗散项。RETA 系统分析模型需进一步优化。

4.2　KRUSTY 热管堆瞬态分析

　　KRUSTY 热管反应堆[9]是美国洛斯阿拉莫斯国家实验室设计建造的微型反应堆，采用热管进行堆芯冷却，采用斯特林发电机进行热电转换。KRUSTY 堆是首个用于千瓦级热管反应堆设计、开发和测试的演示实验装置。本文利用 RETA 的三维固体传热模块和热管计算模块，开展了 KRUSTY 热管反应堆负载跟随瞬态的验证分析工作。图 4 展示了 RETA 固体传热模块用于热管堆堆芯的稳态模拟结果和与 COMSOL 软件的相互验证。RETA 计算结果与 COMSOL 计算结果吻合较好。

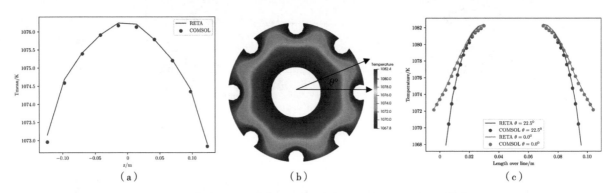

图 4　KRUSTY 堆芯稳态计算结果（径向温度分布取自轴向对称截面处与热管相邻呈 22.5°的线段）

（a）轴向平均温度分钟；（b）轴向对称而温度分布；（c）径向温度分布

　　模型采用了三维堆芯固体传热与二维热管计算模型外耦合的建模方案，在热管外壁与堆芯交界面采用了等效间隙传热模型进行耦合。实验开始后负载瞬时降低 20%。在瞬态计算时，利用点堆中子动力学模型计算瞬态反应堆功率，反应性反馈系数由 OpenMC 软件计算得到，模拟计算结果如图 5 所示。瞬态开始后，短时间内燃料温度升高，温度负反馈导致反应堆功率降低；当功率降低到一定程度后，由于负的功率系数，功率转而升高，从而反应堆功率有图 5 中振荡趋势。模拟计算结果表明，在负载下降 20% 后，反应堆在 2000 s 左右重新回到新的低功率稳态，此过程中燃料最大温升约为 5.0 K。

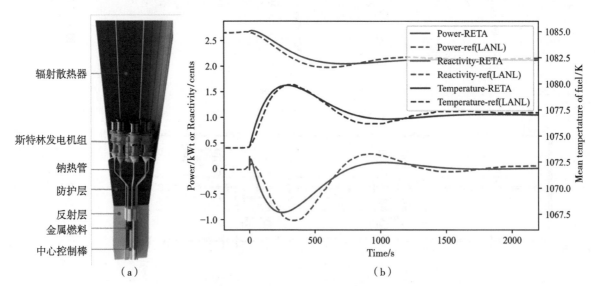

图 5　KRUSTY 堆示意图与负载跟随实验模拟计算结果

5 结论

本项工作围绕先进核能系统安全分析展开，以C++程序语言为基础、遵循现代面向对象设计方法，研发了一套多功能、易扩展的多物理求解器框架RETA。利用RETA，我们研发了三维固体传热与系统分析等模块，结合铅铋自然循环回路与热管反应堆实验装置，开展了应用分析工作，验证了相关模块的准确性与RETA的可拓展性。与其他开源或商业求解器框架不同，RETA求解器框架为独立研发，核心模块自主可控，以其为基础进行应用软件的开发具备显著优势。目前，RETA求解器框架具备了对流体及传热系统进行一维/二维、三维有限元及有限体积离散及求解的能力，但是对力学、中子物理等方程的求解仍需进行进一步研发，各模块的数值及实验验证工作尚待进一步开展。

参考文献：

［1］ 吴宏春，刘宙宇，周欣宇，等. 数值反应堆的研究现状与发展建议［J］. 原子能科学技术，2022，56（2）：193-212.

［2］ GASTON D, NEWMAN C, HANSEN G, et al. MOOSE：a parallel computational framework for coupled systems of nonlinear equations［J］. Nuclear engineering and design，2009，239（10）：1768-1778.

［3］ JASAK H, JEMCOV A, TUKOVIC Z. OpenFOAM：a C++ library for complex physics simulations［C］//International workshop on coupled methods in numerical dynamics，2007，1000：1-20.

［4］ LIU Q, MO Z, ZHANG A, et al. JAUMIN：a programming framework for large-scale numerical simulation on unstructured meshes［J］. CCF transactions on high performance computing，2019，1：35-48.

［5］ BALAY S, ABHYANKAR S, BENSON S, et al. PETSc/TAO User's Manual［R］. Argonne National Lab. (ANL)，Argonne，IL（United States），2022.

［6］ ZOU L, ZHAO H, KIM S J. Numerical study on the Welander oscillatory natural circulation problem using high-order numerical methods［J］. Progress in nuclear energy，2017，94：162-172.

［7］ HU G. Development of Heat Pipe Modeling Capabilities in a Fully-Implicit Solution Framework［C］//Proceedings of the 23rd Pacific Basin Nuclear Conference，2023.

［8］ GRISHCHENKO D, PAPUKCHIEV A, LIU C, et al. TALL-3D open and blind benchmark on natural circulation instability［J］. Nuclear engineering and design，2020，358：110386.

［9］ POSTON D I, GIBSON M A, GODFROY T, et al. KRUSTY reactor design［J］. Nuclear technology，2020，206（sup1）：S13-S30.

Development and application of a multiphysics solver framework for advanced nuclear reactors

HU Guo-jun

(School of Nuclear Science and Technology, USTC, Hefei, Anhui 230026, China)

Abstract: A generic, multi-purpose solver framework is a critical technology in achieving the autonomy goal of nuclear reactor analysis software. Development of a multi-purpose solver framework is a multi-disciplinary task and involves Partial Differential Equations (PDEs), linear algebra, and software engineering. This work develops a multiphysics solver framework (named as RETA) for advanced nuclear reactors based on C++ and object-oriented design method. Targeting on applications such as advanced nuclear reactor thermal-hydraulics, we invented the RETA solver framework. A generic, efficient, and parallel nonlinear equation solver, based on both Newton's method and Preconditioned Jacobian-Free Newton-Krylov (PJFNK) method, is integrated into RETA by interfacing with the state-of-the-art linear algebra libraries. Based on RETA solver framework, we developed an advanced nuclear reactor system analysis module, a three-dimensional FE heat transfer module, and other modules. The successful application of these modules on modeling and simulations of LBE natural circulation loop and heat pipe reactor demonstrates the flexibility of this new solver framework and shows its broad application fields.

Key words: Nonlinear equation solver; Advanced Reactor; System Analysis

基于国产异构平台暨等离子体统计物理的高能粒子空间天气灾害预警软件

朱伯靖[1,2,3,4,5]，李　燕[1,2,5]，马志阔[1,2,3,5]，颜　辉[6]，钟　英[6]，
王　武[2,7]，郭雨丰[2,7]，阮基文[8]

(1. 中国科学院云南天文台，云南　昆明　650216；2. 中国科学院天文大科学研究中心，北京　100012；
3. 中国科学院大学，北京　100049；4. 中国科学院国家空间科学中心空间天气学国家重点
实验室，北京　100190；5. 云南省太阳物理与空间目标监测重点实验室，云南　昆明　650216；
6. 中山大学国家超级计算广州中心，广东　广州　510006；7. 中国科学院计算机网络信息中心，
北京　100083；8. 美国哥伦比亚大学应用数学和物理系，美国　纽约　10027)

摘　要：太阳耀斑-CME 是产生 GeV 能级极端高能粒子最主要原因，它们随太阳风暴在行星际空间传播，是造成空间灾害天气最重要原因，不但对在轨飞行器安全产生严重影响，还会对包括电力设施在内的地面电磁环境产生灾难性破坏，亟须一套高能粒子自主预警系统来服务于空间天气灾害预报；近十年来，PSP（2018）、SOLO（2020）、ASO-S（2022）、风云系列等探测器提供了前所未有的丰富的高能粒子卫星观测数据，国产 DCU 加速卡异构超算迅猛发展为解决本问题提供了硬件条件和计算资源；本研究在我国目前自主可控的类 GPU 加速卡异构系统上、基于等离子体统计物理框架三维湍流磁重联多流体模型和具有独立自主知识产权考虑相对论效应的混杂粒子云网格-玻尔兹曼程序（RHPIC-LBM），开展异构移植、改造和优化研究，应用典型极端高能粒子观测事件考核、验证和评估数值模拟结果，开发独立自主知识产权高能粒子预警国产软件，为我国深空探测空间天气灾害提供预警服务。

关键词：高能粒子空间灾害自主预警软件；GeV 能级高能粒子事件；预警预报方法；国产 DCU 加速卡异构超算；等离子体统计物理模型

1　研究意义

太阳物理与空间天气研究中的太阳爆发现象是太阳活动最剧烈的能量释放过程，磁重联和日冕物质抛射（CME）作为磁能释放、磁场拓扑结构变化、等离子体的体积-温度-速度-热压-推力-密度迅速变化、GeV 能级极端高能粒子随太阳风（暴）向行星际空间抛射的直接原因，是太阳活动与 CME 理论研究中的基本问题（图 1）。

携带大量高能粒子的日冕物质形成太阳风暴，会对日地空间系统航空-航天器、地面电力传输及通信系统产生破坏性影响，该过程中大量抛射到行星际空间的极端 GeV 能级高能粒子，会对深空探测和空间通信导航造成重大威胁（在轨飞行器和航天员安全），是导致空间天气灾害事件的最关键因素[1-21]。我国以深空探测为代表的空天研究领域中，为保障在轨飞行器电磁环境安全，亟须一套高能粒子自主预警系统来服务于空间天气灾害预报，近年来随着空间探索领域的高速发展，这种需求也变得日趋迫切[22-31]；

作者简介：朱伯靖（1974—），男，研究生导师，副研究员，从事基于超算及等离子体统计物理框架的计算太阳物理学、计算空间物理学、计算地球与行星科学研究。

基金项目：国家基金面上（PI：NO42274216）、光合基金 A 类（PI：NO202202014479）、CCF-Phytium 基金（202308）、空间天气学国家重点实验室课题（PI：NOE11Z0301）、国家基金联合（CO-PI：NOU191120）、国家基金重点（PA：NO11933009）、国家重点研发计划（PA：NO2022YFF0503800）。

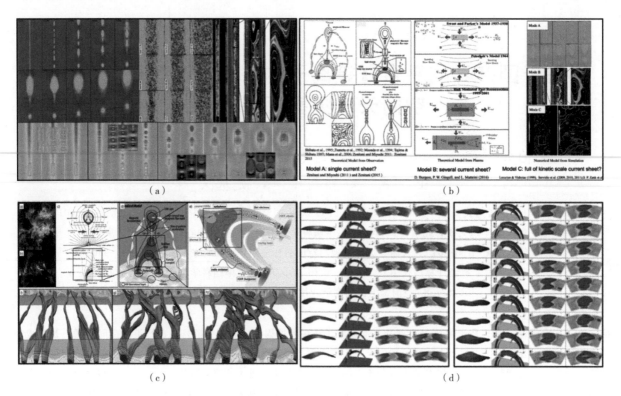

图 1　太阳耀斑－CME 大尺度精细演化过程[14,32-47]

（a）大尺度电流片精细结构 2.5D 湍流磁重联模型；（b）2D/2.5D 电流片内湍流属性；（c）大尺度电流片精细结构 3D
湍流磁重联模型；（d）纳耀斑精细演化（左：current flux loop；右：magnetic flux loop）

　　21 世纪近 10 年来，美国国家航空航天局（NASA）已开发出基于观测数据的太阳风暴预警系统（NASA Prediction Model；WSA＋ENLIL＋Cone Predicting Impacts of CMEs；WSA＋ENLIL Modelling and Predicting the Ambient Solar Wind）、美国国家科学基金会（NSF）正在积极开展极端太阳灾害事件系列研究计划（Extremely Weather Disaster Plans）、欧洲航天局（ESA）& 欧洲中期天气预报中心（ECMWF）也正在积极开展太阳高能粒子预测分析系列研究计划（High Energy Solar Particle Events for Recasting and Analysis：HESPERIA SEPS Series Plans），但迄今为止，针对高能粒子空间电磁环境的预警系统软件仍是空白（图 2）。

　　太阳活动能量储存和释放过程研究方法和理论（一次典型爆发通常在 10～48 小时释放 10^{32} 尔格能量，相当于 2010 年全球总发电量的 1.36×10^4 倍，并将超过 10^{16} 克等离子体物质抛入行星际空间），对解决空间天气等与人类活动休戚相关领域的实际问题具有重要意义；磁场在太阳爆发中起决定作用，驱动爆发能量来自太阳大气磁场及其与等离子体的相互作用，了解磁场性质、演化特征及其后果是认识太阳爆发本质规律、掌握太阳爆发极端 GeV 能级高能粒子对空间天气影响的首要和基本问题。

　　作为典型天文地学和计算机科学交叉问题的极端高能粒子预警系统，涉及理论研究（耀斑－CME 中 GeV 高能粒子成分、起源、加速机制）、观测研究（不同成分、不同丰度、不同同位素多粒子共同作用）、数值研究（高性能超算软硬件平台、高效算法）等众多领域，需要开展基础前沿多学科交叉、多学科优势（地球科学-空间物理、数理科学-太阳物理、计算机科学等）互补的实质性研究才能实现和完成；因此，基于 PSP（2018）、SOLO（2020）、ASO-S（2022）、风云系列等探测器提供的前所未有的丰富的太阳耀斑－CME 高能粒子观测数据、目前国产自主可控的类 GPU 加速卡异构系统、等离子体统计物理框架三维湍流磁重联多流体模型和具有独立自主知识产权且考虑相对论效应的混杂粒子云网格-玻尔兹曼（RHPIC-LBM）程序，开发 GeV 能级高能粒子空间天气预警软件系统，服务我国天文、地学、空天领域高能粒子预警应用研究，具有重要理论意义和实际应用价值。

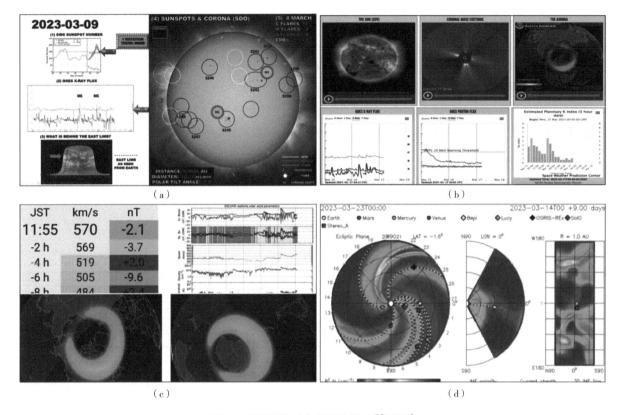

图 2　太阳爆发对空间天气影响[14,32-47]

（a）大阳活动观测结果；（b）太阳耀斑–CME 对空间天气影响；（c）极光现象预报模型；
（d）美国太阳风暴预警系统（NASA Prediction Model）

2　国内外研究现状及发展动态分析

2.1　太阳风暴 GeV 能级极端高能粒子理论研究

20 世纪 50 年代，"等离子体物理磁重联"概念最早在太阳大气活动研究中被提出后，在太阳大气活动、太阳爆发、太阳风（暴）在行星际空间传播对地球空间电磁环境影响空间天气和空间物理学领域得到长足发展，逐渐形成一个完整的理论模型框架体系（图 3）。

观测研究显示太阳爆发"等离子体磁重联"和传统等离子体物理磁重联存在区别。观测到的磁重联电流片时空尺度要远远大于等离子体物理磁重联电流片理论时空尺度，实测太阳爆发磁重联时空尺度大于经典等离子体磁重联电子特征时空尺度 11 个数量级，大尺度电流片内部充满电子和质子特征空间尺度和特征时间尺度的众多微观动理学尺度湍流电流片。同时考虑等离子体湍流与磁场湍流相互作用的湍流磁重联理论模型可实现众多动理学尺度湍流电流片的宏观集合平均效应的描述，并在宏观动力学尺度大电流片上表现出来。

极端高能粒子研究理论模型分为两类：①基于牛顿力学框架体系理论模型，该理论模型只能描述流动属性，数值实验通过求解磁流体动力学方程组和麦克斯韦方程组来研究其中的宏观动力学属性，无法研究粒子–波相互作用中的波对粒子反馈作用；②基于统计力学框架体系理论模型，该理论模型通过求解等离子体统计物理理论下的玻尔兹曼方程组和麦克斯韦方程组来研究流动属性（分布函数取 1 阶）、粒子属性（分布函数取 2 阶和高阶）及磁场与带电流/粒子间相互作用（分布函数取更高阶）。

---

① https：//modis.gsfc.nasa.gov。

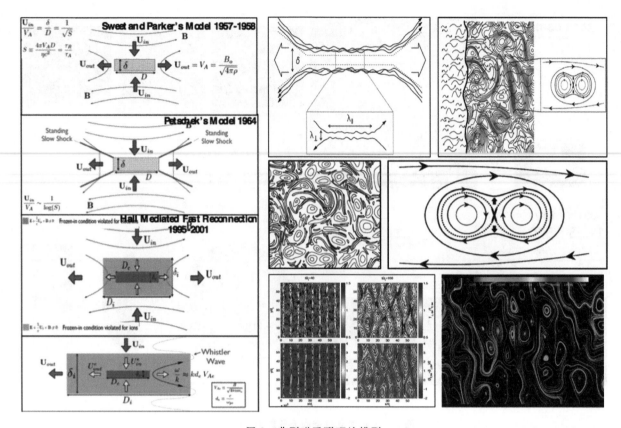

图 3　典型磁重联理论模型

(1957 年 Sweet – Park 磁重联模型，1964 年 Petschek 磁重联模型，1995 – 2001 年霍尔磁重联模型，2000 年至今湍流磁重联模型)

　　21 世纪近 10 年来，统计力学自身理论框架不断发展和完善，使得对大尺度电流片内物理核心湍流精细结构的研究和理解也越来越深入；基于等离子体统计物理框架的理论模型在研究由微观动理学到宏观动力学连续耦合尺度等离子体湍流（U）与电磁场湍流（B）自洽物理问题时，可同时考虑粒子属性和流体属性、线性湍流和非线性湍流、无共振和有共振情形下粒子-波相互作用加速过程；应用基于统计力学框架体系的理论模型研究太阳爆发高能粒子加速贡献时，优势主要体现在以下几点。

2.1.1　可在动理学-动力学连续耦合尺度上研究加速过程

　　电流片观测特征时空尺度远远大于经典等离子体物理磁重联电流片特征时空尺度；观测显示的磁重联电流片厚度与电子特征尺度比值在 $10^{10} \sim 10^{11}$（低 β 时取电子 Larmor 半径，高 β 时取电子 Inertial 长度），电流片演化特征时间与电子特征演化时间比在 $10^7 \sim 10^9$，因此通常我们定义太阳耀斑和爆发电流片为大时空尺度湍流磁重联电流片（LTSTMR）；在连续尺度开展湍流精细磁场结构与带电流/粒子耦合属性研究，可以避免用某种属性下的物理（如动力学尺度物理）表现去解释和预测所有属性下的物理（如动理学尺度物理）情况发生，可很好地描述太阳爆发大尺度湍流磁重联电流片的三维湍流属性。

2.1.2　可在三维磁重联尺度应用三维理论研究加速过程

　　虽然太阳爆发大尺度三维电流片在空间尺度上可以近似看作横观各向同性（电流片厚度远小于其宽度和长度），但其中湍流磁重联本质是三维的，在研究湍流对高能粒子加速方面，湍流的随尺度降低的三维属性无法忽略，这在研究高能粒子被加速到 GeV 能级基本问题时尤为重要；湍流是磁场及等离子体三维拓扑结构演化的过程，二维磁岛（等离子体团）演化只是三维磁环（绳）空间拓扑结构变化在不同特定二维平面投影体现；磁场湍动（磁力线相互扭曲缠绕）在不同特定二维平面投影，是三维扭曲不稳定性在不同特定二维平面投影反映，三维拓扑结构在不同二维平面内投影是不同的；粒子-波相互作用中的磁场与等离子体运动场拓扑结构变化是三维的，磁能与等离子体能耗散和相互转化是不同组分和丰度元素构成的带电流体通过磁场与等离子体运动场三维拓扑结构变化来实现的[①]。

2.2 太阳风暴 GeV 能级极端高能粒子数值模拟工具

开展太阳风暴 GeV 能级极端高能粒子加速精细原创性理论研究时，数值工具需能描述动理学-动力学连续尺度上的粒子属性和流体属性精细演化过程；从磁场与带电流/粒子相互作用中精细结构演化过程关键点出发（图 4），才能解决现有高能粒子加速研究中的瓶颈问题；实现粒子-波相互作用中的考虑共振、考虑非线性情形下的定量分析，弄清无共振效应的费米加速与有共振效应的湍流加速的区别和各自贡献大小。

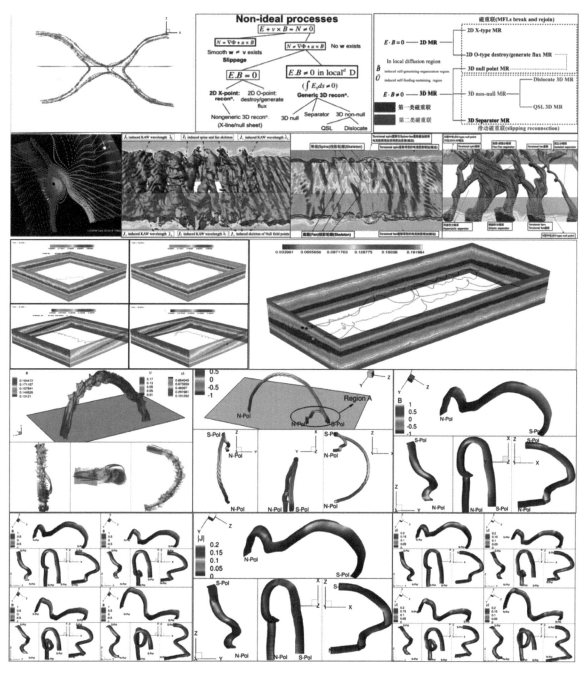

图 4 三维磁重联模型及磁绳空间拓扑结构 [10-12,14,32-47]

① https：//www.nasa.gov/feature/goddard/2022/sun/coronal-veil-are-sun-magnetic-arches-an-optical-illusion。

太阳风暴 GeV 能级极端高能粒子数值工具分为两类：第一类为求解玻尔兹曼方程组数值工具[32-35,48-68]；第二类为求解 MHD 偏微分方程数值工具（ATHENA[69]、NIRVANA[70]、ZEUS[71]、FLASH[72]、PIC[73-77]、HPIC[78-80]）。

MHD 和 PIC 模拟作为太阳物理学磁流体动力学和等离子体性质研究的典型数值实验手段，一直伴随太阳物理学研究的发展而不断改进和完善，在太阳物理数值实验中起到了重要的作用。以下为 PIC 方法的两个重要发展期。

2.2.1　20 世纪 60　80 年代末

在该阶段 PIC 方法形成并成为一个相对成熟的方法体系[73-77]（图 5）。

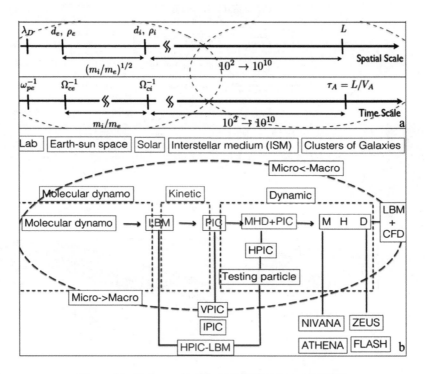

图 5　太阳爆发 GeV 能级极端高能粒子数值工具[32-47]

2.2.2　21 世纪初以来

以 GPU 为代表的计算机硬件发生革命性突破，超级计算平台在世界范围内学术研究机构迅速普及、推广、广泛应用，为 MHD - PIC 及其他数值方法发展提供了前所未有的机遇[78-80]。太阳物理学领域内观测手段的改进、高精度海量观测数据的不断涌现、国产 DCU 加速卡异构超算硬件提供商对计算量需求的热切渴望客观上也对 MHD 及 PIC 方法的发展起到了推动作用。因此，以太阳爆发及空间天气观测数据为基础，以磁重联和 CME 太阳爆发实际问题为出发点，在国产 DCU 加速卡异构超算系统平台应用 MHD - PIC 算法，开展多尺度太阳耀斑- CME 极端高能粒子问题数值实验研究，通过观测数据来修正、改进和完善新型算法程序，进而使用 MHD - PIC 算法对太阳爆发对空间天气的影响进行预测，在促进超算与太阳物理及空间天气研究交叉融合的同时，基于国产 DCU 加速卡异构超算硬件架构的新型 MHD - PIC 算法也在客观上推动了我国太阳物理及空间天气领域模拟软件的开发和研制，为实现空间天气实时预报的自主软件开发提供了理论、算法及实际算例等诸多方面的支持（图 4）。

2.3　太阳风暴 GeV 能级极端高能粒子研究现状

从国内外该领域已有研究可以得出，涉及天文地学和计算机领域典型学科交叉研究问题，都是以国家超级计算平台为依托，天文太阳物理领域、地学空间天气和空间物理领域、计算机领域等多学科领域专家共同研究解决的。

从 21 世纪以来的超算发展可以看出，CPU – GPU 异构加速是超级计算应用的趋势，特别是以 NIVIDA 为代表的 GPU 最近十几年的发展使这个趋势变得日趋明显。同时，最近十几年也是我国超算高速发展的黄金时期，特别是以国产 DCU 加速卡异构超算为代表的异构平台，为我国独立自主地开展此类预警预报系统研发提供了前所未有的机会和条件，使我们有能力在自己的平台上针对极端高能粒子事件对空间电磁环境天气影响的科学问题开展研究，开发出具有自主知识产权的高能粒子预警系统，服务于我国深空探测研究。

2.4 国内外深空探测中 GeV 能级极端高能粒子预警系统研究现状

最近 10 年来国际上以美国 NASA 和欧洲 ESA 为代表的机构在太空探索领域都已开展类似预警系统的建设，目前比较成熟的有太阳风暴对日地空间天气影响预警预报系统（NASA 预警系统）和太阳风暴引起的极光预警预报系统（NOAA 预警系统）。

2018 年至今，以美国能源部（DOE）橡树岭国家实验室（ORNL）、美国阿贡国家实验室（ANL）、美国洛斯阿拉莫斯国家实验室（LANL）、美国国家航空航天局（NASA）空间科学部、美国天气预报中心（WPC）、美国空间天气预报中心（SPC）等为代表的研究机构正在基于超级计算平台开展高能粒子对空间电磁环境影响预警预报系统研究。

2022 年，美国 E 级超算系统 Frontier（2022 年度、2023 年度世界超级计算机排名第一，https：/www.top500.org）在橡树岭国家实验室投入使用后，实验室粒子加速研究团组在这方面的进展变得更加迅速；欧洲 E 级 Jupiter 超算系统（2022 年度欧洲超级计算机排名第一，https：//eurohpc-ju.europa.eu/procurement-contract-jupiter-first-european-exascale-supercomputer-signed-2023 – 10 – 03_en）、美国 AMD CPU-GPU 异构超算系统（2023 年度实际超市计算机排名第一，代表性的为橡树岭国家实验室 Frontier、阿贡国家实验室 Autora，https：//www.top500.org）、中国科学院昆山超算先导 1 号（RHPIC-LBM-SEPs 实测证明，计算能力超过 Autora，因国际制裁，数据不能上传世界超级计算机排名[80-81]）的开通为这方面的研究提供了更为丰富的计算资源，极端高能粒子实时预警系统成为国际空天领域空间天气的研究重点之一。

在我国，包括嫦娥计划、天问计划、神舟系列、空间站在内的系列空天领域深空探测的持续快速发展，同样也有行星际空间天气极端高能粒子事件为代表的电磁环境预警预报需求。

3 RHPIC – LBM 软件

3.1 基本公式

基于统计物理框架的可用于同时描述等离子体理想宏观中性流动属性（Hydro）、等离子体非理想流动属性（动力学，Dynamo）和等离子体非理想微观粒子属性（动理学，Kinetic）的 Kinetic-dynamic-hydro model 模型的控制方程可表示为[81-83]：

$$\frac{\partial f^{\alpha}}{\partial t} + \frac{1}{\varepsilon^{\alpha}} \boldsymbol{U}^{\alpha} \cdot \nabla f^{\alpha} + \left(\frac{1}{\varepsilon^{\alpha}} \boldsymbol{E} + (\delta^{\alpha})^{2} \boldsymbol{U}^{\alpha} \times \boldsymbol{B}\right) \cdot \frac{\partial f^{\alpha}}{\partial p^{\alpha}} = \frac{\theta^{\alpha}}{(\varepsilon^{\alpha})^{2}} \nabla_{p^{\alpha}} \cdot (\nabla_{p^{\alpha}} f^{\alpha} + \boldsymbol{U}^{\alpha} f^{\alpha}) \text{。} \tag{1}$$

基于平均场理论，考虑相对论效应的速度场（$\boldsymbol{U}$）和磁场（$\boldsymbol{B}$）可以分解为低频平均分量（$\bar{\boldsymbol{U}}, \bar{\boldsymbol{B}}$）和高频扰动分量（$\widetilde{\boldsymbol{U}}, \widetilde{\boldsymbol{B}}$），分别反映宏观流动属性（Dynamic-hydro）和微观粒子属性（Kinetic）。这样，整个研究区域（理想等离子体区）和耗散区（非理想等离子体区）的磁感应方程可分别表示为式（2）、式（3）和式（4）[84-85]：

$$\frac{\partial \bar{\boldsymbol{B}}}{\partial t} = \nabla \times \{\bar{\boldsymbol{U}} \times \bar{\boldsymbol{B}}\} - \nabla \times (\hat{\alpha} \bar{\boldsymbol{B}}) + \hat{\beta} \nabla^{2} \bar{\boldsymbol{B}} + \eta_{s} \nabla^{2} \bar{\boldsymbol{B}} \text{；} \tag{2}$$

$$\frac{\partial \widetilde{\boldsymbol{B}}}{\partial t} = \nabla \times \{\bar{\boldsymbol{U}} \times \widetilde{\boldsymbol{B}}\} + \nabla \times \{\widetilde{\boldsymbol{U}} \times \bar{\boldsymbol{B}}\} + \nabla \times \{\widetilde{\boldsymbol{U}} \times \widetilde{\boldsymbol{B}}\} - \nabla \times (\hat{\alpha} \bar{\boldsymbol{B}}) + \hat{\beta} \nabla^{2} \bar{\boldsymbol{B}} + \eta_{s} \nabla^{2} \widetilde{\boldsymbol{B}} \text{；} \tag{3}$$

$$\frac{\partial B}{\partial t} = \nabla \times \left\{ \begin{aligned} & \underbrace{\frac{m_e}{e}\frac{\partial \boldsymbol{U}_e}{\partial t}}_{(a)} + \underbrace{\frac{m_e}{e}(\boldsymbol{U}_e \cdot \nabla)\,\boldsymbol{U}_e}_{(b)} + \underbrace{\frac{1}{en_e}\nabla P_e}_{(c)} + \underbrace{\frac{1}{en_e}\nabla \boldsymbol{\pi}_e}_{(d)} \\ & + \underbrace{\frac{m_e}{e}\langle \boldsymbol{\xi} \cdot \nabla \cdot \boldsymbol{\xi}\rangle}_{(e)} + \underbrace{\boldsymbol{U}_e \times \boldsymbol{B}}_{(f)} - \underbrace{\alpha_\parallel (\boldsymbol{J}\cdot \boldsymbol{b})\boldsymbol{b}}_{(g)} - \\ & \underbrace{\alpha_\perp \boldsymbol{b}\times(\boldsymbol{J}\times \boldsymbol{b})}_{(h)} + \underbrace{\alpha_\Lambda (\boldsymbol{b}\times \boldsymbol{J})}_{(i)} + \underbrace{\frac{\beta_\parallel}{e}(\nabla T_e \cdot \boldsymbol{b})\boldsymbol{b}}_{(j)} \\ & + \underbrace{\frac{\beta_\perp}{e}\boldsymbol{b}\times(\nabla T_e \times \boldsymbol{b})}_{(k)} + \underbrace{\frac{\beta_\Lambda}{e}(\boldsymbol{b}\times \nabla T_e)}_{(l)} + \underbrace{\langle \boldsymbol{\xi}\times \vec{\boldsymbol{B}}\rangle}_{(m)} \end{aligned} \right\}。 \tag{4}$$

式（1）至式（4）中具体参数含义，请参考文献[32-34]。

3.2 耗散项

等离子体内存在两类耗散：一类是由黏性引起的耗散（Viscous-induced Dissipation，VD），包含由等离子体属性所决定的经典黏性耗散（θ_{n0}）、宏观理想中性阶段由压力和湍流引起的耗散（ξ_n^{PT}）、宏观理想中性阶段由温度和湍流引起的耗散（ξ_n^{TT}）、由等离子体离子属性所决定的非理想经典耗散（θ_{ni}）、宏观非理想离子尺度由压力和湍流所引起的耗散（ξ_{ni}^{PT}）、宏观非理想离子尺度由温度和湍流所引起的耗散（ξ_{ni}^{TT}）、由等离子体电子属性所决定的非理想经典耗散（θ_{ne}）、宏观非理想电子尺度由压力和湍流引起的耗散（ξ_{ne}^{PT}）、宏观非理想电子尺度由温度和湍流所引起的耗散（ξ_{ne}^{TT}）；另一类为磁耗散（Resistive-induced Dissipation，RD），包含宏观理想中性阶段由等离子体属性所决定的耗散（η_n）、宏观理想中性阶段由湍流引起的耗散（η_n^T）、非理想离子尺度由湍流引起的耗散（η_i^T）、非理想电子尺度由湍流引起的耗散（η_e^T）。不同尺度黏性耗散与磁耗散关系如图6所示[32-34,86]。

CLS	L_{LE}	$L_{U_A}^M$	$L_{\xi_n}^{PT}$	$L_{\xi_n}^{TT}$	$L_{\eta_n}^S$	$L_{\eta_n}^T$	L_i	$L_{\xi_i}^{PT}$	$L_{\xi_i}^{TT}$	$L_{\eta_i}^T$	$L_{U_A}^K$	L_e	$L_{\xi_e}^{PT}$	$L_{\xi_e}^{TT}$	$L_{\eta_e}^T$
I(1-3): ($l > L_{\xi_n}^T$), FC, LEM, KLS — I(1): Electric neutral fluid ($l > L_{LE} \gg L_{U_A}^M$) — I(2): Ideal electrically conducting MHD ($L_{LE} > l \gg L_{U_A}^M$), — I(3): Quasi-neutral ideal MHD($L_{U_A}^M > L > L_{\xi_n}^{PT}$)															
$EC_{dyn}|_{HD}$	(✓a)	I(1)× b, I(2)✓	×	×	×	×	×	×	×	×	×	×	×	×	×
$EC_{dyn}|_{MHD}$	×	I(3)✓	×	×	×	×	×	×	×	×	×	×	×	×	×
II(1-2): ($L_{\xi_n}^{PT} > l > L_{\eta_n}^S$), FC — II(1): Quasi-neutral non-ideal MHD ($L_{\xi_n}^{PT} > L > L_{\xi_n}^{TT}$), KLS, VD/TVD [$\xi_n^{PT}$] — II(2): WIP non-ideal MHD($L_{\xi_n}^{TT} > L > L_{\eta_n}^S$), TAC, VD/TVD [$\xi_n^{PT}, \xi_n^{TT}$]															
$VD_\theta|_{HD}$	×	×	✓	✓	×	✓	×	×	×	×	×	×	✓	×	✓
$VD_\xi|_{HD}$	×	×	✓	✓	×	✓	×	×	×	×	×	×	✓	×	✓
III(1-3): ($L_{\eta_n}^S > l > L_{\xi_i}^{PT}$), TAC — III(1): WIP non-ideal MHD to PIP non-ideal MHD ($L_{\eta_n}^S > L > L_{\eta_n}^T$), FC, VD/TVD [$\xi_n^{PT}$], RD/TRD [$\eta_n^S$] — III(2): PIP non-ideal MHD($L_{\eta_n}^T > L > L_i$), FC&PC, VD/TVD [ξ_n^{PT}, ξ_n^{TT}], RD/TRD [η_n^S, η_n^T] — III(3): FIP MHD ($L_i > l > L_{\xi_i}^{PT}$), FC&PC, VD/TVD [ξ_n^{PT}, ξ_n^{TT}], RD/TRD [η_n^T, η_n^T], HMHD [L_i]															
$RD_{\eta_s}|_{MHD}$	×	×	×	×	✓	×	×	×	×	×	×	×	×	×	×
$RD_{\eta^T}|_{MHD}$	×	×	×	×	✓	✓	×	×	×	×	×	×	×	×	×
HMDD	×	×	✓	✓	×	×	✓	✓	×	×	✓	×	×	✓	✓
IV(1-2): ($L_{\xi_i}^{PT} > l > L_{\eta_i}^T$), FIP MHD, FC&PC, TAC — IV(1): ($L_{\xi_i}^{PT} > l > L_{\xi_i}^{TT}$), VD/TVD [$\xi_n^{PT}, \xi_n^{TT}, \xi_i^{PT}$], RD/TRD [$\eta_n^S, \eta_n^T$] — IV(2): ($L_{\xi_i}^{TT} > l > L_{\eta_i}^T$), VD/TVD [$\xi_n^{PT}, \xi_n^{TT}, \xi_i^{PT}$], RD/TRD [$\eta_n^S, \eta_n^T, \eta_i^T$]															
$VD_\theta|_{IMHD}$	×	×	✓	✓	×	✓	×	✓	✓	×	×	×	✓	✓	✓
$VD_\xi|_{IMHD}$	×	×	✓	✓	×	✓	×	✓	✓	×	×	×	✓	✓	✓
V(1-3): ($L_{\eta_i}^T > l > L_{\xi_e}^{PT}$), FIP MHD, FC&PC, TAC — V(1): ($L_{\eta_i}^T > l > L_{U_A}^K$), FIP MHD, FC&PC, VD/TVD [$\xi_n^{PT}, \xi_n^{TT}, \xi_i^{PT}, \xi_i^{TT}$], RD/TRD [$\eta_n^S, \eta_n^T, \eta_i^T$], TAC — V(2): ($L_{U_A}^K > l > L_e$) FIP MHD, FC&PC, VD/TVD [$\xi_n^{PT}, \xi_n^{TT}, \xi_i^{PT}, \xi_i^{TT}$], RD/TRD [$\eta_n^S, \eta_n^T, \eta_i^T$], TAC — V(3): ($L_e > l > L_{\xi_e}^{PT}$) EMHD, FC&PC, VD/TVD [$\xi_n^{PT}, \xi_n^{TT}, \xi_i^{PT}, \xi_i^{TT}$], RD/TRD [$\eta_n^T, \eta_n^T, \eta_i^T$], TAC, MF															
$RD_{\eta_i^T}|_{IMHD}$	×	×	×	×	×	×	×	×	×	✓	×	×	×	×	×
HMHD	×	×	✓	✓	×	×	×	✓	✓	×	×	×	×	✓	✓
VI(1-2): ($L_{\xi_e}^{PT} > l > L_{\eta_e}^T$), FIP MHD, FC&PC, TAC — VI(1): ($L_{\xi_e}^{PT} > l > L_{\xi_e}^{TT}$) EMHD, VD/TVD [$\xi_n^{PT}, \xi_n^{TT}, \xi_i^{PT}, \xi_i^{TT}, \xi_e^{PT}$], RD/TRD [$\eta_n^S, \eta_n^T, \eta_i^T$] — VI(2): ($L_{\xi_e}^{TT} > l > L_{\eta_e}^T$) EMHD, VD/TVD [$\xi_n^{PT}, \xi_n^{TT}, \xi_i^{PT}, \xi_i^{TT}, \xi_e^{PT}, \xi_e^{TT}$], RD/TRD [$\eta_n^S, \eta_n^T, \eta_i^T$]															
$VD_\theta|_{EMHD}$	×	×	×	×	×	×	×	×	×	×	×	×	✓	×	✓
$VD_\xi|_{EMHD}$	×	×	×	×	×	×	×	×	×	×	×	×	✓	×	✓
VII ($L_{\eta_e}^T > l$) EMHD, FC&PC, VD/TVD [$\xi_n^{PT}, \xi_n^{TT}, \xi_i^{PT}, \xi_i^{TT}, \xi_e^{PT}, \xi_e^{TT}$], RD/TRD[$\eta_n^S, \eta_n^T, \eta_i^T, \eta_e^T$], TAC															
$RD_{\eta_e^T}|_{EMHD}$	×	×	×	×	×	×	×	×	×	×	×	×	×	×	✓

a✓: Energy dissipation (e.g., EC, VD/TVD, RD/TRD, Hall effect dissipation, and so on) happens at this special CLS. b×: Energy dissipation (e.g., EC, VD/TVD, RD/TRD, Hall effect dissipation, and so on) doesn't happen at this special CLS. For symbol definitions, see Appendix B.

图6 不同尺度黏性耗散与磁耗散关系

图 6 中具体参数含义，请参考文献［86］。

3.3 等离子体统计物理模型

基于统计力学理论框架，场（磁场、电场、电磁场）与流体（中性流体、电子流体、离子流体）间的相互作用，可转化为虚拟流体（磁场虚拟流体、电场虚拟流体、电磁场虚拟流体）与真实流体间的相互作用；在 RHPIC-LBM 中，磁场定义为 D3Q7 格点模型、电场定义为 D3Q13 格点模型、电磁场定义为 D3Q13 格点模型、电子流体定义为 D3Q19 格点模型，离子流体定义为 D3Q19 格点模型，中性流体定义为 D3Q27 格点模型[87]。RHPIC-LBM 格点模型如图 7 所示。

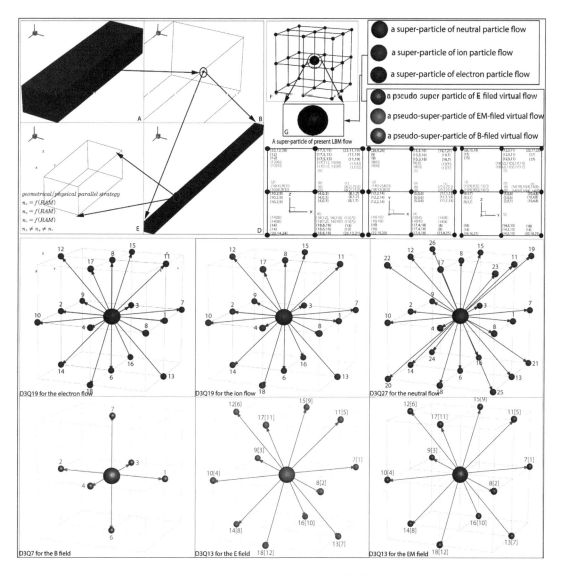

图 7　RHPIC-LBM 格点模型[32-47]

关于图 7 格点模型中具体标号含义及具体的相互作用过程，请参考文献［87］。

3.4 程序流程

RHPIC-LBM 程序包含 4 个部分：①边界条件、初始条件、跨尺度 Hurst 指数及其他基本参数设定；②分布函数定义；③核心计算；④后处理和二次分析部分。RHPIC－LBM 程序流程如图 8 所示[32-47]。由于本程序属于内存消耗型程序，为保障物理模型、数学模型和数值模型在计算中的稳定性，本程序的③、④部分分为并行同构 CPU 版本[32-47]、并行异构 CPU－GPU 版本[88-89]、并行异构 CPU-DCU 版本[90]。

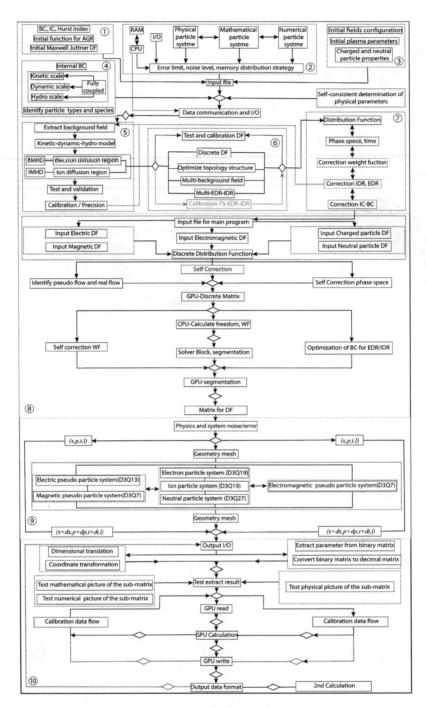

图 8　RHPIC-LBM 程序流程[32-47]

关于图 8 中的具体过程，请参考文献 [32 - 47，86 - 90]。

3.5　伪代码流程

对应于 3.3 节的程序流程，RHPIC-LBM 程序包含 10 个子程序包：1～7 为参数输入及物理矫核过程（几何和物理参数输入；误差限、噪音水平、内存分配方案；自洽参数正则化；粒子类型和 IC；BC；Kinetic-dynamic-hydro 耦合时空参数矫核；分布函数物理自洽矫核）；8 为分布函数定义；9 为核心计算；10 为后处理和二次分析部分。RHPIC - LBM 伪代码流程如图 9 所示[32-47]。由于本程序属于内存消耗型程序，为保障物理模型、数学模型和数值模型在计算中的稳定性，子程序 8～10 分为并行同构 CPU 版本[32-47]、并行异构 CPU - GPU 版本[88-89]、并行 CPU - DCU 版本[90]。

Algorithm ① Geometry & physics input

Algorithm ② Error limit, noise level, memory distribution strategy

Algorithm ③ Normalization and self-consistent determination

Algorithm ④ Identify particle types & species and initial BC

Algorithm ⑤ Calibration on continuous kinetic-dynamic-hydro fully coupled temporal-spatial scale

Algorithm ⑥ Testing and calibration distribution function

Algorithm ⑦ Re-calibration distribution function

Algorithm ⑧ Discrete distribution functions

Algorithm ⑨ Evolution and I/O

Algorithm ⑩ Output analysis

图 9　RHPIC-LBM 伪代码流程[32-47]

3.6 验证与考核

3.6.1 并行 CPU 版本

并行同构 CPU 版本程序计算量巨大，需要 10 万 CPU 核心级别平台；存在内存需求巨大、单算例长时间运行（单算例 10 万 CPU 核心，$24 \times 7 = 168$ 小时）、原始计算结果量巨大（单算例 150 TB）等问题。该程序需要巨大计算资源的消耗及对超算系统长时间高负载运行的要求（每算例通常需要 10 万 CPU 核心连续运行一周）。2015—2018 年，在国家超级计算广州中心"天河二号"完成了并行 CPU 版本 10 万 CPU 核心级规模运算[33-34]。

3.6.2 并行异构 CPU－GPU 版本

为了能计算更大规模的物理问题，对 3.5.1 版本进行改造和优化，2019—2021 年，在美国橡树岭国家实验室超算平台完成了并行 CPU-GPU 版本 4000 节点、96400CPU 核心满负载连续运行一周测试（图 10、图 11）[80-81]。

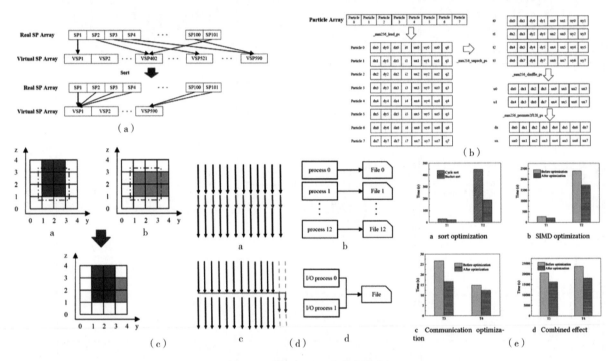

图 10　CPU-GPU 平台优化方案

（a）真实超粒子和虚拟超粒子 Sorting 前后的矩阵存储策略；（b）分布函数矩阵数据交换策略；（c）不同矩阵存储策略算法比较；（d）I/O 优化策略（a 和 b 为优化前后输出策略；c 和 d 为优化前后数据存储策略）；（e）Sorting、SIMD、混合优化算法

3.6.3 并行 CPU-DCU 版本

为开发具有完全独立自主知识产权的 RHPIC－LBM 程序，在 3.5.2 小节基础上，基于目前自主可控的类 GPU 加速卡异构系统（图 12）开展异构移植、改造和优化研究；在具体优化过程中，对 LBM 核心分布函数的每个线程进行优化（算子 1）、把 CPU－GPU 版本中的 Push－Push/Pull－Pull 时空步骤优化为 Push－Pull－Push 混合时空步骤（算子 2）、同步分布函数值（算子 3）、多核心过程（算子 4）改造（图 13、图 14）。

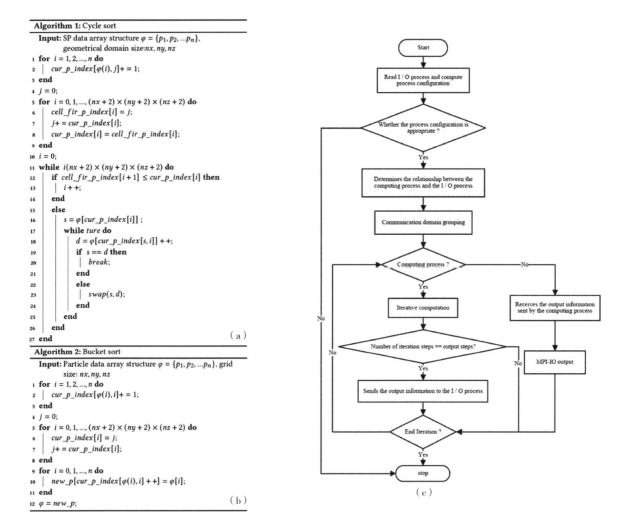

图 11 CPU-GPU 平台优化算子和流程

（a）Cycle sort 优化算子；（b）Bucket sort 优化算子；（c）I/O 优化算子流程

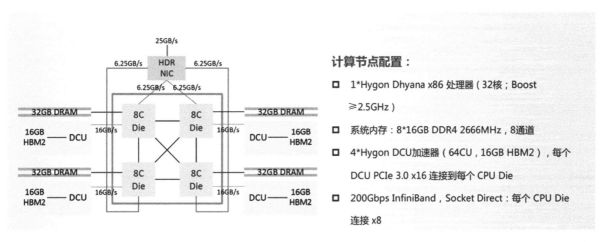

图 12 自主可控的类 GPU 加速卡异构系统

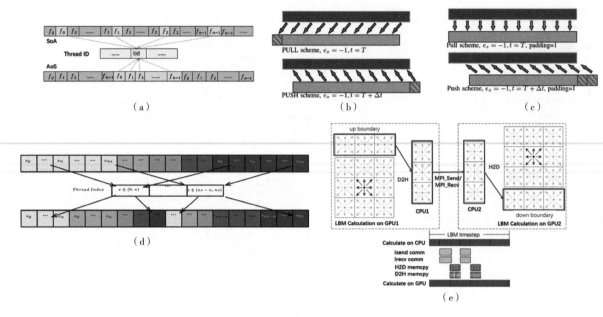

（a）　　　　　　　　　　　（b）　　　　　　　　　　　（c）

（d）　　　　　　　　　　　　　　　　（e）

图 13　CPU-DCU 平台优化方案

（a）分布函数矩阵 AoS 方式向 SoA 方式优化；（b）Push-Pull 混合框架时空步骤优化；（c）Push-Pull 混合框架时空步骤优化
（Padding 模式）；（d）矩阵同步拷贝（Async copy）；（e）CPU-DCU 异构平台（上图），分布函数和数据交换模式（下图）

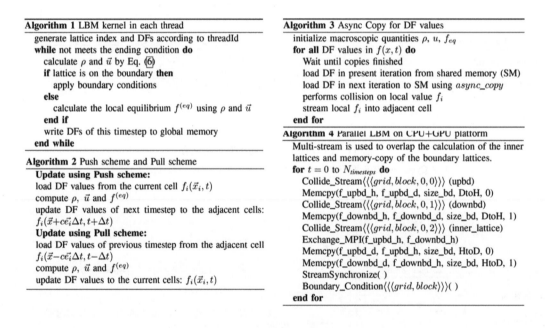

图 14　CPU-DCU 算子 1～4 改造优化过程

3.6.4　验证考核

在国家超算中心中国科学院中心国产 DCU 加速卡异构超算先导 1 号昆山平台[80-81]，完成 CPU -
DCU 版本的移植改造；现有数据驱动 RHPIC-LBM 程序可在 DCU 异构平台顺利布置并开展极端高
能粒子事件研究。测试表明 LBM 程序在一张 DCU 卡上的计算性能高于 32 个 CPU 核心性能的 2～3
倍，'东方'异构超算平台可提供 3 万张 DCU 加速卡，其计算能力高于 100 万 CPU 核心，可实现高
解析度、超大规模、GeV 极端高能粒子模拟（图 12 至图 15）。

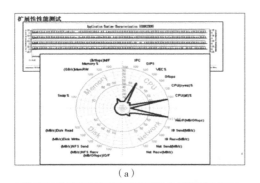
(a)

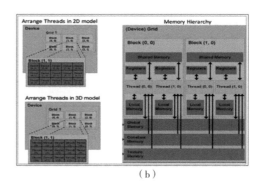
(b)

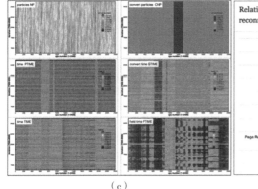
(c)

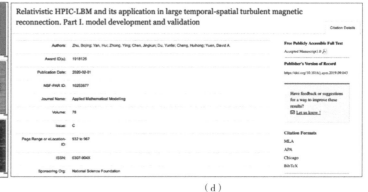
(d)

图 15　RHPIC-LBM 程序验证和考核

（a）CPU 版本扩展性测试；（b）CPU-GPU 版本扩展原理；（c）优化后不同部分运行时间比例分析；（d）RHPIC－LBM 程序获得
包括美国能源部下属三个国家实验室在内的认可和支持；CORNL 国家实验室 George Ignatius Fann 对比 CPU－GPU
算法及质子加速；前 ANL 国家实验室，现 SUNY Matthew Gregg Knepley 与 LBNL 国家实验室 Mark F Adams
就自适应网格效率对比验证和考核；美国 LANL 就 VPIC 对比验证和考核，详见文献［33－34，80－81］

4　应用

4.1　太阳耀斑和爆发电流片精细演化湍流模型

从太阳活动磁能转化为等离子体能（等离子体整体热势能、整体动能、部分高能粒子动能）理论基础分析，极端高能粒子产生在磁重联过程中的电流片耗散区内[91-92]。观测显示，极端高能粒子主要产生在耀斑环顶部及足点区（足点运动），同时包含电子、质子、He、重粒子等多种元素和同位素的粒子[93-95]。

描述 LTSTMR 中的千公里量级电流片（宏观流动属性尺度在 0.1～1000 千米量级，微观粒子属性尺度在 0.1～100 米量级）内部湍流结构成为真实反映自然界中高能粒子加速的前提和基础。为此我们通过精细磁场结构与带电流/粒子耦合属性进行研究（图1）。

4.2　极端高能粒子轨迹

高能粒子加速研究中，粒子空间运动轨迹（Path Line）与速度场运动（Stream Line）暨磁场运动（Magnetic Field Line）不重合，特别是在分析极端高能粒子时，观测和理论表明：由于磁场与速度场耦合，运动轨迹有可能穿过 Stream line 和 Magnetic field line。因此，真实描述高能粒子加速过程中的运动轨迹是后续进一步研究极端高能粒子能量的基础，为此我们系统研究了高能粒子加速过程中的运动轨迹（图16）。

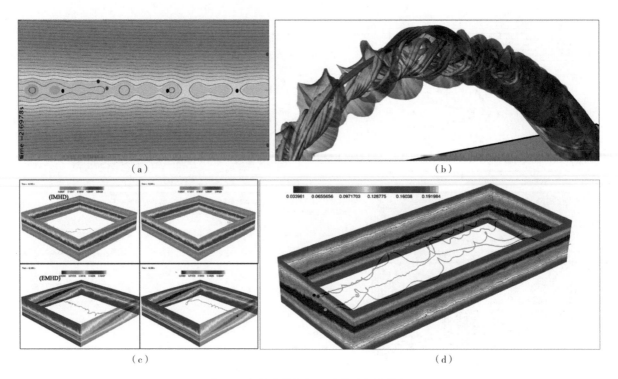

图 16 极端高能粒子运动轨迹数值模拟

（a）2.5D典型粒子运动轨迹 ；（b）耀斑环内在磁场与流场相互作用过程中高能粒子运动；
（c）离子特征尺度和电子特征尺度下粒子运动轨迹；（d）典型粒子运动轨迹

4.3 极端高能粒子起源

由太阳活动"一磁两爆"过程中产生的 GeV 极端高能粒子在行星际空间随太阳风暴传播是造成深空探测空间灾害的最重要原因[80,91-92]。我们针对考虑电子和质子两种属性粒子环顶部湍流（Loop Shrinking Region，Bottom，Middle，Top）过程中的极端高能粒子加速问题开展研究[93-95]；研究结果显示：湍流加速（Ⅰ类费米加速和Ⅱ类费米加速；也称激波加速）与波粒子相互作用加速为不同的加速机制，且波粒子相互作用在 GeV 极端高能粒子加速作用中起主导作用；环顶 GeV 极端高能粒子产生位置（Source）和起源（Origin）研究结果，为 RHPIC-LBM 预警软件研发提供了数据驱动模块方面的基础[80-81,96]（图 17）。

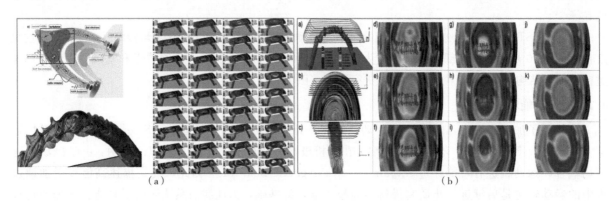

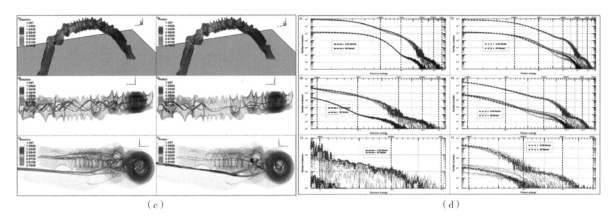

（c）   （d）

图 17　极端高能粒子起源（Source and Origin）数值模拟

（a）环顶湍流粒子加速模型；（b）湍流引起的高能粒子加速过程；（c）质子和电子运动轨迹；（d）质子和电子不同能谱分析

5　结论

5.1　国产 DCU 加速卡异构超算上的 GeV 极端高能粒子模拟新方法

在国际上推出不同于现有基于牛顿力学框架体系的求解磁流体动力学偏微分方程方法（如 A-THENA、NIRVANA、ZEUS、FLASH、PIC、HPIC），即基于等离子体统计物理框架 RHPIC-LBM 科学新方法，实现"从 0 到 1"的跨越，解决研究中的"卡脖子"关键科学方法问题。实现独立自主的预警系统建设，为支撑我国本领域系统发展且在国际上占有一席之地起到关键作用。

5.2　10～30 万核心超算平台 RHPIC-LBM DCU 加速卡异构优化关键技术

在国产 DCU 加速卡异构超算平台上对 RHPIC-LBM 优化，并对粒子加速模拟，实现"从 0 到 1"的跨越，有效解决了"卡脖子"关键技术，对 RHPIC-LBM 的不断完善及在国际上本领域的有效布局和推广产生重要影响；完成预警平台系统建设，并能像 NASA 太阳风暴及 NOAA 极光预警预报系统一样公开提供服务。

程序与数据分享声明（Code and data availability statement）：

所有版本程序和数据均存放在国家超级计算广州中心、国家超级计算中国科学院中心、中国科技云，在完成软件著作权和专利后，免费提供给读者使用。

致谢

衷心感谢国家超级计算广州中心卢宇彤教授、杜云飞教授、陈景坤博士、万文博士、卢惠中博士、王栋博士等提供的超算服务；衷心感谢国家超级计算成都中心郑亮博士等及中科曙光郑宇博士、田丽红博士、吉青博士等提供的超算服务；衷心感谢中国科学院计算机网络信息中心迟学斌研究员、金钟研究员、刘丽萍博士等提供的超算服务；衷心感谢英国谢菲尔德大学 Robert von Fay-Siebenburgen 教授、美国橡树岭国家实验室 George Ignatius Fann 研究员、美国阿贡国家实验室暨纽约州立大学 Matthew Gregg Knepley 副教授、美国劳伦斯伯克利国家实验室（LBNL）Mark F Adams 研究员、美国洛斯阿拉莫斯国家实验室（LANL）李辉研究员和李胜台研究员在程序验证方面给予的超算服务。

参考文献：

［1］　RICHARDSON J D, KASPER J C, WANG C, et al. Cool heliosheath plasma and deceleration of the upstream solar wind at the termination shock ［J］. Nat., 2008，454：63 - 66.

［2］　陈耀. 等离子体物理学基础 ［M］. 北京：科学出版社，2019.

[3] WANG C, RICHARDSON J D. Energy partition between solar wind protons and pickup ions in the distant heliosphere: a three-fluid approach [J]. Journal of geophysical research: space physics, 2001, 106 (A12): 29401 – 29407.

[4] ZONG Q G, WANG Y F, YANG B, et al. Recent progress on ULF wave and its interactions with energetic particles in the inner magnetosphere [J]. Sci China Ser E, 2008, 51: 1620 – 1625.

[5] YAN Y H. On the coronal magnetic field configuration and solar flare/CME process [J]. Space Sci. Rev., 2005, 121: 213 – 221.

[6] 涂传诒，宗秋刚，周煦之. 日地空间物理学 [M]. 北京：科学出版社，2019.

[7] WANG C, GUO X C, PENG Z, et. al. Magnetohydrodynamics (MHD) numerical simulations on the interaction of the solar wind with the magnetosphere: a review [J]. Sci. China Earth Sci., 2013, 56: 1157 – 2241.

[8] FU H S. Fermi and betatron acceleration of suprathermal electrons behind dipolarization fronts [J]. GRL, 2011, 38: 16104.

[9] 甘为群，王德焴. 太阳高能物理 [M]. 北京：科学出版社，2016.

[10] YAN Y H. On the application of the boundary element method in coronal magnetic field reconstruction [J]. Space Sci. Rev., 2003, 107: 119 – 138.

[11] TIAN H, LI G, REEVES K K, et al. Imaging and spectroscopic observations of magnetic reconnection and chromosphere evaporation in a solar flare [J]. APJL, 2014 (L14): 797.

[12] HE J S, MARSCH E, TU C Y, et al. Excitation of kink waves due to small-scale magnetic reconnection in the chromosphere? [J]. APJL, 2009 (L217): 705.

[13] REAMES V D. Sixty years of element abundance measurements in solar energetic particles [J]. Space Sci. Rev., 2021, 217: 72.

[14] LIN J, MURPHY N A, SHEN C C, et al. Review on current sheets in cme development: theories and observations [J]. Space Sci. Rev., 2015, 194: 237 – 302.

[15] BIAN X K, JIANG C W, FENG X S, et al. Homologous coronal mass ejections caused by recurring formation and disruption of current sheet within a sheared magnetic arcade [J]. APJL, 2022 (L7): 925.

[16] XIA L D, MARSCH E, CURDT W. On the outflow in an equatorial coronal hole [J]. A&A, 2003 (L5 – L9): 99.

[17] KLIMCHUK J A. Commission 10: solar activity [J]. IAU symposium, 2007 (XXVIA): 1 – 14.

[18] SONG H Q, CHEN Y, LI G, et al. Coalescence of macroscopic magnetic islands and electron acceleration from STEREO observation [J]. Phys. Rev. X., 2012 (2): 021015.

[19] WANG R S, LU Q M, NAKAMURA R, et al. Coalescence of magnetic flux ropes in the ion diffusion region of magnetic reconnection [J]. Nat. Phys., 2016 (12): 263 – 267.

[20] 吴伟仁，于登云，黄江川，等. 太阳系边际探测研究 [J]. 中国科学信息科学，2019 (49): 1 – 16.

[21] TIAN H, CHEN N H. Multi-episode chromospheric evaporation observed in a solar flare [J]. APJ, 2018 (34): 856.

[22] LAZARIAN A, KOWAL G, XU S, et al. 3D turbulent reconnection: 20 years after [J]. J. Phys. Conf. Ser., 2019 (1332): 012009.

[23] LAZARIAN A, EVINK G L, JAFARI, et al. 3D turbulent reconnection: theory, tests, and astrophysical implications [J]. Phys. Plasmas., 2020 (27): 012305.

[24] FORBES T G. Magnetic reconnection in solar flares [J]. Geophys. Astrophys. Fluid. Dyn., 1991 (62): 15 – 36.

[25] 吴伟仁，王赤，刘洋，等. 深空探测之前沿科学问题探析 [J]. 科学通报，2023 (68): 606 – 627.

[26] 吴德金，陈玲. 实验室、空间和天体等离子体中的动力学阿尔文波 (Kinetic Alfvén Waves in Laboratory, Space, and Astrophysical Plasmas) [M]. 南京：南京大学出版社；Berlin：Springer Press, 2021,

[27] PONTIN D I. Three-dimensional magnetic reconnection regimes: a review [J]. Adv. Space. Res., 2011 (47): 1508 – 1522.

[28] 林隽，汪敏，田晖，等. 太阳爆发的抵近探测 [J]. 中国科学：物理学 力学 天文学，2019 (49): 059607.

[29] FU H S, KHOT YAINTSEV Y V, VAIVADS A, et al. Energetic electron acceleration by unsteady magnetic reconnection [J]. Nat. Phys., 2013 (9): 426-430.

[30] SHI Q Q, ZONG Q G, FU S Y, et al. Solar wind entry into the high-latitude terrestrial magnetosphere during geomagnetically quiet times [J]. Nat. Commun., 2013 (4): 1466.

[31] TORBERT R B, BURCH J L, PHAN T D, et al. Electron-scale dynamics of the diffusion region during symmetric magnetic reconnection in space [J]. Science, 2018 (362): 1391-1395.

[32] ZHU B J, YAN H, YUEN D A, et al. Electron acceleration in interaction of magnetic islands in large temporal-spatial turbulent magnetic reconnection [J]. EPP., 2019 (3): 17-25.

[33] ZHU B J, YAN H, YUEN D A, et al. Relativistic HPIC-LBM and its application in large temporal-spatial turbulent magnetic reconnection Part I [J]. Model development and validation, 2020 (78): 932-967.

[34] ZHU B J, YAN H, YUEN D A, et al. Relativistic HPIC-LBM and its application in large temporal-spatial turbulent magnetic reconnection. Part II [J]. Role of turbulence in the flux rope interaction, 2020 (78): 968-988.

[35] 朱伯靖, 林隽. 粒子云网格方法在大尺度湍流磁重联研究中的应用和进展 [J]. 天文学进展, 2016 (34): 459-476.

[36] PESNELL W D, THOMPSON B J, CHAMBERLIN P C. The Solar Dynamics Observatory (SDO) [J]. Sol Phys., 2012 (275): 3-15.

[37] PONTIEU B D, SCHRYVER C J, LEMEN J R, et al. The Interface Region Imaging Spectrograph (IRIS) [J]. Sol Phys., 2014 (289): 2733-2779.

[38] PONTIEU B D, VANESSA P, VIGGO H, et al. A new view of the solar interface region from the Interface Region Imaging Spectrograph (IRIS) [J]. Sol. Phys., 2021 (296): 84.

[39] LIN J, CRANMER S R, FARRUGIA C J. Plasmoids in reconnecting current sheets: solar and terrestrial contexts compared [J]. JGR, 2008 (113): 1-21.

[40] SHEN C J, CHEN B, REEVES K K, et al. The origin of underdense plasma downflows associated with magnetic reconnection in solar flares [J]. Nat Astron, 2022: 593.

[41] WRIGHT P J, HANNAH L G, GREFENSTETTE B W, et al. Microflare heating of a solar active region observed with NuSTAR, Hinode/XRT, and SDO/AIA [J]. APJ, 2017 (844): 132.

[42] AULANIER G, JANVIER M, SCHMIEDER B, et al. The standard flare model in three dimensions I. Strong-to-weak shear transition in post-flare loops [J]. A&A, 2012 (A110): 543.

[43] AULANIER G, DEMOULIN P, SCHRIJVER C J, et al. The standard flare model in three dimensions. II. Upper limit on solar flare energy [J]. A&A, 2013 (A66): 549.

[44] JANVIER M, AULANIER G, PARIAT E, et al. The standard flare model in three dimensions. III. Slip-running reconnection properties [J]. A&A, 2013 (A77): 555.

[45] KONTAR E P, PEREZ J E, HARRA L K, et al. Turbulent kinetic energy in the energy balance of a solar flare [J]. PRL. 2017 (118): 155101.

[46] LIN R P, DENNIS B R, HURFORD G J, et al. The Reuven Ramaty High-Energy Solar Spectroscopic Imager (RHESSI) [J]. Sol Phys, 2002 (210): 3-32.

[47] SCHERRER P H, SCHOU J, BUSH R J, et al. The Helioseismic and Magnetic Imager (HMI) Investigation for the Solar Dynamics Observatory (SDO) [J]. Sol Phys, 2012 (275): 207-227.

[48] LEMEN J R, TITLEA M, AKIND J, et al. The Atmospheric Imaging Assembly (AIA) on the Solar Dynamics Observatory (SDO) [J]. Sol Phys, 2012 (275): 17-40.

[49] MENDOZA J D, MUÑOE J D. Three-dimensional lattice Boltzmann model for magnetic reconnection [J]. Phys. Rev. E., 2008 (77): 026713.

[50] DELLAR P J. Lattice boltzmann magnetohydrodynamics with current-dependent resistivity [J]. J. Comput. Phys., 2011 (237): 115-131.

[51] CHENG H H, QIAO Y C, LIU C, et al. Extended hybrid pressure and velocity boundary conditions for D3Q27 lattice Boltzmannmodel [J]. AMM, 2012 (36): 2031-2055.

[52] ROMATSCHKE P, MENDOZA M, SUCCI S. Fully relativistic lattice Boltzmann algorithm [J]. Phys. Rev. C., 2011 (84): 034903.

[53] MOHSEN F, MENDOZA M, SUCCI S, et al. Lattice Boltzmann model for resistive relativistic magnetohydrodynamics [J]. Phys. Rev. E., 2015 (92): 023309.

[54] JIANG C W, FENG X S, LIU R, et al. A fundamental mechanism of solar eruption initiation [J]. Nat Astron, 2021 (5): 1126 - 1138.

[55] MORA P, MORRA G, YUEN D A, et al. Optimal surface-tension isotropy in the Rothman-Keller color-gradient lattice Boltzmann method for multiphase flow [J]. Phys. Rev. E., 2021 (103): 033302.

[56] MORA P R, MORRA G, YUEN D A, et al. Simulation of thermal convection and plume dynamics regimes by the Lattice Boltzmann Method [J]. Phys. Earth Planet. Inter., 2018 (275): 69 - 79.

[57] POTTASCH R S. The Effect of Optical Depth in the Spectrum of Helium (triplets) in Nebulae [J]. APJ, 1962 (135): 385.

[58] POTTASCH R S. A comparison of the chemical composition of the solar atmosphere with meteorites [J]. Ann Astr, 1964 (27): 163.

[59] SONG H Q, ZHOU Z J, LI L P, et al. The reversal of a solar prominence rotation about its ascending direction during a failed eruption [J]. APJL, 2015 (864): L37.

[60] CHEN Y, WU Z, LIU W, et al. Double-coronal x-ray and microwave sources associated with a magnetic breakout solar eruption [J]. APJL, 2016 (843): 8.

[61] GOU T Y, LIU R, WANG Y M, et al. Stereoscopic observation of slipping reconnection in a double candle-flame-shaped solar flare [J]. APJL, 2016 (821): L28.

[62] CHEN Z Z, WANG T Y, YU Y, et al. Relationship between current filaments and turbulence during a turbulent reconnection [J]. APJL, 2018 (888): L16.

[63] PARNELL C E, HAVNES A L. 3D Magnetic reconnection [M]. Cambridge : Cambridge University Press. 2010.

[64] GALSGAARD K. Dynamical investigation of three-dimensional reconnection in quasi-separatrix layers in a boundarydriven magnetic field [J]. JGR, 2000, (105): 5119 - 5134.

[65] EFFENBERGER F, CRAIG I J D. Simulations of 3D magnetic merging: resistive scalings for null point and QSL reconnection [J]. Sol Phys, 2016 (291): 143 - 153.

[66] AULANIER G, RARIAT E, DEMOULIN P. Slip-running reconnection in quasi-separatrix layers [J]. Sol Phys, 2006 (238): 347 - 376.

[67] PARIAT E, AULANIER G, DEMOULIN P, et al. A new concept for magnetic reconnection: slip-running reconnection [J]. Proceedings of the French society of astronomy and astrophysics annual meeting, 2006 (SF2A): 559.

[68] WILSON IIIL L B, CHEN L J, WANG S, et al. Electron Energy Partition across Interplanetary shocks. II. Statistics [J]. APJS, 2019 (245): 24.

[69] STONE J M, GARDINER T A, TEUBEN P, et al. Athena: a new code for astrophysical MHD [J]. APJ, 2008 (178): 137.

[70] ZIEGLER U. The NIRVANA code: parallel computational MHD with adaptive mesh refinement [J]. Comput PhysCommun, 2008 (179): 227 - 244.

[71] CLARKE D A. On the reliability of zeus - 3D [J]. APJ, 2010 (187): 119.

[72] FRYXELL B, OLSON K, RICKER P, et al. The structure of carbon detonation in type Ia supernovae [J]. APJS, 2000, 131: 273.

[73] NAKAMURA T K M, HASEGAWA H, DAUGHTON W, et al. Turbulent mass transfer caused by vortex-induced reconnection in collisionless magnetospheric plasmas [J]. Nat Commun, 2017, (8): 1582.

[74] DAUGHTON W, ROVTERSHTEYNV, KARIMABADI H, et al. Role of electron physics in the development of turbulent magnetic reconnection in collisionless plasmas [J]. Nat Phys, 2011, (7): 539 - 542.

［75］ FUJIMOTO K. A new electromagnetic particle-in-cell model with adaptive mesh refinement for high-performance parallel computation ［J］. J. Comput. Phys. , 2011 (230)：8508 – 8526.

［76］ FUJIMOTO K. Three-dimensional outflow jets generated in collisionless magnetic reconnection ［J］. GRL, 2016 (43)：10557 – 10564.

［77］ ADAMS M F, HIRVIJOKI E, KNEPLEY M G, et al. Landau collision integral solver with adaptive mesh refinement on emerging architectures ［J］. Sci. Comput. , 2017 (39)：1 – 12.

［78］ MAKWANA K, KEPPENS R, LAPENTA G. Two-way coupled MHD-PIC simulations of magnetic reconnection in magnetic island coalescence ［J］. J. Phys. Conf. Ser. , 2018 (1031)：012019.

［79］ RIPPERDA B, PORTH O, XIA C, et al. Reconnection and particle acceleration in interacting flux ropes-I. Magnetohydrodynamics and test particles in 2. 5D ［J］. MNRAS, 2017 (467)：3279 – 3298.

［80］ ZHU, B J. Software development of GeV-level-SEPs-induced extreme space weather disasters with plasma statistical physics theoretical model on domestic DCU accelerator heterogeneous supercomputer ［C］. UK Space Weather and Space Environment Meeting I：Transitioning from the SWIMMR Space-Weather Programme, 2023.

［81］ ZHU, B J：An analysis of plasma statistics physical model for solar flare-CME-induced extreme SEPs forecasting：identifying producing source and origin ［C］. UK Space Weather and Space Environment Meeting I：Transitioning from the SWIMMR Space-Weather Programme, 2023.

［82］ RIPPERDA B, PORTH O, XIA C, et al. Reconnection and particle acceleration in interacting flux ropes-II. 3D effects on test particles in magnetically dominated plasmas ［J］. MNRAS, 2017 (471)：3465 – 3482.

［83］ BLIZZARD A J, CHAN A. Nonlinear relativistic gyrokinetic Vlasov-Maxwell equations ［J］. Physics of plasmas, 1999 (6)：4548.

［84］ MENDOZA M, BOGHOSIAN B M, HERRMANN H J, et al. Fast lattice boltzmann solver for relativistic hydrodynamics ［J］. Physical review letter, 2010 (105)：055101.

［85］ BISKAMP D, WELTER H. Coalescence of magnetic islands ［J］. Physical review letter, 1980 (44)：1069.

［86］ HAINES M G. Magnetic-field generation in laser fusion and hot-electron transport ［J］. Canadian journal of physics, 1986, 64 (8)：912 – 919.

［87］ ZHU B J, YAN H, CHENG H, et al. Self-generated turbulence by plasma and magnetic field collective interaction in 3D large temporal-spatial turbulent magnetic reconnection：I. The Basic Feature ［C］.EGu, 2020.

［88］ 颜辉，朱伯靖，钟英，等．基于统计力学理论体系框架的流体树枝模拟研究通用科学新方法 ［P/OL］．（2010 － 01 － 01）［2023 － 09 － 10］．https：//pan. cstcloud. cn/s/h1UzfdesThQ.

［89］ ZHU B J, HUI Y C, YING Z C, et al. Relativistic HPIC-LBM Code based on Plasma Statistical Physics Framework and its application in 3D LTSTMR ［C］. Global Summit on Gravitation, Astrophysics and Cosmology, 2022.

［90］ ZHU B J, LI Y, YAN H, et al. Scalable simulations of 3D turbulence fine structure in nanoflare using a novel plasmas statistical algorithm ［C］. Proceedings of the 5th International Conference on Statistics：Theory and Applications (ICSTA'23), 2023.

［91］ 王武，朱伯靖，郭雨丰．基于 HIP 的异构并行 LBM 三维流体模拟软件 ［简称：HIP-LBM3D］：2023SR0533996 ［P/OL］．

［92］ WANG C, WANG Y, TIAN H, et al. Strategic study for the development of space physics ［J］. Chinese journal of space science, 2023 (43)：9.

［93］ WHITMAN K, EGELAND R, RICHARDSON I G, et al. Review of solar energetic particle models ［J］. Advances in space research, 2022 (8)：6.

［94］ REAMES D V. Sixty years of element abundance measurements in solar energetic particles ［J］. Space science reviews, 2021 (217)：72.

［95］ REAMES D V. Solar energetic particles：spatial extent and implications of the H and He abundances ［J］.Space science reviews, 2022 (218)：48.

［96］ REAMES D V. A perspective on solar energetic particles ［J］. Frontiers in astronomy and space sciences, 2022 (10)：3389.

Software of GeV-level-SEPs-induced extreme space weather disasters with plasma statistical physics theoretical model on domestic DCU accelerator heterogeneous supercomputer

ZHU Bo-jing[1,2,3,4,5], LI Yan[1,2,5], MA Zhi-kuo[1,2,3,5],
YAN Hui[6], ZHONG Ying[6], WANG Wu[2,7],
GUO Yu-feng[2,7], David A Yuen[8]

(1. Yunnan Observatories, Chinese Academy of Sciences, Kunming, Yunnan 650216, China; 2. Centre for Astronomical Mega-Science, Chinese Academy of Sciences, Beijing 100012, China; 3. University of Chinese Academy of Sciences, Beijing 100049, China; 4. State Key Laboratory of Space Weather, National Space Science Center, Chinese Academy of Sciences, Beijing 100190, China; 5. Yunnan Key Laboratory of Solar Physics and Space Science, Kunming, Yunnan 650216, China; 6. National Supercomputer center in Guangzhou, Sun Yat-sen University, Guangzhou, Guangdong 510006, China; 7. Computer Network Information Centre, Chinese Academy of Sciences, Beijing 100083, China; 8. Applied Physics and Applied Mathematics Department, Columbia University, New York 10027, USA)

Abstract: By Solar flare-CME activities, the most important reasons for generating extremely GeV-level solar energetic particles (SEPs) and propagating in interplanetary space through the solar wind (storms), are the fundamental factor of extreme space weather disasters. Extremely GeV-level SEPs are not only the most critical factor leading to space weather disasters that seriously affect space orbiters'safety in deep space exploration but also catastrophic damage to the ground e-lectromagnetic environment, including power facilities. An early warning system (EWS) for SEPs for space weather disaster prediction is urgently needed. In recent ten years, an unprecedented abundance of GeV-level extremely SEPs events observational data from Parker Solar Probe (PSP, 2018), Solar Orbiter (SOLO, 2020), Advanced Space-based Solar Observatory (ASO-S, 2022), and Fengyun Space Observation Satellites (FY-series), and the development of the domestic DCU accelerator heterogeneous supercomputer (C86 Deep-learning Computing Unit, DCU), providing observational data and hardware conditions and computing resources for investigating this challenging issue, respectively; First, based on a domestic independent and controllable DCU types (GPGPU framework) accelerator heterogeneous supercomputer, the three-dimensional turbulence magnetic reconnection multi-fluid algorithm from plasma statistical physics theoretical model, and the Independent Intellectual Property Rights RHPIC-LBM (relativistic hybrid particle-in-cell and lattice Boltzmann method) algorithm and parallel code, the transplantation- transformation-optimization research carried out on the DCU accelerator heterogeneous supercomputer for the present RHPIC-LBM CPU/CPU-GPU version. Then, we developed the early warning software with Independent Intellectual Property Rights through the assessment-verification-evaluation of the simulation with specific observational extreme SEPs disaster events. Finally, the real-time prediction and alert forecast of GeV SEPs disasters based on space weather disaster EWS for China's deep space exploration with the domestic DCU accelerator heterogeneous hardware & RHPIC-LBM DCU accelerator heterogeneous version established.

Key words: SEPs-induced extreme space weather disaster early warning software; Extreme GeV level SEPs events; Prediction and Warning method; Domestic DCU accelerator heterogeneous supercomputer; Plasma statistical physics theoretical model

弥散燃料元件在不同工况下的热-力耦合特性分析

冯致远，郭文利，张文文

（清华大学核能与新能源技术研究院，北京　　100084）

摘　要：考虑到燃料组件条件苛刻的工况，研究试验堆燃料元（组）件的设计、制造及正式入堆服役是一个复杂过程。在模拟燃料元（组）件堆内运行情况时，需要考虑各种物理变量复杂的相互关系，这给计算模拟带来了挑战。本研究以板型弥散燃料元件为研究对象，从运行工况下不同物理参量对力学性能的影响出发，分析了对应的敏感性，从而简化了分析过程和物理参量。之后利用流固耦合分析了不同扰动工况下燃料板的瞬态力学性能，计算结果表明，在有限的扰动情况下，燃料板力学性能稳定，板间水隙形状虽然有变化，但平均宽度无明显改变，形状的变化不会对传热造成很大影响。

关键词：流固耦合；敏感性分析；力学性能；Abaqus；板型燃料元件

　　为了防止核扩散，美国能源部提出了降浓计划（RERTR），用低浓度铀替代高浓度铀。$U_3Si_2 - Al$ 弥散燃料铀密度相对较大，辐照性能良好，被国际列为高通量试验堆重点发展的新型燃料[1]。板型弥散燃料元件由于热物性良好、辐照性能稳定、抗腐蚀、具有较高的强度和塑性、能够包容裂变产物等良好特性，被广泛应用于研究堆中[1]。板型弥散燃料元件包括平板型和弧板型两种，弧板型燃料元件具有更好的力学性能且更适合紧凑型的堆芯布置。因此，采用弧板型燃料元件可以提高堆芯功率密度和中子通量水平。

　　考虑到燃料组件条件苛刻的工况，研究试验堆燃料元（组）件的设计、制造及正式入堆服役是一个复杂过程。在研制过程中，设计修改和试验验证需要反复进行以满足各项设计要求。理论分析模型的构建是不可或缺的关键一环，而开发精确的燃料性能分析软件可以有效节省元件设计时间及减少研发过程的迭代次数。同时，考虑到板型弥散燃料元件国内尚无成熟制造工艺，前期的理论分析更加重要。

　　本文以板型弥散燃料元件为研究对象，利用下落滚动法及堆芯计算程序进行三维建模和堆芯物理计算，之后将功率分布代入热工模型对冷却剂流场进行求解，并将计算得到的温度场分布作为边界条件耦合力学分析程序进行力学性能研究；从运行工况下不同物理参量对力学性能的影响出发，分析了对应的敏感性，从而简化了分析过程和物理参量；分析了不同扰动工况下燃料板的瞬态力学性能，计算结果表明，在有限的扰动情况下，燃料板力学性能稳定，板间水隙形状虽然有变化，但平均宽度无明显改变，形状的变化不会对传热造成很大影响。

1　理论模型构建

1.1　几何模型构建及中子输运计算

　　弥散燃料颗粒一般均匀分布在基体材料中，本文假定颗粒为球形，颗粒粒径均相同。国际上近些年发展了不同的显式模拟方法对随机介质进行建模。根据调研情况，板型燃料元件弥散颗粒百分比跨度较大，最高可达 40% 以上。因此 RSA 及 DEM 方法均不适用。本文基于以上建模需要，通过跨学科研究，引入了构造学方法中一种高效的高填充率方法——先进下落滚动法（ODR），并利用虚拟球面法将堆积颗粒模型扩展到了弥散颗粒模型[2]。虚拟球面法（VS method）在原颗粒外部增加一个虚拟面使得颗粒彼此接触，这些虚拟面仅用于构建模型，在中子输运计算过程则会消失。"膨胀"颗粒的半径可以表示为：

作者简介：冯致远（1995—），男，博士，助理研究员，现主要从事反应堆物理分析、燃料辐照安全分析等科研工作。

$$r_{virtual} = r_p \frac{PF_{system}^{1/3}}{PF_{real}^{1/3}}。 \tag{1}$$

式中，r_p 是实际的颗粒半径；PF_{real} 是实际的填充率；PF_{system} 是"膨胀"颗粒的填充率。之后就可以对"膨胀"颗粒进行 ODR 建模。ODR 方法是一种"考虑重力场"的构造学方法，其优点在于能够高效地对高填充率的堆积模型进行填充。详细填充方法可以参考文献 [2-3]。

图 1 是利用 ODR-VS 模型构建出的填充率为 40% 的弥散燃料模型，填充时间仅需要数秒。在构建出几何模型的基础上利用中子学计算程序即可进行中子输运计算。精度比较高的方式为蒙特卡罗中子输运模拟方法，该方式具备高保真模拟的特点，在中子穿面过程进行抽样及统计，对 k_{eff} 及功率等重要物理量进行统计分析。

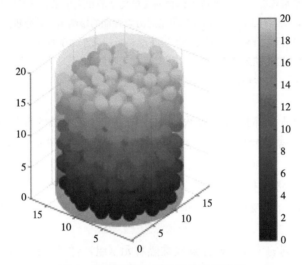

图 1　填充率为 40% 的弥散燃料模型

1.2　热工计算模型

对于平板或弧板型燃料元件，轴向及周向尺寸远大于径向尺寸，因此仅考虑一维径向传热。基于一维径向传热，热工计算流程如图 2 所示。本项目通过传热公式计算流体的一维温度场分布，采用单相流动时经典的 Dittus-Boelter 换热关系式计算包壳外壁温度，采用热传导公式求解包壳和燃料温度分布。后续只需要完成温度场数据导入力学计算模块即可。

1.3　力学计算模型

本文采用商用软件 ABAQUS 进行分析计算。ABAQUS 不仅能够进行应力-应变分析，而且能够处理热、力耦合等高度非线性问题。同时，ABAQUS 提供了很多接口模块，为程序灵活性提供了保障。在力学计算中，应变来源于式（2）的几个方面：

$$\varepsilon_x = \frac{1}{E}[\sigma_x - \mu(\sigma_y + \sigma_z)] + \varepsilon_x^p + \mathrm{d}\varepsilon_x^p + \int \alpha \mathrm{d}T + \varepsilon_x^{sw} + \varepsilon_x^{den}。 \tag{2}$$

式中，前面 3 项分别为弹性和塑性应变，第 4 项热膨胀系数可以耦合热工计算的温度场计算，对于辐照引起的应变，考虑到瞬态的短时性，本文不做考虑。

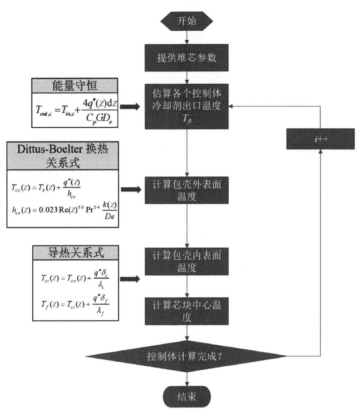

图 2　热工计算流程

2　计算模型

本文仿照美国 MTR（Materials Testing Reactor）试验堆燃料组件构建了弧板型弥散燃料[4]。弧板燃料组件模型如图 3 所示。燃料元件宽 80 mm，芯板厚度为 0.7 mm，包壳厚度为 0.4 mm，燃料芯板高度为 500 mm，燃料元件高度为 550 mm。

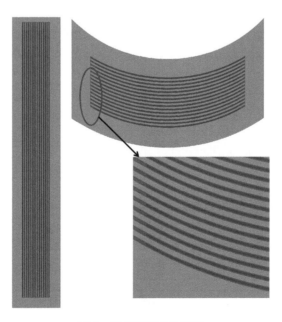

图 3　弧板燃料组件模型

图中较宽的区域为冷却剂，较窄的区域为铝包壳，包壳内部包含的区域为燃料芯板。燃料元件宽 80 mm，芯板厚度为 0.7 mm，包壳厚度为 0.4 mm，燃料芯板高度为 500 mm，燃料元件高度为 550 mm。燃料组件由 15 块板组成。图 3 是进行反应堆中子学计算的模型，由于侧板的铝对中子影响极小，不进行建模计算。

3 计算结果及分析

3.1 中子学计算结果

本文首先利用中子学计算程序，基于图 3 的模型进行功率分布计算，计算结果如图 4 所示。

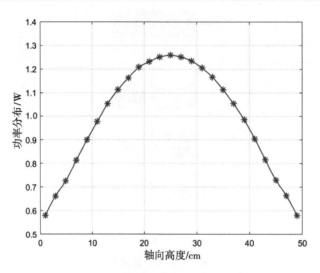

图 4 弧板燃料组件功率分布

可以看出功率分布沿轴向近似为余弦分布，进行图线拟合，下一节热工计算的热流密度分布也采用该分布公式，拟合表达式为式（3）：

$$P(z) = 0.76 + \sin\left(\frac{z}{50}\pi\right) + 0.5。$$ (3)

3.2 热工计算结果

根据 3.1 节的功率分布可以转换为热流密度的分布。采用图 2 的热工计算流程可以依次对模型的温度分布进行求解，一维轴向的计算结果如图 5 所示。

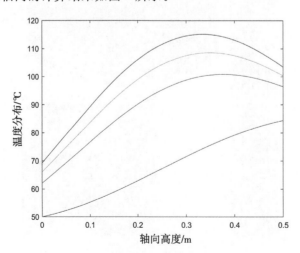

图 5 弧板燃料组件轴向温度分布

图中曲线从下往上依次表示流体温度、包壳内外表面温度、燃料中心温度。流体温度近似为正弦分布，出口温度在 80 ℃ 左右。从图中可以看出燃料及包壳内外表面温度均为中间高两端底，且峰值偏上部。这是由于热流密度为余弦分布，冷却剂与燃料板温差近似也为余弦分布，燃料板温度即温差余弦分布和流体正弦分布的叠加。同时，从温度分布可以看出包壳及燃料芯体温度均较低，在安全阈值内。

3.3 力学瞬态计算结果

根据前面的计算结果利用 ABAQUS 进行热-力瞬态耦合分析，对不同物理状态进行研究。表 1 是正常运行工况的参数设置。首先对比了是否考虑温度的影响。

表 1　正常运行工况的参数设置

冷却剂压力/MPa	冷却剂入口温度/℃	堆芯流动压降/MPa	质量流量/ kg/（$m^2 \cdot s$）	平均热流密度/（W/cm^2）
2	50	0.510	10 000	201

图 6 是对比图，U 表示位移，颜色越接近中间的黑色表示位移越大。图 6a 为不考虑温度影响，可以看出，压力会使得燃料板内凹，平均形变量在 10^{-3} 量级。图 6b 为考虑温度影响，由于热膨胀，燃料板周向尺寸变长，进一步外凸，平均形变量在 10^{-2} 量级。压力造成的形变仅有总形变量的几十分之一，因此在后续的计算中，仅考虑温度造成的热膨胀影响。同时，从形变分布可以看出燃料板边缘因为受侧板约束形变少，但中心位置离约束端较远，因此形变量较大。各个板由于压力分布相同，温度分布差异不大，因此形变分布基本相同，这使得流道形状虽然发生了变化，但流道的相对宽度基本不变。

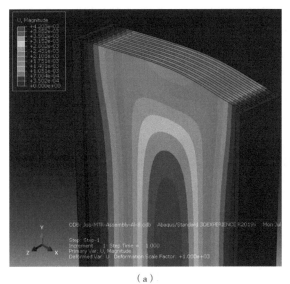
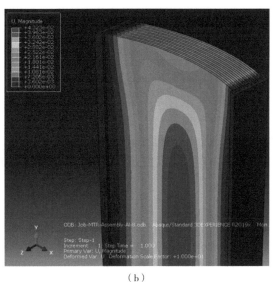

（a）　　　　　　　　　　　　　　　　　　　（b）

图 6　有无温度影响对燃料元件形变的影响

（a）不考虑温度影响；（b）考虑温度影响

进一步对热流密度及冷却剂入口温度进行扰动，分析对燃料板形变的影响。扰动结果在表 2、表 3 中汇总。

表 2 扰动热流密度工况下的形变

热流密度/（W/cm²）	29.1	150	291	500
包壳外表面平均温度/℃	62.1	71.1	81.5	95.5
包壳外表面与流体温差/℃	2.1	11.1	21.1	35.5
最大位移	4.6%	6.1%	7.2%	9.3%

表 3 扰动冷却剂入口温度工况下的形变

冷却剂入口温度/℃	50	55	60	65
包壳外表面平均温度/℃	71.5	76.5	81.5	86.5
最大位移	6.2%	6.6%	7.2%	8.2%

表 2 中仅改变热流密度大小，流体入口温度为 60 ℃，燃料板初始温度设定为 20 ℃。可以看出，包壳与流体平均温差和热流密度近似正比例关系，而包壳的形变与包壳温度的升高量近似正比例关系。根据图 3 导热关系式，温差和热流密度成正比。对于形变的关系，可以通过式（4）来解释：

$$\frac{\Delta V}{V} = \alpha \Delta T. \tag{4}$$

从式（4）可以看出，若膨胀系数变化不大，则形变与温差成正比。表 3 是冷却剂入口温度的影响，可以看出随入口温度升高，形变也相应增加。若流道宽度为 2 mm，则形变引起的流道变化小于 0.14 mm，若考虑燃料元件均会外凸，则流道的宽度变化在 10^{-2} mm 量级，不影响对流换热。

4 结论

本文首先利用 ODR－VS 方法对弥散介质模型进行了几何建模，之后通过蒙卡程序对弥散型弧板燃料组件进行中子输运计算，统计了功率分布。将功率分布作为热工计算热流密度的边界条件进行核-热耦合，求得温度分布。最后将温度分布作为力学计算程序的边界条件进行输入，得到了板型燃料元件的力学性能结果。通过对不同物理量进行分析得出以下结论：

① 冷却剂压力对燃料组件的力学性能影响可以忽略，这使得热工及力学计算可以有效简化；

② 燃料板的温度分布与热流密度成正相关，随冷却剂温度升高而增加。由于燃料板的形变主要是热膨胀，因此燃料板形变也和热流密度及冷却剂成线性增加的关系；

③ 瞬态工况下，在所研究范围内，燃料板的形变导致的流道宽度变化很小，对热工影响不大。

参考文献：

[1] 李冠兴. 研究试验堆燃料元件制造计数 [M]. 北京：化学工业出版社，2007.

[2] FENG Z, AN N, LIANG J, et al. ODR-VS method for a high packing fraction of dispersed TRISO particles [J]. Annals of nuclear energy, 2022, 166 (1－11)：108821.

[3] HITTI K, BERNACKI M. Optimized dropping and rolling (odr) method for packing of poly-disperse spheres [J]. Applied mathematical modelling, 2013, 37 (8)：5715－5722.

[4] WEST C D. Research reactors-an overview. International topical meeting on advanced reactor safety [C]. Orlando, FL, USA, 1997.

Analysis of thermal mechanical coupling characteristics of dispersed fuel elements under different operating conditions

FENG Zhi-yuan, GUO Wen-li, ZHANG Wen-wen

(Institute of Nuclear and New Energy Technology (INET), Tsinghua University, Beijing 100084, China)

Abstract: Considering the harsh working conditions of fuel assemblies, the design, manufacturing, and entry into service of fuel elements (assemblies) for research reactors is a complex process. When simulating the performance of fuel elements (assemblies) in the reactor, it is necessary to consider the complex interrelationships of various physical variables, which poses a challenge to computational simulation. This study focuses on plate-type dispersed fuel elements, starting from the impact of different physical parameters on mechanical properties under operating conditions, and analyzes the corresponding sensitivity, thereby simplifying the analysis process and physical parameters. Subsequently, the transient mechanical properties of the fuel plate under different disturbance conditions were analyzed using fluid solid coupling. The calculation results indicate that under limited disturbance conditions, the mechanical properties of the fuel plate are stable. Although the shape of the water gap between the plates has changed, the average width has not changed significantly, and the change in shape will not have a significant impact on heat transfer.

Key words: Fluid-solid coupling; Sensitivity analysis; Mechanical properties; Abaqus; Plate-type fuel element

基于 MOOSE 的二阶自共轭形式稳态中子输运方程数值解法

姜夺玉[1,2]，许　鹏[1]，江新标[2]，胡田亮[2]，王立鹏[2]，张信一[2]，曹　璐[2]，李　达[2]

（1. 火箭军工程大学，陕西　西安　710025；2. 西北核技术研究所，陕西　西安　710024）

摘　要：传统中子输运方程关于空间是以一阶导数形式存在的一种非共轭方程，不能直接采用经典变分有限元方法求解，解决办法是采用等效处理手段将一阶导数变为二阶导数形式。常用二阶中子输运方程有二阶偶对称型和二阶奇对称型自共轭中子输运方程，但其由于无法直接处理中子角通量密度及复杂的边界条件而未被推广，后来研究者提出了一种被称为二阶共轭角通量的输运方程变形，很好地解决了这一问题。本文详细推导了二阶自共轭形式稳态中子输运方程的变分形式，空间采用有限元方法离散，能群采用分群方法离散，方向变量采用离散纵标法离散，并给出了真空边界条件和反射边界条件的变分离散形式。在此基础上，基于 MOOSE 平台，采用 C＋＋面向对象语言开发了二阶自共轭形式稳态中子输运方程程序 Nurus，并使用 ISSA、IAEA 等基准题进行了验证，结果表明，所建立的 Nurus 程序适用于结构及非结构网格，易于维护，并具有较高的计算精度。

关键词：二阶自共轭角通量方程；MOOSE；有限元方法；Nurus 程序

　　二阶中子输运方程有二阶偶对称型和二阶奇对称型自共轭中子输运方程[1-2]，它们求解的均是偶阶或奇阶中子角通量密度，然后经过积分转换为最终的中子角通量密度，求解边界条件定义不方便，物理意义不够清晰。而二阶自共轭形式（Second－Order Self－Adjoint Angular Flux，SAAF）中子输运方程兼顾二阶输运方程求解优势，且以中子角通量密度为自变量，边界条件定义直观，物理意义清晰。尽管 SAAF 方程提出较早[3-4]，但其在输运计算领域不是很出名，可能与其早期总是以输运方程变分近似形式出现有关。Pomraning 和 Clark 首先使用纯代数技术从输运方程的一阶形式推导出 SAAF 方程，然后利用 SAAF 方程生成极值型的变分格式，进而使用泛函方法进行数值求解。Pomraning 和 Clark 仅推导了 SAAF 方程的一维平板几何形式，并假定截面在空间上是独立的。Ackroyd 证明了 SAAF 方程是一类广义最小二乘泛函的欧拉-拉格朗日方程，在不限制截面空间依赖性的情况下，推导了三维 SAAF 方程。

　　曹良志等人[5]导出了便于求解的球谐函数（P_N）方程组，并结合有限元方法对非结构网格进行离散求解，给出了 SAAF 方程迭代求解的思路，并据此研制了可以求解任意几何结构下的二维非结构网格中子输运计算程序。叶青等人[6]推导了二维圆柱坐标系下球谐函数对角度变量离散的 SAAF 方程，并基于 FORTRAN 语言编制了二维稳态 SAAF 中子输运程序。Wang Yaqi 和 Zheng Weixiong 等人[7-9]基于 MOOSE 平台开发了三维中子求解程序 Rattlesnake，后将其改名升级为 Griffin，其中 SAAF 中子输运求解器作为重要程序之一。

　　本文详细推导了二阶自共轭形式稳态中子输运方程的变分形式，空间采用有限元方法离散，能群采用分群方法离散，方向变量采用离散纵标法离散，并给出了真空边界条件和反射边界条件的变分离散形式。主要内容分为以下几个部分：引言简要概述了 SAAF 方法发展及研究现状；第一部分详细推导了 SAAF 方程变分形式及离散过程；第二部分介绍了基于 MOOSE 平台[10]开发稳态 SAAF 输运方程程序的方法；第三部分为数值验证；第四部分为结论部分。

作者简介：姜夺玉（1989—），男，博士研究生，从事反应堆多物理耦合方法研究。

基金项目：国家自然科学基金项目（12205237、12275219）。

1 SAAF 方程推导及离散方法

1.1 SAAF 方程变分形式推导

为推导方便，首先考虑单能稳态输运方程形式为：

$$\Omega \cdot \nabla \phi + \Sigma_t \phi = S\phi + F\phi + Q \text{。} \tag{1}$$

式中，$\phi \equiv \phi(r,\Omega)$；$S$ 为散射源算子；F 为裂变源算子；Q 为外源。其分别表示为（假设裂变源及外源各项同性）：

$$S\phi = \int_{\Omega'} \Sigma_s(r, \Omega' \to \Omega)\phi(r, \Omega')\mathrm{d}\Omega';$$

$$F\phi = \int_{\Omega'} \frac{\chi}{4\pi} \frac{1}{k_{\text{eff}}} \nu\Sigma_f(r, \Omega')\phi(r, \Omega')\mathrm{d}\Omega'; \tag{2}$$

$$Q = Q(r, \Omega) \text{。}$$

式（1）可以表示为：

$$\phi = \frac{1}{\Sigma_t}(-\Omega \cdot \nabla \phi + S\phi + F\phi + Q) \text{。} \tag{3}$$

式（3）被称为角通量方程（Angular Flux Equation，AFE）。

将式（3）代入式（1）的泄漏项中，得到

$$\Omega \cdot \nabla \frac{1}{\Sigma_t}(-\Omega \cdot \nabla \phi + S\phi + F\phi + Q) + \Sigma_t\phi - S\phi - F\phi - Q = 0,$$

$$\Rightarrow -\Omega \cdot \nabla \frac{1}{\Sigma_t}(\Omega \cdot \nabla \phi) + \frac{1}{\Sigma_t}\Omega \cdot \nabla(S\phi + F\phi + Q) + \Sigma_t\phi - S\phi - F\phi - Q = 0 \text{。} \tag{4}$$

式（4）即 SAAF 方程。

用试函数 Ψ 乘以式（4），并以内积表示，则有

$$\left(\Psi, -\Omega \cdot \nabla \frac{1}{\Sigma_t}(\Omega \cdot \nabla \phi)\right) + \left(\Psi, \frac{1}{\Sigma_t}\Omega \cdot \nabla(S\phi + F\phi + Q)\right)$$

$$+ (\Psi, \Sigma_t\phi) + (\Psi, -S\phi) + (\Psi, -F\phi) + (\Psi, -Q) = 0 \text{。} \tag{5}$$

利用散度定理及高斯定理，式（5）第一项、第二项可以变为：

$$\left(\Psi, -\Omega \cdot \nabla \frac{1}{\Sigma_t}(\Omega \cdot \nabla \phi)\right) = \left(\Omega \cdot \nabla \Psi, \frac{1}{\Sigma_t}\Omega \cdot \nabla \phi\right) - \left\langle\Psi, \Omega \cdot \frac{1}{\Sigma_t}\Omega \cdot \nabla \phi \cdot \vec{n}\right\rangle; \tag{6}$$

$$\left(\Psi, \frac{1}{\Sigma_t}\Omega \cdot \nabla(S\phi + F\phi + Q)\right) = -\left(\frac{1}{\Sigma_t}\Omega \cdot \nabla \Psi, S\phi + F\phi + Q\right) + \left\langle\Psi, \frac{1}{\Sigma_t}\Omega \cdot (S\phi + F\phi + Q) \cdot \vec{n}\right\rangle \tag{7}$$

$$= -\left(\frac{1}{\Sigma_t}\Omega \cdot \nabla \Psi, S\phi\right) - \left(\frac{1}{\Sigma_t}\Omega \cdot \nabla \Psi, F\phi\right) - \left(\frac{1}{\Sigma_t}\Omega \cdot \nabla \Psi, Q\right) + \left\langle\Psi, \frac{1}{\Sigma_t}\Omega \cdot (S\phi + F\phi + Q) \cdot \vec{n}\right\rangle \text{。}$$

因此，将式（6）和式（7）代入式（5）中，即可得到 SAAF 方程的弱形式：

$$\left(\Omega \cdot \nabla \Psi, \frac{1}{\Sigma_t}\Omega \cdot \nabla \phi\right) + (\Psi, \Sigma_t\phi) - \left(\frac{1}{\Sigma_t}\Omega \cdot \nabla \Psi + \Psi, S\phi\right) - \left(\frac{1}{\Sigma_t}\Omega \cdot \nabla \Psi + \Psi, F\phi\right)$$

$$- \left(\frac{1}{\Sigma_t}\Omega \cdot \nabla \Psi + \Psi, Q\right) + \left\langle\Psi, \frac{1}{\Sigma_t}\Omega \cdot (S\phi + F\phi + Q) \cdot \vec{n}\right\rangle - \left\langle\Psi, \Omega \cdot \frac{1}{\Sigma_t}\Omega \cdot \nabla \phi \cdot \vec{n}\right\rangle = 0 \text{。} \tag{8}$$

1.2 SAAF 方程能群与角度离散

将 SAAF 方程角度以 S_N 方法进行离散，单群扩展为多群，同时引入符号 w_d 表示求积权重系数，$\{\Omega_d, w_d\}$ 集合为求积组，D 为离散方向数目且假定 $\sum_{d=1}^{D} w_d = 1$，G 为能群数目，则 SAAF 方程的弱形式可以离散为：

（1）泄漏项为：

$$\left(\Omega \cdot \nabla \Psi, \frac{1}{\Sigma_t}\Omega \cdot \nabla \phi\right) = \sum_{g=1}^{G} \int_{\Omega} d\Omega \left(\Omega \cdot \nabla \Psi_g, \frac{1}{\Sigma_{t,g}}\Omega \cdot \nabla \phi_g\right)$$
$$= \sum_{g=1}^{G} \sum_{d=1}^{D} w_d \left(\Omega_d \cdot \nabla \Psi_{g,d}, \frac{1}{\Sigma_{t,g}}\Omega_d \cdot \nabla \phi_{g,d}\right)_\circ \tag{9}$$

（2）移出项为：

$$(\Psi, \Sigma_t \phi) = \sum_{g=1}^{G} \int_{\Omega} d\Omega (\Psi_g, \Sigma_{t,g}\phi_g) = \sum_{g=1}^{G} \sum_{d=1}^{D} w_d (\Psi_{g,d}, \Sigma_{t,g}\phi_{g,d})_\circ \tag{10}$$

（3）散射源项为：

$$-\left(\frac{1}{\Sigma_t}\Omega \cdot \nabla \Psi + \Psi, S\phi\right) = -\sum_{g=1}^{G} \int_{\Omega} d\Omega \left(\frac{1}{\Sigma_{t,g}}\Omega \cdot \nabla \Psi_g + \Psi_g, \sum_{g'=1}^{G} \int_{\Omega'} \Sigma_{s,g'}(\Omega' \to \Omega)\phi_{g'}(\Omega') d\Omega'\right)$$
$$= -\sum_{g=1}^{G} \sum_{d=1}^{D} w_d \left(\frac{1}{\Sigma_{t,g}}\Omega_d \cdot \nabla \Psi_{g,d} + \Psi_g, \sum_{g'=1}^{G} \sum_{d'=1}^{D} w_{d'}\Sigma_{s,g'}\phi_{g',d'}\right)_\circ \tag{11}$$

（4）裂变源项为：

$$-\left(\frac{1}{\Sigma_t}\Omega \cdot \nabla \Psi + \Psi, F\phi\right) = -\sum_{g=1}^{G} \int_{\Omega} d\Omega \left(\frac{1}{\Sigma_{t,g}}\Omega \cdot \nabla \Psi_g + \Psi_g, \sum_{g'=1}^{G} \int_{\Omega'} \frac{\chi_g}{4\pi}\frac{1}{k_{eff}}\nu\Sigma_{f,g'}\phi_g(\Omega') d\Omega'\right)$$
$$= -\sum_{g=1}^{G} \sum_{d=1}^{D} w_d \left(\frac{1}{\Sigma_{t,g}}\Omega_d \cdot \nabla \Psi_{g,d} + \Psi_g, \frac{\chi_g}{k_{eff}}\sum_{g'=1}^{G} \sum_{d'=1}^{D} w_{d'}\nu\Sigma_{f,g'}\phi_{g',d'}\right)_\circ \tag{12}$$

其中，假设裂变源各向同性，则有

$$\phi_{g'}(r) = 4\pi\phi_{g'}(r,\Omega) = \sum_{d=1}^{D} w_d \phi_{g'}(r,d)_\circ \tag{13}$$

即当 D 趋向于无穷大时，$\sum_{d=1}^{D} w_d$ 权重相当于 4π 权重，为了保持方程一致性，引入 α 为求积权重修正系数，则

$$\alpha = 1 \Big/ \sum_{d=1}^{D} w_d _\circ \tag{14}$$

显然，当 $\sum_{d=1}^{D} w_d = 1$ 时，$\alpha = 1$。

（5）外源项为：

$$-\left(\frac{1}{\Sigma_t}\Omega \cdot \nabla \Psi + \Psi, Q\right) = -\sum_{g=1}^{G} \int_{\Omega} d\Omega \left(\frac{1}{\Sigma_{t,g}}\Omega \cdot \nabla \Psi_g + \Psi_g, Q_g\right)$$
$$= -\sum_{g=1}^{G} \sum_{d=1}^{D} w_d \left(\frac{1}{\Sigma_{t,g}}\Omega_d \cdot \nabla \Psi_{g,d} + \Psi_{g,d}, Q_g(\Omega_d)\right)_\circ \tag{15}$$

1.3 边界条件

上述推导 SAAF 弱形式过程中产生了边界项，实际使用过程较为复杂，下面从另一个角度推导 SAAF 方程的边界条件。SAAF 方程求解的变量为一阶输运方程的中子角通量，因此其边界条件符合一阶输运方程的边界条件，即在边界 ∂D 处，中子角通量分为流出边界项和流入边界项[11]，边界条件可以表示为：

$$\langle \Psi, \phi\rangle_{\partial D}^+ - \langle \Psi, \phi\rangle_{\partial D}^- = \sum_{g=1}^{G} \sum_{d=1}^{D} w_d (\Psi_{g,d}, \Omega_d \cdot \vec{n}_b\phi_{g,d})_\circ \tag{16}$$

（1）真空边界条件

真空边界条件即自由边界条件，中子只有流出没有流入，边界条件表示为：

$$\langle \Psi, \phi\rangle_{\partial D}^+ - \langle \Psi, \phi\rangle_{\partial D}^- = \begin{cases} \sum_{g=1}^{G} \sum_{d=1}^{D} w_d (\Psi_{g,d}, \Omega_d \cdot \vec{n}_b\phi_{g,d}), & \Omega_d \cdot \vec{n}_b > 0 \\ 0, & \Omega_d \cdot \vec{n}_b < 0 \end{cases}_\circ \tag{17}$$

（2）反射边界条件

式（17）表示的边界条件为显式形式，即入射中子角通量是已知的。而在反射边界条件中，出射与入射中子角通量存在一定的关系，称为隐式边界条件。反射边界条件物理意义表述为：在反射边界上，某个方向的入射中子角通量密度等于与之对应的出射方向的中子角通量密度。因此，当边界处为出射中子角通量密度，即 $\Omega_d \cdot \vec{n}_b > 0$ 时，反射边界条件为：

$$\langle \Psi, \phi \rangle_{\partial D}^+ - \langle \Psi, \phi \rangle_{\partial D}^- = \sum_{g=1}^{G} \sum_{d=1}^{D} w_d (\Psi_{g,d}, \Omega_d \cdot \vec{n}_b \phi_{g,d}) \text{。} \tag{18}$$

当边界处为入射中子角通量密度，即 $\Omega_d \cdot \vec{n}_b < 0$ 时，反射边界条件为：

$$\langle \Psi, \phi \rangle_{\partial D}^+ - \langle \Psi, \phi \rangle_{\partial D}^- = \sum_{g=1}^{G} \sum_{d=1}^{D} w_d (\Psi_{g,d}, \Omega_d \cdot \vec{n}_b \phi_{g,d}^{\text{reflecting}}) \text{。} \tag{19}$$

式中，上标 reflecting 表示的方向 $\Omega_d^{\text{reflecting}} = \Omega_d - 2(\Omega_d \cdot \vec{n}_b) \vec{n}_b$。

2 程序开发

本文基于开源多物理耦合框架 MOOSE 开展稳态 SAAF 中子输运程序开发。基于 MOOSE 开发的程序很容易实现大规模并行计算，且其底层调用 LibMesh 网格库和 PETSc 算法库，可以不关注程序开发底层矩阵组合、数值实现手段等。MOOSE 采用组件的结构模式（图 1），每一模块相对独立，多采用 Factory 模式面向对象编程范式，易于快速扩展与后期维护。

基于 MOOSE 开发了稳态 SAAF 中子输运程序 Nurus，该程序适用于 1D/2D/3D 不同维度问题，通过输入卡自由选择稳态求解模式，通用性较强。MOOSE 中提供了多种预处理模块，可以有效地提高程序的运行效率。Nurus 程序以 JFNK 方法[12] 处理雅克比矩阵，开发真空边界条件与反射边界条件模块。Nurus 程序结构示意图如图 2 所示。

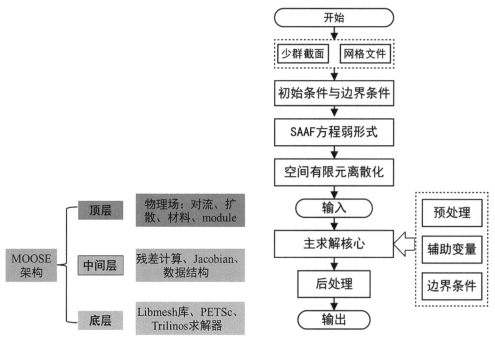

图 1　MOOSE 框架结构示意图　　　　　图 2　Nurus 程序结构示意图

3　数值结果

为了验证 Nurus 输运程序的稳态求解功能，本文选择 2 个基准题进行计算分别为：使用一维单群两区问题 ISSA 基准题、IAEA 五区裂变源问题。

3.1　ISSA 基准题

ISSA 基准题[13]为单群两区裂变源问题，几何左右边界条件分别为全反射边界条件和真空边界条件，几何结构如图 3 所示，截面参数如表 1 所示，网格划分间距为 0.1 cm。

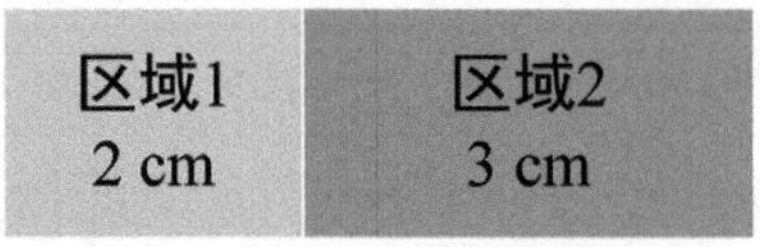

区域1	区域2
2 cm	3 cm

图 3　ISSA 基准题几何结构

表 1　ISSA 基准题截面参数

区域	Σ_t/ cm^{-1}	Σ_s/ cm^{-1}	$\nu\Sigma_f$/ cm^{-1}
1	1.0	0.5	1.0
2	0.8	0.4	0.0

表 2 给出了 S_2、S_4、S_6、S_8、S_{10} 不同离散角度下的 Nurus 计算结果，并与参考程序 TORT[14]（三维 S_N 程序，由 ORNL 开发，是经典的 S_N 程序，现在也被广泛应用在反应堆屏蔽计算中）、FELTRAN[13]（基于 P_N 近似的多群有限元软件）结果进行比较。由表 2 可以看出，Nurus 计算结果与参考解吻合较好，S_4 离散即可达到较好的精度。图 4 给出了 Nurus（S_4）中子通量密度分布与 TORT（S_{10}）的结果对比，可以看出，两者中子通量密度计算结果基本一致，进一步验证了程序的正确性。

表 2　ISSA 基准题计算结果

程序	P_1（S_2）	P_3（S_4）	P_5（S_6）	P_7（S_8）	P_9（S_{10}）
FELTRAN	1.645 1	1.675 1	1.677 1	—	—
TORT	1.645 5	1.675 4	1.677 6	1.677 9	1.678 2
Nurus	1.645 1	1.675 4	1.677 3	1.677 8	1.677 9

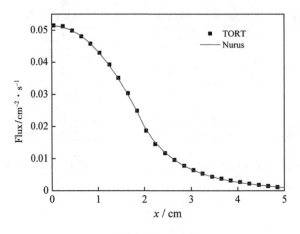

图 4　ISSA 基准题中子通量密度分布

3.2 IAEA 五区裂变源问题

IAEA 五区裂变源问题是 Stepanek[15]为 IAEA 先进反应堆和输运理论研究项目涉及的轻水池式反应堆，单群5区，几何结构如图5所示，截面参数如表3所示。该基准题特点是四周真空边界，各向同性散射，燃料区非均匀性较强，但反射层较厚，使得真空边界处非均匀性可以近似忽略。Nurus 网格大小为1 cm，离散角度为 S_8，计算结果如表4所示。其中，SURCU[16]为基于积分输运理论的输运计算程序，FELICIT[15]为基于二阶奇偶方程的有限元输运计算程序。由表4可以看出，Nurus 计算结果与参考值基本一致，计算精度较高。

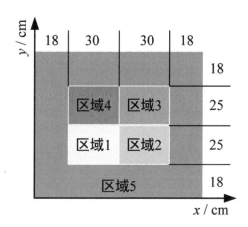

图 5 IAEA 五区裂变源问题几何结构

表 3 IAEA 五区裂变源问题截面参数

区域	Σ_t/ cm^{-1}	Σ_s/ cm^{-1}	$\nu\Sigma_f$/ cm^{-1}
1	0.60	0.53	0.079
2	0.48	0.20	0
3	0.70	0.66	0.043
4	0.65	0.50	0
5	0.90	0.89	0

表 4 IAEA 五区裂变源问题计算结果

程序	离散方式	平均中子通量密度 / cm^{-2} · s^{-1}					k_{eff}
		Region1	Region2	Region3	Region4	Region5	
TORT	S_8	0.016 86	0.000 12	0.000 037	0.000 29	0.000 79	1.008 67
SURCU	4×4	0.016 86	0.000 13	0.000 041	0.000 3	0.000 79	1.008 3
FELICIT	—	0.016 85	0.000 13	0.000 042	0.000 3	0.000 8	1.006 9
Nurus	S_8	0.016 86	0.000 13	0.000 036	0.000 3	0.000 79	1.008 49

4 结论

本文基于多物理耦合框架 MOOSE，开发了多维度通用性稳态二阶自共轭形式的中子输运程序 Nurus，其中空间离散采用 Galerkin 连续有限元方法，能群离散采用分群方法，方向变量离散采用离散纵标 S_N 法，并推导了真空边界条件和反射边界条件的变分离散形式。使用 ISSA 和 IAEA 五区裂变源等基准题验证了 Nurus 程序的正确性。下一步研究建议：①采用合适的权重方法，引入修正因子处理真空或稀薄其他几何空腔问题；②在稳态基础上开发瞬态 SAAF 输运程序；③加速方法研究。

参考文献：

[1] 谢仲生，邓力．中子输运理论数值计算方法［M］．2 版．西安：西安交通大学出版社，2022.

[2] MOREL J E, MCGHEE J M. A self – adjoint angular flux equation ［J］. Nuclear science and engineering, 1999, 132：312 – 325.

[3] POMRANING G C, CLARK M. The variational method applied to the monoenergetic boltzmann equation, Part II ［J］. Nuclear science and engineering, 1963, 16：155.

[4] ACKROYD R T. Least – squares derivation of extremum and weighted – residual methods for equations of reactor physics ［J］. Annals of nuclear energy, 1983, 10：65.

[5] 曹良志，吴宏春，周永强．非结构几何下二阶自共轭中子输运方程中的简化球谐函数方法研究［J］．核动力工程，2006, 27（3）：6 – 10.

[6] 叶青，吴宏春．R – Z 几何中子输运方程的球谐函数方法［J］．核动力工程，2008, 29（4）：19 – 23.

[7] ZHENG W, WANG Y, DEHART M D. Multiscale capability in rattlesnake using contiguous discontinuous discretization of self – adjoint angular flux equation ［R］. Idaho Falls, Idaho National Laboratory, 2016.

[8] WANG Y, DEHART M D, GASTON D R, et al. Convergence study of Rattlesnake solutions for the two – dimensional C5G7 MOX benchmark ［C］// ANS MC2015 – International Conference on Mathematics and Computation (M&C), Supercomputing in Nuclear Applications (SNA) and the Monte Carlo (MC) Method, 2015.

[9] WANG Y, SCHUNERT S, LABOURÉ V. Rattlesnake theory manual ［R］. Idaho Falls, Idaho National Laboratory, 2018.

[10] LINDSAY A D, GASTON D R, PERMANN C J, et al. 2.0 – MOOSE：Enabling massively parallel multiphysics simulation ［J］. SoftwareX, 2022, 20：101202.

[11] WANG Y, GLEICHER F N. Revisit boundary conditions for the self – adjoint angular flux formulation ［C］// PHYSOR 2014 – The Role of Reactor Physics toward a Sustainable Future. The Westin Miyako, Kyoto, Japan, 2014.

[12] 李治刚，安萍，贺涛，等．基于中子扩散方程的 JFNK 方法研究［J］．核动力工程，2019, 40（S2）：67 – 73.

[13] ISSA J G, RIYAIT N S, GODDARD A J H, et al. Multigroup application of the anisotropic fem code feltran to 1, 2, 3 – Dimensions and R – Z Problems ［J］. Progress in nuclear energy, 1986, 18（1 – 2）：251 – 264.

[14] HIRAO Y, MATSUMOTO Y. Development of a connection – method calculation utility for the DORT – TORT code ［J］. Radiation protection dosimetry, 2005, 116（1 – 4）：19 – 23.

[15] STEPANEK J, AUERBACH T, HAELG W. Calculation of four thermal reactor benchmark problems in X – Y geometry ［R］. EPRI NP – 2855, 1983.

[16] DENG L, XIE Z, LI S. Multigroup montecarlo calculation coupled of transport and burnup ［J］. Chinese journal of computational physics, 2003, 20（1）：65 – 70.

Numerical solution of steady-state SAAF neutron transport equations based on MOOSE platform

JIANG Duo-yu[1,2], XU Peng[1], JIANG Xin – biao[2], HU Tian – liang[2],
WANG Li-peng[2], ZHANG Xin-yi[2], CAO Lu[2], LI Da[2]

(1. Rocket Force Engineering University, Xi'an, Shaanxi 710025, China; 2. Northwest Institute of
Nuclear Technology, Xi'an, Shaanxi 710024, China)

Abstract: The conventional neutron transport equation is a first-order derivative equation, lacking coherency that precludes its direct solution using traditional finite element methods. To overcome this, an equivalent treatment is employed to convert the first-order derivative into its second-order counterpart. Although the second-order neutron transport equation takes on a second-order even-symmetric form and an odd-symmetric self-coincident neutron transport equation, its inability to tackle complex boundary conditions and neutron angular flux density restricts its application. To circumvent this predicament, researchers introduced the second-order self-adjoint angular flux transport equation, which offers a practical solution. This paper comprehensively derives the variational form of the steady state neutron transport equation in the second-order self-adjoint form. Finite element discretization is applied to the spatial variable, and group discretization to the energy variable, while the directional variable is discretized using the S_N method. Moreover, this paper provides the variation forms of vacuum and reflection boundary conditions. The Nurus code, which is constructed on the MOOSE platform and utilizes the C++ object-oriented language, has been developed and verified through the utilization of ISSA and IAEA benchmarks. Our results demonstrate that the Nurus code is suitable for structured and unstructured grids, is easy to maintain, and offers remarkable computational accuracy.

Key words: Self-adjoint angular flux equation; MOOSE; Finite element method; Nurus code

核物理
Nuclear Physics

目　　录

冷加工对 CN－1515 奥氏体钢辐照肿胀影响研究

李鑫鑫[1]，焦学胜[1]，黄青华[1]，佟振峰[2]

（1. 瑞昌核物理应用研究院，江西　九江　332000；2. 华北电力大学，北京　102206）

摘　要：快堆奥氏体钢包壳的寿命主要受限于辐照肿胀。通常在奥氏体钢包壳制备的最后阶段进行冷加工变形来增强其抗辐照肿胀性能，但冷加工会降低材料的塑性，因此合理的冷工量是个关键加工参数。在国产 CN－1515 奥氏体钢包壳生产过程中制造了 15％、20％及 25％ 3 种不同冷加工变形量材料，通过离子辐照实验、透射电镜（TEM）技术和电子背散射衍射（EBSD）技术研究不同冷工量下材料的微观组织结构及对辐照肿胀的影响规律。结果表明，当冷工量从 15％ 增至 20％ 时，材料肿胀率明显降低，冷工量继续增至 25％，肿胀率下降幅度不大。本研究可为 CN－1515 的组织设计提供关键数据。

关键词：CN－1515；冷加工；微观组织；辐照肿胀

对于快堆燃料包壳 15－15Ti 奥氏体不锈钢管，通常在机械加工的最后阶段进行冷加工变形，改变材料的微观结构，从而影响材料的抗辐照肿胀性能。Li Jiang 等研究了不同变形量的 316L 不锈钢在相同辐照条件下的空洞肿胀行为，发现 10％ 的冷加工明显地降低了肿胀率[1]。利用橡树岭研究反应堆和高通量同位素反应堆，Wakai 等研究了冷加工和杂质对奥氏体不锈钢在 400 ℃ 下辐照肿胀的影响，研究结果表明冷加工使奥氏体钢的肿胀减少为原来的 1/4，对于低碳奥氏体钢，肿胀减少为原来的 1/27[2]。但也有研究表明冷加工处理似乎无法有效控制材料辐照肿胀，甚至表现出加速空洞肿胀的行为[3-6]。因此，有必要针对 CN－1515 材料进行相关研究，得到冷加工对辐照肿胀的影响规律。本文在 CN－1515 管材生产过程中制造了最终冷加工变形量分别为 15％、20％ 及 25％ 的 3 种材料，通过离子辐照实验并结合 EBSD 显微表征技术研究冷加工对 CN－1515 包壳管辐照肿胀的影响。

1　实验部分

1.1　实验材料

本文的原始基材是一种添加 Ti 成分的国产 15Cr－15Ni 奥氏体不锈钢（CN－1515 SS）管材，用于快堆燃料包壳，包壳管工业制造方法参考文献[7]。15Cr－15Ni－Ti 合金是一种基于 AISI 型 316 不锈钢改进而来的抗肿胀核级奥氏体不锈钢，主要化学成分的质量分数如表 1 所示。

表 1　CN－1515 管材的化学成分的质量分数

Cr	Ni	Mn	Mo	Si	C	Ti	Al	P	Cu	Fe
16.34％	15.26％	1.64％	2.08％	0.48％	0.058％	0.37％	0.03％	0.013％	0.01％	余量

1.2　辐照实验

本文离子辐照实验在中国原子能科学研究院的辐照设施上进行，CN－1515 不锈钢离子辐照方案采用预注入氦然后 Ni 离子辐照的模式。为了促进空洞成核，在室温下分别将 3 种能量为 100 keV、150 keV 和 200 keV 的氦预注入样品。对于 100 keV、150 keV 和 200 keV，不同注入能量的注量比分别为 1.3∶1.3∶1，最终形成了氦浓度平台。总注氦量为 2.90×10^{18} ions/cm²，其在 300～550 nm 深度的

作者简介：李鑫鑫（1998—），女，江西九江人，助理工程师，硕士，从事核物理应用技术研究。

氦浓度约为 13 000 appm。通过这种方式形成的氦浓度平台约为 200 nm 宽，中心位于样品表面下方 430 nm 处。

对于重离子辐照，由 HI-13 串列加速器发射的 85 MeV 的 Ni^{8+} 束经过约 4.5 μm 厚的 Ta 膜后到达样品。辐照温度控制在 580 ℃，其是改性 316L 不锈钢的肿胀峰[8]。镍注入量为 4.24×10^{17} ions/cm^2。通过 SRIM 软件计算注入离子的深度分布[9]，使用 Kinchin-Pease 模型进行计算，选择 40 eV 作为离位阈能，结果如图 1 所示。从图 1 可以看出，在氦浓度平台处，重离子引起的辐照损伤约为 100 dpa。

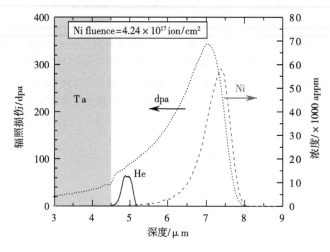

图 1　CN-1515 不锈钢 Ni 离子注入后的辐照损伤分布

1.3　EBSD 测试

本文使用 EBSD 技术对 CN-1515 样品表面进行扫描，经过一系列数据处理后获取反极图及晶界特征分布图等，进而对样品微观特征进行讨论分析。本文 EBSD 实验在 TESCAN 公司的型号为 LY-RA3 的场发射扫描电镜上进行，所用 EBSD 系统是牛津仪器公司的 TSL OIM 7 系统。

EBSD 测试过程：样品制备完成后，启动扫描电镜和 EDAX 电子背散射衍射系统；将制备好的样品置于 70° 样品台上后放入电镜腔室，调整样品使之与 EBSD 探头相对。打开 EBSD 控制计算机中的数据采集软件，选择合理的参数及扫描区域后开始扫描样品，参数设定为电压 20 kV、工作距离 15 mm、扫描步长 1 μm；通过 EBSD 数据采集软件收集并标定花样后，打开 TSL OIM Analysis 软件对数据进行处理，获得晶体学信息，其中重合位置点阵（CSL）晶界根据 Brandon 标准定义[10]。

2　实验结果与讨论

2.1　EBSD 测试结果

核平均取向差 KAM（Kernel Average Misorientation）常用于变形材料局部取向差变化度量，在研究金属塑性变形中应用广泛。通过 EBSD 软件分析处理得到的 KAM 图不仅可以显示材料中的应力分布情况，还可以定性反映塑性变形的大小，KAM 值越大，塑性变形程度越大，位错密度也越大。

对 3 种不同冷加工变形量样品进行 EBSD 测试，利用 KAM 衡量变形材料中的位错密度，图 2 为软件处理得到的核平均取向差 KAM 图。随着冷加工变形量的增加，KAM 图中局部取向差变大，位错密度也有所增加。其中变形量从 15% 增加至 20% 时，KAM 值增大较明显，当变形量从 20% 增加至 25% 时，KAM 值变化不明显。为了定量分析 KAM 值与变形量的关系，计算了各样品的平均 KAM 值，最终冷加工变形量为 15%、20% 及 25% 的样品整体平均 KAM 值分别为 1.51、1.73、1.77。

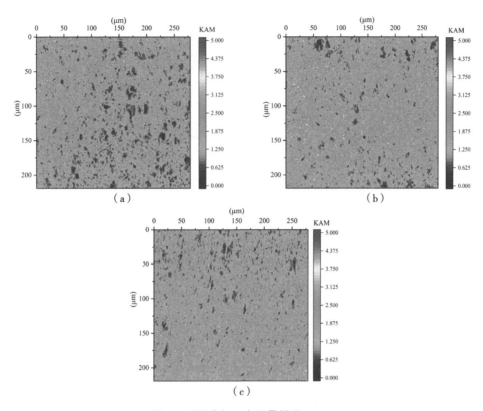

图 2 不同冷加工变形量样品 KAM

（a）加工变形量为 15%；（b）加工变形量为 20%；（c）加工变形量为 25%

图 3 为最终冷加工变形量为 15%、20%、25% 的 3 个样品的 EBSD IPF 图。从图中可以看出，3 种不同冷工量样品晶粒取向没有明显差别，另外，变形量为 15% 和 20% 的样品中晶粒均为形状规则的等轴晶粒，但当冷工量提高到 25% 时，晶粒有从等轴晶粒向细长晶粒发展的趋势，但 3 种变形量样品的晶粒大小差异不大。

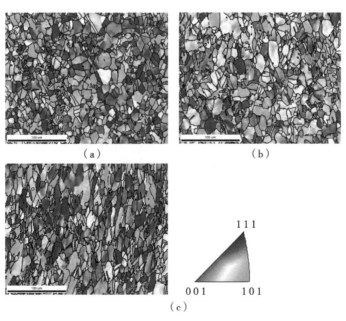

图 3 不同冷加工变形量样品取向图

（a）加工变形量为 15%；（b）加工变形量为 20%；（c）加工变形量为 25%

不同最终冷加工变形量样品的晶界特征分布如图4所示。从图中可以看出，变形量增加，晶界特征图中Σ3孪晶界的比例有所下降，当样品最终冷加工变形量从15％增加至25％时，Σ3晶界的比例从23％降低至15％。另外，当变形量增加Σ3晶界比例随之减少时，小角度晶界的比例随变形量的增加而略有增加。

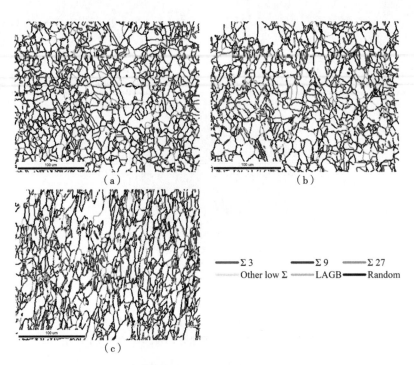

图4　不同最终冷加工变形量样品的晶界特征分布

（a）加工变形量为15％；（b）加工变形量为20％；（c）加工变形量为25％

2.2　辐照实验结果

不同最终冷加工变形量样品辐照后TEM照片如图5所示，样品的辐照肿胀率由图中空洞统计得出，本文采用透射电镜测量由微观空洞引起的材料肿胀率[11]。结果列于表2中。由图5可以看出，

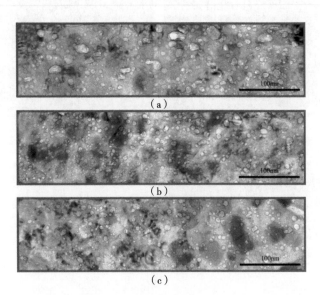

图5　不同最终冷加工变形量样品辐照后TEM照片

（a）加工变形量为15％；（b）加工变形量为20％；（c）加工变形量为25％

当材料的最终冷加工变形量从15%增加至20%，其辐照后内部空洞尺寸明显减小；当最终冷加工变形量从20%增加至25%时，辐照空洞的尺寸未有明显变化，空洞数量略有降低。不同冷加工变形量样品空洞尺寸分布更清晰、直观的对比如图6所示，变形量为15%的样品明显具有更大的空洞且大尺寸空洞数量较多。

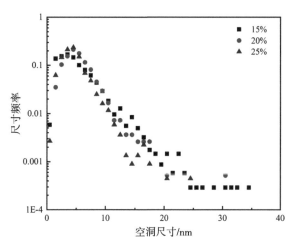

图6 最终冷加工变形量对辐照后空洞尺寸分布的影响

根据EBSD测试获取的晶界信息，将Σ3晶界比例、低ΣCSL晶界比例、随机晶界比例与肿胀率一起总结于表2中。

表2 不同变形量样品实验结果

样品	KAM平均值	Σ3晶界比例	低ΣCSL晶界比例	随机晶界比例	肿胀率
15%变形量	1.51	23.1%	29.1%	63.3%	3.04%±0.09%
20%变形量	1.73	18.6%	24.3%	64.9%	1.93%±0.08%
25%变形量	1.77	15.4%	21.9%	66.3%	1.67%±0.08%

2.3 分析与讨论

从最终的辐照肿胀统计结果来看（表2），样品辐照肿胀率随着冷工量的增加而逐渐减小。其中最终冷加工变形量从15%增加至20%时，KAM平均值由1.51增加至1.73，位错密度增加，辐照肿胀率显著降低；冷加工变形量从20%增加至25%时，KAM平均值由1.73增加至1.77，位错密度增加程度不明显，肿胀率也仅略微降低。可以合理推测，继续增加冷加工变形量可能无法有效地进一步提高材料的抗辐照肿胀性能，这也说明只有在一定的变形量范围内可以通过增加冷加工变形量的方式来提高材料的抗辐照肿胀性能。

从微观组织特征上看，不同冷加工变形量样品晶粒尺寸相近，但当冷工量从15%增加至25%时，低ΣCSL晶界比例由29.1%降低至21.9%。众所周知，材料中的缺陷是吸收辐照产生的点缺陷及裂变产物的陷阱。材料本身的晶界也是一种缺陷，晶界密度及晶界类型都可能会影响材料的抗辐照性能。特别地，由于低ΣCSL晶界两侧孪晶和母晶之间具有特殊的取向关系，当材料发生塑性变形时，这种特殊取向关系会改变滑移在晶粒间的传播及位错在晶界处的堆积排列[12]，因此不同的晶界特征分布也会影响位错分布状态，进而改变材料对辐照产生的缺陷和裂变产物的吸收能力。

3 结论

本文以快堆用CN-1515奥氏体不锈钢包壳为研究对象,主要从微观组织特征上研究了冷加工变形量对材料辐照肿胀的影响。利用EBSD技术分析得到不同冷工量CN-1515材料的微观组织特征,结合离子辐照实验获得的材料辐照肿胀数据进行综合分析,结果表明:最终冷加工变形量越大,材料内部的应力越大,位错密度越大,Σ3孪晶界的比例有所下降。当变形量从15%增加至20%时,平均KAM值由1.51增加至1.73,位错密度增加较明显,辐照肿胀率显著降低(分别为3.04%、1.93%);当变形量从20%增加至25%时,平均KAM值由1.73增加至1.77,位错密度增加程度不明显,肿胀率略微降低(分别为1.93%、1.67%)。

致谢

在此衷心感谢中国原子能科学研究院马海亮老师、范平老师和袁大庆老师对相关实验和数据的大力支持。

参考文献:

[1] LI J, MIAO S, LIU Q Y, et al. A comparison study of void swelling in additively manufactured and cold-worked 316L stainless steels under ion irradiation [J]. Journal of nuclear materials, 2021, 551: 152946.

[2] WAKAI E, HASHIMOTO N, ROBERTSON J P, et al. Swelling of cold-worked austenitic stainless steels irradiated in HFIR under spectrally tailored conditions [J]. Journal of nuclear materials, 2002, 307-311 (1): 352-356.

[3] POROLLO S I, DVORIASHIN A M, KONOBEEV Y V, et al. Microstructure and swelling of neutron irradiated nickel and binary nickel alloys [J]. Journal of nuclear materials, 2013, 442 (1-3): 809-812.

[4] DVORIASHIN A M, POROLLO S I, KONOBEEV Y V, et al. Influence of cold work to increase swelling of pure iron irradiated in the BR-10 reactor to -6 and -25 dpa at -400 ℃ [J]. Journal of nuclear materials, 2000, 283-287 (1): 157-160.

[5] KONOBEEV Y V, DVORIASHIN A M, POROLLO S L, et al. Swelling and microstructure of pure Fe and Fe-Cr alloys after neutron irradiation to -26dpa at 400 ℃ [J]. Journal of nuclear materials, 2006, 355 (1-3): 124-130.

[6] MURASE Y, NAGAKAWA J, YAMAMOTO N, et al. Effect of cold work on void swelling in proton irradiated Fe-15Cr-20Ni ternary alloys [J]. Journal of nuclear materials, 1998, 258-263 (2): 1639-1643.

[7] 冯伟, 杜爱兵, 任媛媛, 等. 一种高硅含钛奥氏体不锈钢材质包壳管的制造方法: CN109013744A [P]. 2018-12-18.

[8] ZHU S, ZHENG Y, AHMAT P, et al. Temperature and dose dependences of radiation damage in modified stainless steel [J]. Annual report for China institute of atomic energy, 2002, 343 (1): 325-329.

[9] ZIEGLER J F, ZIEGLER M, BIERSACK J. SRIM-The stopping and range of ions in matter (2010) [J]. Nuclear instruments and methods in physics research section B: beam interactions with materials and atoms, 2008, 268 (11-12): 1818-1823.

[10] BRANDON D G. The structure of high-angle grain boundaries [J]. Acta metallurgica, 1966, 14 (11): 1479-1484.

[11] 马海亮, 袁大庆, 范平, 等. 一种由空洞引起的材料肿胀率的测量方法: CN109916940B [P]. 2020-06-23.

[12] JOSH K, EFTINK B P, CUI B, et al. Dislocation interactions with grain boundaries [J]. Current opinion in solid state and materials science, 2014, 18: 227-243.

Research on the effect of cold working on the radiation swelling of CN-1515 austenitic steel

LI Xin-xin[1], JIAO Xue-sheng[1], HUANG Qing-hua[1],
TONG Zhen-feng[2]

(1. Ruichang Institute of Nuclear Physics Application, Jiujiang, Jiangxi 332000, China;
2. North China Electric Power University, Beijing, 102206, China)

Abstract: The lifespan of the austenitic steel cladding of the fast reactor is mainly limited by radiation swelling. Usually, cold working deformation is carried out in the final stage of the preparation of austenitic steel cladding to enhance its resistance to radiation swelling. However, cold working can reduce the plasticity of the material, so a reasonable amount of cold work is a key processing parameter. Three different cold deformation materials, 15%, 20%, and 25%, were manufactured in the production process of domestically produced CN-1515 austenitic steel cladding. The microstructure of the materials under different cold deformation rates and their impact on radiation swelling were studied through ion irradiation experiments, transmission electron microscopy (TEM) technology, and electron backscatter diffraction (EBSD) technology. The results showed that when the cold deformation rate increased from 15% to 20%, the dislocation density increased significantly and the swelling rate decreased significantly. The cold work volume continued to increase to 25%, and the decrease in swelling rate was not significant. This study can provide key data for the organizational design of CN-1515.

Key words: CN-1515; Cold working; Microstructure; Irradiation swelling

三管双管符合比-切伦科夫方法对^{56}Mn 的活度测量

范梓浩，刘皓然，梁珺成，肖　扬，孙昌昊，杨志杰

（中国计量科学研究院，北京　100029）

摘　要：^{56}Mn 活度的准确测量是锰浴法应用于中子源强度定值的关键。作为 $4\pi\beta$（Cherenkov）$-\gamma$ 符合方法的替代方法，在扩展现有计算模型的基础上，三管双管符合比-切伦科夫（TDCR-Cherenkov）方法亦可应用于锰浴装置中 ^{56}Mn 的测量。通过对 $\beta-\gamma$ 衰变核素 ^{56}Mn 探测效率的 TDCR-Cherenkov 数学模型的研究，利用热中子辐照装置对高纯锰粉进行照射以制备含 ^{56}Mn 的 MnSO$_4$ 溶液样品，使用蒙特卡罗模拟工具 Geant4 计算 γ 射线在 MnSO$_4$ 溶液中产生的次级电子能谱，用于 γ 跃迁的探测效率计算。提出利用遮光膜包裹样品进行测量的方式，对 γ 射线因康普顿散射在光电倍增管入射窗产生切伦科夫光而贡献的假计数进行定量分析。结果显示：所制备的 ^{56}Mn 样品的比活度为 53.68 Bq/g，与 $4\pi\beta$（Cherenkov）$-\gamma$ 符合方法及 γ 能谱方法的结果在不确定度范围内一致，表明扩展后的 TDCR-Cherenkov 方法对 $\beta-\gamma$ 级联核素 ^{56}Mn 活度测量的准确性。

关键词：三管双管符合比；切伦科夫；^{56}Mn；$\beta-\gamma$ 衰变；Geant4

^{56}Mn 是一种人工放射性短寿命衰变核素（$T_{1/2} = 2.57878$（46）小时）[1]，被广泛用于锰浴法中子源的强度定值研究[2-3]。原有锰浴法装置中使用 γ 探测器以相对测量方法对 ^{56}Mn 进行活度测量，之后 P. Cassette 和 F. Ogheard 等人利用 4π（Cherenkov）$-\gamma$ 符合装置对锰浴中的 ^{56}Mn 进行在线测量[4-5]，避免了 γ 测量系统在进行效率刻度时需要制备 ^{56}Mn 标准源的困难及 γ 效率刻度引入的不确定度。另外，三管双管符合比-切伦科夫（TDCR-Cherenkov）方法[6-7]也可作为一种替代方法对 ^{56}Mn 活度进行测量，且其测量系统相较于符合方法所用装置更为简单。然而，在利用 TDCR-Cherenkov 方法对 ^{56}Mn 活度进行分析时，需要计算核素衰变时级联发射的 β 和 γ 射线的效率，并对 γ 射线在光室内因康普顿散射导致光电倍增管（PMT）入射窗产生 Cherenkov 光子而引起的干扰进行修正[8-9]。

在本工作中，将高纯度锰粉在热中子辐照场[10]中进行为期 1.5 天的辐照，以获得活化后的 ^{56}Mn 核素，并将之用稀硫酸溶解得到含 ^{56}Mn 的 MnSO$_4$ 溶液，使用 TDCR 符合测量装置对溶液进行活度测量。在对现有的 TDCR-Cherenkov 方法[6-7]进行扩展的基础上，根据不同测量条件下的计数率对 ^{56}Mn 样品进行探测效率计算，并将结果与采用 $4\pi\beta$（Cherenkov）$-\gamma$ 符合方法和 γ 能谱法得到的结果进行一致性比较。

1　^{56}Mn 探测效率计算模型

表 1 为用于探测效率计算的 ^{56}Mn 衰变数据[1]。本工作中考虑了该核素从 ^{56}Mn 基态衰变到 ^{56}Fe 基态的 10 条衰变路径。此外，由于该核素 γ 跃迁时内转换（IC）的比例可忽略不计，因此在计算 γ 跃迁的效率时仅考虑 γ 射线对探测效率的贡献。

根据表 1 可知，每条衰变路径包含 1 次 β 跃迁和最多 3 次 γ 跃迁。因此，存在 3 种不同类型的级联跃迁，以下为不同类型衰变的探测效率。

（1）类型 A 衰变路径：

$$\varepsilon_A = 1-(1-\varepsilon_{\beta_i})(1-\varepsilon_{\gamma_j})。 \tag{1}$$

（2）类型 B 衰变路径：

作者简介：范梓浩（1994—），男，博士，现主要从事放射性核素计量等科研工作。

$$\varepsilon_B = 1-(1-\varepsilon_{\beta_i})(1-\varepsilon_{\gamma_j})(1-\varepsilon_{\gamma_k})。 \tag{2}$$

（3）类型 C 衰变路径：

$$\varepsilon_C = 1-(1-\varepsilon_{\beta_i})(1-\varepsilon_{\gamma_j})(1-\varepsilon_{\gamma_k})(1-\varepsilon_{\gamma_l})。 \tag{3}$$

其中，式（1）至式（3）可用于计算 D（双管符合逻辑与）和 T（三管符合）的效率；ε_{β_i} 为 β 跃迁的探测效率；ε_{γ_j}、ε_{γ_k} 和 ε_{γ_l} 是 γ 跃迁的效率。

表1 ^{56}Mn 衰变路径及其分支概率（已归一化）

序号	分支比概率	衰变路径所包含跃迁
1	0.020%	β₁（250.2 keV）γ₁（2598.438 keV）γ₁₀（846.763 8 keV）
2	1.029%	β₂（325.7 keV）γ₂（2523.06 keV）γ₁₀（846.763 8 keV）
3	0.172%	β2（325.7 keV）γ₃（3369.843 keV）
4	0.040%	β₃（572.6 keV）γ₄（1037.833 3 keV）γ₉（1238.273 6 keV）γ₁₀（846.763 8 keV）
5	14.205%	β₄（735.6 keV）γ₅（2113.092 keV）γ₁₀（846.763 8 keV）
6	0.307%	β₄（735.6 keV）γ₆（2959.92 keV）
7	26.878%	β₅（1037.9 keV）γ₇（1810.726 keV）γ₁₀（846.763 8 keV）
8	0.644%	β₅（1037.9 keV）γ₈（2657.56 keV）
9	0.057%	β₆（1610.4 keV）γ₉（1238.273 6 keV）γ₁₀（846.763 8 keV）
10	56.647%	β₇（2848.7 keV）γ₁₀（846.763 8 keV）

对于 β 或 γ 跃迁的 D 和 T 探测效率为：

$$\varepsilon_D = \int_{E_{th}}^{E_{max}} S(E)\left[\left(1-e^{\frac{-qk(E)\alpha_2}{3}}\right)\left(1-e^{\frac{-qk(E)\alpha_2}{3}}\right)+\left(1-e^{\frac{-qk(E)\alpha_2}{3}}\right)\left(1-e^{\frac{-qk(E)\alpha_3}{3}}\right)+\right.$$
$$\left(1-e^{\frac{-qk(E)\alpha_1}{3}}\right)\left(1-e^{\frac{-qk(E)\alpha_3}{3}}\right)-2\left(1-e^{\frac{-qk(E)\alpha_1}{3}}\right)\left(1-e^{\frac{-qk(E)\alpha_2}{3}}\right)$$
$$\left.\left(1-e^{\frac{-qk(E)\alpha_3}{3}}\right)\right]dE。 \tag{4}$$

$$\varepsilon_T = \int_{E_{th}}^{E_{max}} S(E)\left[\left(1-e^{\frac{-qk(E)\alpha_1}{3}}\right)\left(1-e^{\frac{-qk(E)\alpha_2}{3}}\right)\left(1-e^{\frac{-qk(E)\alpha_3}{3}}\right)\right]dE。 \tag{5}$$

在式（4）和式（5）中，除了 $S(E)$，其他符号的含义可以在参考文献［6］中找到。

$S(E)$ 为用于计算单个跃迁效率的能谱，且用于不同跃迁效率计算的 $S(E)$ 是不同的。用于 β 跃迁效率计算的能谱来源于文献［11］。而对 γ 射线的效率计算，使用的是由发射的 γ 射线在溶液中产生的次级电子能谱，而非能量沉积谱。这是因为根据 Frank 和 Tamm 的理论［12］，Cherenkov 光子的数量取决于带电粒子在介质中行进的距离，而该距离取决于带电粒子的初始能量。因此，用于 γ 射线效率计算的能谱是由发射的 γ 射线导致的次级电子能谱所决定的，可通过蒙特卡罗（MC）模拟进行计算。

最后，综合以上 10 条衰变路径的探测效率，即可得到计算 $TDCR$ 值与 T 和 D 探测效率的关系：

$$TDCR_{cal} = \frac{\varepsilon_T}{\varepsilon_D} = \sum_{i=1}^{10} P_i\varepsilon_{i,T}\Big/\sum_{i=1}^{10} P_i\varepsilon_{i,D}。 \tag{6}$$

式中，P_i 为 ^{56}Mn 通过相应的衰变路径衰变为 ^{56}Fe 基态的概率；$\varepsilon_{i,T}$ 和 $\varepsilon_{i,D}$ 分别为第 i 条级联路径的 T 和 D 探测效率。

然而，在实验过程中，有一部分观察到的符合计数是由于 γ 射线在光室内发生康普顿散射，进而导致其在光电倍增管（PMT）窗口产生的 Cherenkov 光子贡献的，该现象已在 Thiam 的实验和模拟中被证实是存在的［9］。此外，在同样装置中，由于 TDCR - Cherenkov 方法中 β 核素的探测效率要低于液闪方法中的探测效率，因此该方法中的实验 D 和 T 的计数率更易受到上述效应影响。对于 β－γ 级联衰变的 ^{56}Mn，样品的符合计数主要分为 3 个部分的贡献：①由发射的 β 粒子在溶液中产生的 Cherenkov 光子；②由发射的 γ 射线在溶液中产生的次级电子/正电子而导致的 Cherenkov 光子；③由康普顿散射引起的 PMT 窗口发射的 Cherenkov 光子。

图 1 中展示了这 3 个部分的 Cherenkov 光子是如何被 PMT 探测到的。

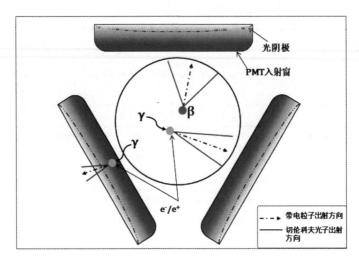

图 1　一次符合事件中可能的组成部分

在 3 种衰变路径（A、B 和 C 类型）中，探测效率由样品瓶内的 Cherenkov 光贡献（如部分①和部分②所描述）。这种类型的效率通常用（1－非探测概率）来表示，如式（1）到式（3）所示。另外，由于发射在 PMT 窗口中的 Cherenkov 光子是由单个发射的 γ 射线引起的，而不是样品瓶内产生的 Cherenkov 光，因此，除了少量串扰外，单个发射的 γ 射线很难引起符合事件。所以若在一次衰变过程中仅有一根 γ 射线发射，则部分③贡献的符合计数几乎可忽略。经此考虑，样品的符合计数率 N 可以表示为：

$$N = A\big[(\varepsilon_\beta + \varepsilon_\gamma - \varepsilon_\beta\varepsilon_\gamma) + \varepsilon_{\gamma'}(1 - \varepsilon_{\beta s})\big]。 \tag{7}$$

式中，A 是 ^{56}Mn 的活度，Bq；ε_β、ε_γ 和 $\varepsilon_{\gamma'}$ 分别表示部分①、部分②和部分③的探测效率；$\varepsilon_{\beta s}$ 是除 A 类型衰变路径外的 β 跃迁的总探测效率。如式（7）所示，用于符合计数的计算方程被扩展为由两种类型的效率组成的表达式。观察到的符合计数分别由样品瓶内的 Cherenkov 光子和样品瓶外的 Cherenkov 光子（如部分③所描述）贡献，且只有在部分①未被探测到时，才会探测到部分③。

在式（7）中，ε_β、ε_γ 可由效率计算方程来表示（可通过理论计算得到）。而 $\varepsilon_{\gamma'}$ 只能通过实验确定，为得到该部分的效率，对样品使用避光膜覆盖的方式进行测量，以得到仅有部分③贡献时的符合计数率 F：

$$F = A\varepsilon_{\gamma'}。 \tag{8}$$

在得到有避光膜和无避光膜覆盖下的样品计数率之后，考虑计数的半衰期修正并结合式（7）和式（8）求解 $\varepsilon_{\gamma'}$，并将式（7）更改为：

$$N = A(\varepsilon_\beta + \varepsilon_\gamma - \varepsilon_\beta\varepsilon_\gamma) \frac{N/F}{N/F - 1 + \varepsilon_{\beta s}}。 \tag{9}$$

在式（9）中，$(\varepsilon_\beta + \varepsilon_\gamma - \varepsilon_\beta\varepsilon_\gamma)$ 代表 ^{56}Mn 的 10 条衰变路径加权和的探测效率，修正后可得到计算 $TDCR$ 值的公式：

$$TDCR_{cal} = \frac{\varepsilon_T}{\varepsilon_D} = \frac{\sum_{i=1}^{10} P_i\varepsilon_{i,T}}{\sum_{i=1}^{10} P_i\varepsilon_{i,D}} \times \frac{N_T/F_T(N_D/F_D - 1 + \varepsilon_{\beta s}^D)}{N_D/F_D(N_T/F_T - 1 + \varepsilon_{\beta s}^T)}。 \tag{10}$$

2 实验

2.1 样品制备

为确保锰粉中^{56}Mn比活度达到饱和，将约3.0 g锰粉（纯度为99.99%）包裹进样品袋并放置在热中子辐射场中进行为期1.5天左右的辐照。使用质量分数为10%的稀硫酸对辐照后的锰粉进行溶解，得到含有^{56}Mn的$MnSO_4$溶液（密度$\rho = 1.19$ g/cm^3，折射率$n = 1.367$）。将$MnSO_4$溶液分装到4个20 mL的塑料液体闪烁计数瓶中，每个样品均加入15 mL的$MnSO_4$溶液。其中3个样品作为^{56}Mn的平行样，另一个样品静置2天以上，经放射性衰变后得到近似无放射性的$MnSO_4$溶液，并以此为该系列平行样品的本底样品。添加的$MnSO_4$溶液质量使用可溯源至国家质量标准的高精度电子分析天平进行测定。

2.2 实验测量

由于^{56}Mn的半衰期较短，将^{56}Mn平行样品在TDCR符合测量装置、$4\pi\beta$（LS）-γ符合测量装置和HPGe探测器上进行交替测量。其中，TDCR符合测量装置是由中国计量科学研究院（NIM）自行设计搭建的一套基准装置，该系统配备了3根PMT（型号为9813QB）。PMT的高压约为+2.0 kV，由3个独立电源（CAKE 353）进行供电。测量过程中，3根PMT的信号输入到快放（CAEN N978）中，并使用商用数字化仪（CAEN DT5730）处理来自快放的信号，得到包含信号能量和时间戳信息的3个列表模式文件。最后，使用基于MAC3[13]的离线数字信号符合软件对3根PMT的信号进行扩展死时间和符合处理，得到样品T和D计数率。$4\pi\beta$（Č）-γ方法的测量则在NIM的$4\pi\beta$（LS）-γ符合测量装置[14]上实现。在处理数据时，使用文献[15]和文献[16]中给出的效率外推模型，在外推过程中，通过在β通道中设置一系列数字阈值来实现β通道的探测效率变化，最终实现效率外推。

3 次级电子谱模拟计算

在本工作中，使用MC软件Geant4[17]计算γ射线在$MnSO_4$溶液中产生的次级电子谱。通过建立一个装有15 mL $MnSO_4$溶液的20 mL聚乙烯液闪瓶模型，并在溶液内随机生成发射γ射线的位置和方向分布，对溶液中不同能量的γ射线进行模拟计算。在计算过程中追踪γ射线在溶液中产生的每个电子和正电子，并在每个模拟事件中记录以上两种带电粒子的总数及其所对应的初始能量。最后，根据每个带电粒子的初始能量的统计数据，得到由不同能量γ射线在$MnSO_4$溶液中产生的次级电子谱（图2）。

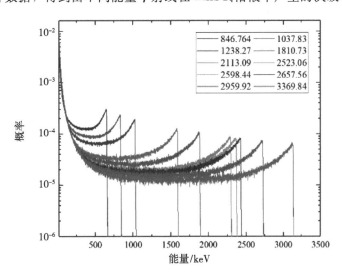

图2 不同能量γ射线在$MnSO_4$溶液中产生的次级电子谱

4 结果

TDCR 符合测量装置的实验数据通过应用上述扩展的 TDCR-Cherenkov 方法进行分析。各向异性参数 $x = 1.16$ 是通过将液闪 TDCR 方法和 TDCR-Cherenkov 方法应用于 ^{32}P、^{90}Y 和 ^{204}Tl 的结果进行比较推导出来的。在引入合适的各向异性参数后，基于二分法对模型中的自由参数进行求解。将求解的自由参数应用于探测效率计算，得到所制备的平行样品的比活度，如表 2 所示。

最终将采用 TDCR-Cherenkov 方法得到的 ^{56}Mn 比活度与 $4\pi\beta$（Cherenkov）–γ 符合和 γ 谱的结果进行比较（图 3），结果显示 3 种方法的结果均在不确定度范围内一致。

表 2 ^{56}Mn 比活度测量结果（均经过半衰期修正）

样品编号	$TDCR_{exp}$	$TDCR_{cal}$	ε_D	比活度/（Bq/g）
Mn56 – R2 – 1	0.674 8	0.674 8	0.547 8	53.75
Mn56 – R2 – 2	0.674 5	0.674 5	0.547 6	53.53
Mn56 – R2 – 3	0.676 1	0.676 1	0.548 9	53.76
平均值				53.68

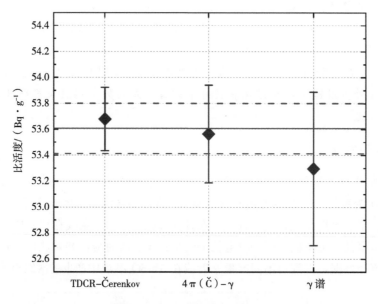

图 3 ^{56}Mn 比活度的结果比对

5 结论

在本工作中，TDCR-Cherenkov 方法被扩展并成功应用于 β–γ 衰变核素 ^{56}Mn 探测效率计算。在该方法中，γ 跃迁的探测效率计算中使用了次级电子谱，而非能量沉积谱。同时，对 γ 射线在光室内发生康普顿散射导致其在光电倍增管（PMT）窗口产生的 Cherenkov 光子贡献的计数，可通过分析不同来源的 Cherenkov 光子的探测效率，并基于有无覆盖避光膜的样品计数率来对其进行修正。

参考文献：

[1] BÉ M M, CHISTÉ V, DULIEU C, et al. Table of radionuclides (Vol. 1 – A = 1 to 150) [M]. Paris: Bureau International Des Poids Et Mesures, 2004.

[2] O'NEAL R D, SCHARFF-GOLDHABER G. Determination of absolute neutron intensities [J]. Physical review, 1946, 69 (7 - 8): 368.

[3] ROBERTS N J, MOISEEV N N, KRÁLIK M. Radionuclide neutron source characterization techniques [J]. Metrologia, 2011, 48 (6): 10.

[4] CASSETTE P, OGHEARD F. Calibration of neutron sources emission rate with the manganese bath, using a new method for the on-line activity measurement of 56Mn by Cerenkov-gamma coincidences [J]. Revue francaise de metrologie, 2014: 39 - 54.

[5] OGHEARD F. Développement d'un système de mesure directe du débit d'émission de sources neutroniques [D]. Paris : Université Paris Sud-Paris XI, 2012.

[6] KOSSERT K. Activity standardization by means of a new TDCR-? erenkov counting technique [J]. Applied radiation and isotopes, 2010, 68 (6): 1116 - 1120.

[7] THIAM C, BOBIN C, BOUCHARD J. Adaptation of PTB' s analytical modelling for TDCR - Cherenkov activity measurements at LNHB [J]. Journal of radioanalytical and nuclear chemistry, 2017, 314 (2): 591 - 597.

[8] ROSS H H. Measurement of β-emitting nuclides using cerenkov radiation [j]. physics education, 1969, 41 (10): 1260 - 1265.

[9] THIAM C, BOBIN C, BOUCHARD J. Simulation of cherenkov photons emitted in photomultiplier windows induced by compton diffusion using the monte carlo code geant4 [J]. Applied radiation and isotopes, 2010, 68 (7 - 8): 1515 - 1518.

[10] JUNKAI YANG, WANG PINGQUAN, HUI ZHANG, et al. Experimental measurement of parameters of thermal neutron reference field [J]. Nuclear techniques, 2021, 44 (11): 7.

[11] MOUGEOT X. Reliability of usual assumptions in the calculation of β and ν spectra [J]. Physical review c - nuclear physics, 2015, 91 (5): 10.

[12] FRANK I, TAMM I E. Coherent visible radiation of fast electrons passing through matter [J]. Dokl. Akad. Nauk SSSR, 1937, 14 (1937): 109 - 114.

[13] BOUCHARD J, CASSETTE P. MAC3: an electronic module for the processing of pulses delivered by a three photomultiplier liquid scintillation counting system [J]. Applied radiation &- isotopes, 2000, 52 (3): 669 - 672.

[14] LIU H, LIANG J, ZHONG K, et al. Development of $4\pi\beta$ (LS) -γ digital coincidence counting system at NIM [J]. Applied radiation and isotopes, 2022, 188: 110398.

[15] BAERG A P. The efficiency extrapolation method in coincidence counting [J]. Nuclear instruments and methods, 1973, 112 (1): 143 - 150.

[16] ICRU. Particle counting in radioactivity measurements [R]. ICRU (Int. Comm. Radiat. Units Units Meas.) Rep. 52, 1994.

[17] AGOSTINELLI S, ALLISON J, AMAKO K, et al. GEANT4 - A simulation toolkit [J]. Nuclear instruments and methods in physics research, Section A: Accelerators, Spectrometers, Detectors and Associated Equipment, 2003, 506 (3): 250 - 303.

Activity determination for ^{56}Mn using TDCR-Cherenkov method

FAN Zi-hao, LIU Hao-ran, LIANG Jun-cheng, XIAO Yang,
SUN Chang-hao, YANG Zhi-jie

(National Institute of Metrology, Beijing 100029, China)

Abstract: The accuracy of activity determination for ^{56}Mn is the key to the manganese bath method applying to the emission rates determination of neutron source. As an alternative to the 4π (Cherenkov) -γ method, TDCR-Cherenkov method could also be applied to the measurement of ^{56}Mn in the manganese bath device, if the existing calculation model is extended. The TDCR-Cherenkov method for the $\beta - \gamma$ decaying nuclide ^{56}Mn activity measurement was studied. The manganese sulfate solution containing ^{56}Mn was prepared by irradiating the high-purity manganese powder in thermal neutron irradiation field. Then the secondary electron spectra induced by γ – rays in manganese sulfate solution was calculated using Monte Carlo toolkit Geant4. And the calculated spectra were used to calculate the efficiencies of γ – transitions. Meanwhile, the counts contributed by Cherenkov photons emitted in the photomultiplier entrance window induced by Compton scattering of γ – rays were quantitatively analyzed by wrapping the sample in a light-proof film. The result showed that: the activity concentrations of the ^{56}Mn was determined to be 53. 68 Bq/g. The result derived from the extended TDCR-Cherenkov method were in good agreement with the 4π (Cherenkov) – γ coincidence method and γ – spectrometry method. The above comparison indicated that the accuracy of extended TDCR-Cherenkov method for ^{56}Mn.

Key words: TDCR; Cherenkov; ^{56}Mn; $\beta - \gamma$ decaying; Geant4

粒子加速器
Particle Accelerator Physics

目　录

HI－13 串列加速器升级后的辐射安全联锁系统联合设计

王晓飞，周建明，李爱玲

（中国原子能科学研究院，北京　102413）

摘　要：HI-13 串列加速器后端新建直线超导加速器，作为后加速器用以提高重离子束流能量。将原 HI－13 串列加速器辐射安全联锁系统升级，并新建直线超导加速器安全联锁系统，新的整合辐射安全联锁系统利用双 PLC 信号交互模式，通过设计主界面双模式选择及多维度安全联锁流程，实现了对原串列控制区域、新建直线超导加速器人厂和实验终端大厅运行和检修工况的联合辐射安全防护需求。

关键词：辐射安全联锁系统；双 PLC 信号交互模式；主界面双模式选择；多维度安全联锁流程

中国原子能科学研究院在我国核物理应用研究发展的初期，从美国高压工程公司引进了 HI－13 串列加速器，至今已运行了 30 余年，在核物理基础研究、核技术应用研究、核数据研究及航天微电子器件单粒子效应研究领域，取得了一批具有国际、国内重要影响力的科研成果，成为我国核物理应用研究的一个重要基地[1]。随着核物理基础和应用研究的发展，实验室又从美国引进了直线超导加速器，用作增能器以进行串列注入束流的后加速器，投入运行后将极大提升中国原子能科学研究院核物理基础和应用研究的综合能力，满足国际前沿基础科学研究及核工业、先进核能源、航空航天、材料科学、医学诊断和治疗等应用研究的需要[2]。

1　加速器工作原理及布局

1.1　HI－13 串列加速器

HI－13 串列加速器为静电高压型加速器，其内部配备的高压电源和线速度为 12.5 m/s 的输电梯可将电荷源源不断带入头部高压电极，使之建立最高达 13 MeV 的电场。注入离子为负离子，头部安装有剥离器，负离子在电场中被加速至高压头部后，剥离器剥离外围电子，使负离子变为带有一个或多个电荷的正离子，继续加速至高能端。因此，粒子在电场中可被加速至最高 13 MeV/q，由高能端出口出射进入分析磁铁，经 90°偏转进入开关磁铁，偏转至位于串列实验一厅、实验二厅、实验三厅和伽马厅的 13 条束流管道（图 1）。

1.2　直线超导加速器

新引进的直线超导加速器安装与 HI-13 串列加速器后端作为增能器。加速器主体包含 16 个低 β 超导谐振腔和 24 个高 β 超导谐振腔，分别安装在 12 个低温恒温器中，直线超导加速器布局与串列的相对位置如图 1 所示（直线超导加速器位于右侧）。

1.3　串列与超导联机运行的束流轨迹

当串列与超导联机运行时，HI-13 串列的分析磁铁停止工作，束流直接通过分析磁铁孔道，传输至直线超导加速器。经聚焦、DM1N 磁铁偏转 90°、切割、剥离、聚束和消色散，再经由下方 DM1、DM2 磁铁将束流分别进行 2 次 90°偏转，使束流经 180°偏转后进入低 β 和高 β 超导谐振腔。经

作者简介：王晓飞（1972—），女，内蒙古人，高级工程师，硕士，从事加速器技术相关工作。

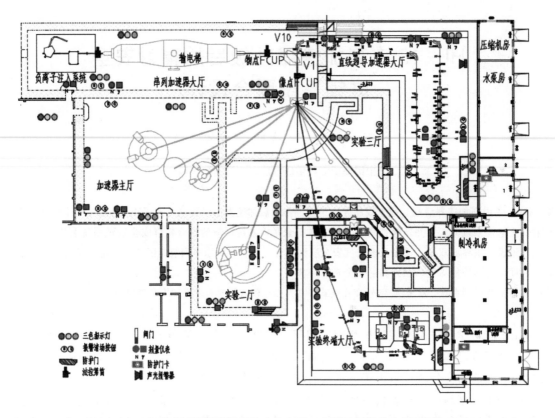

图 1　HI‑13 串列加速器升级后的建筑布局、束流路径及安全联锁设备分布

偏转磁铁 DM2N 将束流偏转 90°后引出超导直线加速器；再经 DM3N 偏转 90°使之再次回到串列束流输运线中，进入开关磁铁，由 L10 出口进入新建的 L10 出口管道，进入实验终端大厅，到达三束辐照装置。串列＋超导联合加速重离子后可最大提升能量至 32 MeV/q[3]。

2　串列＋超导辐射安全联锁系统联合设计

2.1　联合设计架构

大型核设施或射线装置辐射安全的要求是设置充足可靠的安全联锁设备，采取措施，选用合理的配合方式结合辐射监测设备，并设计全面详细的安全操作规程，以确保辐射安全[4]。加速器辐射安全联锁系统的主要功能是确保存在瞬发辐射源项区域没有人员滞留，或者当人员处于该区域时，瞬发辐射源项被切断[5]。

新的辐射安全联锁系统联合设计主要考虑升级后的两种出束工况。①束流产生后，由串列加速器加速，再偏转至实验一厅、实验二厅和实验三厅与伽马厅，即原有的串列的工作工况。由于直线超导系统与串列在分析磁铁处具有双向连通束流管道，应附加考虑束流意外进入直线超导大厅和实验终端大厅时人员的辐射安全。②束流产生后，先由串列加速器加速后进入直线超导加速器二次加速，经多次 90°偏转后返回串列分析磁铁，经开关磁铁偏转至 L10 管道进入实验终端大厅的三束辐照终端。

作为大型复杂粒子加速器设施，原 HI‑13 串列加速器已经建立了自己的辐射安全联锁系统，确保了人员的辐射安全。后端直线超导加速器建成后，需要建立包括直线超导大厅和实验终端大厅的新的辐射安全联锁系统（简称"超导系统"），同时原 HI‑13 串列的辐射安全联锁系统（简称"串列系统"）也要做相应改进和升级，以适应串列＋超导加速模式的联机出束和分别检修的需求。出于对人员的安全性考虑，由束流注入端——HI‑13 串列的辐射安全联锁系统掌握联合系统的模式选择权，直线系统不具有模式选择权。

2.2 辐射安全联锁设备

2.2.1 法拉第筒

如图 1 所示,串列低能端法拉第筒（LE. FCUP）位于串列低能端,其提起和放下联锁条件决定了束流是否被允许进入串列进行加速;串列物点法拉第筒（OB. FCUP）位于串列分析磁铁物点,在联合系统中,其提起和放下联锁条件决定了束流是否被允许进入分析磁铁进而到达直线超导大厅;像点法拉第筒（IM. FCUP）则位于分析磁铁像点,其提起和放下联锁条件决定了束流是否被允许进入现有的 13 条束流管道,进而到达实验一厅、实验二厅、实验三厅、伽马厅、实验终端大厅。法拉第筒外侧安装位置感应装置。

2.2.2 真空阀门

真空阀门 V1、V10 位于串列与超导之间的双向连接管道。V1 的打开和关闭决定了束流是否被允许由分析磁铁进入直线超导大厅,V10 的打开和关闭决定了束流是否被允许进入开关磁铁之后被偏转至各个实验厅。V11 位于实验三厅 L10 管道,决定束流是否被允许进入实验终端大厅。

2.2.3 屏蔽门与迷宫门

屏蔽门与迷宫门是屏蔽体的一部分,联合设计中设计的屏蔽门,串列大厅、实验一厅、实验二厅、实验三厅及伽马厅共计 1♯、2♯、4♯、5♯、7♯、8♯ 6 个屏蔽门和 6♯、10♯、11♯ 3 个迷宫门,直线超导、实验终端大厅共计 SL1♯、SL2♯、SL3♯ 3 个屏蔽门和 12♯ 1 个迷宫门。L 形走廊共有 13♯、14♯ 2 个防盗门。

2.2.4 紧急报警设备

在每个屏蔽门内侧安装紧急开门按钮;在每个控制区域距地面 1.5 米处安装 3～4 个紧急报警按钮,按下后会保持闭锁状态,并触发现场声光报警和远程报警;在高于 3 米处安装一个声光报警器,它会在清场开始后发出警示音,提醒人员尽快离开。

2.2.5 三色指示灯

绿、黄、红三色指示灯安装于每个区域门外侧和区域内侧高于 3 米处可视位置,分别指示该厅"正在出束""准备出束"和"停机"状态。

2.2.6 清场设备

清场按钮安装于厅内距离地面 1.5 米处,每个厅内及 L 形走廊均安装 3～4 个清场按钮,以覆盖全域。清场按钮具有顺序执行特性,设定好区域清场顺序后,只有前一个清场按钮被按下,下一个清场按钮才能够启动,确保人员按顺序执行清场动作。

2.2.7 屏蔽门控制系统

屏蔽门控制系统由门锁箱、门组件及控制组件组成。

门锁箱安装于屏蔽门外,用以得到开门授权。只有得到授权钥匙并将其插入其中,才被允许打开屏蔽门;在关闭屏蔽门后,应将该厅所有开门授权钥匙全部回收至主控室。

屏蔽门一般采用电动推拉屏蔽门,直线超导加速器大厅安装的屏蔽门如图 2 所示。门组件主要由屏蔽门体部分、地沟传动部分和上部导向部分组成。门体采用总厚度为 1 m、中间填充密度为 4.3 t/m³ 的重混凝土。搭接宽度为 300 mm,门与墙间隙不大于 10 mm,满足 A 型屏蔽门搭接宽度大于门与墙体间隙 10 倍搭接尺寸的要求[6]。

屏蔽门控制箱及功能如图 3 所示。图 3a 为门控 PLC 功能,用 PLC 及输出端子实现的控制功能包括主电机的正/反向旋转、使能/停止、故障复位等;接收信号包括制动使能信号、故障报警信号、到位信号等。图 3b 为屏蔽门控制箱,功能如图中所示。屏蔽门控制箱与图 3a 中的控制单元连接,实现屏蔽门状态显示和就地点动式开门关门功能。

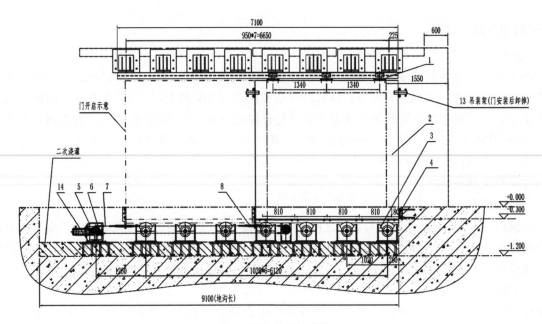

图 2 屏蔽门系统结构

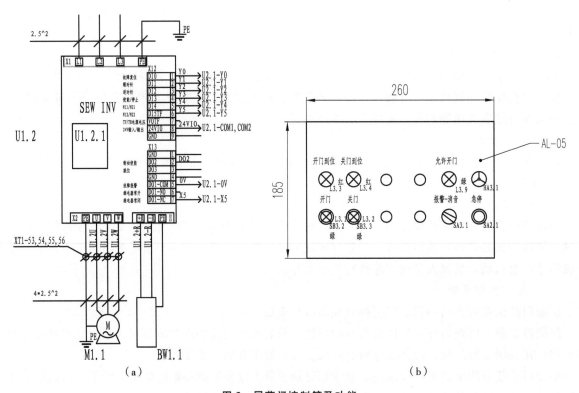

（a）   （b）

图 3 屏蔽门控制箱及功能

（a）门控 PLC 功能；（b）屏蔽门控制箱

必须强调的是，屏蔽门厚度达 1 米，对穿行屏蔽门的人员具有危险性，因此屏蔽门的控制必须且仅能使用就地点动式开启和关闭，操作人员必须可目视门状态。不允许使用远程方式或自动方式对屏蔽门进行控制。屏蔽门具有开门限位和关闭限位。

2.3 双模式联锁的控制逻辑

基于前述设计架构分析,建立基于双模式控制的辐射安全联锁系统。

2.3.1 模式一:"串列"模式("Tandem"Mode)

串列的 13 条出束管道分别安装于实验一厅、实验二厅、实验三厅、伽马厅。根据工况需要,通过辐射安全联锁控制软件的用户界面操作选择"串列"模式。如需位于实验一厅的 R70 管道出束,则投入"一厅联锁",对串列大厅、实验一厅进行顺序清场,关好所有屏蔽门和迷宫门。之后即可提起低能端法拉第筒(LE. FCUP),使注入器产生的束流进入串列加速器加速,提起物点法拉第筒(OB. FCUP),使束流进入分析磁铁进行能量分析,提起像点法拉第筒(IM. FCUP),使束流进入实验厅供束。"串列"模式时,真空阀门 V1、V10、V11 状态为关闭,直线超导大厅和实验终端大厅可开门进行正常的维护和检修,超导与串列连接处的 12♯门关闭并在门上显示"串列出束"信息,如图 4 所示。

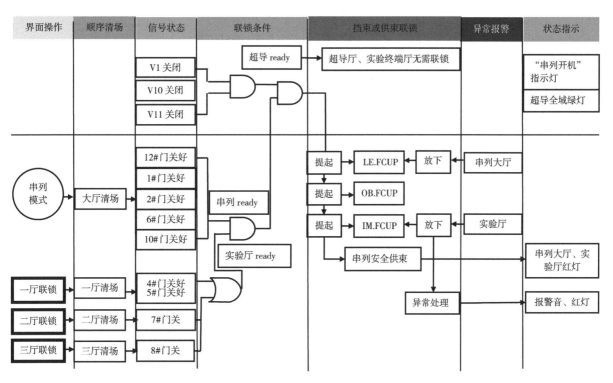

图 4   "串列"模式逻辑控制

2.3.2 模式二:"串列+超导"模式("Tandem+LSA"Mode)

由界面操作选择"串列+超导"模式,实现串列与超导的联合出束,此时真空阀门 V1、V10、V11 应处于打开状态。超导加速器目前使用的是 L10 管道,它穿过实验三厅,到达实验终端大厅,因此需在界面上投入"三厅联锁""实验终端大厅联锁"操作。L10 管道还穿过两厅之间的建筑回廊。顺序清场串列大厅、实验三厅、超导大厅、实验终端大厅、L 形回廊 5 个区域,并关好所有屏蔽门和迷宫门(位置如图 1 所示),即可为实验终端大厅供束。

当出现异常(如有人误闯大厅或按下紧急开门按钮、紧急报警按钮),联锁控制软件会根据异常位置和内置程序,自动报警并控制 LE. FCUP、OB. FCUP、IM. FCUP 法拉第筒放下挡束,确保人员的辐射安全,如图 5 所示。

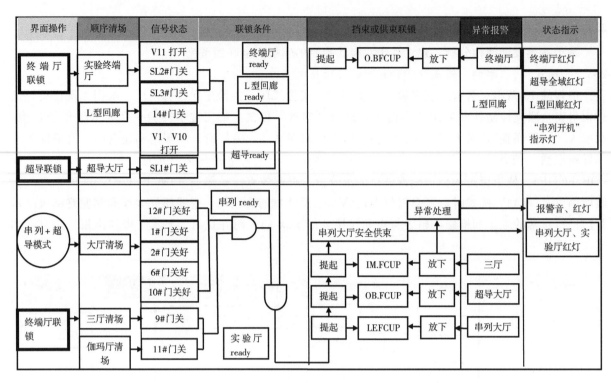

图5 "串列＋超导"模式逻辑控制

3 辐射监测

串列大厅、串列实验一厅、实验二厅、实验三厅和伽马厅设置 9 个伽马剂量率仪和 6 个中子剂量率仪，直线超导大厅与实验终端大厅各设 11 个剂量监测探头和 1 台剂量监测主机以监控 11 个点位区域的辐射剂量。预设超剂量阈值，当监测探头探测到超剂量信号后，传送给辐射安全联锁系统，给出警示信号，并联锁挡束设备和屏蔽门控制。

4 控制系统搭建

4.1 系统设计基本原则

辐射安全联锁系统的任务是用户操作、状态显示、报警和联锁功能的实现。辐射安全联锁系统使用的软件与硬件遵循多样性、多重性和单一故障准则，任一子系统功能故障不影响其他子系统。部分功能保留手动后备，系统保护功能可以通过联锁程序自动触发，需要紧急触发时也可以通过手动触发[7]。由于辐射安全联锁系统与人员的辐射安全息息相关，因此其在加速器控制系统中具备最高的优先级，以在紧急情况下迅速切断束流[8]。根据相关规范，并结合以上系统的特点，设定控制系统设计原则：

① 现场设备信号传输至控制系统，以实时监控状态；

② 设计多重冗余，且各重保护措施之间具有相互独立性；

③ 系统关键联锁信号使用硬件设备形成硬联锁，保证系统的高可靠性；

④ 安全设备一旦被触发，则保留状态，除非有人员至就地进行现场处置和复位。

4.2 控制系统配置

串列加速器系统与超导直线加速器系统均采用国际"标准模型"，从逻辑上划分为 3 级，即操作员接口（Operator Interface Layer）、输入输出控制器（Input and Output Controller）和设备接口（Device Interface Layer），如图 6 所示。

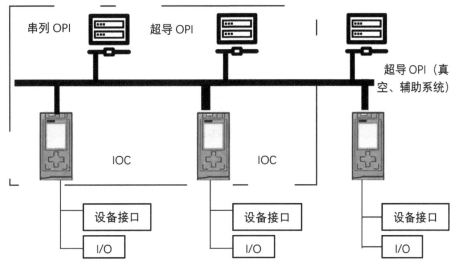

图 6　控制系统配置

4.3　双 PLC 信号交互

辐射安全联锁系统作为高权限的安全保护系统，必须满足稳定可靠和相对独立的要求。升级后的串列辐射安全联锁系统采用串列系统与超导系统各自独立配置架构。串列系统主控制器采用独立西门子 S7 - 300 PLC 站，主要模块有电源模块、基架、S7 - 314CPU 模块、CP343 - 1 通信模块、数字输入输出模块等。串列系统 PLC 作为客户端（主站），获取本系统设备信号，同时通过网络获取超导大厅、实验终端大厅全部门状态信号，获取直线超导真空控制系统真空阀门 V1、V10、V11 信号，通过上位机程序 WINCC 和 PLC 逻辑编程程序 STEP7 对设备进行逻辑控制。

直线系统主控制器采用信号处理速度快、诊断能力和安全性高的西门子公司的 S7 - 1513F 安全系列 PLC 模块，其 CPU 模块、I/O 模块等均集成了故障安全功能。直线系统 PLC 作为服务器（从站）负责连接本系统设备信号至继电器隔离的 F - I/O 模块，并通过网络获取串列系统的"模式"信号及 OBFCUP、IMFCUP 等状态信号，以实现完整逻辑控制。逻辑程序采用 PORTAL V15 实现，它能提供一个软件集成的平台，在这个平台之上进行统一编程、统一组态配置、统一的数据管理和通信，没有复杂的异构系统互联问题。系统程序包括 OB1 通用型主循环程序、FB0 安全型主循环程序、安全/通用型 FC 功能程序模块及安全/通用型 DB 数据块。上位机程序使用 CSS 编写，通过充分设计显示设备布局和状态，并易于操控。

双 PLC 信号交互的实现方式是通过服务器 PLC 程序建立命名为 GET_Data 和 PUT_Data 的 DB 数据块，并在设备组态的属性中点选"允许借助 PUT/GET 通讯从远程访问"，设置 IP 地址；客户端 PLC 通过网络连接从 GET_Data 读取数据，向 PUT_Data 中写入数据。

5　系统功能测试

HI - 13 串列加速器辐射安全系统升级完成后的用户界面如图 7 所示。

升级后的 HI - 13 串列加速器已经投入使用。经近 2 年的运行证明，串列系统和超导系统联锁逻辑功能分配合理，联锁逻辑设计满足各区域人员辐射安全的保护需要；信号交互充分，控制命令准确无误，设备动作安全可靠。

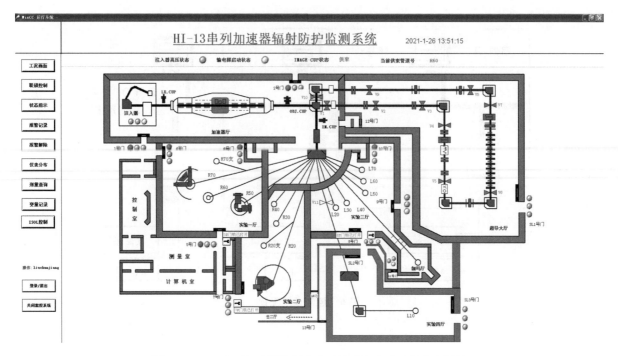

图 7　HI‑13 串列加速器辐射安全系统升级完成后的用户界面

6　结论

　　联合设计的 HI‑13 串列加速器辐射安全联锁系统和直线超导辐射安全联锁系统，实现了"串列"及"串列＋超导"模式的自由切换，确保在两种模式下，对 HI‑13 串列加速器大厅、实验一厅、实验二厅、实验三厅、伽马厅、直线超导大厅、实验终端大厅在检修状态及束流加速状态下的辐射安全联锁保护功能，切实保护了工作人员的辐射安全。

参考文献：

[1]　佚名．我国 HI‑13 串列加速器安全运行 10 万小时 [J]．现代科学仪器，2012 (3)：67.

[2]　朱升云，郭刚，何明，等．HI‑13 串列加速器核物理应用研究发展现状和展望 [J]．原子能科学技术，2020，54 (z1)：1‑16.

[3]　HI‑13 串列加速器安全分析报告 [R]．2019.

[4]　黄标．核技术应用的辐射安全与防护分析 [J]．中国资源综合利，2021，39 (2)：143‑145.

[5]　李俊刚．小型粒子加速器人身安全联锁系统设计与实现 [J]．原子能科学技术，2019，53 (9)：1660‑1664.

[6]　Radiation protectionfor particle accelerator facilities [R]．ICRP‑144：267‑268.

[7]　核电厂安全重要仪表和控制系统应对共因故障的要求：NB/T 20068‑2012 [S]．北京：国家能源局，2012.

[8]　严维伟．HIRFL 人身安全联锁系统的设计与实现 [J]．原子核物理评论，2021，38 (3)：293‑300.

Radiation protection interlock system joint design after upgrading of HI-13 tandem accelerator

WANG Xiao-fei, ZHOU Jian-ming , LI Ai-ling

(China Institute of Atomic Energy, Beijing 102413)

Abstract: A new linear superconducting accelerator built at the rear of the HI－13 tandem accelerator in order to increase the energy of the heavy ion beam. HI－13 tandem accelerator radiation protection interlock system thus be upgraded and a new linear superconducting accelerator radiation protection interlock system be built. The new integrated radiation safety interlock system adopt dual- PLC signal interaction mode , cooperate dual-mode operation selection and multiple dimensional safety interlock logic , then implement the joint protection for the original HI－13 tandem control area, linear superconducting accelerator hall and the experimental terminal hall under both maintenance and operation conditions.

Key words: Radiation protection interlock system; Dual- PLC signal interaction mode; Dual-mode operation selection; Multiple dimensional safety interlock logic

电子直线加速器新型双胞聚束器束流动力学研究

聂元存，戴责已，刘兰忻，钟建华，刘子硕，陈沅

（武汉大学高等研究院，湖北　武汉　430072）

摘　要： 先进同步辐射光源、正负电子对撞机等基于电子加速器的科学装置对电子直线加速器及电子枪提出了越来越高的要求。本文报道一种新型电子聚束系统设计，其主要包括直流高压电子枪、预聚束器、2856 MHz 新型双胞聚束器、dogleg 束流输运线、准直器及横向聚焦线圈和四极铁等，并重点讨论关键部件新型双胞聚束器的工作原理和束流动力学特性，对其进行关于场不平整度的误差分析。采用国际通用的 ASTRA 程序进行束流动力学模拟，结果表明该新型聚束系统具有束线结构紧凑、电子俘获效率高、出口束流品质好、场不平整误差兼容性高等优点，且在 dogleg 和准直器的准直作用下，束流在聚束器之后的主加速器内基本没有电子丢失，绝大部分粒子丢失在 5 MeV 以内的能量下，因此可以有效地避免高能电子束流丢失导致的辐射防护问题。

关键词： 电子直线加速器；电子枪；双胞聚束器；束流动力学

作为探测物质微观世界的强有力工具，基于电子加速器的同步辐射光源、正负电子对撞机等科研平台正在向更高能量、更高流强、更高亮度迈进[1-7]。为了保证这些大科学装置达到理想的性能，其注入器系统产生的初始电子束必须具有足够好的束流品质，包括束团电荷量、束团长度、相对能散、横向发射度、重复频率等[8-11]。光阴极微波电子枪因产生的束流具有发射度低、峰值流强高、出口能量一般能够达到 5～10 MeV 的相对论能量等优点而被广泛应用，然而其设计运行均涉及光阴极材料、驱动激光器等关键、灵敏部件，整个电子枪注入器系统比较昂贵和复杂[12-13]，尤其是单束团电荷量要求在 1 nC 以上的时候[14]。与此同时，热阴极直流高压电子枪尽管在束流发射度、出口能量方面不及光阴极微波电子枪，但是其能够产生 ns 量级的脉冲，脉冲流强可达 10 A 甚至更高水平，经聚束系统聚束之后，单束团电荷量能够轻易超过 1 nC，且其设计、建造成本较低，运行稳定性极高，因此也一直被广泛应用，性能也不断得到发展[15-16]。

热阴极直流高压电子枪与主加速段之间往往需要一个微波聚束系统作为过渡段，其作用是将连续束进行纵向俘获、聚束并加速，同时，由于强流电子束能量较低时空间电荷效应非常强，需要合理设置聚焦螺线管线圈对束流进行横向聚焦，抑制束流发射度的增长[17-18]。本文报道一种新型聚束系统设计，其主要由预聚束器、新型双胞聚束器及相关束流输运元器件组成。双胞射频结构可以集成驻波与行波结构二者的优点，在电子加速器领域被广泛研究[19-22]。本文基于前期 2998 MHz 双胞腔体结构的射频特性研究[23]，设计一款新型 2856 MHz 双胞聚束器结构，基于它的聚束系统特点是束线结构简洁、紧凑，且产生的束流品质较好，束流经主加速器加速之后，能够应用于先进同步辐射光源的大电流注入、打靶产生正电子等场景。比如，目前正在规划中的武汉先进同步辐射光源[24-25]，可以利用这种热阴极注入器系统为 1.5 GeV 储存环提供单束团电荷量大于 1 nC 的注入束流，以保障装置的高效运行。本文重点介绍该双胞聚束器的微波特性及其束流动力学表现。

1　聚束系统原理设计

图 1 所示为上文所提双胞聚束器系统框图，100 kV 直流高压电子枪产生若干 ns 长的连续束，该

作者简介： 聂元存（1984—），男，博士，研究员，现主要从事带电粒子加速器物理与技术应用研究工作。

基金项目： 国家自然科学基金项目高功率加速器中束流辐照引起的流体动力学隧道效应物理与实验研究（12275196）。

束流经过 2856 MHz 预聚束谐振腔而产生速度调制开始纵向聚束，随后进入 2856 MHz 双胞聚束器进一步聚束和加速，之后经过两块二极铁和准直器组成的束流输运线偏转至主加速器进行后续加速，中间合理设置聚焦螺线管线圈及四极铁对束流进行横向聚焦，以保证束流品质和束流传输效率。

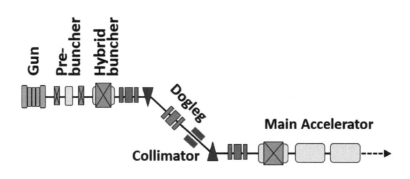

图 1 双胞聚束器系统框图

该系统设计的关键核心部件是 2856 MHz 双胞聚束器，它由头部的一个驻波单元和后续的 13 个行波单元组成，驻波单元工作在 π 模，而行波单元工作在 2π/3 模，二者之间形成 180° 的射频相位跳变。为了降低设计和机械加工难度，行波单元采用相速度为 β = 1 的均一射频结构。由于 100 keV 的电子相对论速度低至 β_e = 0.55，即使在聚束相位注入行波单元，后续也会由于滑相效应而快速地滑至散束相位，而无法被有效地俘获。因此，在入口处引入了一个驻波加速单元，工作在 π 模，相速度设计为 0.55，长度为 28.8 mm，调整注入相位，使得各个束团中心同步电子在驻波单元内部得到最大加速，即同步电子在驻波单元中心位置处感受到 on‐crest 加速，即射频相位为 0°。在驻波单元出口处电子渡越至 90° 相位，由于驻波、行波段之间的 180° 相位跳变，电子进入行波单元之后相位跳变为‐90°，即最佳聚束相位。此时，由于电子速度在驻波单元已经得到了大幅提升，尽管相对论速度未到 1，如果双胞聚束器射频电场强度适当，电子在后续行波单元中会逐渐从聚束相位滑相至最大加速相位（on‐crest），并一直维持到双胞聚束器出口，在此过程中，电子束团被有效聚束，并被加速至相对论能量，相对论速度接近 1。

图 2 所示为简化的双胞聚束器 CST[26] 电磁结构设计模型，最左侧为驻波单元，右侧为行波单元及射频功率耦合器。图 3 所示为采用国际通用程序 ASTRA[27-28] 进行束流动力学仿真时预聚束器、双胞聚束器纵向电场沿轴向分布。图中 E_S/E_T 为驻波、行波单元内电场幅值之比，即 E_S/E_T = 1 时表示驻波、行波单元内电场幅值相同，平整度最好（flat）。在 CST 模型模拟过程中发现，E_S/E_T 相对于耦合孔的几何尺寸极其灵敏，考虑到加工误差及微波调谐范围是有限的[29-33]，因此，有必要研究不同的 E_S/E_T 比值情况下，相应的束流动力学表现，检验其是否能够满足物理设计的需求，这将在下一节中详细讨论。图 4 所示为聚束器外围聚焦螺线管线圈磁场分布，其强度分段可调，以满足横向束流动力学的优化需求。

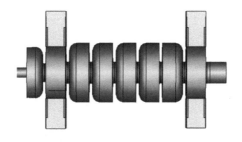

图 2 双胞聚束器 CST 电磁结构设计模型

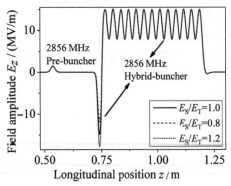

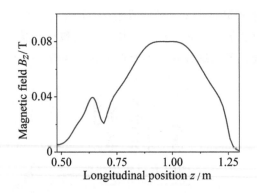

图3　ASTRA 中预聚束器、双胞聚束器纵向　　　图4　聚束器外围聚焦螺线管线圈磁场分布
电场沿轴向分布

2　新型聚束器束流动力学特性

为了详细研究双胞聚束器的束流动力学特性，采用 ASTRA 进行从电子枪到聚束器出口的束流物理模拟计算。首先定义热阴极电子枪发射的束流宏脉冲长度约为 2 ns，脉冲流强为 6 A，电子枪出口处电子能量为 100 keV，2856 MHz 的预聚束器只对连续束进行速度调制而没有绝对加速，束流漂移约 160 mm 后在纵向初步汇聚为 6 个微束团，随后进入双胞聚束器。根据前面原理性分析，微束团在第一个驻波单元中应该尽快得加速，从而合理控制电子束团在后续行波单元中的滑相过程，使其有规律地从聚束相位走向最大加速相位。在此理想情况下，将同步粒子运动至驻波单元中间位置时的射频相位定义为 $\varphi_0 = 0°$。

由图5可见微束团中心同步粒子动量增长率及相对论速度沿着聚束器纵向的变化规律。此时双胞聚束器内行波单元纵向电场幅值设为 15 MV/m，而驻波、行波单元内电场幅度比值 E_S/E_T 分为 1.0、0.8、1.2 三种情况。由图5可见，同步粒子在预聚束器内先减速后加速，出口动量和速度不变。而在双胞聚束器内，同步粒子在驻波单元内获得快速加速，相对论速度从 0.55 跃升为 0.75 左右，随后在行波单元内被逐步加速至 0.995 左右。从动量增长率的变化可知，同步粒子在前面几个行波单元中经历了滑相过程，射频相位从聚束相位逐步滑相至加速相位，而在后面几个行波单元中滑相过程随着粒子速度增加而结束，从而稳定在最大加速相位附近。由此可见，本文提出的双胞聚束器方案可以比较完美地实现连续束的纵向聚束并将其加速至相对论能量，从而为后续主加速器的有效加速奠定基础。

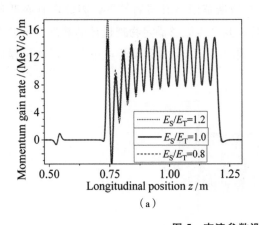

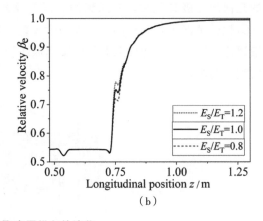

（a）　　　　　　　　　　　　　　　（b）

图5　束流参数沿聚束器纵向的演化

（a）同步粒子动量增长率；（b）相对论速度

由图 6 可见不同的双胞聚束器纵向电场幅值情况下，聚束器出口处束团均方根（rms）长度、电子平均动量、束团电荷量及相对能散的变化。从各束流参数的综合比较情况来看，15 MV/m 时可以获得较低的能散度 2.5％、较高的束团电荷量 1.5 nC，以及约 2 mm 的束团长度和 5 MeV/c 的平均动量，是较为理想的电场幅值。

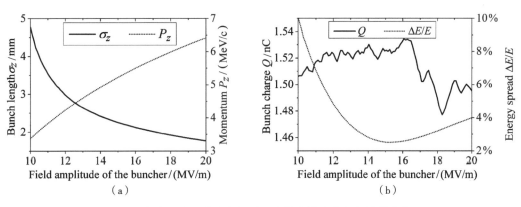

图 6　聚束器出口束流参数随双胞聚束器内电场幅值的变化
（a）束团长度与动量；（b）束团电荷量与能散

由图 7 可见双胞聚束器射频相位偏离理想相位 $\Delta\varphi = \varphi - \varphi_0 = 0°$、$20°$、$-20°$时，束团长度、束团尺寸沿纵向的演化。当 $\Delta\varphi = 20°$时，微束团纵向聚束过慢，由于束团得到不断加速，束团长度达到最小值之前，纵向聚束效应已经消失。当 $\Delta\varphi = -20°$时，微束团纵向过聚束，即束团内纵向切片之间相互交错重叠，使得束团长度达到最小值之后又开始逐渐变大，同时由于空间电荷效应的影响，束团尺寸也出现比较大的起伏。而当 $\Delta\varphi = 0°$时，可以获得最小的束团长度，即微束团纵向聚束效果最佳。

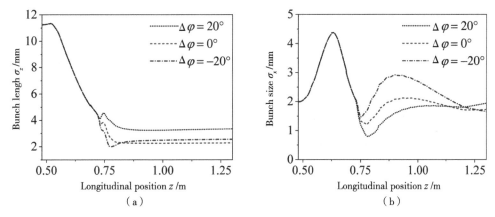

图 7　不同双胞聚束器射频相位下束流参数沿纵向的演化
（a）束团长度；（b）束团尺寸

由图 8 可见 E_S/E_T 分别在 1.0、0.8、1.2 时，聚束器出口束团长度、相对能散与射频相位之间的变化规律。由图 8 可见，在理想射频相位即 $\Delta\varphi = 0°$下，不同的 E_S/E_T 即不同的电场平整度情况下，束团长度及能散度均有小幅浮动，更具体的如表 1 所示，在 $E_S/E_T = 0.8 \sim 1.2$ 时，聚束器出口束团长度、相对能散度及横向发射度变化幅度在 ±7％以内，出口束团平均动量、束团电荷量变化幅度较小，约为 ±1％。在 $E_S/E_T = 1.2$ 时可以获得最小束团长度，但此时能散度也最高，因此综合看来，$E_S/E_T = 1.0$ 仍然为最理想状态。在 $E_S/E_T = 0.8 \sim 1.2$ 时，双胞聚束器的束流动力学特性也基本满足聚束器的要求，这说明新型双胞聚束器的误差兼容性较好。

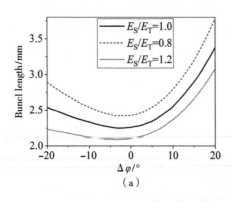 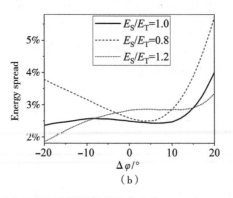

(a) (b)

图 8 不同双胞聚束器场平整度下出口束流参数随射频相位变化

(a) 束团长度；(b) 能散度

表 1 不同双胞聚束器场平整度下出口束流参数对比

出口束流参数	$E_S/E_T = 1$	$E_S/E_T = 0.8$	$E_S/E_T = 1.2$
束团长度 σ_z /mm	2.26	2.43	2.11
rms 能散度 $\Delta E/E$	2.49%	2.59%	2.83%
发射度 $\varepsilon_{x,y,rms}$ /mm·mrad	38.8	35.9	40.5
电子动量 P_z /(MeV/c)	5.24	5.26	5.23
束团电荷量 Q /nC	1.52	1.50	1.49

3 直线加速器束流动力学模拟

如图 1 所示，在聚束器与主加速器之间设计了一段束流偏转、传输段，其主要目的是将束流输送至主加速器，同时进行纵向尾部粒子的准直，降低束流相对能散，尽可能地减少束流在主加速器内的丢失，因为随着束流能量的不断提升，束流丢失引起的辐射防护问题会越发严重。为了检验设计效果，采用 ASTRA 程序模拟了从电子枪到第 5 根加速管（每根长度为 3 m）出口处的束流动力学过程，不同位置处束流纵向相空间分布的 ASTRA 模拟结果如图 9 所示。可见，预聚束器对束流动量产生了约 $\pm 10\%$ 的调制，双胞聚束器射频相位选择为 $\Delta\varphi = 0°$，偏转输运线及准直器对束团尾部粒子进行了准直，主加速器中 5 根加速管的射频相位均设置为最大加速相位，出口处电子能量达到 255 MeV，相对能散随着电子平均能量的增加而降低至约 1% 的水平。同时监测束流沿程丢失情况，发现绝大部分粒子丢失的情况发生在主加速器之前，即 5 MeV 以内的低能段，在主加速器内粒子丢失极少发生。在准直情况下，从电子枪至主加速器出口束流传输效率好于 75%。

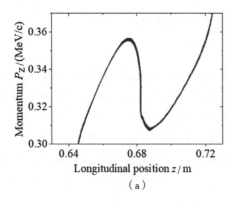 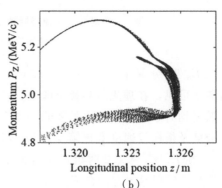

(a) (b)

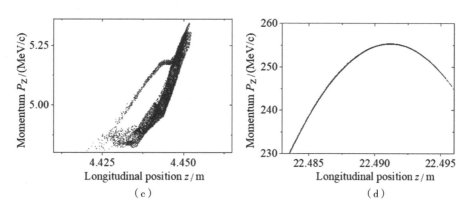

（c）   （d）

图 9　不同位置处束流纵向相空间分布的 ASTRA 模拟结果

（a）双胞聚束器入口处；（b）双胞聚束器之后；（c）主加速器入口处；（d）第 5 根加速管出口处

4　结论

随着基于电子加速器的同步辐射光源、正负电子对撞机及其他加速器科学应用装置的不断发展，人们对电子直线加速器的电子枪注入器系统提出了越来越高的要求。本文报道了一种新型聚束系统设计，并详细讨论了新型双胞聚束器的工作原理和束流动力学特性，并进行了关于场不平整度的误差分析。结果表明，本文提出的新型聚束系统具有束线结构紧凑、射频功率源系统简化、电子俘获效率高、出口束流品质好、场不平整度误差兼容性高等优点，且双胞聚束器出来的 5 MeV 相对论电子束经过 dogleg 输运线和准直器的准直作用，在后续主加速器内基本没有电子丢失在大于 5 MeV 的能量下，可有效地避免高能电子束流丢失导致的辐射防护问题。从新型双胞聚束器的微波特性及整个聚束器系统的束流动力学表现来看，本文设计的新型聚束器将适用于先进同步辐射光源高电荷量注入、强流电子束打靶产生正电子束等应用场景，具有重要的科学创新意义和实用价值。

参考文献：

［1］SUN Z B, SHANG L, SHANG F L, et al. Simulation study of longitudinal injection scheme for HALS with a higher harmonic cavity system ［J］. Nucl. Sci. Tech. , 2019, 30：113.

［2］JIAO Y, XU G, CUI X H, et al. The HEPS project ［J］. J. Synchrotron Rad. , 2018, 25：1611 – 1618.

［3］TAVARES P F, AL-DMOUR E, ANDERSSON Å, et al. Commissioning and first – year operational results of the MAX IV 3 GeV ring ［J］. J. Synchrotron Rad. , 2018, 25：1291 – 1316.

［4］RODRIGUES A R D, ARROYO F C, CITADINI J F, et al. Sirius status update ［C］. Melbourne：in 10th International Particle Accelerator Conference (IPAC' 19), 2019.

［5］SHILTSEV V, ZIMMERMANN F. Modern and future colliders ［J］. Rev. Mod. Phys. , 2021, 93：015006.

［6］NAGOSHI H, KURIBAYASHI M, KURIKI M, et al. A design of an electron driven positron source for the international linear collider ［J］. Nucl. Instrum. Methods Phys. Res. , Sect. A, 2020, 953：163134.

［7］MENG C, LI X, PEI G, et al. CEPC positron source design ［J］. Radiation detection technology and methods, 2019, 3：32.

［8］Wang W X, LI C, HE Z G, et al. Commissioning the photocathode radio frequency gun：a candidate electron source for Hefei Advanced Light Facility ［J］. Nucl. Sci. Tech. , 2022, 33：23.

［9］ANDERSSON J, OLSSON D, CURBIS F, et al. New features of the MAX IV thermionic pre – injector ［J］. Nucl. Instrum. Methods Phys. Res. , Sect. A, 2017, 855：65 – 80.

［10］LIU J D, LI X P, MENG C, et al. System design and measurements of flux concentrator and its solid – state modulator for CEPC positron source ［J］. Nucl. Sci. Tech. , 2021, 32：77.

[11] HAN Y L, BAYAR C, LATINA A, et al. Optimization of the CLIC positron source using a start – to – end simulation approach involving multiple simulation codes [J]. Nucl. Instrum. Methods Phys. Res., Sect. A, 2019, 928: 83 – 88.

[12] CHEN H, YAN L, TIAN Q, et al. Commissioning the photoinjector of a gamma – ray light source [J]. Phys. Rev. Accel. Beams, 2019, 22: 053403.

[13] ZHAO Z, MERNICK K, COSTANZO M, et al. An ultrafast laser pulse picker technique for high – average – current high – brightness photoinjectors [J]. Nucl. Instrum. Methods Phys. Res., Sect. A, 2020, 959: 163586.

[14] SATOH D, SHIBUYA T, HAYASHIZAKI N. Research and development of iridium cerium photocathode for SuperKEKB injector linac [J]. Energy procedia, 2017, 131: 326 – 333.

[15] CHRISTOU C, KEMPSON V C, DUNKEL K, et al. Commissioning of the Diamond pre – injector LINAC [C]. Edinburgh: in 10th European Particle Accelerator Conference (EPAC' 06), 2006.

[16] MENG C, HE X, JIAO Y, et al. Physics design of the HEPS LINAC [J]. Radiation detection technology and methods, 2020, 4: 497 – 506.

[17] OUDHEUSDEN T V, PASMANS P L E M, S B VAN DER GEER, et al. Compression of subrelativistic space – charge – dominated electron bunches for single – shot femtosecond electron diffraction [J]. Phys. Rev. Lett., 2010, 105: 264801.

[18] FERRARIO M, ALESINI D, BACCI A, et al. Experimental demonstration of emittance compensation with velocity bunching [J]. Phys. Rev. Lett., 2010, 104: 054801.

[19] NAUSE A, FRIEDMAN A, WEINBERG A, et al. 6 MeV novel hybrid (standing wave – traveling wave) photo – cathode electron gun for a THz superradiant FEL [J]. Nucl. Instrum. Methods Phys. Res., Sect. A, 2021, 1010: 165547.

[20] PEI S, GAO B. Studies on the S – band bunching system with the Hybrid Bunching – accelerating Structure [J]. Nucl. Instrum. Methods Phys. Res., Sect. A, 2018, 888: 64 – 69.

[21] ROSENZWEIG J B, VALLONI A, ALESINI D, et al. Design and applications of an X – band hybrid photoinjector [J]. Nucl. Instrum. Methods Phys. Res., Sect. A, 2011, 657: 107 – 113.

[22] KUTSAEV S V, SOBENIN N P, SMIRNOV A YU, et al. Design of hybrid electron linac with standing wave buncher and traveling wave structure [J]. Nucl. Instrum. Methods Phys. Res., Sect. A, 2011, 636: 13 – 30.

[23] NIE Y C, LIEBIG C, HÜNING M, et al. Tuning of 2.998 GHz S – band hybrid buncher for injector upgrade of LINAC II at DESY [J]. Nucl. Instrum. Methods Phys. Res., Sect. A, 2014, 761: 69 – 78.

[24] DAI Z Y, NIE Y C, HUI Z, et al. Design of S – band photoinjector with high bunch charge and low emittance based on multi – objective genetic algorithm [J], Nucl. Sci. Tech., 2023, 34: 41.

[25] LI H H, NIE Y C, WANG J K, et al. Accelerator System of Wuhan Light Source Phase I Project [J]. Atomic energy science and technology, 2022, 56: 1860 – 1868.

[26] CST [CP] [EB/OL]. [2022 – 02 – 10]. https: //www. 3ds. com/products – services/simulia/products/cst – studio – suite/.

[27] ASTRA code [CP] [EB/OL]. [2022 – 02 – 10]. http: //www. desy. de/~mpyflo/Astra_for_WindowsPC.

[28] FLÖTTMANN K. Generation of sub – fs electron beams at few – MeV energies [J]. Nucl. Instrum. Methods Phys. Res., Sect. A, 2014, 740: 34 – 38.

[29] LIN X C, ZHA H, SHI J R, et al. Development of a seven – cell S – band standing – wave RF – deflecting cavity for Tsinghua Thomson scattering X – ray source [J]. Nucl. Sci. Tech., 2021, 32: 36.

[30] YANG Y, YANG J, WANG X, et al. A quantitative calculation method of RF parameters for traveling wave accelerating structures [J]. Nucl. Instrum. Methods Phys. Res., Sect. A, 2021, 989: 164923.

[31] TAN J, FANG W, TONG D, et al. Design, RF measurement, tuning, and high – power test of an X – band deflector for Soft X – ray Free Electron Laser (SXFEL) at SINAP [J]. Nucl. Instrum. Methods Phys. Res., Sect. A, 2019, 930: 210 – 219.

[32] ALESINI D, CITTERIO A, CAMPOGIANI G, et al. Tuning procedure for traveling wave structures and its application to the C – Band cavities for SPARC photo injector energy upgrade [J] . J. Instrum. , 2013, 8: 10010.

[33] SHI J, GRUDIEV A, WUENSCH W. Tuning of X – band traveling – wave accelerating structures [J] . Nucl. Instrum. Methods Phys. Res. , Sect. A, 2013, 704: 14 – 18.

Beam dynamics study of novel hybrid-buncher cavity for electron linear accelerator

NIE Yuan-cun, DAI Ze-yi, LIU Lan-xin, ZHONG Jian-hua,
LIU Zi-shuo, CHEN Yuan

(The Institute for Advanced Studies, Wuhan University, Wuhan, Hubei 430072, China)

Abstract: Advanced synchrotron radiation light sources, future electron-positron colliders and other scientific facilities based on electron accelerators bring forward higher requirements on electron linear accelerator (LINAC) including electron gun. This paper reports design of a new electron-beam bunching system, which is mainly composed of a DC high-voltage electron gun, a pre-buncher, a novel 2856 MHz hybrid-buncher, a dogleg beamline with collimator, focusing coils and quadrupoles. Emphasis is put on working principle and beam dynamics property of the novel hybrid-buncher, as the most crucial component in this bunching system. Beam dynamics simulations with ASTRA show that the new bunching system has the advantages of compact beamline, high electron capturing efficiency, high output beam quality and high compatibility of field-unflatness error. Under collimation effect of the dogleg, there is basically no electron loss in the main LINAC behind the bunching system, while most of the electron loss occurs at energy lower than 5 MeV. Therefore, radiation protection problem caused by the loss of high-energy electrons can be effectively avoided.

Key words: Electron linear accelerator; Electron gun; Hybrid-buncher; Beam dynamics

基于虚拟化平台的 EPICS 容器数据获取及处理方式

李宇鲲[1,2]，曹建社[1,2]，杜垚垚[1]，叶强[1]

（1. 中国科学院高能物理研究所，北京　100049；2. 中国科学院大学，北京　100049）

摘　要：本文提出了一种基于 Docker 容器技术，建立在 Proxmox Virtual Environment 虚拟化平台的新型前端 BPM 数据获取方式，以提高数据采集系统的性能和稳定性。利用 Docker 引擎将 EPICS 容器化并部署在 Proxmox VE 平台上，实现了高度集成的虚拟化环境。新型 BPM 数据获取方式利用基于 Channel Access 协议的分布式数据共享，对数据进行实时处理和分析。该方法具有降低硬件和维护成本、提高可移植性和灵活性、提高数据采集和处理效率等优势。实际应用和测试表明，该方法在大型科学设施中具有可行性和有效性，未来将探索其在其他领域的应用潜力。

关键词：分布式系统；Docker 容器；BPM 数据采集；虚拟化环境；EPICS

　　随着大型科学设施的不断发展，数据采集和处理系统在加速器束流控制系统中扮演着越来越重要的角色[1]。由于操作系统环境和 EPICS（实验物理与工业控制系统）[2]工具软件版本的不同，在软件环境和库函数的依赖性方面会产生各种错误，这使得 EPICS 部署非常耗时且麻烦。在这种背景下，本文提出了一种基于 Docker 容器技术的新型前端 BPM 数据获取方式，将 EPICS 容器化部署，旨在提高系统的性能和稳定性。本文所提出的新型 BPM 数据获取及处理方式具有以下优势：①实现了高度集成的虚拟化环境，降低了硬件和维护成本；②采用了 Docker 容器技术，提高了系统的可移植性和灵活性；③利用 Channel Access 协议实现了分布式数据共享，提高了系统运行效率。通过实际应用和测试，整套系统已经证明了其在大型科学设施中的可行性和有效性。未来，我们将进一步研究这一方法在其他领域的应用潜力，以期为实现更高性能、更稳定的数据采集和处理系统做出贡献。

1　系统总体架构

　　系统总体架构如图 1 所示。首先在 Proxmox VE 宿主机中部署一个基于 Ubuntu 系统的 LXC 容器，并在其中配置 Docker 环境。该系统包含了 4 个 Docker 容器应用，分别为 EPICS_base、Archiver Appliance、Phoebus、Portainer。其中 EPICS_base 为后端 EPICS 环境，包含 IOC-Example、Catools 等。Archiver Appliance 提供针对后端 IOC 中 PV 数据的归档及查询，它的前端操作界面通过 17665 端口发送到 web 端。可以通过局域网内的任意终端进行访问。Phoebus 提供前端 OPI 操作界面，通过 Channel Access 访问连接在局域网内的一台 BPM 电子学中的 PV 变量，并在 OPI 界面中对 PV 进行监控和修改，通过 unix 套接字挂载实现显示容器内 GUI 界面。Portainer 为基于 web 的可视化容器管理应用，通过 9000 端口发送到 web 端，可通过图形界面实现对容器、镜像、网络和存储卷等资源的管理。

2　虚拟化平台

　　本文选择的底层软件平台为 Proxmox VE 平台，它基于 KVM/QEMU 虚拟化技术[3]。虚拟化技术是一种将计算资源抽象、隔离和管理的方法，可以提高硬件资源的利用率，降低成本，提高系统的灵活性和扩展性。在 PVE 环境下可以实现对物理硬件的直接访问和高效虚拟化，将物理主机的计算、存储和网络资源抽象为虚拟资源，供虚拟机（KVM）和容器（LXC）使用。Proxmox VE 支持创建、修改和删除虚拟机和容器，实现了资源的动态分配和调整。Proxmox VE 支持虚拟机和容器的故障切

作者简介：李宇鲲（1997—），男，博士生，研究方向为加速器束流测量及控制。

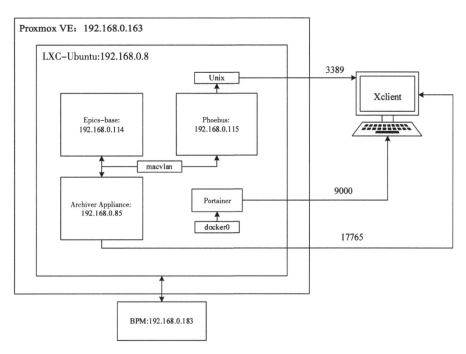

图 1　系统总体架构

换和迁移。在发生硬件故障时，Proxmox VE 可以自动将受影响的虚拟机迁移到其他正常运行的物理主机，保证业务的连续性[4]。

3　Docker 容器技术

Docker 是一种开源的容器技术，它可以将应用程序及其依赖项打包到一个轻量级、可移植的容器中。通过 Docker，用户可以在不同的环境中一致地部署和运行应用程序，降低了配置和管理的复杂性[5]。由图 2 可见 Docker 从镜像到容器的构建流程。通过 Dockerfile 可实现对镜像的高度自定义。

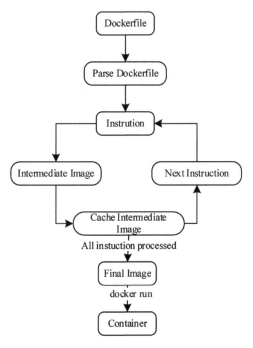

图 2　镜像容器构建流程

Dockerfile 中包含了一系列用户可以调用 docker build 命令来创建一个镜像的指令。执行 Dockerfile 的过程中，对于 Dockerfile 中的每一条指令，Docker 都会创建一个中间镜像，Docker 会缓存这个中间镜像。在每一条指令完成后，Docker 会继续处理 Dockerfile 中的下一条指令，当所有的指令都被处理完毕后，最后一个中间镜像就会变成最终的镜像。运行 docker run 命令时，Docker 会从最终的镜像创建一个新的容器，容器则是镜像的运行实例[6]。

3.1 EPICS_base

本文使用的 EPICS 容器来自 Docker Hub 中提供的开源镜像。镜像层的构建基于一个 debian：10 - slim 的基础镜像。镜像中包含以下几部分。①base - 7.0.4。这是 EPICS 的基础模块，包含了实现控制系统的基础功能的库和工具，如 Channel Access 协议（负责数据通信）、数据库链接（负责硬件控制和监控）等。② PCAS（Portable Channel Access Server）。PCAS 是一个将本地进程的数据发布到 Channel Access 网络的库，可以让其他的 EPICS 应用通过 Channel Access 协议访问这些数据。③ IOC。该镜像还设置了两个示例的 IOC（Input/Output Controller），这是 EPICS 控制系统的基本构件，负责实现硬件设备的控制和监控[7]。

3.2 Archiver Appliance

Archiver Appliance 是 SLAC 国家加速器实验室开发的一个用于存储和检索 EPICS 数据的系统[8]。Archiver Appliance 镜像层的构建基于 Tomcat 镜像，镜像主要由以下几部分组成。①前端。提供用户界面（OPI）以配置和管理存档任务，监视系统状态和检索历史数据。②引擎。负责连接到 PV，按照配置的条件采样和存储数据，如数据变化阈值、采样频率等。③存储。负责持久化存储 PV 数据。Archiver Appliance 支持多种存储后端，包括文件系统、关系数据库和分布式文件存储等。④索引。维护 PV 数据的元数据索引，以便于快速检索特定时间范围内的数据[9]。

3.3 Phoebus

Phoebus 是 Control System Studio 的一个版本，主要用于 EPICS 控制系统的 OPI 界面的操作和管理[10]。由于 Phoebus OPI 的操作需要通过图形界面完成，而 LXC 作为宿主端部署默认不提供显示环境，这里为 LXC 容器安装了 XRDP 桌面环境及 X11 Server。XRDP 允许用户通过 RDP 客户端连接到运行 XRDP 服务器的计算机。使用 X11 作为后端时，XRDP 可以启动一个新的 X11 会话，将其显示的图形用户界面（GUI）转换为 RDP 协议，然后发送给远程的 RDP 客户端。

在运行 Phoebus 容器时，通过修改启动指令的参数可以通过设置 volume mount 挂载，实现 GUI 界面显示与宿主机存储目录的共享等功能。①- v /tmp/. X11 - unix：/tmp/. X11 - unix：将宿主机器的 X11 socket 目录挂载到容器的相同路径，容器可以连接到宿主机器的 X11 Server。②- v $ HOME/. Xauthority：/tmp/. Xauthority：将宿主机器的 Xauthority 文件挂载到容器中，这样容器就可以使用这个文件中的 xauth 条目进行认证。③- v $ HOME/phoebus_workspace：/workspace：设置容器内的 workspace 目录挂载到宿主机的 phoebus_workspace。④- e DISPLAY = unix $ DIS-PLAY、- e XAUTHORITY=/tmp/. Xauthority：设置环境变量，分别设置了 DISP LAY 和 XAU-THORITY 的值，以便容器内的应用可以正确地连接到 X11 服务器。

通过上述参数确保 Docker 容器可以通过 X11 服务器运行 GUI 应用，并且具有必要的权限和资源来正常工作。

3.4 Portainer

Portainer 是一个开源工具，它为 Docker 提供了一个 web 端的图形用户界面，可以方便地部署、管理和监控容器化应用程序和服务。它包括容器管理、镜像管理、网络和卷管理、服务堆栈管理等功能。Portainer 极大地简化了 Docker 和其他容器平台的管理工作。

3.5 网络配置

配置容器的网络模式选择了 Macvlan 模式，该模式下允许容器直接连接到宿主机的物理网络，每个容器都有独立的 MAC 地址和 IP 地址。因此，容器可以直接接收到外部网络的广播和多播消息，也可以直接访问宿主机的网络。由于 EPICS Channel Access 协议是一种基于 UDP（User Datagram Protocol）和 TCP（Transmission Control Protocol）的网络协议，用于数据的实时传输和控制。Channel Access 协议依赖网络广播来获取 PV 的值。因此，该模式下可以使容器内的 EPICS 通过 Channel Access 协议访问局域网设备中的 PV。

4 测试与结果

为了测试在 LXC 宿主端内各 Docker 容器对后端 BPM 电子学中 PV 数据的获取情况，按照第 1 节介绍的系统架构搭建了一整套测试环境。硬件平台选择了一台 DELL PowerEdge R540 服务器，其中底层系统为 Proxmox Virtual Environment 6.3-2 版本。与服务器处在同一局域网内的为一台 BPM 电子学。BPM 电子学的 IP 固定为 192.168.0.183，PVE 平台 IP 地址为 192.168.0.163，LXC 容器 IP 地址为 192.168.0.8。LXC 容器通过桥接模式挂载在 PVE 服务器内的 vmbr0 网卡。在 LXC 内设置 Macvlan 虚拟网卡，网关设置为 192.168.0.1，并将 EPICS_base、Phoebus、Archiver Appliance 等容器挂载在 Macvlan 网卡下。启动容器后，在局域网下每个 Macvlan 下的 Dockers 容器均视为一个物理设备。这样 EPICS_base、Phoebus、Archiver Appliance 可通过 Channel Access 获取后端 BPM 电子学的 PV 并对其进行监控和操作。

在 LXC 中启动各容器后可通过局域网内任意其他终端完成对 Portainer 容器管理界面、Archiver Appliance 数据库界面、Phoebus 前端 OPI 操作界面的访问。其中 Portainer 和 Archiver Appliance 的监控页面分别通过 9000 和 17765 端口发送到 web 端，通过网页浏览器实现访问。图 3 为 Portainer 容器管理界面，可以实时查看各 Docker 容器的运行状态，设置容器参数。图 4 为 Archiver Appliance 数据库界面，在数据库中录入后可实时查看 BPM 电子学中 PV 的历史数据。Phoebus 则是通过安装了 RDP 的远程终端访问，通过 3389 端口连接 LXC 内的 XRDP 界面后启动 Phoebus 容器，便可实现对 Phoebus OPI 的操作。如图 5 所示，OPI 界面可以监控 BPM 电子学的实时运行状态。

图 3 Portainer 容器管理界面

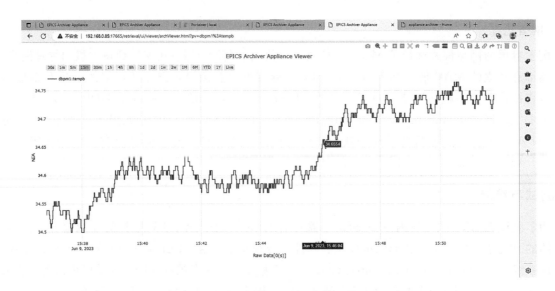

图 4 Archiver Appliance 数据库界面

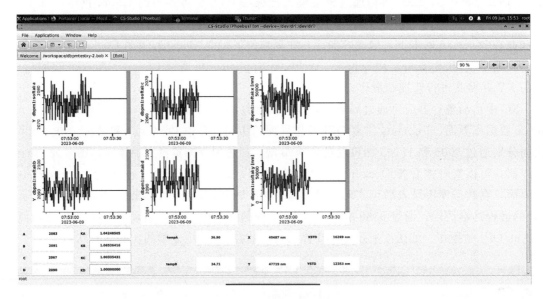

图 5 Phoebus OPI 界面

5 结论

本文详细阐述了一种基于 Docker 容器技术的新型前端 BPM 数据获取方式。针对大量 BPM 电子学的数据处理需求，本文提出的方式旨在提高数据获取和处理系统的性能和稳定性，降低系统的复杂度和运营维护成本。整套系统在实验室中已经完成了在线测试，运行状况良好，可以满足未来大型科学设施的数据获取和处理需求，降低相关人员的工作复杂度。

参考文献：

［1］ 赵籍九，王春红，雷革，等．北京正负电子对撞机控制系统［J］．原子能科学技术，2009，43（增刊）：165.

［2］ 朱海君，刘亚娟，袁启兵．基于 EPICS 的上海光源注入引出远控系统［J］．核技术，2012，35（5）：342-345.

［3］ WIJAYANTO D，ADHINATA F D，JAYADI A．Rancang bangung private server menggunakan platform proxmox dengan studi kasus：PT. MKNT［J］．Journal ICTEE，2021，2（2）：41-49.

[4] KOVARI A, DUKAN P. KVM & OpenVZ virtualization based IaaS open source cloud virtualization platforms: OpenNode, Proxmox VE [C] //2012 IEEE 10th Jubilee International Symposium on Intelligent Systems and Informatics. IEEE, 2012: 335 – 339.

[5] BERNSTEIN D. Containers and cloud: from lxc to docker to kubernetes [J]. IEEE cloud computing, 2014, 1 (3): 81 – 84.

[6] 高鹏伟. 基于 Kubernetes 和 Docker 的容器云平台设计与实现 [D]. 西安: 西安电子科技大学, 2021.

[7] WANG R, GUO Y H, WANG B J, et al. The Deployment Technology of EPICS Application Software Based on Docker [C]. ICALEPCS, 2021.

[8] 刘禹廷. LEAF 装置联锁保护控制系统设计 [D]. 北京: 中国科学院大学 (中国科学院近代物理研究所), 2019.

[9] WANG R, GUO Y, XIE N, et al. A new deployment method of the archiver application with kubernetes for the CAFe facility [J]. Radiation detection technology and methods, 2022, 6 (4): 508 – 518.

[10] 吴丽梅. 基于 B/S 架构的 EPICS 实时监控系统的研究与实现 [D]. 北京: 中国科学院大学 (中国科学院上海应用物理研究所), 2019.

Data acquisition and processing method for EPICS container based on virtualization platform

LI Yu-kun[1,2], CAO Jian-she[1,2], DU Yao-yao[1], YE Qiang[1]

(1. Institute of High Energy Physics, Chinese Academy of Sciences, Beijing 100049, China;
2. University of Chinese Academy of Sciences, Beijing 100049, China)

Abstract: This article proposes a new front-end BPM data acquisition method based on Docker containerization technology, built on the Proxmox Virtual Environment platform, to improve the performance and stability of the data collection system. Using the Docker engine to containerize EPICS and deploy it on the Proxmox VE platform achieves a highly integrated virtualization environment. The new BPM data acquisition method utilizes distributed data sharing based on the Channel Access protocol for real-time data processing and analysis. This approach has the advantages of reducing hardware and maintenance costs, improving portability and flexibility, and enhancing data collection and processing efficiency. Practical application and testing indicate the feasibility and effectiveness of this method in large scientific facilities, and potential applications in other areas will be explored in the future.

Key words: Distributed system; Docker container; BPM data acquisition; Virtualization environment; EPICS

周期传输系统中束流的失配及其特性研究

万鑫淼，任志强，杨玙菲，林鹏太，廖文龙，骆小宝，李智慧 *

（辐射物理及技术教育部重点实验室，四川大学原子核科学技术研究所，四川　成都　610064）

摘　要： 从失配因子的定义出发，证明了失配因子与失配束流等效发射度之间的关系，阐明了失配因子的物理含义。通过证明具有相同失配因子的束流具有完全相等的等效发射度，并且在周期传输通道具有完全相同的动力学特性，我们可以进一步说明失配因子的重要性，因此它们的传输效率等特性也是相同的。这为实际工程应用中的束流传输和束流诊断提供了重要的依据。特别是对于像 RFQ 这样受接收度制约的机器中，束流传输效率在 α、β 平面上与等 M 曲线一致，这为我们更加有效地优化束流在这类机器中的传输提供了依据。

关键词： 失配；束流；发射度；周期传输系统

　　高功率超导直线加速器是一种非常重要的研究平台，主要用于高能量物质密度研究、乏燃料增殖嬗变、同位素生产及高通量中子工厂等领域的研究。然而，对于强流超导直线加速器，束流失配有可能会形成束晕并导致粒子丢失，进而造成元件的活化及损坏，这是制约加速器的运行稳定性及可维护性的关键因素[1-4]。完美匹配的束流在周期性聚焦通道传输的过程中具有最小包络，因此可以保持最佳传输效率。然而，由于束流初始状态的精确测量非常困难，同时加速器内部结构的机械加工、安装与理想设计之间不可避免地存在偏差，束流的完美匹配很难实现，失配会导致束流品质下降，影响束流传输效率[5]，因此，对于失配对束流品质的影响进行研究，是加速器研究及设计中的一项重要内容。在制定相应的研究和设计方案时，需要考虑失配对束流品质的影响，并采取措施尽量减少失配的影响。这将有助于提升加速器的运行稳定性和可维护性，更好地支持各项研究工作的进行。

　　20 世纪 60—90 年代，研究者们投入大量的精力来研究失配和束晕现象。在洛斯阿拉莫斯（LAMPF）的早期开创性工作中，人们已经认识到失配对束流品质的影响及韧致辐射的危害[6-8]。随后，W. P. Lysenko 研究了失配对粒子在相空间分布的影响，这也是对影响束流品质因素的初步探索[9]。此外，M. Reiser 和 I. Hofmann 等人分析了在周期聚焦结构中因失配产生的束流振荡模式[10-12]。R. A. Jameson 和 M. Ikegami 分析了失配和束晕之间的联系[13-15]。K. R. Crandall 和 J. Guyard 提出了不同形式的失配因子，利用失配因子与匹配相椭圆之间的 Twiss 参数差异定义了失配因子[16]。孟才、唐靖宇等人基于 ADS 加速器，分析了丝化对束流发射度的影响[17-18]。

　　值得注意的是，束流失配是用失配因子来表征的。然而，对于相同失配因子，有无数种束流状态与之对应。因此，仅对一种失配方式进行研究得到的结果是否适用于所有的失配方式尚待验证。不同的失配方式需要以取样统计的方式进行研究，才能更加准确地得到失配对束流的影响的数值模拟结果。这些早期的研究为我们对失配现象的认识提供了很好的基础。

　　随着技术的不断发展和加速器相关研究的深入，失配对束流品质的影响已经被越来越多的研究者所关注，我们相信在不久的将来，通过不断深入的研究和完善的模拟方法，我们将能够更好地把握失

作者简介： 万鑫淼（1997—），女，博士生，现主要从事超导直线加速器中的束流物理等科研工作。

基金项目： 基于 25 MeV CADS 强流超导质子直线加速器样机的束流物理研究（11875197）；连续波低能质子直线加速器加速结构及束流动力学研究（11375122）。

配对束流的影响及其对加速器性能的影响，为加速器相关技术的发展提供更精准的理论指导和实践支持。

本文首先以失配因子为起点，系统介绍了失配因子的定义方法，并与发射度进行了联系；其次，采用数值分析方法，分析了失配因子与各个 Twiss 参数之间的关系；最后，设计了长周期聚焦结构，并在该结构中对所得的结论进行了验证。

1 失配因子的物理含义

一般情况下，人们使用 Twiss 参数（也称为 Courant-Snyder 参数）α、β、γ 来描述束流在相空间中的状态。在一个规定的周期性聚焦结构中，每个点都有一个与之匹配的 Twiss 参数，这个值被称为匹配值。在束流传输的过程中，如果该点处相椭圆的 Twiss 参数与匹配值不相同，表示失配现象发生。失配会有多种原因，包括注入束流的大小、形状与匹配束流不同、注入束流的非对称性等，甚至安装误差也可能引起束流失配。对于高流强和高功率的线性加速器，在考虑空间电荷效应时，失配对束流的影响非常显著。首先，失配束流在传输过程中，与匹配束流相比，包络在某些位置较大，在某些位置较小，不会像匹配束流一样呈现良好的周期性；其次，束流失配可能会导致发射度增长，甚至形成束晕。这两个因素极大地影响了束流品质，降低了束流传输效率，因此，对失配的分析非常重要。

研究者们用失配因子 M 描述束流失配的程度。失配因子 M 越大，失配与匹配相椭圆的 Twiss 参数相差就越大。就目前而言，关于失配因子有两种不同的定义方式。第一种失配因子 M_1 的定义为：

$$M_1 = \left[\frac{\Delta + \sqrt{\Delta(\Delta + 4)}}{2} \right]^{1/2} - 1 \text{。} \tag{1}$$

其中，

$$\Delta = -\det \delta\sigma \text{。} \tag{2}$$

此处，

$$\delta\sigma = \begin{bmatrix} \delta\beta & -\delta\alpha \\ -\delta\alpha & \delta\gamma \end{bmatrix} \text{。} \tag{3}$$

式中，$\delta\alpha$，$\delta\beta$，$\delta\gamma$ 为失配束流 Twiss 参数与匹配束流 Twiss 参数的差，可以表示为：$\delta\alpha = \alpha - \alpha_0$，$\delta\beta = \beta - \beta_0$，$\delta\gamma = \gamma - \gamma_0$。其中 α，β，γ 为失配相椭圆的 Twiss 值，α_0，β_0，γ_0 为匹配相椭圆的 Twiss 值。

第二种失配因子 M2 的定义为：

$$M_2 = \frac{\Delta + \sqrt{\Delta(\Delta + 4)}}{2} \text{。} \tag{4}$$

对于不同的研究目的，研究者们通常采用不同的失配因子的定义进行研究。在大多数的文献中，失配因子按照 M_1 的方式进行定义。

任何微小的失配都会引起发射度的显著增长。长期以来，束流失配的研究一直引起加速器工作者浓厚的兴趣，并在国内外掀起了一股研究热潮。然而，在同一失配度下，存在无数种失配方式。当研究者对束流进行数值分析和实验计算时，他们是否需要采用大量的失配方式进行重复研究，最终得到一个统计结果？或者只需采用其中一种失配方式进行模拟分析，所得结果仍具有代表性？本文旨在解决这些问题，为实际问题提供答案。

当束流在一段周期聚焦系统中传输时，总能找到一处位置满足 $\alpha_0 = 0$，这意味着在该处匹配相椭圆是一个正椭圆。以该处作为注入束流的位置将极大地方便数值计算，此时设发射度为 ε_0，则匹配相椭圆的参数方程可表示为：

$$\gamma_0 x^2 + \beta_0 x'^2 = \varepsilon_0 \text{。} \tag{5}$$

设一个失配束流，其发射度与匹配束流相等，此时的失配相椭圆参数方程为：

$$\left(\delta\gamma + \frac{1}{\beta_0}\right)x^2 + 2\delta\alpha \cdot xx' + (\delta\beta + \beta_0)x'^2 = \varepsilon_0 。 \tag{6}$$

本文失配因子采用 M_1 的定义方式。假定一个与匹配相椭圆相似的椭圆外切于失配相椭圆，其发射度是匹配相椭圆的 q 倍，则该相椭圆方程为：

$$\gamma_0 x^2 + \beta_0 x'^2 = q\varepsilon_0 。 \tag{7}$$

联立式（5）和式（7），可以得到关于 $\delta\beta$ 的二次函数，其判别式 P 为：

$$P = \left[(2q - 2 + q\Delta)^2 - (\Delta^2 + 4\Delta)q^2\right]\delta\beta^2$$
$$- \left[2(2q - 2 + q\Delta)(3q - 1 + q\Delta)\beta_0\Delta - 2(\Delta^2 + 4\Delta)(q\Delta + q - 1)q\beta_0\right]\delta\beta$$
$$+ \left[(3q - 1 + q\Delta)^2\beta_0^2\Delta^2 - (\Delta^2 + 4\Delta)(q\Delta + q - 1)^2\beta_0^2\right] 。 \tag{8}$$

为了满足相切，则必须有 $P = 0$。不难证明，此时有 $q = (1 + M)^2$。这证明，在给定失配因子的情况下，无论是哪种失配方式的产生，所有失配相椭圆的等效发射度为匹配相椭圆的 $(1 + M)^2$ 倍。

考虑失配度 $M = 0.8$ 时，对应 $\Delta = 1.548\,64$，如图 1 所示，内部虚线代表着匹配相椭圆，外部虚线代表着接受度相椭圆，其他椭圆曲线代表了同一失配因子下，9 种不同失配方式所对应的失配相椭圆。两个不同倾斜方向的相椭圆分别表示 α 取正值和负值的情况。

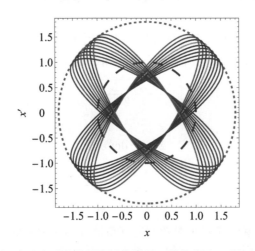

图 1　内部虚线是匹配相椭圆，外部虚线为接受度相椭圆，其他的为 9 种不同失配方式下的失配相椭圆

不难看出，在失配因子确定的情况下，所有失配相椭圆尽管形状不同，但是它们的等效发射度是相等的，均内切于发射度等于等效发射度的匹配相椭圆。从对失配因子的定义出发，式（1）可以延伸为：

$$q = (M + 1)^2 = \left(\frac{R_{mismatched}}{R_{matched}}\right)^2 = \frac{\varepsilon}{\varepsilon_0} 。 \tag{9}$$

因此，在对束流的失配进行数值计算或模拟分析时，无论采取哪种失配方式，在失配因子确定的情况下，最后得到的结果应该是一样的，且均具有代表意义。

2　等 M 束流 Twiss 参数分布及其动力学等效性

为了获得传输效率最高且品质好的束流，我们当然希望注入束流与匹配束流高度重合。然而，由于不可避免的误差因素的影响，束流无法达到完美的匹配。因此，研究者在分析输入参数误差对束流传输效率的影响时，常常给出与匹配 Twiss 值相差不大的 Twiss 参数，并利用软件模拟计算该条件下的束流传输效率。例如，在 RFQ 的设计中，可以使用 Parmteqm 扫描不同初始 Twiss 参数对出口处束流传输效率的影响。然而，这种方法烦琐复杂，使用软件计算时还存在计算误差，使得计算结果不够精确。我们知道，固定的失配因子 M 对应着固定的参数 Δ，而参数 Δ 由 Twiss 参数的变化量构成。因此，我们是否可以在给定失配因子 M 的情况下，得到 Twiss 参数与失配之间的关系呢？

在周期聚焦系统的某一位置处，匹配 Twiss 参数为（α_0，β_0，γ_0），失配相椭圆 Twiss 参数为（α，β，γ）。这 6 个不同的 Twiss 参数可以通过 Δ 进行关联，其中，Δ 满足：

$$\Delta = (\alpha - \alpha_0)^2 - (\beta - \beta_0)(\gamma - \gamma_0)。 \tag{10}$$

通过式（10）得到了 α 与 β 的关系，如式（11）所示：

$$\alpha^2 \beta_0 - 2\alpha_0 \alpha \beta - (2 + \Delta)\beta + \beta^2 \gamma_0 + \beta_0 = 0。 \tag{11}$$

式（11）满足椭圆的一般性方程，并且这个椭圆的倾角满足 $\tan 2\theta = -2\alpha_0/(\beta_0 - \gamma_0)$，是一个与匹配值有关的值，与失配因子及其失配 Twiss 值无关。在给定初始 Twiss 值与失配因子时，束流在周期聚焦系统中各处的 Twiss 参数的关系可以进行理论求解。

当 $\alpha_0 = 1.27$，$\beta_0 = 0.295$，$\gamma_0 = 8.857\,29$ 时，取失配因子 $M = 0.1 \text{-} 0.9$，得到不同失配因子下的 $\alpha\text{-}\beta$ 关系，如图 2 所示。

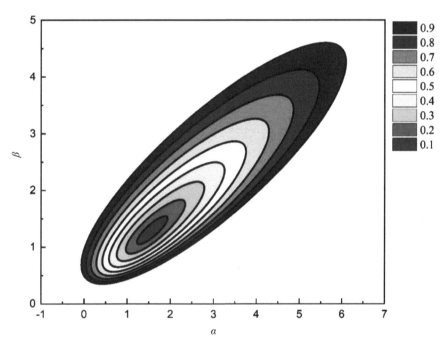

图 2　采用式（11）计算得到的 $\alpha\text{-}\beta$ 关系

可以明显观察到，在失配因素保持不变的情况下，束流在各个位置的 Twiss 参数都处于同一椭圆曲线上，我们将其称为等 M 曲线。当束流以完美匹配状态传输时，图像上会呈现为一点，该点的传输效率对应 100%。随着失配度的增加，椭圆的面积也随之增加，束流传输效率降低的概率也相应增加。

在 Wei-Ping Dou 和 Wei-Long Chen 的文章里设计了一种关于氘-铍中子源的 CW 型 RFQ[19]。文章中的图 7 展示了在不同 Twiss 参数下扫描束流所得到的传输效率。当取匹配 Twiss 参数为 $\alpha_0 = 1.37$，$\beta_0 = 0.06$，采用式（11）得到对应的理论 $\alpha\text{-}\beta$ 关系，其中失配因子 M 取值分别为 0.05、0.2～2.0，如图 3a 所示，可以看出图 3a 和图 3b 高度吻合。等 M 曲线对应着传输效率，M 越小，曲线内对应的束流传输效率更高；相反，M 越大，可能会获得更低的传输效率。这一结论将极大地方便对束流初始参数进行理论误差分析。

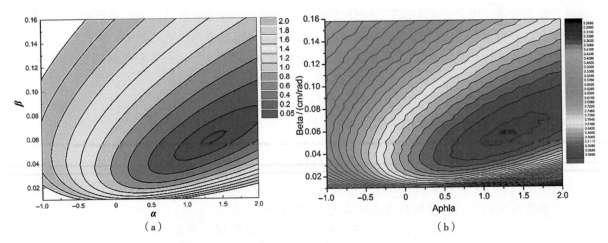

图 3　根据式（11）得到的 α‑β 关系与文献 [19] 的图 7 对应图

（a）根据式（11）得到的 α-β 关系；（b）文献 [19] 的图 7 对应图

　　为了验证在一定失配度下，束流的所有 Twiss 参数是否会落在同一个椭圆曲线上，我们设计了四极周期聚焦通道（图 4）。

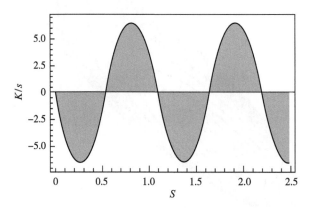

图 4　聚焦强度 $K(s)$ 随周期长度的变化

　　在不考虑非线性力的作用时，包络方程可以描述为：

$$A'' + K \cdot A - \frac{\varepsilon^2}{A^3} = 0 \ ; \tag{12}$$

$$B'' + K \cdot B - \frac{\varepsilon^2}{B^3} = 0 \ ; \tag{13}$$

　　其中，A、B 分别代表 X 和 Y 方向的匹配包络；K 表示外部聚焦项。对于各向同性的束流来说，X 和 Y 平面的发射度 ε 相同。当带有一定失配度的束流沿着四极周期聚焦通道传输时，在传输路径上每个周期节点处都存在唯一的 Twiss 参数 α、β 和 γ。通过提取束流在所有周期节点处的 Twiss 参数进行比较，我们可以证明，在 α-β 坐标系中，束流在传输通道中每个周期节点处的 Twiss 参数都位于前述理论椭圆上，且当周期数足够多时，这些 Twiss 参数的分布将充满椭圆曲线。因此总会存在一个节点位置使得 $\alpha = 0$。因此，我们选择 $\alpha = 0$ 时的这一特殊情况作为研究起点，即从某个满足 Twiss 参数 $\alpha = 0$ 的周期节点出发，沿着长周期聚焦通道向后进行研究，这个研究过程总是能够遍历到该失配度下的所有失配情形。因此，这种方法是可行的。

　　理论得到的不同 M 下的 Twiss 值与模拟时束流在长周期通道传输时各处的 Twiss 值如图 5 所示。

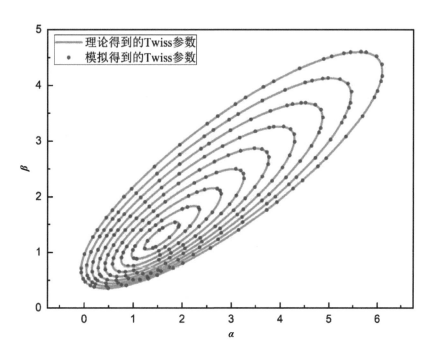

图 5 理论得到的不同 M 下的 Twiss 值（实线）与模拟时束流在长周期通道传输时各处的 Twiss 值（点）

3 结论

对于强流超导直线加速器，当考虑束流损失时，必须考虑失配对包络造成的影响。而失配因子 M 的研究也显得极为重要，因为它直接定义了失配的程度。在周期传输结构中，存在一个位置满足匹配相椭圆的 $\alpha = 0$，我们可以设定束流从此处开始传输，并将失配因子与接受度联系起来进行分析。研究发现，在同一失配因子下，失配相椭圆始终相切于接受度相椭圆，并有两个切点。这意味着，在同一失配因子下，所有失配相椭圆的等效发射度是一致的。从 Δ 矩阵出发，我们可以得到同一失配因子下 α 和 β 之间的关系。很明显，它们均落在一个椭圆的边界上。这也意味着，对于一个恒定的周期传输结构而言，当失配度确定时，失配的方式并不重要，重要的是失配度的大小。失配度越大，束流传输效率降低的概率也就越大。

参考文献：

［1］ 陈银宝，黄志斌．周期性聚焦结构中强流束的共振与束晕形成［J］．核科学与工程，2000，20（1）：70.

［2］ 薛鹏康，郝建红，李功铭．强流粒子加速器束晕-混沌现象研究［J］．河南科技，2011，0（11X）：69 - 70.

［3］ 陈银宝，黄志斌．共振、混沌与束晕形成［J］．中国原子能科学研究院年报，2000，000：560 - 566.

［4］ 段如，郝建红，许海波．非线性共振及束晕-混沌的场强参数特性［J］．强激光与粒子束，2014，26（1）：211 - 215.

［5］ REISER M. LEE E P. Theory and design of charged particle beams［J］. Physics today, 1995, 48（6）：59.

［6］ BOYD T, JAMESON R A. Optimum generator characteristics of RF amplifiers for heavily beam-loaded acceterators［J］. IEEE transactions on nuclear science, 2007, 14（3）：213 - 216.

［7］ COOPER R K, LAWRENCE G P. Beam emittance growth in a proton storage ring employing charge exchange injection［J］. IEEE transactions on nuclear science, 1975, 22（3）：1916 - 1918.

［8］ ALLISON P W, EMIGH C R, STEVENS R R. The injector complex for the LAMPF accelerator［J］. IEEE transactions on nuclear science, 1969, 16（3）：135 - 139.

［9］ LYSENKO W P. Linac particle tracing simulations［J］. IEEE transactions on nuclear science, 2007, 26（3）：3508 - 3510.

[10] REISER M. Emittance growth in mismatched charged particle beams [C] //LORETTA L. Proceedings of the Particle Accelerator Conference. USA: Institute of Electrical and Electronics Engineers, Inc, 1991: 2497 – 2499.

[11] KEHNE D, REISER M. Experimental studies of emittance growth due to initial mismatch of a space charge dominated beam in a solenoidal focusing channel [C] //LORETTA L. Proceedings of the Particle Accelerator Conference. USA: Institute of Electrical and Electronics Engineers, Inc, 1991: 248 – 250.

[12] INGO H, OLIVER, BOLIE – FRANKENHEIM. Parametric instabilities in 3D periodically focused beams with space charge [J] . Physical – review accelerators and beams, 2017, 20 (1): 14202.

[13] IKEGAMI M. Particle – core analysis of beam halo formation in anisotropic beams [J] . Nuclear instruments & methods in physics research, 1999, 435 (3): 284 – 296.

[14] IKEGAMI M. Particle – core analysis of mismatched beams in a periodic focusing channel [J] . Physical review E statistical physics plasmas fluids & related interdisciplinary topics, 1999, 59 (2): 2330 – 2338.

[15] JAMESON R A. On scaling & optimization of high - intensity, low - beam - loss RF linacs for neutron source drivers [C] //WURTELE. Proceedings of AIP Conference Proceedings. USA: American Institute of Physic, 1992: 969 – 998.

[16] CRANDALL K R, RUSTHOI D P. TRACE 3 – D documentation [M] . USA: Los Alamos National Lab. , NM, 1987: 73.

[17] TANG J Y. Emittance dilution due to the betatron mismatch in high – intensity hadron accelerators [J] . Nuclear instruments & methods in physics research, 2008, 595 (3): 561 – 567.

[18] MENG C, TANG J Y, PEI S L, et al. Mismatch study of C – ADS main linac [J] . Chinese Physics C, 2015, 39 (9): 097002.

[19] DOU W P, CHEN W L, WANG F F, et al. Beam dynamics and commissioning of CW RFQ for a compact deuteron – beryllium neutron source [J] . Nuclear instruments & methods in physics research, 2018, 903 (21): 85 – 90.

Study on the mismatch and characteristics of beam in periodic transport system

WAN Xin-miao, REN Zhi-qiang, YANG Yu-fei, LIN Peng-tai,
LIAO Wen-long, LUO Xiao-bao, LI Zhi-hui*

(Key Laboratory of Radiation Physics and Technology, Ministry of Education, Institute of Nuclear
Science and Technology, Sichuan University, Chengdu, Sichuan 610064, China)

Abstract: Starting from the definition of the mismatch factor, the relationship between the mismatch factor and the equivalent emittance of the mismatched beam is proved, and the physical meaning of the mismatch factor is clarified. It is proved that the beams with the same mismatch factor have exactly the same equivalent emittance and have exactly the same dynamic characteristics in the periodic transport channel. We can further highlight the importance of the mismatch factor, and thus their transmission efficiency and other characteristics are also the same. For a machine such as RFQ that is restricted by acceptance, the beam transported efficiency is consistent with the equal-M curve on the α and β planes, which serves as a basis for optimizing beam transmission more effectively in such machines.

Key words: Mismatch; Beam; Emittance; Periodic transport system

高重复频率 S 波段光阴极微波电子枪物理设计

和天慧，胥汉勋

（中国工程物理研究院应用电子学研究所，四川　绵阳　621900）

摘　要： 光阴极微波电子枪可以为基于直线加速器的自由电子激光产生高品质电子束。这种电子枪产生的电子束具有非常高的峰值电流及很小的横向发射度。其应用扩展到了超快电子衍射、相干太赫兹辐射和康普顿散射等。我们设计了一个基于同轴耦合器的 S 波段光阴极微波电子枪，可产生高品质电子束，工作在高重复频率。本文介绍了电子枪的腔形选择、本征模设计优化、微波耦合设计优化和机械设计及热分析。最终优化结果基本满足设计要求。

关键词： S 波段；光阴极；微波电子枪；同轴耦合；高重复频率

目前，光阴极注入器作为高亮度电子源已经越来越普遍。由常温光阴极微波电子枪和常温直线加速器组成的注入器也被 X 射线 FEL 项目广泛采用，如 LCLS[1]，其具有产生低横向发射度、短束长电子束的能力。随着 FEL 性能要求的提升，注入器平均电流强度和电子束品质要求不断提高。为实现光阴极注入器的高平均电流和低横向发射度，DESY 最早发展了同轴耦合结构的 L 波段光阴极微波电子枪，其应用在 FLASH 和 PITZ 上[2]。

常温光阴极注入器一般由光阴极微波电子枪、驱动激光器、聚焦螺线管和加速部分组成。利用驱动激光脉冲在阴极产生电子束，可以获得电子束的最佳初始形状。一个强微波场立即把阴极发射的电子束从零速度加速到相对论速度。螺线管将电子束横向聚焦，并在加速段的作用下，电子束在注入器末端被加速到完全相对论速度。

微波在电子枪中耦合传输时会在腔壁表面产生损耗，从而产生热量，使腔内温度分布不均匀，产生腔体形变。腔体形变会影响微波场分布，进而引起谐振频率变化和场平衡变化。因此，必须用水冷控制电子枪温度，使腔体保持在常温，并尽可能保持温度分布均匀。

提高微波电子枪工作的重复频率可以提高电子束的平均流强，但是微波重复频率的提高必然会导致电子枪腔体温度分布不均匀的问题更加严重。常用的电子枪微波耦合方式是边耦合，边耦合会导致耦合区域的微波场感应出强表面电流，导致耦合区域会有高温和高表面应力。用同轴耦合方式则不会产生这个问题，其耦合区域相对较冷，且整个腔的外管可以在腔体周围用轴对称的冷却水道封闭。冷却性能可以最大化，由微波产生的表面电流加热导致的腔形变也会轴对称。对称的腔体内表面会让微波高阶横向模式不存在。

在微波电子枪中，束流在空间电荷力作用下发生的横向发射度增长可以用聚焦螺线管补偿。这个过程通过使用聚焦螺线管重新配置横向相空间的电子束分布来实现。螺线管需要放置在枪周围，以便有效地控制横向发射度。如果微波耦合器在腔室的侧边，螺线管的最佳位置就会被耦合器占据，螺线管必须放置在枪的下游位置。使用同轴耦合方式，螺线管可以放置在最佳位置。

本文介绍了同轴耦合的光阴极微波电子枪的射频设计，包括腔体设计、微波设计和优化等。

作者简介：和天慧（1980—），男，硕士生，助研，现主要从事微波电子枪、加速器、微波系统等科研工作。

基金项目：发改委项目，四川省发改委 2022 年红外太赫兹自由电子激光项目（2020 - 510000 - 73 - 01 - 441847）。

1 腔体参数选择

电子枪腔体设计依据实验室现有资源，由于 S 波段速调管的频率是 2856 MHz，故电子枪腔体的谐振频率选择 2856 MHz。参考国内外电子枪[3-4]的设计，电子枪采用 1.56 - cell 结构腔体。首腔长度为 0.56 cell，次腔长度为 1.0 cell。1 cell 约为 2856 MHz 微波波长的 1/2，即 1.0 cell ＝ $\lambda/2$ ＝ 52.5 mm。首腔与次腔的场强比约为 1，采用同轴耦合结构。

工作模式为 π 模。π 模用于电子束的加速，设计时需要考虑 0 模与 π 模的模式分离，以防止 0 模峰值的尾部在 π 模谐振频率 2856 MHz 处被激活。当 0 模被激活时，电子束可能被不需要的 0 模场在错误的相位影响。

阴极面电场场强设计为 100 MV/m。

电子枪腔体结构如图 1 所示。L1 为首腔长度，L2 为次腔长度，R1 为首腔半径，R2 为次腔半径。Rb1 为首腔到次腔的束孔半径，Rb2 为次腔到同轴耦合器的束孔半径。A1 为盘片椭圆短半轴，B1 为盘片椭圆长半轴，其比 B1/A1＝2。

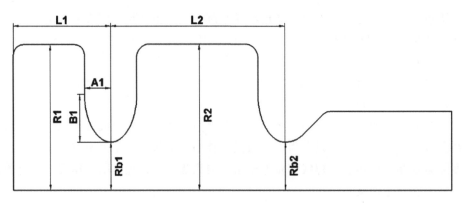

图 1 电子枪腔体结构

腔体设计和同轴耦合器设计分别采用 CST 和 HFSS 进行建模仿真优化，并对仿真优化结果进行对比。

2 谐振腔设计及优化

2.1 CST 仿真优化

通过在 CST 中建立电子枪腔体的谐振腔模型，对谐振腔初始参数进行本征模仿真和优化，完成了电子枪腔体的设计。谐振腔网格模型如图 2 所示。

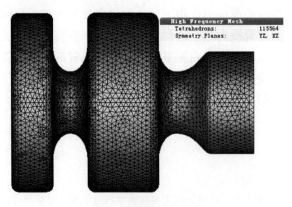

图 2 谐振腔网格模型

谐振腔本征模仿真及优化以谐振腔频率 2856 MHz 和首腔、次腔的场强比 1 为目标进行参数扫描和参数优化。优化过程先对谐振频率和场强比进行大范围粗略调整，通过调整首腔和次腔的半径大小进行快速目标优化。在接近设计目标后，通过对首腔和次腔的腔体倒角尺寸缩放进行细调。模式分隔则通过调整首腔和次腔间的束孔半径进行优化。

谐振腔优化完成后电场分布和磁场分布如图 3 所示。

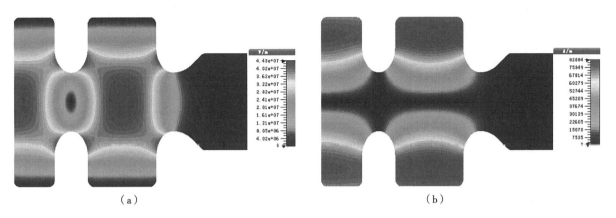

（a）　　　　　　　　　　　　　　　（b）

图 3　电场分布（a）和磁场分布（b）

轴向电场分布如图 4 所示，次腔与首腔的场强比为 0.999 974。

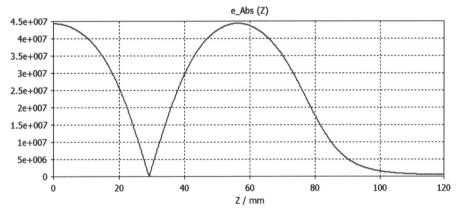

图 4　轴向电场分布

优化完成后 0 模频率为 2.836 8 GHz，π 模频率为 2.856 GHz，模式分离约为 19.3 MHz。

2.2　HFSS 仿真优化

由于电子枪腔体的谐振腔模型是旋转对称结构，在 HFSS 中可以选择建立旋转切片模型进行建模仿真。这里选择建立 30°的切片模型，此模型可以大幅降低计算的数据量，并提高计算精度。在仿真优化过程中，腔体表面精度可以设置到 0.01 mm 计算精度。谐振腔本征模仿真优化过程与 CST 过程类似。由图 5 可见谐振腔优化完成后电场分布和磁场分布。

轴向电场分布如图 6 所示，次腔与首腔的场强比为 1.005 4。谐振腔优化完成后的 0 模频率为 2.838 954 GHz，π 模频率为 2.856 002 GHz，0 模与 π 模的模式分离约为 17 MHz。

在初始参数一致的情况下，可以看出谐振腔优化后的结果并不完全一致，原因可能是 CST 仿真的过程由于模型切片最小为 90°，而 HFSS 的模型可以任意切片，这导致计算精度上 HFSS 占优；另一个原因则可能是 HFSS 在服务器上运行，其使用的内存和 CPU 数量远大于单机使用的 CST，故仿真优化的结果有一定的差异，HFSS 结果更接近目标。

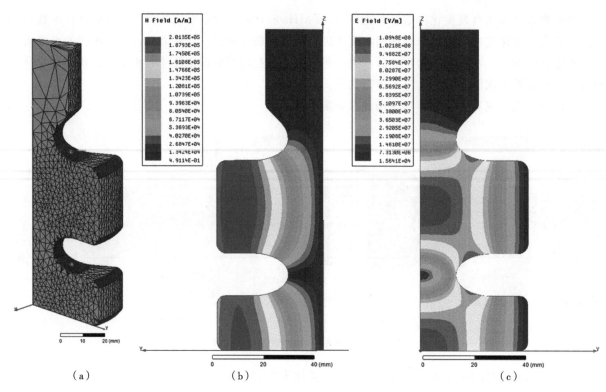

图 5　谐振腔模型（a)、磁场分布（b）和电场分布（c）

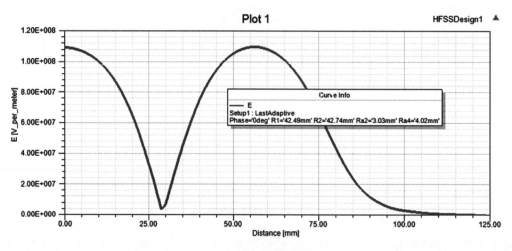

图 6　轴向电场分布

3　同轴耦合器设计及优化

　　谐振腔设计及优化完成后，在谐振腔基础上建立同轴耦合器模型并把两者结合起来建立电子枪整腔模型。通过对同轴耦合器进行仿真和匹配优化，完成微波耦合馈入电子枪的设计。

　　微波功率通过 S 波段标准矩形波导传输到耦合器。模式变换器将波导中的 TE10 模转换为变换器和腔体之间同轴线中的传输模式。传输模式是 TEM 和 TE11 模式的混合。内天线尖端和腔体前束孔之间的间隙是决定耦合的关键。在波导的短路端和耦合天线的开路端都有反射。因此，短路面的位置对于电子枪腔体和输入波导之间的适当匹配也很重要。对于匹配合适的电子枪，从短路面来的部分反射波、从天线尖端来的部分反射波和从腔体来的辐射波将叠加成一个几乎可以忽略的值，从而在输入波导中几乎没有反射波。

3.1 CST 匹配优化

用 CST 时域（TD）求解器计算 S 参数。对于间隙的一个固定值，计算不同短路面位置的 S11。通过不同间隙的不同短路面位置计算得到的 S11，得到短路面和耦合间隙的最佳位置。对于 0 模和 π 模，计算得到的 S11 值分别是 -13.8 dB 和 -50.767 dB。图 7 为优化完成后的整枪腔体电场分布。图 8 为 S11 参数优化结果。

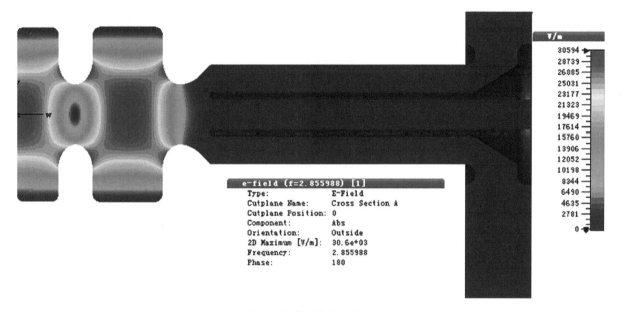

图 7　整枪腔体电场分布

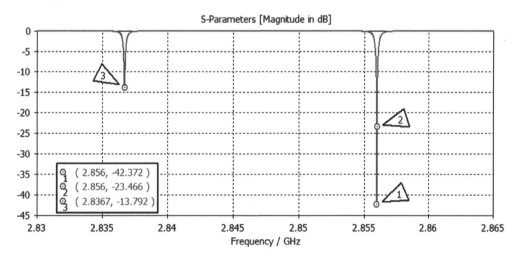

图 8　S11 参数优化结果

匹配优化完成后，CST 输入信号的微波功率为 0.5 W，阴极面场强为 30.6 kV/m，通过换算，可以得到在阴极面场强为 100 MV/m 时，微波输入功率约为 5.34 MW。

3.2 HFSS 匹配优化

在 HFSS 中是通过驱动模计算同轴耦合器匹配，并进行优化。通过计算不同间隙的最优短路面位置的 S11，得到最佳匹配的间隙和短路面位置。对于 0 模和 π 模，计算得到的 S11 值分别是 -10 dB 和 -48 dB。在驱动模式下，最佳耦合频率为 2.855 979 GHz，耦合状态为过耦合，耦合度为 1.007 6。通过调整馈入微波的功率，得到在输入微波功率为 6.2 MW 时，阴极面场强为 100 MV/m。

由图 9 可见电子枪网格模型和优化后的电磁场分布。图 10 为最佳耦合匹配状态下的 S11 参数图。

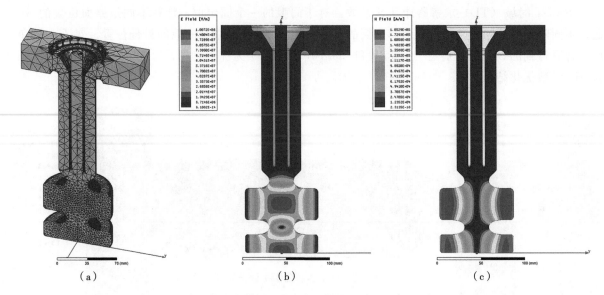

图 9 电子枪网格模型（a）、电场分布（b）和磁场分布（c）

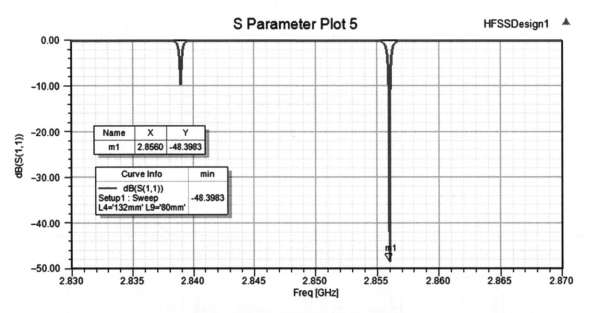

图 10 最佳耦合匹配状态下的 S11 参数图

由于仿真计算精度的问题，CST 计算结果相比 HFSS 计算结果误差较大，在实际加工及调试过程中，两者都可以作为重要的参考。

射频设计及优化完成后，其主要参数如表 1 所示。

表 1 电子枪射频设计及优化主要参数结果

参数	单位	优化结果
0 模频率	MHz	2838.954
π 模频率	MHz	2856.002
Q_0		13 272.67
Q_π		14 763.29

参数	单位	优化结果
E_{2nd}/E_{1st}		1.005 4
π 模耦合系数		1.007 6
有效分流阻抗	$MΩ/m$	34.4

4　结论

S 波段光阴极微波电子枪的射频设计优化基本达到预期目标，腔体 π 模本征频率为 2856.002 MHz，场强比为 1.005 4，模式分隔为 17 MHz。驱动模式下耦合频率为 2855.979 MHz，与本征模频率相差 21 kHz，在实际应用中可以通过水温调节轻松补偿。微波输入功率在 6.2 MW 时，阴极面场强可以达到 100 MV/m。本文介绍的射频设计是电子枪的初步设计，没有考虑嵌入式阴极结构和腔体耦合探针，同时也没有考虑工程结构设计和热力学分析。这些将在后期工作中继续优化迭代。

参考文献：

[1]　AKRE R, DOWELL D, EMMA P, et al. Commissioning the linac coherent light source injector [J]. Physical review special topics-accelerators and beams, 2008, 11 (3): 030703.

[2]　OTEVŘEL M. Conditioning of a new gun at pitz equipped with anupgraded RF measurement system [J]. Proc. of FEL, 2010, 10: 398 - 401.

[3]　HAN J H, COX M, HUANG H, et al. Design of a high repetition rate S-band photocathode gun [J]. Nuclear instruments and methods in physics research Section A: accelerators, spectrometers, detectors and associated equipment, 2011, 647 (1): 17 - 24.

[4]　MCKENZIE J W, GOUDKET P A, JONES T J, et al. Cavity design for S-band Photoinjector RF gun with 400 Hz Repetition Rate [J]. Proc. of IPAC, 2014, 14: 2983 - 2985.

Physical design of a high repetition rate S-band photocathode RF gun

He Tian-hui , XU Han-xun

(Institute of Applied Electronics, China Academy of Engineering Physics, Mianyang, Sichuan 621900, China)

Abstract： The photocathode microwave electron gun can generate a high-quality electron beam for linear accelerator-based free electron lasers. The electron beam produced by this electron gun has a very high peak current as well as a small transverse emissivity. Applications extend to ultrafast electron diffraction, coherent terahertz radiation, and Compton scattering. We designed an S-band photocathode microwave electron gun based on a coaxial coupler that produces a high-quality electron beam and operates at a high repetition rate. In this paper, the cavity shape selection, eigenmode design optimization, microwave coupling design optimization, mechanical design and thermal analysis of electron guns are introduced. The final optimization result basically meets the design requirements.

Key words： S-band；Photocathode；RF gun；Coaxial coupling；High repetition

超级陶粲装置关键技术攻关项目及其加速器
初步概念研究进展

罗　箐[1,2]，张艾霖[3]，周泽然[2]，彭海平[3]

（1. 中国科学技术大学核科学技术学院，安徽　合肥　230027；2. 中国科学技术大学国家同步辐射实验室，
安徽　合肥　230029；3. 中国科学技术大学物理学院，安徽　合肥　230026）

摘　要：超级陶粲装置是运行在 2~7 GeV 能区的超高亮度正负电子对撞机，其峰值亮度达到现有同类装置北京正负电子对撞机 BEPCII 的 100 倍，将为我国以陶粲能区高能物理为牵引的基础科学前沿研究及相关高新技术研发提供核心支撑平台与人才培养基地。另外，超级陶粲装置的高亮度需求对国内外现有的加速器和探测器技术带来了重大挑战，应对这些挑战不仅可以满足大装置前沿研究的需要，而且能够推动相关产业升级、带动经济发展。在合肥综合性国家科学中心支持下，中国科学技术大学牵头组建了攻关团队，针对相关的核心技术和关键工艺问题，从原理、技术、仪器设备等方面开展了预先研究，相关的科技部重点研发计划大装置前沿项目和超级陶粲装置关键技术攻关项目先后获得立项。超级陶粲装置加速器的核心任务是实现超高亮度，由于束流的强烈集体效应和沙漏效应等影响，通过采用双环小角度、多束团、提高有效流强的传统方法来提升对撞亮度的方案已无法满足需求；攻关团队完成了初步物理设计，未来的超级陶粲装置对撞机将采用大 Piwinski 角加 Crab Waist 方案，压缩对撞点 β_y 函数，实现设计亮度。物理设计的需要对束流的精确测量与稳定性技术、高品质束流源技术和对撞区超导磁铁技术等都提出了比当前大装置成熟工程技术更严苛的要求，项目组针对这些关键技术展开研究，给出了初步技术思路。

关键词：对撞机；亮度；储存环；束流；正电子

　　基于加速器的高能物理实验在历史上取得了一系列重大的研究成果，一方面，它是粒子物理研究最有效且不可替代的实验手段，其研究水平直接反映了一个国家的科技和教育水平及经济实力；另一方面，它推进了多个不同技术领域的前沿极限，促生了大量原创性变革技术，在诸多关系国计民生的行业中得到广泛应用[1]。中国基于加速器的粒子物理研究开始于 20 世纪 70 年代，先后建成了北京正负电子对撞机 BEPC 和亮度达到前者 100 倍的升级工程 BEPCII。以二者为代表的相关研究工作，不仅奠定了我国在陶粲能区物理研究方向的国际领先地位，也为国内其他大科学工程和各高校培养了具有国际竞争力的人才队伍，其前沿技术成果还为我国多项技术密集型产业开辟了道路[2]。受条件制约，BEPCII 的亮度无法再进行超过 1 个数量级的升级，也将完成历史使命[3]，由中国科学技术大学牵头预研工作、国内外若干单位共同参加的超级陶粲装置（Super Tau Charm Facility，STCF），将是我国陶粲能区物理研究的后继者。超级陶粲装置是质心能量覆盖范围为 2~7 GeV、对撞峰值亮度高于 5×10^{34} cm^{-2}s^{-1} 的新一代双环正负电子对撞机，在设计时预留未来升级提升峰值亮度和实现束流极化的潜力，预期预研 3~5 年、工程建设 5 年，装置建成后运行 10~15 年，升级改造后再运行 5~10 年。超级陶粲装置极高的亮度需求对加速器和探测器的原理与技术都提出了极大挑战。

1　超级陶粲装置的科学意义

1.1　我国在陶粲能区加速器实验的光辉成就

　　基于加速器的粒子物理实验研究包括高亮度前沿和高能量前沿，二者互为补充。其中，高亮度前

作者简介：罗箐（1984—），男，博士，副教授，现主要从事大装置前沿的束流精确调控研究工作。

基金项目：国家重点研发计划课题：储存环物理设计与束流测量及稳定性关键技术研究（2022YFA1602201）；安徽省高等学校质量工程项目：依托大科学工程探索加速器领域科教融合（2021jyxm1731）；中国科学院国际伙伴计划国际大科学计划培育专项：中国超级陶粲装置预研（211134KYSB20200057）。

沿通过积累超高统计量数据，挑战强相互作用中的夸克禁闭机制及强子结构中的疑难问题、精确检验标准模型并探寻超越标准模型的新物理；而由于质量等级差异，高亮度前沿通常需要在不同能区建设专用的对撞机装置以开展相应的实验研究，不同能区竞争和互补并存，缺一不可。过去 30 年，北京正负电子对撞机 BEPCI/II 先后经历了两代的对撞机及三代谱仪历程，在陶粲能区获取了一系列重大国际性研究成果，如精确测量了陶轻子质量、R 值、中子形状因子等，发现了 X（1835）、Zc（3900）奇特态、J/ψ 衰变到超子 Λ 对过程中 Λ 极化现象等。这些成就使我国在陶粲物理和强子物理领域处于国际领先地位，实现了邓小平同志要求的"在世界高科技领域占有一席之地"的目标。另外 BEPCI/II 的建设经验为我国大科学工程培养具有国际水平的工程技术队伍，积累了一系列的尖端核心技术，从而为我国能够自主建设中国高能光源、中国散裂中子源等大型科技设施，并主导国际领先的中微子实验和宇宙射线实验等奠定了坚实的基础。同时，它也带动了我国的辐射探测、快电子学、大数据获取与处理、高稳定电源、超导磁铁等高新技术的发展和产业化，对我国材料、能源、国防、安全、非动力核技术、通信、航空和医疗等多个行业都做出了重要贡献。

1.2 超级陶粲装置的建设意义

目前正在运行的 BEPCII 设计的质心能量为 2～4.6 GeV，对撞峰值亮度为 1×10^{33} cm^{-2}s^{-1}，已成功运行 10 年以上，在国际物理刊物上发表了超过 350 篇高水平物理结果，相较于国际上其他的粒子物理实验，BEPCII 是一个"性价比"非常高的实验。另外，随着实验的深入，受到质心能量和对撞机亮度的约束，在该研究领域中仍有一系列的重大物理课题无法得到解决，如粲介子的研究需要更大的数据量、粲重子的研究需要更高的质心能量、类-粲偶素的研究同时需要更高的亮度和质心能量等。然而，由于地理位置及部分基础设施条件限制，BEPCII 没有进一步大幅升级改造的空间与潜力，随着它即将完成其历史使命，我国亟须建设新一代的性能更高的正负电子对撞机装置及新的高能物理研究基地，继续保持我国在该研究方向的国际引领地位。

超级陶粲装置的设计亮度比当前正在运行的 BEPCII 提升 2 个量级，束流能量覆盖范围扩大一倍，使其探测物质深层次结构的能力提升 1～2 个量级，其建设与运行将为国际陶粲物理和强子物理研究提供关键场所，为研究宇宙中正反物质不对称（CP 破坏）、探索核子内部结构、寻找奇异物质和超越标准模型新物理等前沿课题提供独特平台，并将在 20～30 年在该领域保持世界领先地位。同时，它还可能进一步发展为综合粒子束设施，服务于化学、医学、生物、材料等其他领域。相对现有同类装置，该装置具备更高的时空分辨率及更强的探测能力，其建设和运行将提升诸如粒子束加速与诊断、辐照和探测成像、新一代抗辐照集成芯片和先进读出电子学等高新技术的发展水平，从而推动射线成像、空天探测和高端核仪器等我国多个领域战略新兴产业的发展。

中国建设超级陶粲装置的建议得到了中国高能物理学界的支持和国际同行的积极响应。自 2012 年以来，以超级陶粲装置为专题召开了 10 次国内外研讨会。2015 年，533 次香山科学会议对该装置进行了专题讨论，有 9 位院士参加，形成了支持建设的意见。自 2018 年开始，由中国科学技术大学牵头，组织了超级陶粲装置研究团队，开展可行性研究和概念设计。中国、西欧和俄罗斯的主要参与单位定期轮流主持召开专题国际研讨会，研讨装置的物理目标和关键设计。国内外的专家一致认可该装置具有重大科学意义、方案现实可行，我国在陶粲能区有很好的基础，装置的规模、技术、人才队伍等方面需求都与我国目前的科研能力、经济水平等现状相符。

2 超级陶粲装置关键技术攻关项目

如前所述，超级陶粲装置的超高亮度指标对于加速器、探测器的设计、建造与运行提出了极大的挑战，为了保证这一前沿大科学装置的顺利建设与运行，对其展开关键的物理原理研究和关键技术攻关是必要的。2022 年，"GeV 能区高亮度正负电子加速器和探测器的物理与关键技术研究"项目获得国家重点研发计划支持，这是超级陶粲装置获得的第一个国家级重大项目支持，也开启了相关研究工作的新篇章。同年，中国科学技术大学和安徽省分别批准了对超级陶粲装置关键技术攻关项目的支持，预计总投资额可达 4.2 亿元。

超级陶粲装置关键技术攻关项目的总体目标包括：优化并确定加速器和探测器的物理设计方案，研究并且掌握核心关键技术，研制样机、验证方案的可行性和关键参数，从而有效控制超级陶粲装置建造风险，确保工程顺利开展；完成超级陶粲装置项目的初步建设报告，为争取超级陶粲装置项目在"十五五"国家发改委的正式立项做好充分准备；培养超级陶粲装置项目的国际研究团队和建设队伍，为项目的建设和运行奠定人才基础。项目还成立了以院士为主的科技委员会和国际专家组成的国际咨询委员会，对项目的重大技术路线和技术方案、关键技术问题、超级陶粲装置研究方向与发展规划等提供专业意见与建议。

项目及未来的超级陶粲装置建设将采用国际最前沿的技术和方法，需要协调国内外不同领域的优势研究单位和团队，特别是国内优势团队，协同开展相关研究工作。目前有 15 个国内单位直接参与项目的研究。在项目具体实施期间，中国科学技术大学核探测与核电子学国家重点实验室将以该项目为未来 3 年的工作重心，调集所有可能力量参与项目推进，国家同步辐射实验室也将抽调团队全方位参与项目的研究。中国科学院大学和山东大学是过去几年超级陶粲装置推动和研发的中坚力量，在本项目的执行期间将投入更多的人力与物力资源。此外，项目还与中国科学院合肥物质科学研究院、上海高等研究院、上海应用物理研究所、近代物理研究所和高能物理研究所等，以及院外的北京大学核物理与核技术国家重点实验室、上海交通大学教育部粒子物理与星系宇宙学重点实验室、李政道研究所、清华大学工程物理系、山东大学粒子物理与粒子辐照教育部重点实验室等有良好合作关系，在项目不同阶段，合作单位的人员以不同形式加入。

3 超级陶粲装置的加速器物理要点与关键技术讨论

要实现超级陶粲装置的物理目标，其加速器物理设计是关键。超级陶粲装置的高亮度要求对束流动力学和集体效应及相关技术等方面都提出了严峻的挑战。

3.1 储存环加速器物理要点

对于完全对称的扁平正负电子束碰撞的情形，对撞机亮度 Luminosity 定义为[4]：

$$L = \frac{\gamma N_b I_b}{2e r_e \beta_y^*} \xi_y H \ 。$$

其中，γ 为相对能量；N_b 为束团数；I_b 为单束团流强；ξ_y 为垂直方向束-束效应参数（也称频移 tune shift）。对于指定束流能量，由于束-束作用等的先天限制，ξ_y 很难以数量级形式提高，增强亮度的合理思路是压缩对撞点包络函数 β_y^* 或提高流强。

传统的对撞机加速器物理设计采用小角度对撞或迎头对撞，认为束-束的"有效作用区间"为束团长度 σ_z；当 β_y^* 较小时，β_y^* 过对撞点后沿纵向变化膨胀也较快，束团长度较长时就会导致亮度损失，称为 hourglass 效应，H 为 hourglass 效应等因素导致的亮度抑制（suppression）因数。压缩束团长度到可与 β_y^* 比拟，以避免 hourglass 效应，再通过提高发射度和束团尺寸、增加束团数量来提高单束团的容许流强和总流强，从而提高亮度，是 BEPCII 等上一代装置的通行做法。

当亮度提高到 10^{35} cm^{-2}s^{-1} 量级，就成为下一代的高亮度前沿对撞机，也称为"超级粒子工厂"；这个亮度下，流强受到集体效应限制，已经接近极限，因此超级粒子工厂主要依靠压缩 β_y^* 到亚毫米量级来提升亮度。然而，强流条件下强烈的束流集体效应导致束团长度很难缩短到亚毫米量级，无法与 β_y^* 比拟，hourglass 效应将限制亮度的提升，这也是上一代对撞机的共性问题[5]。为了解决这一问题，加速器物理学家们提出了大交叉角加 crab waist 的方案，于 2009 年得到实验验证[6]。其思路是：通过增大交叉角、压缩自然发射度和 β_y^* 等途径，实现较大的 Piwinski 角 $\varphi \gg 1$，此时"束-束作用的有效区间"相当于 σ_x/θ，抑制 hourglass 效应只需 $\beta_y^* \sim \sigma_x/\theta \ll \sigma_z$ 压缩 β_y^* 不需要同时缩短束长；大交叉角对撞将引入新的束-束共振，限制能够达到的束-束相互作用参数，因此在对撞点两侧合适的相位处再引入一对 crab 六极铁，以抑制主要的共振、改善频移。2010 年以来，这一方案已成为超级粒子工厂的主要共识，先后应用于 SuperB、SCTF 和 TCF[7] 等的预研规划中，我国的 CEPC 也采用此方法[8]。

综上所述，下一代高亮度前沿对撞机的加速器物理核心要点在于超高的流强、对撞区极强的聚焦，以及由此引起的极强的非线性、集体效应等；由此，又会衍生出很短的束流寿命、极具挑战性的注入问题和不稳定性问题等。例如，对束流寿命而言，起决定作用的将是托歇克寿命，且仅有数百秒量级，而巴巴散射、轫致辐射等导致的损失则相比之下非常次要。超级陶粲装置的加速器物理研究在工作量和工作难度两重意义上都是一大挑战。

3.2 相应的关键核心技术简要介绍

超级陶粲装置的前述束流物理特征将会对各种关键技术提出极为苛刻的要求。可想而知，下一代高亮度前沿对撞机的工程难度极高。事实上，当前世界上唯一已经建成的高亮度前沿对撞机是 SuperKEKB，于 2015 年建成后，经过 8 年调试和国际前沿科学团队的多方讨论合作，目前峰值亮度在 5×10^{34} cm^{-2} s^{-1} 左右，与设计目标 4×7 GeV 不对称束流能量下 8×10^{35} cm^{-2} s^{-1} 仍有较大差距，主要瓶颈包括 ξ_y 比理论值低、流强阈值与理论模型不符等[9]，这也充分证明了建设下一代高亮度前沿对撞机是比当前第四代衍射极限同步辐射光源更严峻的挑战。

3.2.1 对撞区技术

对撞区是整个超级陶粲装置加速器的核心部分，也是直接考验技术水平和工艺能力的最复杂区域。概括地说，对撞区首先要完成总体布局设计，包括各类磁元件和束测元件的排布、参数及其优化，几何布局设计、collimator 设计及机械设计等；还需要考虑各种元器件在技术上如何实现，如距离对撞点最近的双孔径超导四极铁、抵消探测器螺线管磁场的线圈，以及多层的束流管道和恒温箱等。

在上述设计工作中，要综合考虑多种因素，包括：束流相关的本底研究；同步辐射的屏蔽；漏磁对同步辐射、相邻束流轨道、动力学孔径等的影响；束流分离小、双孔径、大动态范围条件下高场超导四极铁如何实现；如何校正轨道、谐波和漏磁等。这些问题相互关联，寻找全局优化的解十分困难，同时其技术指标显著高于现有装置 BEPCII，而 SuperKEKB 的对撞区是在旧装置上升级、先天受限而无法提供最优的参考。因此，对撞区技术研究将是加速器技术研究的核心任务，也是实现对撞机物理设计理论亮度的关键前提。

3.2.2 束流测量与调控技术

高准确性、高分辨率的测量调试技术一直是大装置前沿的关键技术，特别是对于工程难度极高、束流寿命很短的高亮度前沿正负电子对撞机来说，测量调束能力是运行亮度达到设计指标的核心保障。具体来说，可以分成两大类：

在强流、强聚焦条件下，精确且全面地测量束流参数，并判断对撞点处束流状态和注入束流影响等，为束流调试、注入、运行亮度稳定等提供关键信息的技术，如逐束团的位置、角度、电荷量等测量技术，微扰或无扰的工作点测量技术等。

在短寿命、强集体效应条件下，根据测量得到的关键信息及加速器物理研究的结论，以足够快的响应调节束流的技术，如对撞点束团位置与角度调节、逐束团反馈及高频低电平等。

3.2.3 束流源与注入技术

在前述关键物理设计和技术研究已经满足理论亮度和运行亮度要求的情况下，如何获得束流就成为第三个关键问题。超级陶粲装置高流强、短寿命、小动力学孔径的加速器物理特征，需要满足小动力学孔径的注入技术，同时注入束还需要高流强、小发射度。这意味着我们将需要研究在轴注入方式，如基于 ns 级超短脉冲冲击磁铁的注入；需要使用大电荷量、小发射度的光阴极电子源。此外，由于陶粲能区束流能量较低，不可能提供与 CEPC 和 SuperKEKB 相同能量（4 GeV）的打靶电子束，还需要对正电子源进行更有效的优化，以获取足够的产额。

4 加速器研究进展概述

超级陶粲装置加速器的概念设计与技术设计由中国科学技术大学核科学技术学院与国家同步辐射实验室牵头，目前的主要参与单位包括中国科学院上海高等研究院、华中科技大学和清华大学等，中国科学院近代物理研究所、福建工程学院、惠州学院等单位也在不同阶段参与了研究工作。预期在未来一年半时间内发布概念设计报告（CDR），未来三年内发布初步技术设计报告（Pre - CDR），并完成小型验证装置和条件建设。

当前，研究团队已经完成了第一轮初步的加速器物理设计，在亮度、动力学表现、束-束效应研究等方面可以接受，验证了物理设计方法的可行性；表1展示了当前物理设计的初步参数，包括经过束-束模拟获得的亮度及对应的束流寿命，目前初步评估的不稳定性流强阈值在允许范围内。加速器物理设计下一阶段的工作重点包括：继续优化横向和纵向动力学设计，提高综合性能；进一步优化束流寿命，最终希望获得300 s左右的托歇克寿命；分析误差效应和轨道校正，并考虑偏能孔径等问题；结合注入器物理设计进展，讨论注入物理过程和相应的动力学表现。超级陶粲装置的基本布局如图1所示。

表1　超级陶粲装置加速器初步设计参数

周长/m	交叉角（2θ）/mrad	β_y^*/mm	流强/A	ξ_y	峰值亮度/ cm^{-2}s^{-1}	托歇克寿命/s
616.76	60	0.6	2	～0.1	≥1×10^{35}	～100

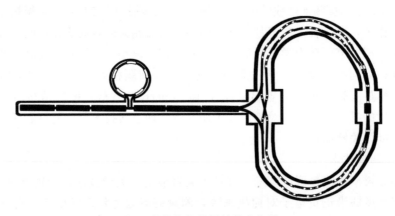

图1　超级陶粲装置的基本布局

针对加速器物理要点和对应的关键技术，团队组织了数轮国内外专家讨论，进一步凝练了待解决的关键科学与技术问题；根据现有条件，对部分关键技术，如正电子源、束流测量与精确调控等，进行了提前攻关。这些工作进展陆续在2018年以来的相关国际会议上报告，初步的lattice设计已发表[10]，近期更完善的第二版迭代也将投稿；相关工作获得了国际同行的认可，加速器总体研究召集人受邀在第65届国际未来加速器委员会（ICFA）先进束流动力学研讨会（eeFACT2022）上作大会报告，综述陶粲能区对撞机加速器研究进展[11]，注入器和正电子源的研究、微波高频技术研究的相关进展被 ICFA Newsletter 收录。

5 结论

粒子物理科学的发展迫切需要新建超级陶粲装置，并对加速器物理与技术提出了严峻挑战。已启动的超级陶粲装置关键技术攻关项目不仅能为未来的陶粲装置提供完整可靠的工程方案，而且将为其他加速器大装置的建设与运行提供共性的技术与经验。项目团队前期的研究工作取得了显著进展，给出了现实可行的初步方案与概念，但仍有若干关键问题待研究解决；相关加速器物理设计与核心技术研究将是有重大显示度的前沿热点，也迫切需要开展更多国内外合作。

致谢

感谢合肥综合性国家科学中心、安徽省和合肥市对超级陶粲装置关键技术攻关项目的大力支持。相关工作同时还得到了中国科学技术大学"双一流"建设重点项目的支持。

参考文献：

［1］ 赵政国. 中国基于加速器的粒子物理发展战略研究（2021－2035）［R］. 国家自然科学基金委员会，2022：1－2.

［2］ 陈和生，张闯，李卫国. 北京正负电子对撞机重大改造工程和 BESIII 物理成果［J］. 中国科学：物理学 力学 天文学，2014，44：1005－1024.

［3］ 土贻芳，阮曼奇. 探究物质最基本的结构：从中微子和正负电子对撞谈起［J］. 自然，2017，39（6）：391－400.

［4］ HERR W, MURATORI B. Concept of Luminosity［R］. CAS-CERN Accelerator School: Intermediate Course on Accelerator Physics, Zeuthen, Germany, 2003: 361－378.

［5］ DUGAN G. Dependence of Luminosity in CESR on Bunch Length for Flat and Round Beams［R］. Cornell Electron Storage Ring Report, CESR CBN, 1996.

［6］ ZOBOV M, ALESINI D, BTGINI M E, et al. Test of "Crab-Waist" Collisions at the DAΦNE Φ Factory［J］. Physical review letters, 2010, 104（17）: 174801.

［7］ BIAGINI M E, BONI R, BOSCOLO M, et al. Tau/Charm Factory Accelerator Report［R］. INFN Report, 2013: INFN-REPORT-INFN-13-13-LNF.

［8］ The CEPC Study Group. CEPC Conceptual Design Report: Volume 1 – Accelerator［R］. 2018.

［9］ OHNISHI Y. SuperKEKB Luminosity Quest［R］. 65th ICFA Advanced Beam Dynamics Workshop on High Luminosity Circular e＋e-Colliders (eeFACT 2022), Frascati, Italy, 2022: 12－15.

［10］ LAN J Q, LUO Q, ZHANG C, et al. Design of beam optics for a Super Tau-Charm Factory［J］. Journal of instrumentation, 2021, 16（7）: T07001.

［11］ LUO Q. Tau-charm Factories Future Projects［R］. 65th ICFA Advanced Beam Dynamics Workshop on High Luminosity Circular e＋e- Colliders (eeFACT 2022), Frascati, Italy, 2022: 12－15.

Key R&D project of Super Tau Charm Facility and its progress on preliminary conceptual design for accelerators

LUO Qing[1,2], ZHANG Ai-lin[3], Zhou Ze-ran[2], PENG Hai-ping[3]

(1. School of Nuclear Science and Technology, University of Science and Technology of China,
Hefei, Anhui 230027, China; 2. National Synchrotron Radiation Laboratory,
University of Science and Technology of China, Hefei, Anhui 230029,
China; 3. School of Physical Sciences, University of Science and
Technology of China, Hefei, Anhui 230026, China)

Abstract: The Super Tau Charm Facility is a new-generation electron-positron collider facility that has a center-of-mass energy of covering 2 to 7 GeV and a peak luminosity of 100 times as BEPCII at a center-of-mass energy of 4 GeV. The STCF has abundant physics program and great potential for scientific discoveries in high energy physics fields, and will take leading role and is expected to achieve major breakthroughs in Tau-Charm and hadron physics fields in future. The challenge to related accelerator and detector technology will also promote industrial upgrade and boost the economic. Recently, Anhui Province and Hefei City are actively supporting the project for key technology R&D of STCF, giving full support for the implementation and construction of the project. With the support of the Hefei National Comprehensive scientific center and the National Key R&D Program of China, research groups lead by University of Science and Technology of China have carried out the feasibility studies and made great progress and completed the preliminary conceptual design report. Due to strong collective effect and hourglass effect, the traditional head-on collision method does not satisfy the demands of STCF, the new design adopts large Piwinsiki angle and crab waist scheme with very low β function at IP. These accelerator physics methods require many key technologies with much higher standards, such as high resolution beam instruments, high quality beam sources and high quality superconducting magnets. The research group also gave preliminary solutions for these technologies.

Key words: Collider; Luminosity; Storage ring; Beam; Positron

核聚变与等离子体物理
Nuclear Fusion & Plasma Physics

目　录

聚变堆包层氦气冷却实验回路的建造和实验计划

叶兴福，王晓宇，颜永江，王　芬，杨　泓，何剑波，胡志强，
赵政宁，王琦杰，武兴华，张　龙

（核工业西南物理研究院，四川　成都　610225）

摘　要： 在中国聚变工程实验堆（CFETR）项目中，氦气冷却包层是一种重要的产氚包层概念。氦气冷却回路是氦气冷却包层的冷却系统。为了提高氦气的载热能力，同时降低氦气风机的能耗，将氦气的工作压力设计为 12 MPa，实验段最高温度为 550 ℃。为了验证冷却系统的设计和制造技术，同时为包层部件热工水力实验提供条件，在 CFETR 专项的支持下，解决了关键设备电磁轴承风机和印刷电路板式换热器（PCHE）的研制，建成了高温高压氦气冷却实验回路，对后期热工水力实验做了初步计划和准备。

关键词： 氦气回路；包层；CFETR

　　在聚变实验堆中，用于产氚和提取能量的包层有多种概念，其中氦冷包层、水冷包层、锂铅包层是研究比较多的包层概念。在 CFETR 设计中，氦冷固态包层概念是重要的包层概念之一[1]。氦气与材料的兼容性好，没有腐蚀问题，不会与中子发生反应，包层出口氦气温度高，也没有锂铅冷却剂的 MHD 问题，是较好的一种冷却剂，但是氦气密度小，载热能力相对较差，氦气冷却系统阻力较大，氦气风机功率比较大。为了研究氦冷包层概念，验证氦气冷却系统的设计建造技术，设计建造了一套氦气冷却实验回路，经过调试验收，回路达到设计参数，同时为氦冷包层提供了热工水力实验条件。

1　回路设计

　　回路采用"8"字形流程设计[2]（图 1），风机推动氦气，经过回热器冷侧，吸收实验段出来的高温氦气热量提升温度，再经过加热器，最终达到实验段入口需要的温度。经过实验段加热后，氦气温度达到最高，然后高温氦气经过回热器热侧，把热量传递给低温氦气，高温氦气温度降低，然后经过冷却器被水冷却，氦气温度进一步降低，不超过 50 ℃，然后进入风机入口，完成一个循环。

　　实验段流量通过风机转速和风机旁路控制；通过调节回热器旁路阀门的开度，从而调节流经回热器冷侧氦气的流量，实现回热器换热量的控制，实现加热器入口温度的控制；最终实验段入口温度通过加热器控制。压力控制通过压力控制单元。压力控制单元主要包含两个储气罐、若干阀门和一台压缩机。由于等离子体间歇运行，聚变功率周期性变化，包层中产生的热量也是变化的，导致回路中的氦气平均温度是变化的，引起回路的压力波动。为了稳定压力，当主回路压力增高时，通过阀门把主回路多余的氦气放入低压罐，当主回路压力降低时，通过阀门把高压罐氦气放入主回路，从而起到稳定主回路压力的作用。压缩机根据控制参数自动启停，把低压罐的氦气压入高压罐，维持低压罐压力低于主回路、高压罐压力高于主回路。

　　为了降低回路的泄漏率，回路管道和设备尽可能采用焊接的连接方式，阀门采用波纹管密封，压缩机采用隔膜式压缩机。

作者简介： 叶兴福（1979—），男，四川双流人，副研究员，硕士，从事氦气回路设计与实验研究。

基金项目： CFETR 固态试验包层制造与关键技术研究（2017YFE0300603）。

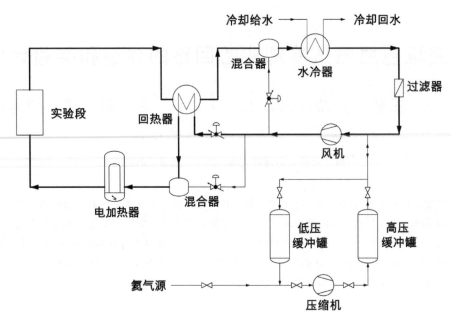

图 1　回路流程

2　设备设计和制造

　　回路上包括氦气风机、换热器、加热器、阀门、流量计等设备，其中，氦气风机采用电磁轴承及离心式结构，换热器采用紧凑型的印刷电路板式换热器（PCHE），这两种设备在中国应用较少，根据使用工况，需要专门开发。

2.1　氦气风机

　　氦气风机是推动回路内氦气循环的动力设备，氦气风机主要参数如表1所示。氦气容易泄漏，为了尽可能降低氦气的泄漏率，风机采用屏蔽泵的结构形式，整个电机和叶轮置于一个压力容器内，对外无动密封（图 2）。风机所有零部件置于氦气氛中，电机转速很高，为了不污染氦气，只能采用气体悬浮轴承或电磁轴承，早期类似设备采用气体悬浮轴承技术较多[3]，但气体轴承要求加工精度高，承载力小，随着电磁轴承技术的发展，技术日趋成熟，应用广泛，本氦气风机采用电磁轴承技术。

　　风机是离心式结构，高速旋转的永磁同步电机转子与氦气摩擦会产生大量的热量，电机定子也产生热量，因此设计了部分氦气通过叶轮背面的缝隙流过电机间隙，经过电机尾部的管道回到风机入口，实现利用氦气介质本身冷却电机的效果。此设计不引入外部介质，不污染氦气，但回流的氦气一定程度上降低了风机的整体效率。

表 1　氦气风机主要参数

参数	数值	单位
入口温度	<50	℃
进口压力	11.4	MPa
出口压力	12.2	MPa
流量	2.5	kg/s
额定转速	35 000	rpm
电机功率	250	kW

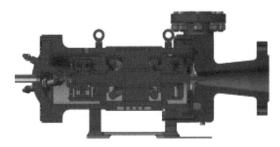

图 2　叶轮和风机照片

2.2　PCHE 换热器

在聚变实验堆中，空间比较狭小，为了节省空间，氦气冷却回路应尽可能采用体积小的设备。普通管壳式换热器技术成熟，应用广泛，但体积较大。本回路采用结构紧凑的 PCHE 形式换热器（图 3）。PCHE 换热器是采用扩散焊接的方法把许多换热板片焊接成一个换热芯体，该类换热器具有以下特点：对振动不敏感；换热器内部不使用垫片；没有大破口的灾难性事故；承压效果好；全金属结构；流体介质存量少。回热器主要参数如表 2 所示。

图 3　回热器和水冷器

表 2　回热器主要参数

参数	数值	单位
设计温度	560	℃
设计压力	12.8	MPa
换热面积需求最大的工况		
热侧/冷侧流量	2/2	kg/s
热侧进/出口温度	约 300/约 90	℃
冷侧进/出口温度	约 60/约 270	℃
压差	<25	kPa

2.3　三通应力分析

在管路中，为了调节流量或调节温度，存在不同温度的氦气混合的情况，通常用常规的三通连接管路即可，但混合的两股流体温差大，三通温度梯度大，应力过大，于是在三通内增加了导流管，降低了应力，主要尺寸如表 3 所示。

分析了一种典型工况，冷流体进口温度为 60 ℃，热流体进口温度为 550 ℃，每个支路进口流量都是 0.8 kg/s，管道材料是 TP347H，根据 ASTM，材料许用应力分别为 $S_m = 138$ MPa（温度在 40～250 ℃时）、$S_m = 135$ MPa（温度在 300 ℃时）、$S_m = 125$ MPa（温度在 475～550 ℃时）。

表 3 三通尺寸

三通	外径/mm	壁厚/mm
主管	219.1	22.2
支管	114.3	14.2
导流管	139.7	6.3

从图 4 可以看出，无导流管二通中主管和支管交汇处附近温度梯度大，应力大，最大一次应力＋二次应力大于 800 MPa，大于 3 S_m＝414 MPa（根据最大应力点附近温度，S_m＝138 MPa）。

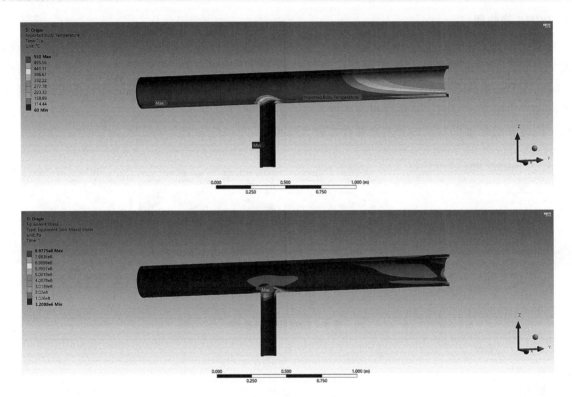

图 4 无导流管三通的温度和应力

从图 5 可以看出，由于导流管的存在，主管和支管交汇处温度梯度较小，整个结构应力较小，最大一次应力＋二次应力小于 300 MPa，小于 3 Sm＝405 MPa（根据最大应力点附近温度，S_m＝138 MPa）。

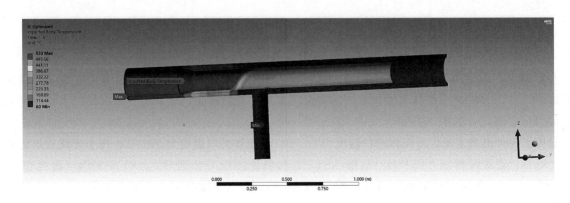

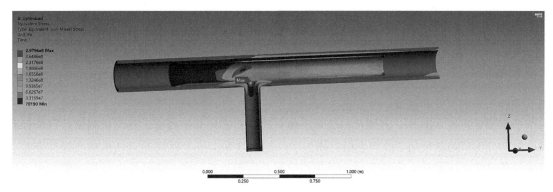

图 5 有导流管三通的温度和应力

3 回路调试

经过数月的安装工作，实验回路安装完毕（图 6）。

图 6 回路照片

安装完成后，首先开展了风机性能测试。在一定的转速下，通过压力控制单元控制风机入口压力在 11.4 MPa，通过风机出口的调节阀改变管网阻力，测量风机的流量压比曲线。当转子位移较大或电机功率较大时，改变转速，测试另一转速下的曲线。为了避免风机进入喘振等较危险的运行状态，目前只初步测试了较窄范围的性能，最终得到性能曲线（图 7）。

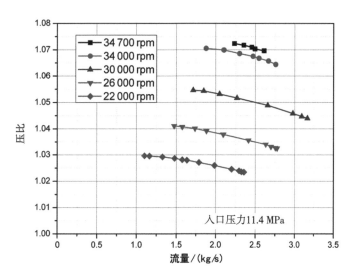

图 7 风机实测性能曲线

调试中，控制加热器功率，温升为 50 ℃/h，实验段温度逐步达到 550 ℃，流量为 2.5 kg/s，压力为 12 MPa，达到了设计指标，并且连续运行了 72 小时，初步证明了回路的运行稳定性。

4　准备开展的实验

氦气实验回路的设计和建造，为后期设备和部件热工水力实验研究提供了一个基础设施，近期将与已有的电子束装置连接（图 8），开展面向等离子体高热负荷部件热工测试。新风机测试：目前回路上已有的风机将部分出口的氦气用于冷却电机，损失了一定的效率。一个新式的氦气风机已设计制造，进口和出口在一条轴线上（图 9），所有气体全部流过电机，冷却电机后的气体从出口排出，整个风机也不需要冷却水[4]。新阀门性能测试：一个具备快速切断功能的阀门，测试其流动阻力、关闭时间、高温下的工作性能等。安全实验：LOCA、LOFA 等安全事故分析，包括回路的响应情况，是包层安全分析的重要内容，为了验证分析的正确性，需要在回路上开展相关安全实验，以及长时间运行可靠性考核。

图 8　电子束装置 EMS - 400

图 9　氦气风机和阀门

5　结论

完成课题过程中，解决了电磁轴承氦气风机等主要设备的研发问题，完成了氦气实验回路的设计和建造，测试回路实验段参数达到温度 550 ℃、压力 12 MPa、流量 2.5 kg/s，为后期氦冷包层部件或氦冷偏滤器实验研究提供了条件。

参考文献：

[1] SONG Y T. Engineering design of the CFETR machine [J]. Fusion Eng. Des., 2022 (183): 113247.

[2] GHIDERSA B E, IONESCU-BUJOR M, JANESCHITZ G. Helium loop Karlsruhe (Heloka): a valuable tool for testing and qualifying ITER components and their He cooling circuits [J]. Fusion Eng. Des., 2006 (81): 1471-1476.

[3] VARANDAS C, SERRA F. Fusion technology 1996 [M]. North Holland: Elsevier, 1997: 1335-1339.

[4] LEE E H, JIN H G, CHANG W S, et al. Performance test and modeling with GAMMA-FR of helium circulator and recuperator for helium cooled breeding blanket [J]. Fusion Eng. Des., 2021 (166): 112299.

Construction of a helium cooling experiment loop and experimental plan for fusion reactor blanket

YE Xing-fu, WANG Xiao-yu, Yan Yong-jiang, WANG Fen, Yang Hong,
HE Jian-bo, HU Zhi-qiang, ZHAO Zheng-ning, WANG Qi-jie,
Wu Xing-hua, ZHANG Long

(Southwestern Institute of Physics, Chengdu, Sichuan 610225, China)

Abstract: In the China Fusion Engineering Test Reactor (CFETR) project, helium cooling blanket is an important concept for tritium production. The helium cooling loop is a cooling system for the helium cooling blanket. In order to improve the heat carrying capacity of helium and reduce the energy consumption of circulator, the working pressure of helium is designed to be 12 MPa and the maximum temperature of the test section is 550℃. In order to verify the design and manufacturing technology of the cooling system and provide conditions for thermal hydraulic experiments of the blanket components, with the support of CFETR, the development of the electromagnetic bearing circulator and the printed circuit plate heat exchanger (PCHE) of the key equipment has been solved. The high temperature and high pressure helium cooling experiment loop has been built, and the preliminary plan and preparation for the later thermal hydraulic experiments have been made.

Key words: Helium loop; Blanket; CFETR

HL－3 上的聚变离子探测系统

何小斐[1]，于利明[1]，陈　伟[1]，颜筱宇[1,2]，张　洁[1]，刘宽程[1]，

郑典麟[1]，张轶泼[1]，石中兵[1]，袁国梁[1]，占许文[1]，魏凌峰[1]

（1. 核工业西南物理研究院，四川　成都　610225；2. 四川大学，四川　成都　610065）

摘　要：高能聚变离子在将来的聚变堆实现点火之后作为唯一的加热源而存在，其损失直接影响堆的运行和安全。HL－3 托卡马克装置的等离子体参数预计将接近堆芯级，其较高的氘-氘聚变反应率为聚变离子的测量与物理研究带来了契机。一台两通道、1 ms 时间分辨的聚变离子探测原型系统即将部署于 HL－3 装置，该系统采用离子注入型钝化硅（PIPS）探测器，几乎"背向"等离子体的准直模式以减少来自其他粒子和高能射线的干扰，采用多种防护、降噪措施以增加系统的工作稳定性和测量数据的有效性。

关键词：等离子体；聚变离子；离子注入型钝化硅探测器

1　背景

当将来的聚变堆实现点火后，等离子体的温度由氘-氚聚变反应所产生的高能离子（α 粒子）来维持，即此时 α 粒子几乎作为唯一的加热源而存在。这些 α 粒子产生之初的能量为 3.5 MeV，比背景燃料离子（约 10～20 keV）高两个量级，百分之一的 α 粒子总能量将与背景主离子的能量相当，其约束性能直接影响聚变堆的加热效率，其过快的损失不但会迫使聚变堆退出自持燃烧状态，而且严重时会损伤装置器壁[1-2]。

对聚变离子（氘-氚等离子体中产生的 α 粒子或氘-氘等离子体中产生的质子与氚核）开展探测将有助于理解 MeV 以上高能离子的约束、输运和集体行为[3]。在过去的 30 多年间，有诸多装置尝试过测量从等离子体逃逸出来的高能聚变离子：TEXTOR 上采用活化探测器和固态核径迹探测器（SSNTD）测量氘-氘聚变质子通量[4-5]，并定性推算出其损失的空间分布，此两种探测器的优点是抵抗等离子体放电时恶劣环境的能力强，而缺点是每轮实验结束进行取样分析，不具有研究磁流体动力学（MHD）相关问题所需要的时间分辨能力；Alcator C-Mod[6]、ASDEX-Upgrade[7] 和 MAST[8] 采用硅面垒探测器测量氘-氘聚变质子，使用该探测器可实现良好的时间分辨，其中 ASDEX-Upgrade 获得了计数与能谱，MAST 上观察到了锯齿（Sawtooth）对质子产率的影响；成功实现氘-氚反应的 JET 装置先后尝试过用活化探测器测量氘-氚聚变质子通量、用闪烁体探测器测量氘-氚聚变 α 粒子通量并观察到由 MHD 行为引起的损失[9]，后续又成功利用法拉第筒测量由离子回旋共振波加速（而非氘-氚聚变）产生的 α 粒子通量[10]；同样实现过氘-氚反应的 TFTR 装置上采用了闪烁体和硅面垒探测器测量聚变 α 粒子并观察到由 MHD 不稳定性引起的损失[11]。

然而这些测量努力仅是尝试性的，后续鲜有形成常规诊断并进一步研究。与此同时，关于快粒子行为的实验研究一般集中于由中性束注入（NBI）或离子回旋共振加热（ICRH）所产生的几十到上百 keV 能量范围内，而对于聚变离子的大部分约束、输运规律则由此类实验结果结合理论与模拟向更高能量段推测而得出。可以说，相比中性束快离子而言，关于 MeV 能量级别的聚变离子的实验研究是较为匮乏的，对聚变离子开展直接测量有助于验证相关的理论预测。

作者简介：何小斐（1988—），男，博士生，助理研究员，现主要从事等离子体诊断与实验研究。

基金项目：国家重点研发项目（2019YFE03020001，2018YFE0304102）、国家自然科学基金（12305242）、西物创新行动项目（202103XWCXRC001，202103XWCXRC003）。

HL－3托卡马克装置上设计并建造了一台两通道聚变离子诊断系统，用于测量氘-氘聚变产生的、逃逸出等离子体的 3 MeV 质子和 1 MeV 氚核。据估算，在 HL－3 高参数运行模式下，D－D 聚变反应率将高达 10^{15} m^{-3}s^{-1}，这为聚变离子的测量提供了绝佳的平台。该诊断系统采用离子注入型钝化硅探测器（PIPS）、电荷灵敏型前置放大器和高达 80 MSa/s 采样率的采集卡等作为主要部件。本文介绍了 HL－3 装置上聚变离子探测系统的系统设计和建造工作。

2 系统设计

2.1 HL－3 上的氘-氘聚变反应率

氘等离子体中存在的 D－D 聚变反应过程有以下两种：

$$_1^2D + _1^2D \rightarrow _1^1P(3.03\ Mev) + _1^3T(1.01\ MeV);$$

$$_1^2D + _1^2D \rightarrow _0^1n(2.45\ MeV) + _2^3He(0.82\ MeV).$$

它们有着几乎相同的反应截面。由图 1 可见 D－D 聚变反应率系数 $\langle \sigma v \rangle$（反应截面在速度空间内的平均）随离子温度 T_i 的变化曲线[12]，其中 HL－3 高参数运行时所在的位置见图中标记。根据反应率表达式 $q_{DD} = n_D^2 \langle \sigma v \rangle$ 及最高密度参数 $n_e = 1.0 \times 10^{20}$ m^{-3} 来计算，可得 HL－3 上的 D－D 聚变反应率可达 10^{15} m^{-3} 量级。这样的反应率为高能聚变离子的探测和物理研究提供了足够的条件。

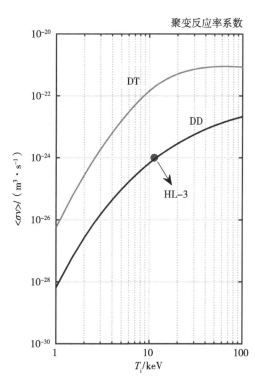

图 1 HL－3 高等离子体参数条件下的 D－D 聚变反应率系数及与 D－T 反应的对比

2.2 研究目标与探测器的选择

聚变离子探测系统的目标是监测从等离子体中逃逸出来的 D－D 聚变离子的通量和能谱，这些离子包括质子、氚核及氦-3 核，它们产生之初的能量分别为 3.03 MeV，1.01 MeV 及 0.82 MeV。这些参数的有效测量将为聚变离子的约束、输运和 MHD 相关的集体行为研究提供可能。据中性束快离子（几十 keV）相关的物理研究，锯齿不稳定性、鱼骨模和环向阿尔芬本征模等 MHD 模式发生相互作用而导致快离子的再分布或损失。为了研究此类 MHD 模式与 MeV 能量级别聚变离子的相互作用行为，必须要求诊断系统具有良好的时间分辨和能量分辨。

国际上曾经用于探测聚变离子的探测器有活化探测器、固态核径迹探测器、硅面垒探测器、闪烁体探测器等。各种探测器有其优缺点（如背景中所述），硅面垒探测器由于其良好的时间、能量分辨、耐高温及复杂电磁环境下的抗干扰能力可作为理想的选择。

硅面垒探测器是一种半导体探测器，高能离子入射到探测器活性层后通过撞击产生电子、空穴对（约 3.6 eV 能量即可产生一对电子、空穴对），这些电子和空穴在偏压作用下向两端移动而形成电荷积累，再经电荷灵敏型前置放大器处理后可获得电信号。近年来，离子注入型钝化硅（PIPS）探测器得到了长足的发展，与采用镀金工艺的传统金硅面垒探测器不同的是，这种硅探测器采用离子注入工艺将杂质离子注入硅半导体的内部，并且能够实现离子数量和沉积位置的精准控制。PIPS 探测器还采用钝化工艺使得探测器表面更加结实，适合于托卡马克装置真空室内部复杂工况下的工作。探测器的能量分辨和脉冲信号宽度与其探测面大小、活性层的厚度和所配套的电子学有关，典型的能量分辨（以 ^{241}Am 源 5.486 MeV α 粒子标定的脉冲高度统计量的 FWHM 衡量）为 15 keV，脉冲宽度为 1 μs。综上，PIPS 探测器满足物理研究和诊断系统建设的各项需求。

强电磁场环境下粒子的探测活动中噪声的控制非常重要，PIPS 探测器的噪声与探测面的面积、耗尽层的厚度、工作温度等因素有关。探测面越大接收离子越高效，但探测器电容也会增大，继而前放噪声也会随之增大，同时还会面临离子通量太大导致信号重叠而难以分析，故探测器面积应选择满足通量要求的情况下尽可能小的。耗尽层厚度太小可能会出现离子穿透耗尽层而无法将全部能量沉积于其中，进而无法获得准确的能量信息；厚度太大则会增加泄漏电流从而增加噪声，这就需要对聚变离子在硅半导体中的渗透距离进行模拟计算。采用蒙特卡罗程序 SRIM 的计算显示，3 种 D-D 聚变离子最大穿行距离为 92.05 μm，故耗尽层厚度应选择满足该渗透距离的最小值。综上，探测器最终选定 ORTEC 公司生产的 TU-014-050-100-S，该型号探测器的接收面积为 50 mm²，耗尽层深度为 100 μm，为耐高温定制款，可以保证从室温到几百摄氏度高温的范围内均保持较低的泄漏电流噪声。

2.3 离子轨迹模拟

D-D 聚变质子、氚核及氦-3 核的出生能量为 3.03 MeV，1.01 MeV 及 0.82 MeV，以 HL-3 上中等磁场强度参数 $B_t = 1.8$ T 来计算，其绕磁力线做拉莫回旋运动的主要参数如表 1 所示。

聚变离子的损失机制主要有：第一轨道损失、磁场波纹损失及与 MHD 相互作用所导致的损失。其中，第一轨道损失是由离子在环形磁场中运动时的磁场梯度漂移和曲率漂移引起，当等离子体电流（I_p）较低时这种损失机制将会发生；磁场波纹损失是由环向磁场的空间不均匀性导致离子在局部空间被捕获后沿径向随机运动引起的；某些 MHD 不稳定性（如 Fishbone 和 TAE 等）对高能离子约束有很大影响，可在短时间内造成大规模的再分布甚至损失。

表 1 D-D 聚变离子在 HL-3 常规磁场参数下的主要运动参数

离子种类	τ_L/ns（拉莫回旋周期）	ρ_L/cm（拉莫半径）	ρ^*（归一化回旋半径）	v/(m·s⁻¹)（运动速度）
质子	36.2	13.9	0.21	2.4×10^7
氚核	108.6	13.9	0.21	8.0×10^6
氦-3 核	54.3	6.3	0.10	7.2×10^6

为了高效地探测聚变离子，需要对其轨迹进行理论分析和模拟计算以确定探测器的最佳安放位置。采用自研程序对氘-氘聚变产生的质子、氚核及氦-3 核的运动轨迹进行模拟计算，程序采用龙格-库塔（Runge-Kutta）算法解平衡磁场中的牛顿运动方程。磁场数据来自由 EFIT 平衡计算而得到的 G-EQDSK 格式文件，该文件是专为 HL-3 常规放电设计的磁场位形文件。针对各种磁场位形下

离子的运动轨迹进行模拟可获得第一轨道损失的相关规律，由图 2 可见 3 MeV 质子典型结果。结果显示，当 I_p 较小或处于中等强度（小于约 800 kA）时，从等离子体芯部出发的质子将发生第一轨道损失；当 I_p 较大（大于 800 kA）时质子则会获得良好的约束而不会发生第一轨道损失。磁场波纹损失暂未进行数值模拟，然而由于波纹损失是由于捕获于环向局部波纹场中的离子沿径向随机运动引起的，可根据磁场和电流方向确定磁场梯度和曲率漂移的方向，从而定性判断波纹损失概率较大的极向位置。HL-3 上的常规磁场和电流方向如图 2a 所示，其漂移方向将沿 $\vec{B} \times \nabla |\vec{B}|$ 方向，即竖直向下，再考虑环向波纹"阱"主要位于中平面弱场侧，故波纹损失有较大概率在弱场侧下方位置发生。综合上述模拟与分析结果可知，探测点位于弱场侧下方将是最优选择。

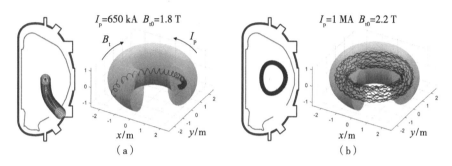

I_p=650 kA B_{t0}=1.8 T

B_t I_p

（a）

I_p=1 MA B_{t0}=2.2 T

（b）

图 2   3 MeV 聚变质子在两种位形下的运动轨迹模拟

（a）低等离子体电流 I_p＝650 kA，B_t＝1.8 T；（b）高等离子体电流 I_p＝1 MA，B_t＝2.2 T

2.4   前端探测结构

物理研究需要和提高信噪比共同对准直模式的设计提出了需求。据相关理论和模拟研究显示，沿等离子体电流反方向（counter-current）运动的高能离子的损失将强于同方向（co-current）运动的离子。为了更进一步研究沿 I_p 不同方向运动的聚变离子在受 MHD 活动作用下的损失行为，诊断系统的两个探测通道分别向与 I_p 同向和反向两个方向倾斜以确保分别接收对应运动形态的离子。

离子注入型钝化硅探测器除了对高能带电离子有响应外，对托卡马克内部存在的中性粒子、热离子、X 射线、电子、紫外线等均有不同程度的响应；尤其是在等离子体破裂时，将会有大量的中性粒子、电磁辐射等喷射而出到达探测器区域，这些都会在测量聚变离子的过程中形成干扰。一种有效的办法是使探测结构的准直孔的朝向避开等离子体区，使得其视线锥落在第一壁和真空室壁之间，如图 3 所示。这种布置主要有以下几个优点：①从等离子体辐射出来的、沿直线前进的粒子和电磁辐射等将不会直接进入探测器从而避免此类干扰；②由于视线锥落于第一壁背后，逃逸出等离子体的粒子

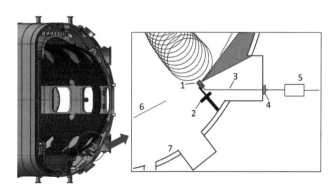

1—探测器及保护结构；2—机械支撑；3—同轴信号线（不锈钢波纹管保护）；4—同轴穿透法兰；

5—前置放大器；6—第一壁；7—真空室。

图 3   前端探测结构位置及准直方向布置

和射线将无法到达该区域（除穿透性较强的硬X射线外），从而减少了来自壁反射的粒子和射线对探测器的撞击；③聚变离子由于其运动轨迹为螺旋运动及漂移运动的叠加，将更容易被探测器所接收；④电子旋转方向与离子相反，将不会撞击到探测面从而避免β射线干扰。

探测器及其接线柱用氧化铝陶瓷材料包围，用以绝热和绝缘，如图4所示，最外层用不锈钢壳体保护，以进一步抗击等离子体的轰击及等离子体破裂时的瞬间高热负载。前端探测结构有用以调节伸缩和俯仰角的结构，这样可以在安装时进行更精确的定位，以确保前端与等离子体的距离恰到好处，并且使准直视场达到预期位置。从探测器出来的信号线采用耐高温聚酰亚胺同轴电缆，在装置放电前夕的持续烘烤中这种信号线可耐260℃以上高温且具有低的放气率，同时，这些电缆通向穿透法兰的路径上被波纹管所保护。

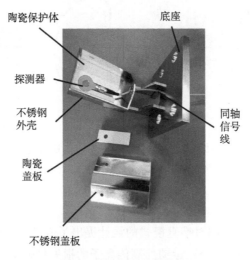

图4　前端探测结构实物

2.5　系统构成

由图5可见整个探测系统的构成：探测器及保护组件位于真空室内，聚变离子轰击探测面产生的信号经同轴电缆及同轴匮通法兰后到达电荷灵敏型前置放大器，经前放放大、成形后的信号再经主放进一步放大后传输至数据采集系统，高达80 MSa/s的数据采集卡可将完整的脉冲波形记录下来并传输至HL-3数据库进行保存，后期经过脉冲分析可得到计数率和能谱信息。

电荷灵敏型前置放大器采用Mesytec公司生产的MSI-8，该前置放大器为8通道，兼有成型、定时滤波及线性放大（主放）功能，前放增益为15 MeV/V。由于探测器上产生的原始信号极为微弱，尽可能地减少探测器到前放的信号传输距离可提高信噪比，前放的成形功能有两个作用：一是将探测器上产生的脉冲上升段（典型为ns级）拉长至0.1 μs级以便采集系统能够完整记录；二是将原始脉冲的下降段（典型为几百μs）缩短至μs级以降低脉冲宽度。采集系统采用简仪PCIe-69834，其具有4通道、16位分辨率、80 MSa/s的采集率及1 GB板载内存，可将脉冲信号波形完整地记录下来。为了减少信号传输过程的噪声及空间电磁辐射的干扰，整个路径采用同轴电缆进行传输，包括法兰引出也采用双端悬浮的同轴匮通法兰。采集系统获得的信号最终传输至HL-3数据库进行保存，后期可通过脉冲波形分析得到离子的通量和能谱。

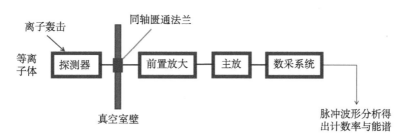

图5 聚变离子探测系统工作原理示意图

3 降噪措施

托卡马克装置内部进行粒子探测所面临的一个重要挑战就是降低噪声,主要的来源有探测器和电子学本身的噪声、空间电磁辐射及接地噪声。前述探测器和电子学的选择考虑了系统本身噪声的最小化,前放尽可能地靠近探测器、稳定的供电系统也是降低系统噪声的保障;探测结构和准直模式的设计也充分考虑了减少来自其他粒子和高能射线所带来的干扰;同轴电缆和同轴匮通法兰的使用可有效地降低空间电磁辐射对传输线路造成的干扰。真空室内的部件采用单点接地,即探测结构主体与真空室绝缘连接,而与之相连的波纹管则与真空室内壁相接从而达到接地目的;前放、供电系统、采集系统等接地端统一接至同一接地线柱,以实现局部树状接地,这样可以尽可能地减少接地噪声。

4 总结与展望

为了开展高能聚变离子的测量与研究,HL-3装置上设计并建造了一台两通道聚变离子探测原型系统,用以监测氘-氘聚变所产生的、逃逸出等离子体的质子、氚核和氦-3核。系统采用离子注入型钝化硅探测器,利用多种手段,如几乎"背向"等离子体的探测模式、全程同轴信号传输等,尽可能地减少噪声和干扰。该原型系统已经完成搭建,正在进行台面测试和标定工作,不久将会部署于HL-3装置。

参考文献:

[1] FASOLI A, GORMENZANO C, BERK H L, et al. Progress in the ITER physics basis, 5: Physics of energetic ions [J]. Nucl. Fusion, 2007, 47 (6): S264-S284.

[2] LOARTE A, LIPSCHULTZ B, KUKUSHKIN A S, et al. Chapter 4: power and particle control [J]. Nucl. Fusion, 2007, 47 (6): S203-S263.

[3] HEIDBRINK W W, SADLER G J. The behaviour of fast ions in tokamak experiments [J]. Nucl. Fusion, 1994, 34 (4): 535.

[4] BONHEURE G, MLYNAR J, WASSENHOVE G V, et al. First fusion proton measurements in TEXTOR plasmas using activation technique [J]. Rev. Sci. Instrum., 2012, 83 (10): 10D318.

[5] SZYDLOWSKI A, MALINOWSKA A, SADOWSKI M J, et al. Measurement of fusion-reaction protons in TEXTOR tokamak plasma by means of solid-state nuclear track detectors of the CR-39/PM-355 type [J]. Radiation measurements, 2008, 43 (supp-S1): S290-S294.

[6] LO D H, BOIVIN R L, PETRASSO R D. Escaping charged fusion product spectrometer on Alcator C-Mod [J]. Rev. Sci. Instrum, 1995, 66 (1): 345-347.

[7] ULLRICH W, BOSCH H S, HOENEN F. Application of a Si-diode detector for fusion product measurements in ASDEX Upgrade [J]. Rev. Sci. Instrum., 1997, 68 (12): 4434-4438.

[8] PEREZ R, BOEGLIN V, DARROW D S, et al. Investigating fusion plasma instabilities in the Mega Amp Spherical Tokamak using mega electron volt proton emissions [J]. Rev. Sci. Instrum, 2014, 85 (6): 11D701.

[9] KERNER W, HUYSMANS G T A, APPEL L C, et al. Alfven eigenmodes and alpha particle losses in JET [C] //Plasma physics and controlled nuclear fusion research 1994. V. 3. Proceedings of the fifteenth international conference, 1996.

[10] DARROW D S, CECIL F E, KIPTILY V, et al. Observation of alpha particle loss from JET plasmas during ion cyclotron resonance frequency heating using a thin foil Faraday cup detector array [J] . Rev. Sci. Instrum. , 2010, 81 (10): 3566.

[11] STRACHAN J D. Detector array for the measurement of the 14. 7 - MeV proton emission from TFTR [J] . Rev. Sci. Instrum. , 1986, 57 (8): 1771 - 1773.

[12] 严龙文. 托卡马克等离子体物理学 [M]. 北京：中国原子能出版社，2020：5.

The detection system for fusion ion on HL - 3

HE Xiao-fei[1], YU Li-ming[1], CHEN Wei[1], YAN Xiao-yu[1,2],
ZHANG Jie[1], LIU Kuan-cheng[1], ZHENG Dian-lin[1],
ZHANG Yi-po[1], SHI Zhong-bing[1], YUAN Guo-liang[1],
ZHAN Xu-wen[1], WEI Ling-feng[1]

(1. Southwest Institute of Physics, Chengdu, Sichuan 610225, China;

2. Sichuan University, Chengdu, Sichuan 610065, China)

Abstract: Energetic fusion ions exist as the only heating source after ignition in future fusion reactors, and their losses directly affect the operation and safety of the reactor. The plasma parameters in the HL - 3 tokamak are expected to be close to the reactor level, and its high deuterium-deuterium fusion reaction rate provides an opportunity for the measurement and physical research of fusion ions. A two channel, 1ms time resolved fusion ion detection prototype system is about to be deployed in the HL - 3 device. The system utilizes Passivated Implanted Planar Silicon PIPS (detectors), with almost "back facing" plasma collimation mode to reduce interference from other particles and high-energy rays. Various protective and noise reduction measures are employed to increase the system's stability and the effectiveness of measurement data.

Key words: Plasma; Fusion ion; Passivated ion-implanted planar silicon

基于负离子源的粒子诊断标定研发平台的物理设计

于利明[1]，耿少飞[1]，唐德礼[1]，张　帆[1]，何小斐[1]，张贤明[1]、罗怀宇[1]，

李平川[1]，余珮炫[1]，颜筱宇[1,2]，蒲世豪[1]，石中兵[1]，韩纪锋[2]，

张轶泼[1]，魏会领[1]，雷光玖[1]，陈伟[1]，钟武律[1]

（1. 核工业西南物理研究院，四川　成都　610225；2. 四川大学原子核科学技术研究所，四川　成都　610064）

摘　要：为满足磁约束聚变装置粒子诊断系统的日常标定和研发的需求，研发设计了一套包括小型化负离子源、多电极加减速场加速器和多通道粒子分离器等主要部件在内的粒子诊断系统标定研发平台。拟通过该平台产生 100% 全能量粒子、粒子能量调节范围在 0.5～80 keV、工作时长在 10 分钟量级的长脉冲粒子束，以满足中性粒子分析器、法拉第筒、快离子损失探针和质子探测等多种粒子诊断系统的常规定量标定，以及阿尔法粒子探测等多种粒子诊断系统的研发需求。为达到上述目标，设计了弧流放电驱动的体积方式微型小功率负离子源。为防止污染探测器，负氢离子的生成采用体积型生成不馈艳运行。将采用三电极加减速场加速器引出的粒子束能量在 0.5～80 keV 宽范围内连续可调的负氢离子束。通过对称组合式平行板电极对中性化后的粒子束进行分离，同时获得中性化的氢（H_1^0）粒子和带电粒子（$H_1^{-/+}$）等。

关键词：粒子诊断标定研发平台；负离子源；加速器；粒子分离器

　　磁约束聚变装置上的粒子诊断系统，如中性粒子分析器、快粒子损失探针、法拉第筒、质子探测和减速场粒子分析器等，可以提供背景等离子体的温度及分布、高能量粒子能谱、抛射角、空间分布和演化，以及燃烧等离子体中氘氚的燃料比和聚变产物阿尔法（α）粒子的能谱、分布、输运和损失等关键信息，其测量结果对大功率辅助加热、高能量粒子的损失、输运、波粒子相互作用，甚至燃烧等离子体等研究具有重要意义，是托卡马克装置基础且关键的诊断系统[1-2]。遵从不对磁约束聚变装置等离子体的约束性能产生影响的原则，被动地从等离子体中逃逸出的中性或带电粒子的数量非常稀少，并且诊断系统收集到的中性粒子受到气体剥离室或固体剥离膜片对中性粒子的电荷剥离效率、带电粒子在存在一定误差的偏转电磁场中的轨迹改变、粒子探测器光电倍增管、微通道板或闪烁体等探测器探测效率及个体差异的影响等，粒子诊断系统对各个部件的误差要求非常严苛[3-4]，需要对粒子诊断系统及关键部件进行详细而系统的标定[5]。在没有粒子诊断标定研发平台（简称"粒子标研平台"）的情况下，粒子诊断变得异常艰难。

　　国内的中国环流器 2 号 A 和 3 号（HL－2A 和 HL－3）与全超导托卡马克核聚变实验装置（EAST）磁约束聚变装置[6]等的粒子诊断系统的日常标定和研发等迫切需要一套灵活稳定的高品质粒子标研平台为其提供基础技术保障。拟通过该工作为 HL－2A/3 装置研发一套基于负离子源的可产生 100% 全能量粒子、粒子能量调节范围在 0.5～80 keV 的粒子标研平台。为 HL－2A/3 装置粒子诊断系统提供常规的定量标定，得到高时空分辨率的离子温度及剖面、高能量粒子能谱、分布和演化等关键信息，为大功率辅助加热、高能量粒子的损失、输运和波粒子相互作用等研究提供重要数据，也为 HL－2A/3 装置粒子诊断系统研制提供便利，缩短研制周期。除此之外，该标研平台中的离子源和加速器也是工业上半导体掺杂工艺的重要技术基础，可以转型发展成为半导体掺杂设备等。为满

作者简介：于利明（1983——），男，河北石家庄人，研究员，博士，现从事磁约束聚变实验研究工作。

基金项目：国家重点研发项目：面向聚变堆高性能等离子体中快粒子物理实验研究、氘氚聚变等离子体中 alpha 粒子过程对等离子体约束性能影响的理论模拟研究（2019YFE03020000、2018YFE0304100）；核工业西南物理研究院西物创新行动人才项目：基于负离子源的宽能段全能量粒子诊断标定研发平台关键技术的研究（202103XWCXRC003）。

足 HL－2A/3 装置上粒子诊断的常规标定和新型诊断系统的研发需求，拟发展的粒子标研平台需要满足以下要求指标。①工作粒子：氢（H）或氦［He（α）］粒子；②流强：约 10 uA；③束粒子能量调节范围：0.5～80 keV；④粒子束稳态引出时长：1～10 分钟；⑤ H 或全能量粒子占比：约 100%；⑥ 束斑面积：<5 mm²；⑦能散度：<1%。

1 粒子标研平台的总体设计

粒子标研平台[1]主要由小型化无馈铯体积型负离子源、三电极加减速场加速器、多道静电粒子分离器和包括中性化室的真空室及固定台架等主要部件组成，另外该平台还配套有送气、水冷、真空、电源、控制和信号采集等多个附属子系统，该平台的总体设计和功能模块示意图如图 1 所示。其原理和简要流程为使用负离子源放电产生氢或氦等离子体（在下文中均以氢为例），通过加速器将带电的负氢离子（H_1^-）引出并加速到设定能量值，带电负离子束进入中性化室，通过与背景气体（氢气）的电荷交换变成混合粒子束（其中含有 H_1^+、H_1^0 和 H_1^- 等），混合粒子束进入粒子分离器后根据所带的电荷被电场分离成 H_1^+、H_1^0 和 H_1^- 等粒子束，磁约束聚变装置上的诊断系统、探测器和功能模块等将根据所需测试粒子的偏转被放置在平台上进行标定和测试。这些主要部件均放置在真空室中，如图 1 中的虚线框图所示。下文将对这些主要部件的设计和计算进行介绍。

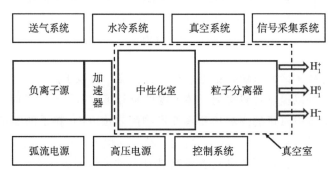

图 1 粒子诊断标定研发平台总体设计和功能模块示意图

2 小型化无馈铯体积型长脉冲负离子源

粒子标研平台的主要指标，如产生粒子种类、粒子束流强、工作时长、全能量粒子占比和稳定度等，是基于弧流驱动的小型化无馈铯体积型长脉冲负离子源实现的。因负离子源[8-11]放电后扩散到加速器的仅有 H_1^- 一种离子成分，可以使加速器仅引出一种粒子，即全部为全能量粒子 H_1^-，而无 1/2 和 1/3 能量的分子型离子 H_2^+ 和 H_3^+ 等，从源头上杜绝了分子型和三原子型离子的产生，使离子束的质谱纯净单一，保证了通过加速器引出的离子束为 100% H_1^- 的要求。通过模拟结果，我们选择了研制小型化的方形弧电流驱动负离子源的方案，其边长为 23 cm，其工程设计如图 2 所示。由于项目对生

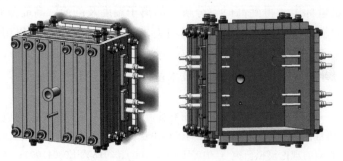

图 2 小型化无馈铯体积型长脉冲负离子源工程设计

成粒子束中粒子密度要求较低，因此采用小功率无馈铯形式，以免污染等离子体。另外，放电室材料选用不锈钢。为了使负离子源可以在较长时间稳定地工作在 1～10 分钟时间量级，我们采用弧流驱动的热灯丝阴极体积型负离子源。放电室外形和磁场分布等如图 2（左）和图 3 所示。

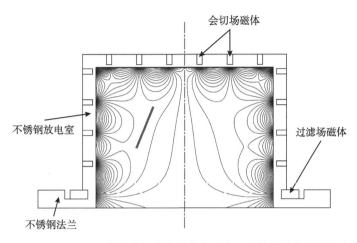

图 3　通过 Magnet 软件模拟计算的体积型离子源的结构和磁场分布

负离子源放电室所采用的永磁体表面磁场强度为 4000 Gs，在离子源放电室上的永磁体排列方式如图 2（左）所示。通过 Magnet 软件模拟磁场在放电室内的分布如图 3 所示，其中，放电室中的斜线段表示热阴极灯丝的安装位置，该位置的磁场强度为 30 Gs。放置热阴极灯丝的区域与之外的斜向磁场形成"磁筛"位形，将放电室分为"驱动区"和"引出区"。安装在法兰上的过滤磁场对扩散到加速器的离子能量和种类进行筛选。

3　三电极加减速场加速器

根据项目要求，加速器引出离子束的能量范围在 0.5～80 keV，束斑面积<5 mm²，且束流强度较小（约 10 μA），因此我们采用了三电极单孔引出设计，并且与离子源结合在一起，如图 4 所示。三电极加减速场加速器系统由等离子体电极、抑制极和地电极组成，3 个电极分别处于负、正和地电位。从离子源引出的离子束能量取决于等离子体电极所加的电压值。在三电极加速器系统中，离子束的引出和加速是由第一个等离子体电极和抑制极组成的电极间隙完成的。经模拟计算，两个电极的间距为 27 mm，抑制极和地电极的电极间距为 5.5 mm。最小电极（抑制极）引出孔的直径为 10 mm。束斑的最终面积通过粒子束的聚焦性能及对束流的逐级刮削实现。

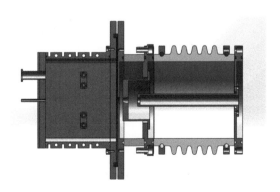

图 4　三电极加减速场加速器的电极结构

4 对称式多通道静电粒子分离器

经加速器引出的氢离子束（H_1^-）经过中性化室与背景 H_2 气体的电荷交换后 20％～50％束离子将转化为中性粒子（H_1^0），一部分将转化为带正电的粒子（H_1^+），剩余部分粒子仍为 H_1^- 粒子束。传统的粒子标定系统直接通过电场或磁场等粒子偏转系统将带电粒子去除，只保留中性粒子。为了同时得到各种粒子并对其进行探测，提高平台效率，我们设计了对称式多通道静电粒子分离器，如图 5 所示。该分离器主要由一个前置静电分析器和两个后置静电分析器组成，其中灰色和黑色电极板分别表示加正和负电压。当左侧的混合粒子束进入前置静电分析器后，用下曲线和上曲线表示的正离子束和负离子束分别受到电场力的作用垂直向下和向上偏转，而用直线表示的中性粒子束不受电场力影响则一直沿直线运动。带电离子束进入后置静电分析器后，又被与前置静电分析器反向的电场削减掉，在前一个静电分析器中得到的垂直能量又变成平行离子束。最终，通过该分离器同时得到 H_1^-、H_1^0 和 H_1^+ 3 种能量基本不变的粒子束供诊断研发和标定使用。

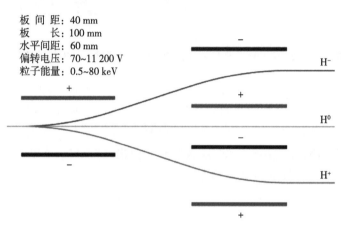

板　间　距：40 mm
板　　　长：100 mm
水平间距：60 mm
偏转电压：70~11 200 V
粒子能量：0.5~80 keV

图 5　对称式多通道静电粒子分离器

利用 CST 电磁模拟软件，带电粒子在该静电分离器中的运行轨迹如图 6a 所示，带电粒子的能量通过轨迹的颜色表示。静电分析器的电场分布如图 6b 所示，该粒子分离器的前置和后置静电分析器的电场反向分布保证了粒子束在通过分离器后能量基本保持不变。通过对粒子束模拟计算得到了静电分析器所加的偏转电压与粒子束能量的线性定标关系，对于能量在 0.5～80 keV 的粒子，分析器上所加的偏转电压约为 70～11 200 V。该粒子分离器将放置在图 7 所示的测量真空室中。

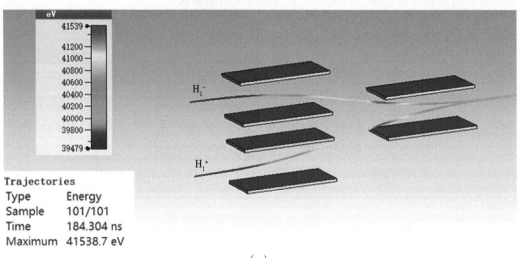

（a）

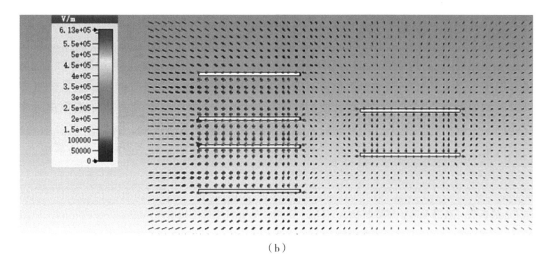

（b）

图 6 对称式多通道静电粒子分离器的 CST 轨迹、能量和电场分布模拟结果

（a）带电粒子在该静电分离器中的运行轨迹；（b）静电分析器的电场分布

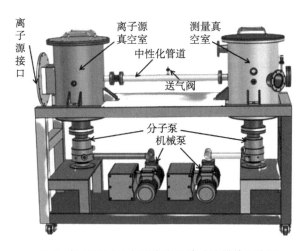

图 7 粒子标研平台的真空系统功能模块及布局

5 粒子标研平台的真空系统

粒子标研平台的离子源、离子源真空室、中性化室和测量真空室等都需要在真空系统中运行，因此需要两套机械泵（前级泵）和两套分子泵（后级泵）对接离子源真空室和测量真空室，其布局如图 7 所示。离子源和加速器安装在左侧的离子源真空室旁边的接口法兰上，离子源真空室内安装可移动法拉第筒，以便随时对引出束的流强进行测量。粒子分离器则安装在右侧的测量真空室内，此外，测量真空室内还可以放置粒子探测器等。测量真空室壁上设计安装的法兰和观察窗可以为粒子探测实验提供方便、灵活的探测和观察窗口。两套真空泵组分别与离子源真空室和测量真空室连接，以保证系统的高真空度。连接两个真空室的管道为中性化管道，其工作原理为通过送气阀将中性化工作气体（氢气）送入中性化管道，而管道两端的两个真空室通过强大的真空泵组将扩散气体抽走，形成两端真空度高而中间（中性化管道）具有一定气压的动态平衡真空。

6 结论

为满足磁约束聚变装置及聚变堆燃烧等离子体中粒子诊断的日常标定和研发的需求，设计了一套包括小型化弧放电无馈铯体积型长脉冲负离子源、三电极加减速场加速器和对称式多通道静电粒子分离器等关键部件在内的粒子诊断标定研发平台。拟通过该平台产生约 100% 全能量 H_1^- 离子、粒子能量调节范围在 $0.5\sim80$ keV、工作时长在 10 分钟量级的长脉冲粒子束，并通过中性化室和粒子分离器同时产生中性化的 H_1^0，以及带电的 H_1^+ 和 H_1^- 粒子束，以满足 HL-2A/3 装置的中性粒子分析器、法拉第筒、快离子损失探针、质子诊断和减速场粒子探测器等粒子诊断系统的常规定量标定和 α 粒子探测等新诊断的研发需求，如气体剥离室或固体剥离膜片对中性 H 或 He 粒子的电荷剥离效率、粒子在存在误差的电磁场中的实际飞行轨迹标定，以及各种类型探测器的性能、探测效率及绝对标定等，进 步为国内聚变堆装置和国际热核聚变实验堆（ITER）发展包括 α 粒子诊断在内的系统。

参考文献：

［1］ 项志遴，俞昌旋. 高温等离子体诊断技术［M］. 上海：上海科学技术出版社，1982.

［2］ 丁玄同. 高能量粒子物理实验和诊断研究［D］. 上海：东华大学，2010.

［3］ 李伟. HL-2A 装置空间多道中性粒子分析器诊断系统的研究［D］. 成都：核工业西南物理研究院，2010.

［4］ 甘德昌. 中性粒子分析器的研制［R］. 核工业西南物理研究院内部资料，1983.

［5］ BARNETT C F, RAY J A. A Calibrated neutral atom spectrometer for measuring plasma ion temperatures in the 0.165 - to 10 - kev energy region［J］. Nuclear fusion, 1972 (12)：65.

［6］ 袁宝山，姜韶风，陆志鸿. 托卡马克装置工程基础［M］. 北京：中国原子能出版社，2011.

［7］ 于利明，耿少飞，唐德礼，等. 基于负离子源的宽能量段粒子标定源的设计及初步进展［R］. 珠海：第八届等聚变离子体诊断技术研讨会，2023.

［8］ SHINTO K, WADA M, KANEKO O, et al. A negative ion beam probe for diagnostics of a high intensity ion beam［C］. Proceedings of ITPC' 10, Kyoto, Japan, 2010.

［9］ FRANZEN P, FALTER H D, FANTZU, et al. Progress of the development of the IPP RF negative ion source for the ITER neutral beam system［J］. Nuclear Fusion, 2007 (47)：264.

［10］ TAKEIRI Y. Negative ion source development for fusion application［J］. Review of scientific instruments, 2010, 81 (02B)：114.

［11］ ISOBE M, OGAWA K, NISHITANI T, et al. Advanced helical plasma research towards a steady - state fusion reactor by deuterium experiments in large helical device［J］. IEEE transactions on plasma science, 2018, 46 (6)：2050 - 2058.

Physical design of calibration and development platform for particle diagnostic systems based on negative ion source

YU Li-ming[1] , GENG Shao-fei[1] , TANG De-li[1] , ZHANG Fan[1] , HE Xiao-fei[1] ,
ZHANG Xian-ming[1] , LUO Huai-yu[1] , LI Ping-chuan[1] , YU Pei-xuan[1] ,
YAN Xiao-yu[1,2] , PU Shi-hao[1] , SHI Zhong-bing[1] , HAN Ji-feng[2] ,
ZHANG Yi-po[1] , WEI Hui-ling[1] , LEI Guang-jiu[1] ,
CHEN Wei[1] , ZHONG Wu-lv[1]

(1. Southwestern Institute of Physics, Chengdu, Sichuan 610225; 2. Institute of Nuclear Science and Technology, Sichuan University, Chengdu, Sichuan 610064, China)

Abstract: For satisfying the requirement of calibration and development of particle diagnostic systems in magnetic confinement fusion devices, a calibration and research platform, which is composed of the miniaturized low power arc discharge negative ion sources, multi-electrodes acceleration and deceleration accelerator, and multi-channel particle separators, has been physically designed and primarily developed. The long pulse particle beam with 100% full energy particles, particle energy adjustment range of 0.5~80 keV, and working time of 10 minutes, in order to meet the conventional quantitative calibration of various particle diagnostic systems such as neutral particle analyzer, Faraday cup, fast ion loss probe, and proton detection, as well as the research and development needs of various particle diagnostic systems such as alpha particle detection. A miniaturized low-power negative ion source driven by arc discharge has been designed. To prevent contamination for the detectors for particles, the volumetric generation but no cesium method is adopted for the negative ion source. The ion beam will be extracted using a three-electrode acceleration-deceleration accelerator. The energy of the particle beam extracted through the accelerator can be continuously adjusted in a wide range of 0.5~80 keV. Through the symmetrical parallel plate electrodes the neutralized particles (H_1^0) combined with charged ions ($H_1^{-/+}$) are separated.

Key words: Calibration and development platform for particle diagnostic Systems; Negative ion source; Accelerator; Particle separator

HL－2A 装置上鱼骨模在内部输运垒形成中的作用研究

邓　玮[1]，刘　仪[1]，蒋　敏[1]，葛万玲[2]，高金明[1]，

李永高[1]，钟武律[1]，许　敏[1]

（1. 核工业西南物理研究院，四川　成都　610225；2. 大连理工大学，辽宁　大连　116024）

摘　要： 在 HL－2A 托卡马克装置上实现了 $q(0)$ 接近 1 的托卡马克运行模式，即弱剪切下的内部输运垒（ITB）或与 H 模边缘输运垒同时存在的稳态 ITB。在这种情况下，观测到具有陡峭离子温度分布的 ITB 与 $q=1$ 磁面附近的磁流体（MHD）活性［如长寿模（LLM）或鱼骨模］密切相关。实验和模拟分析表明，鱼骨模可能引发极向流，这有利于抑制等离子体芯部的湍流，此外，应用在轴的电子回旋共振加热（ECRH）对中心 MHD 稳定性加以影响，可以将 LLM 转化为鱼骨模，从而增强 ITB 的梯度和强度，进而实现了对 ITB 的主动控制。在 HL－2A 托卡马克装置芯部与边缘同时建立输运垒的条件下，等离子体实现了长时间（约 10 倍等离子体约束时间）的高比压（$\beta_N=2.0$）运行。

关键词： 内部输运垒；鱼骨模；弱剪切分布

在先进的托卡马克装置中，内部输运垒（ITB）被认为是增强约束的主要候选者[1]。不仅这些 ITB 等离子体有更好的约束性，有利于提高聚变性能，而且相关的压力驱动电流剖面也有利于实现稳态运行。许多托卡马克装置通过优化电流密度分布[2]，已经实现了具有增强能量和粒子约束的 ITB 放电。人们认识到反向（弱）磁剪切和低阶有理面对 ITB 的发展非常重要，反向或弱磁剪切有利于减少微观不稳定性。ITB 通常形成于弱磁切区域接近整数 q 磁面，并位于产生陡峭的压力梯度的一个狭窄地带。另外，强负剪切 JET 中的芯部低杂化电流驱动（LHCD）或 DIII－D 中的电子回旋电流驱动等都获得了剪切结构。ITB 的形成和最小 q 为 2 或 3 等整数值有理面密切相关的，内部整数 q 面（$q=2$，3）处的 MHD 耦合触发 ITB。此外，双垒结构即 ITB 和边缘局域垒相结合的放电已在 JT－60U 上实现，并也在其他几个托卡马克上得到验证。ITB 的高约束性能激发了人们对 ITB 的深入研究，过去的 20 年中，各国都在聚变装置上积极开展 ITB 运行的研究。

一般来说，等离子体优化的电流密度分布在很大程度上是自举电流驱动的平衡导致宽的或低的反剪切安全因子分布的结果。然而，强压力梯度下的安全因子剖面分布通常会导致有危害性的 MHD 的不稳定性，导致芯部旋转的强阻尼和快速离子损失的增加。但是，除了 MHD 不稳定性的不利作用外，它们还被证明有助于通过阿尔芬不稳定性或 3/2 NTM 重新分配等离子体电流，以及通过饱和交换不稳定性重新分配束流注入电流来实现改善的约束和准稳态放电条件。在国外 ASDEX－U、JET 和 LHD 已经观察到 MHD 触发 ITB，并且该型 ITB 具有中心平坦的 q 分布和 $q(0)\sim1$ 的特征。在等离子体中心区域具有弱磁剪切的运行模式被称为混合运行模式，是 ITER 的候选模式之一。为了将这种运行模式推广到国际 ITER 装置，确定形成 ITB 的必要触发条件是至关重要的。

最近，在 HL－2A 放电的 LLM 或鱼骨不稳定性的非线性演化过程中，由于 q 剖面在 $q(0)\sim1$ 范围内形成了一个非常宽的低剪切区[3]，因此已经观察到这种 ITB。

作者简介： 邓玮，女，汉族，1974 年 1 月出生于四川乐山，硕士，核能科学与工程专业，正高级工程师，在核工业西南物理研究院工作，主要从事等离子体实验和物理研究，致力于 HL－2A 和环流器 3 号的软 X 辐射诊断系统的构建、运行及数据处理和分析，并研究长寿模的机制及主动性控制，高能粒子模和内部输运垒的关系，进而通过控制高能粒子模主动控制内部输运垒，实现托卡马克的稳态运行。她在工作期间主持了两个国家自然科学基金，分别为青年基金和面上项目，并发表近 20 篇 SCI 论文。

1 内部输运垒形成机制研究

1.1 HL－2A 实验中 ITB 的观测

在 HL－2A 托卡马克（$a=0.4$ m,$R=1.65$ m）单零偏滤器实验中实现了稳态 ITB 运行，主要放电参数 $I_p=150$ kA,$B_T=1.3$ T。HL－2A 等离子体中 ITB 的典型放电（第 22 485 次放电）如图 1a 所示，其中下图为放大的密度、温度及磁信号，可以观测到明显的长寿模及鱼骨模。图 1b 为典型 ITB 离子温度陡峭分布（400 ms），有着 ITB 陡峭分布的特征。图 2 显示图 1 中 $t=410$ ms 的 q 分布，芯部弱剪切分布 $s=(r/q)(\mathrm{d}q/\mathrm{d}r)\approx0$ 且 $\rho\approx0.35$ ，$q(0)\approx1$。

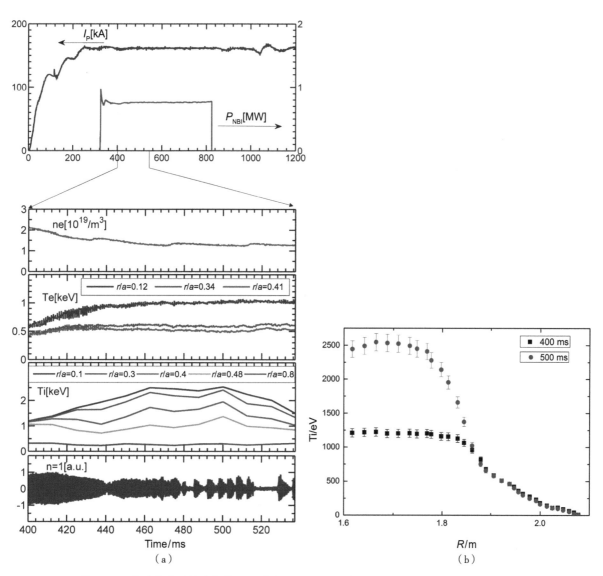

图 1　第 22 485 次放电典型的内部输运垒放电过程（a）及典型 ITB 离子温度陡峭分布（400 ms）（b）

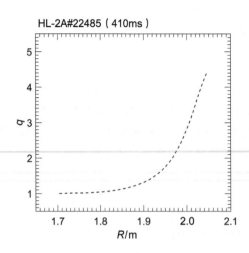

图 2　芯部平坦的弱磁剪切 q 分布

1.2　ITB 形成期间鱼骨模抑制湍流的作用

图 3 显示了中心软 X 射线的时间演化及多普勒反射仪测量的密度扰动（$r/a=0.5$）。在鱼骨模期间，观测到低频和高频区域的密度扰动幅度减小。鱼骨模爆发后的湍流功率谱强度比之前低得多，说明鱼骨模在 ITB 形成中起到重要作用，即鱼骨模能够抑制芯部区域的湍流扰动及湍性输运，从而有利于 ITB 的形成。

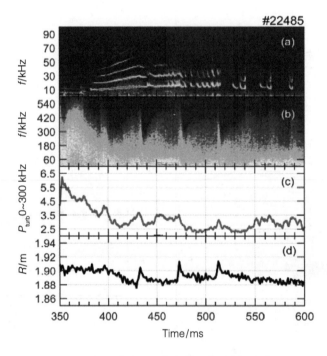

图 3　鱼骨模和 ITB 形成期间湍流受到抑制

为了研究 $n=1$、$m=1$ 鱼骨模活动期间湍流降低的机制，对鱼骨模不稳定性与快离子之间的共振相互作用进行了模拟。研究表明，鱼骨模不稳定性可以通过改变背景快离子的分布来产生扰动的径向电场，从而使径向电场的局部增强，这可以产生剪切 $E \times B$ 流，从而触发 ITB 形成，如图 4 所示，其中图 4a 为芯部鱼骨模结构，图 4b 为径向电场分布。该极向流的增强在实验中已被电子回旋辐射成像（Electron Cyclotron Emission Imaging，ECEI）测量所证实，如图 5 所示，其中图 5c 左图为 ECEI 测量到的鱼骨模结构，图 5c 中图为出现测量到的剪切极向流。

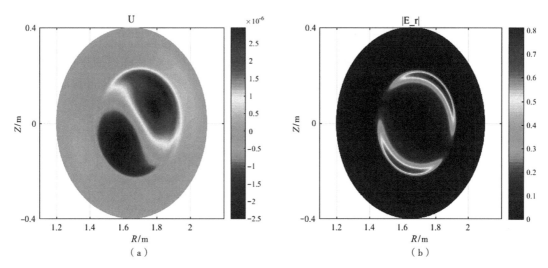

图 4 鱼骨模本征结构及电场结构

（a）芯部鱼骨模结构；（b）径向电场分布

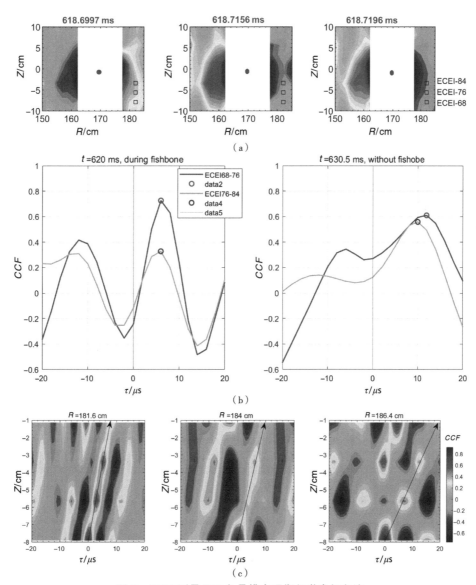

图 5 ECEI 测量显示鱼骨模出现期间激发极向流

2 电子回旋共振加热主动控制鱼骨模及 ITB

芯部等离子体 ECRH 的应用使得安全因子 $q(0)$ 下降，并使得芯部剪切略微增加，中止了 LLM 的发展，从而触发了鱼骨模。在鱼骨模期间，从 80 kHz 到 300 kHz 光谱区间密度扰动功率下降，而且在应用 ECRH 后鱼骨模活动期间湍流明显被抑制，如图 6 所示。实验表明，可通过 ECRH 修改电流分布来控制 MHD，从而有效地控制 ITB 的性能。

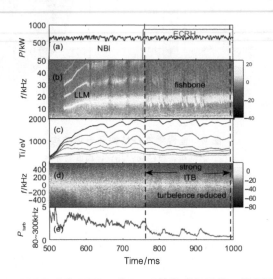

图 6　ECRH 改变 MHD，从 LLM 转换成鱼骨模，抑制湍流

（a）NBI，ECRH 时间演变；（b）软 X 辐射频谱时间演变；（c）多道 Ti 时间演变；（d）湍流时间演变；（e）总辐射功率时间演变

统计分析表明，$m/n=1/1$ 鱼骨模的存在导致 ITB 增强，其 R/LT_i 值远高于 20，甚至高达 25，而在 LLM 的 ITB 过程中，R/LT_i 值小于 20，如图 7 所示。

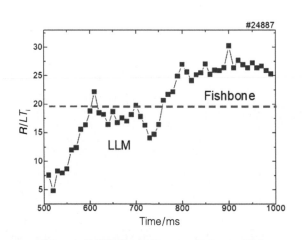

图 7　鱼骨模期间 ITB 比 LLM 期间 ITB 增强

3　双垒（ITB 联合边缘输运垒）等离子体放电

在 HL-2A 托卡马克装置上同时实现了 H 模和内部输运垒的稳定运行，而 ITB 与 H 模边缘输运垒联合作用下等离子体约束性能显著提升，这表明电子和离子的芯部约束同时得到了改善，如图 8 所示。在 HL-2A 托卡马克装置芯部与边缘同时建立输运垒的条件下，等离子体实现了长时间（约 10 倍等离子体约束时间）的高比压（$\beta_N=2.0$）运行。

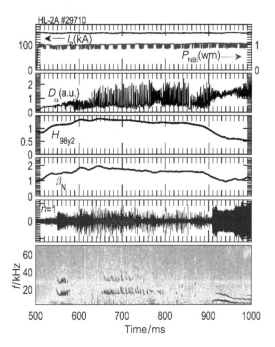

图 8 ITB 和 H 模同时出现

4 结论

在 HL-2A 托卡马克上实现了 q 接近 1 的托卡马克运行，即低中心剪切的 ITB 或 H 模边缘输运垒结合的稳态 ITB。在这种情况下，观察到具有陡峭 Ti 剖面的 ITB 的形成与 $q=1$ 磁面及其周围的 MHD 活动（如 LLM 或鱼骨）密切相关。研究发现，鱼骨不仅可以在不导致能量约束恶化的情况下使 $q=1$ 面附近的电流剖面平化，而且可以在鱼骨扰动区域引起极向旋转变化。鱼骨模或 LLM 扰动能够触发或维持 ITB 的一个可能解释是，这些 MHD 不稳定性与快离子之间的相互作用可以导致共振快离子的重新分配，并产生一个扰动的径向电场，这得到了数值模拟分析的支持。

此外，目前的研究结果表明，鱼骨模可以提高 ITB 的强度，因为它与快离子的相互作用更强。事实上，将芯部 ECRH 应用于束加热弱剪切 ITB 放电会对 MHD 稳定性产生实质性影响，将 LLM 变为鱼骨模，并以更强的梯度提高 ITB 的强度。最后，在稳定的先进托卡马克运行中，观察到弱剪切 $(q(0) \sim 1)$ ITB 与 H 模边缘输运垒相结合的放电，放电在 $\beta_N = 2.0$ 的条件下保持了约 10 倍等离子体约束时间。双垒放电良好的约束性能和稳态性使它对先进的托卡马克运行具有很大的吸引力。

参考文献：

[1] CHALLIS C D. The use of internal transport barriers in tokamak plasmas [J]. Plasma Phys Control Fusion, 2004, 46 (12B)：B23.

[2] CONNOR J W, FUKUDA T, GARBET X, et al. A review of internal transport barrier physics for steady-state operation of tokamaks [J]. Nucl Fusion, 2004 (R1)：44.

[3] YU D L, YONG Y L. Ion internal transport barrier in neutral beam heated plasmas on HL-2A [J]. Nucl Fusion, 2016 (56)：056003.

Investigation of the role of fishbone activity in the formation of internal transport barrier in HL – 2A plasma

DENG Wei[1], LIU Yi[1], JIANG Min[1], GE Wan-ling[2], GAO Jin-ming[1], LI Yong-gao[1], ZHONG Wu-lv[1], XU Min[1]

(1. Southwestern Institute of Physics, Chengdu, Sichuan 610225, China;

2. Dalian University of Technology, Dalian, Liaoning 116024, China)

Abstract: A tokamak scenario with $q(0)$ close to 1 has been achieved on HL – 2A tokamak, which is an Internal Transport Barrier (ITB) at low central shear or a steady state ITB combined with H-mode edge barrier. In this scenario, formation of ITB with steep ion temperature profile is observed to be closely linked to the $q=1$ magnetic surface and magnetohydrodynamic (MHD) activities around it, such as long-lived mode (LLM) or fishbone activities. Experimental evidence and simulation analysis suggest that the fishbone activities can induce a polodial flow, which is beneficial for the suppression of turbulence in the plasma core region. Furthermore, application of central Electron Cyclotron Resonance heating (ECRH) to such beam heated weak shear ITB discharges leads to a substantial effect on central MHD stability, converting the LLM into fishbone activity and hence enhancing the strength of ITB with a much stronger gradient. Moreover, ITBs in combination with H-mode barrier was achieved for 10 confinement time with $\beta_N = 2.0$.

Key words: ITB; Fishbone; Low shear profile

HL－3 垂直向中子相机的设计与模拟

罗　圆[1]，臧临阁[1]，屈玉凡[1]，林炜平[2]

（1. 核工业西南物理研究院，四川　成都　610225；2. 四川大学原子核科学技术研究所

辐射物理及技术教育部重点实验室，四川　成都　610064）

摘　要：中子相机作为测量中子发射率剖面的主要装置，用于托卡马克中的快离子输运研究。我们通过准直屏蔽体结构和探测器阵列的设计，为 HL－3 研制垂直向中子相机（VNC），实现水平方向中子发射率剖面的实验观测。该中子相机准直屏蔽结构设计了 5 条准直管道，管道末端安装有快中子探测器。探测器采用的是 EJ－410 闪烁体和硅光电倍增管（SiPM）组成的探测模块。散射中子屏蔽材料选用聚乙烯，γ 射线和 X 射线的屏蔽材料选择铅。使用 GEANT4 模拟计算 HL－3 产生的中子能通过准直管道到达探测器的数目。根据模拟的结果我们对该准直屏蔽结构设计进行了优化。当 HL－3 真空室内中子通量为 3×10^{15} n/s 时，未发生散射损失能量直接通过准直管道到达探测器的中子数约为 9.30×10^6 n/s。

关键词：中子相机；快离子；屏蔽；X 射线；GEANT4

中子诊断是研究托卡马克中等离子体行为信息的一项重要诊断技术[1]。中子诊断可以获取等离子体放电的中子产额、中子能谱和中子发射率剖面等相关重要参数[2-5]。中子相机是其中一种中子诊断设备，作为测量中子发射率剖面的主要装置，主要用于托卡马克的快离子输运研究。中子相机从观察方向上可以分为两种类型，即垂直向中子相机（VNC）和水平向中子相机（RNC）。中子相机在国内外聚变装置上均有应用，如 ITER[6]、LHD[7]、JET[8]、EAST[9] 和 HL－2A[10]。目前，现有的聚变装置上的 DD 中子来源主要是快离子与本底等离子体之间的束靶反应，因此中子发射剖面与快离子分布紧密相关。在 LHD 装置上观测到边缘交换模（EIC）爆发后中子剖面显著下降，反映了不稳定性产生的磁扰动诱发快离子向外损失的物理过程[11]。

HL－3 在 2020 年建造完成并成功放电。它的主要参数包括：大半径为 1.78 m；小半径为 0.65 m；等离子体电流为 $Ip=1.5\sim3.0$ MA；环向磁场 $B=2.2$ T。HL－3 具有 3 条 NBI，加热功率可达到 15 MW，中子产额可达到 3×10^{15} n/s[12]。HL－3 上的水平向中子相机[10] 将在 HL－3 继续使用，但仅有竖直方向上的中子发射率剖面信息不能得到快离子的二维空间分布。通过准直屏蔽体结构和探测器阵列的设计，为 HL－3 研制垂直向中子相机，实现水平方向中子发射率剖面的实验观测。与径向中子相机结合，得到快离子的输运情况，为快粒子物理研究提供基础数据，为未来聚变堆上放电产生的大量 α 粒子的输运过程做物理准备[13-14]。

1　准直屏蔽结构设计

1.1　VNC 窗口选择和视线设计

中子的穿透力强，可以轻松地穿过真空室的不锈钢壁。因此，中子相机可以直接安装在托卡马克装置的真空室外。然而，中子容易被质量轻的核子慢化，如水中的氢原子。探测器的探测视场应该尽量避开水冷管道等设备。图 1a 是 VNC 观测视线示意图，选择 HL－3 的下斜窗口，中子相机安装位置的观测视场能够覆盖等离子 -0.9 a～0.9 a 的区域（a 为 HL－3 小半径）。图 1b 是 VNC 视场与 HL－3 内部部件

作者简介：罗圆（1996—），男，汉族，四川广安人，核工业西南物理研究院研究实习员，硕士，目前主要从事中性粒子诊断研究。

干涉情况，该位置的视场避开了氢气管道和 RMP，除了偏滤器石墨瓦之外，与其他结构不发生干涉。偏滤器石墨瓦与视线相交的部分可做切除处理。图 1c 是 15♯ 下斜窗口示意图，为 VNC 安装的备选位置。VNC 将放置在扭矩盘上，该处没有线圈引线的干涉。图 1d 是 VNC 视野与偏滤器水冷管道的位置关系俯视图。水会对中子测量带来显著的影响；该位置的视场可以避开水冷管道。

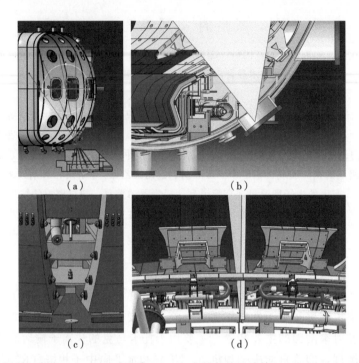

图 1　VNC 观测视线示意图 (a)、VNC 视场与 HL‐3 内部部件干涉情况 (b)、15♯ 下斜窗口示意图 (c)及 VNC 视场与偏滤器水冷管道的位置关系俯视图 (d)

1.2　VNC 准直屏蔽结构材料选择

如图 2 所示，该中子相机准直屏蔽结构设计了 5 条准直管道，管道材料选择不锈钢。管道末端安装有快中子探测器。屏蔽散射中子的材料选用聚乙烯，屏蔽 γ 射线和 X 射线的材料选择铅。考虑到 15♯ 窗口附近空间有限，该屏蔽体的外形设计采用的是一些非规整的聚乙烯块，与 HL‐3 的 TF 线圈及其他已存在部件在允许范围内尽可能靠近，增强屏蔽效果，避免其余方向的散射中子对探测器计数造成影响。

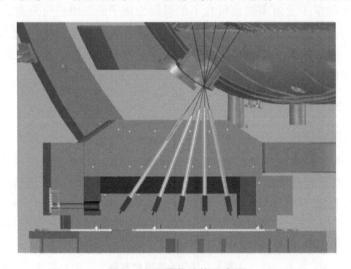

图 2　VNC 屏蔽结构示意图

1.3 探测器选型

在探测器的选择上，一方面考虑到 15♯ 窗口位置的空间有限，为了保证聚乙烯的厚度，探测器的尺寸不宜过大；另一方面等离子体放电会有大量 γ 射线产生，中子与材料相互作用也会产生次级 γ 射线，故应该选择对 γ 射线不敏感的探测器。基于以上考虑，选择 EJ－410[15] 作为探测器的闪烁体，选择硅光电倍增管（SiPM）作为信号转化读出的快中子探测器。该探测器的内部结构如图 3a 所示。EJ－410 闪烁体照片如图 3b 所示。其工作原理是由硫化锌粉末嵌入在一系列同心圆柱的含氢聚合物基体中，通过收集由中子入射产生的反冲质子轰击到硫化锌（银）上产生的闪烁光，从而探测到中子信号。图 4 表示的是该探测器的探测效率随着中子能量变化曲线。从图 4 中可以看到，当中子能量约为 2.45 MeV 时，探测效率约为 1%。另外，当中子的能量小于 0.7 MeV 时，探测效率小于 0.1%。可以看出该探测器对较低能量的中子几乎不敏感。

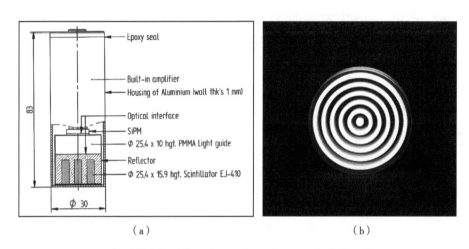

（a）　　　　　　　　　　（b）

图 3　探测器内部结构示意图（a）及 EJ－410 闪烁体照片（b）

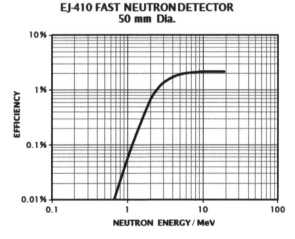

图 4　该探测器的探测效率随着中子能量变化曲线

2　GEANT4 模拟计算

2.1　GEANT4 模型构建

在中子相机的设计中，能通过管道直接到达探测器不发生散射的直射中子通量是我们关心的一个重要参数。因此，我们通过 GEANT4 软件[16-17]构建屏蔽体模型，模拟计算获得这些直射中子的所占比例。在构建模型中，中子产生的区域与 HL-3 的真空室尺寸保持一致。在大半径上均匀分布，而在每一个小半径的截面上是一个二维的高斯分布。中子最初的动量是各向同性的，能量均为 2.45 MeV。这是因为 DD 反应产生的中子能量为 2.45 MeV。准直屏蔽结构的尺寸也与我们的设计几乎保持一致。GEANT4 软件构建的模型及中子轨迹如图 5 所示。我们分别在 5 条管道底部末端设置了灵敏体积，记录中子的动量和能量信息。单次模拟的总事件数为 2×10^9。但是，发现每条管道的中子有效计数比较少，因此我们重复进行了 10 次模拟，等同于总事件数为 2×10^{10}。为了后续描述方便，我们将图 5 中屏蔽结构模型的管道从左至右依次命名为 Tube [1]、Tube [2]、Tube [3]、Tube [4] 和 Tube [5]。到达每条管道末端的中子能谱如图 6a 所示。图 6b 是对上述快中子探测器的探测效率进行加权后的能谱图，其中能量小于 0.7 MeV 的中子被筛除了。因为从图 4 来看，该快中子探测器对低能量（小于 0.7 MeV）的探测效率非常低。

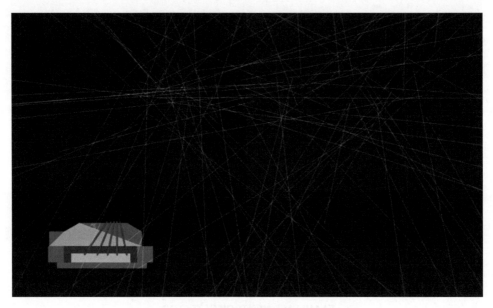

图 5　GEANT4 软件构建的模型及中子轨迹

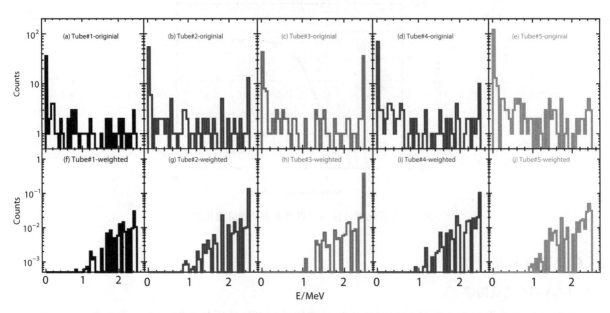

图 6　到达每条管道末端的中子能谱及对图 4 中探测效率进行加权后的能谱图

2.2 VNC 结构优化

为了验证到达管道末端能量为 2.45 MeV 的中子是否全部为直射中子，我们将中子的动量与管道的中心轴线方向向量进行比较，倘若两者的差距很小，则认为该粒子为直射中子。在验证过程中，我们发现由于准直屏蔽结构右侧的聚乙烯材料过于薄，因此可从图 5 中准直屏蔽结构模型清楚看到，部分中子能穿过聚乙烯和铅材料到达 Tube [5] 而不产生能量损失，导致粒子的动量与管道的方向向量有明显差别。由于准直屏蔽结构的外部空间已无法扩展，因此我们只能优化内部结构来提高屏蔽效果。图 7 是优化后的准直屏蔽结构示意图，我们把铅层的右上角削去，并修改了支撑脚的结构，将这些额外的空间用聚乙烯填充。

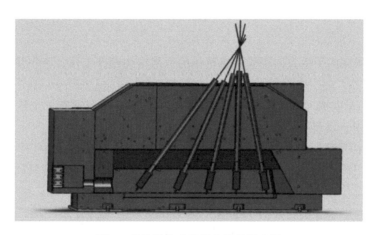

图 7 优化后的准直屏蔽结构示意图

图 8a 是优化后到达每个通道末端的中子能谱，图 8b 同样是对图 4 中探测效率进行加权后的能谱图。与图 6 比较，最右侧管道的中子数有明显下降，说明该优化是合理的。通过计算，当 HL-3 真空室内中子通量为 3×10^{15} n/s 时，到达管道末端的直射中子通量为 9.30×10^{6} n/s，能被探测器探测到的直射中子通量约为 9.69×10^{4} n/s。GEANT4 模拟结果如表 1 所示。

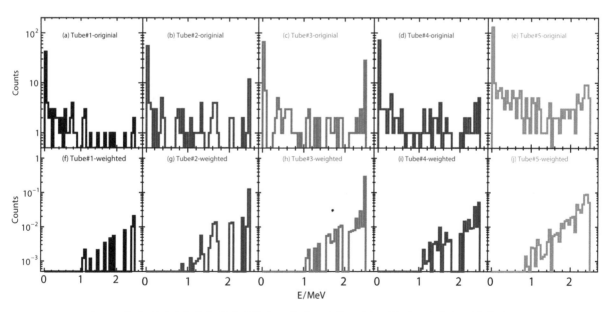

图 8 优化后到达每个通道末端的中子能谱及对图 4 中探测效率进行加权后的能谱图

表 1 GEANT4 模拟结果

5 条管道末端中子总计数 （假设 HL-3 放电时的中子通量为 3×10^{15} n/s）	
到达管道末端的总中子通量	1.13×10^8 n/s
能量大于 0.7 MeV 的中子通量	3.96×10^7 n/s
能量等于 2.45 MeV 的中子通量	9.30×10^6 n/s
能量大于 0.7 MeV 的中子通量（探测效率加权后）	2.13×10^6 n/s
能量等于 2.45 MeV 的中子通量（探测效率加权后）	9.69×10^4 n/s

3 结论和展望

（1）目前我们大体完成了垂直向中子相机整体的内部结构设计工作，下一步继续具体完善装置各部分的细节设计。

（2）通过 GEANT4 模拟，得到能直接通过准直管道到达探测器没有发生散射能损的中子通量有 9.30×10^6 n/s，满足中子发射率剖面的测量需要。

（3）我们用镅铍中子源（Am-Be）在四川大学对单个快中子探测器进行了简单测试，初步认为该探测器能满足中子相机的探测需求。我们设计有 5 条准直管道，为了实现精确的脉冲幅度和形状分析，下一步我们准备设计一个高采样率的多道数据采集及处理系统。

（4）考虑到垂直向中子相机所在的 15♯ 窗口附近的有限空间及复杂环境，装置的安装和固定也是一个难题，需要继续与厂商沟通确定 VNC 在 HL-3 上的安装方案。

参考文献：

[1] BERTALOT L. Fusion neutron diagnostics on ITER tokamak [J] . Journal of instrumentation, 2012, 7: C04012 .

[2] YANG J W. Fusion neutron flux monitor for ITER [J] . Plasma science and technology, 2008, 10: 141 .

[3] LI K. Development of neutron activation system on EAST [J] . Review of scientific instruments, 2020, 91: 013503.

[4] ZHANG Y. The first experimental results of time-of-flight neutron spectrometer at EAST [J] . Journal of fusion energy, 2021, 40: 14 .

[5] LEE Y. Diamond fast-neutron detector applied to the KSTAR tokamak [J] . Fusion engineering and design, 2020, 153: 111452.

[6] BORISOV A A. Neutron analysis of the ITER vertical neutron camera [J] . Instruments and experimental techniques, 2014, 57 (2): 95-102.

[7] SANGAROON S. Performance of the newly installed vertical neutron cameras for low neutron yield discharges in the Large Helical Device [J] . Review of scientific instruments, 2021, 91: 083505.

[8] ADAMS J M, JARVIS O N. The JET neutron emission profile monitor [J] . Nuclear instruments and methods in physics research section A, 1993, 329: 277 .

[9] YUAN X. Neutron energy spectrum measurements with a compact liquid scintillation detector on EAST [J] . Journal of instrumentation, 2013, 8: 07016.

[10] ZHANG Y P. Development of the radial neutron camera system for the HL-2A tokamak [J] . Review of scientific instruments, 2016, 87: 063503.

[11] OGAWA K. Energetic particle transport and loss induced by helically-trapped energetic-ion-driven resistive interchange modes in the Large Helical Device [J] . Nuclear fusion, 2020, 60: 112011.

[12] LI Q. HL-2M term, the component development status of HL-2M tokamak [J] . Fusion engineering and design, 2015, 96: 338.

[13] ERIKSSON J. Measuring fast ions in fusion plasmas with neutron diagnostics at JET [J] . Plasma physics and controlled fusion, 2019, 61: 014027.

[14] CECCONELLO M. Observation of fast ion behaviour with a neutron emission profile monitor in MAST [J] . Nuclear fusion, 2012, 52: 094015..

[15] Neutron detectors [EB/OL] . [2022 - 03 - 10] . https: //scionix. nl/neutron - detectors/.

[16] AGOSTINELLI S, ALLISON J, AMAKO K, et al. Geant4z: a simulation toolkit [J] . Nuclear instruments and methods in physics research section A, 2003, 506: 250.

[17] ALLISON J, AMAKO K, APOSTOLAKIS J, et al. Recent developments in Geant4 [J] . Nuclear instruments and methods in physics research section A, 2016, 835: 186.

Design and simulation of vertical neutron camera on HL − 3 tokamak

LUO Yuan[1] , ZANG Lin-ge[1] , QU Yu-fan[1] , LIN Wei-ping[2]

(1. Southwestern Institute of Physics, Chengdu, Sichuan 610225, China; 2. Key Laboratory of Radiation Physics and Technology, Ministry of Education, Institute of Nuclear Science and Technology, Sichuan University, Chengdu, Sichuan 610064, China)

Abstract: The neutron camera isan important device for measuring the neutron emission profile, which is used in the study of fast ion transport on Tokamak. Through the design of collimating shield structure and detector array, a vertical neutron camera (VNC) for HL-3 is developed to realize the experimental observation of horizontal neutron emission profile. The collimating shield structure is designed with five collimating tubes, and fast neutron detectors are installed at the end of the tubes. the inorganic scintillator EJ-410 and the silicon photomultiplier (SiPM) are adopted to assemble a fast neutrons detector module. The material of shielding scattering neutron is polyethylene, and the material of stopping gamma rays and X-rays is lead. The GEANT4 simulation was used to calculate the number of neutrons produced by HL-3 that could reach the detector through the collimating tubes. According to the simulation results, the design of the collimated shielding structure is optimized. When the total neutron yield of HL-3 is 3×10^{15} n /s, the number of direct neutrons reaching the detectors through the collimating tubes without energy loss is about $9. 30 \times 10^{6}$ n /s.

Key words: Vertical neutron camera; Fast ions; Shield; X-ray; GEANT4

托卡马克动理学气球模的回旋动理学模拟及模的参数稳定化

沈　勇[1]，董家齐[1]，李　佳[2]

（1. 核工业西南物理研究院，四川　成都　610225；2. 成都理工大学数学学院　四川　成都　610059）

摘　要：通过回旋动理学模拟对托卡马克中的动理学气球模及其参数稳定化进行了定性研究。考虑了具有 Shafranov 位移的圆形托卡马克放电，并采用了 $\hat{s}-\alpha$ 平衡模型。由此确定托卡马克存在第二个 KBM 稳定区，并给出了实验上达到或接近第二稳定区的方法。首次揭示了当杂质密度剖面与电子和主离子密度剖面有相同的峰化方向时，杂质对模起稳定化作用，这是由于杂质的存在使可压缩性效应被削弱。结果还表明，模的最大增长率出现在磁剪切的拐点 $\hat{s}_c = q/4 - q/2$ 处，但由于 η_i 和杂质类等其他等离子体参数的变化，这个公式可能会有所变化。本文提出了 KBM 的一些参数稳定化措施。

关键词：动理学气球模；参数稳定化；第二稳定区；杂质效应；回旋动理学模拟

聚变等离子体约束性能在很大程度上是由各种不稳定性决定的。气球模是托卡马克中基本的不稳定性模式之一[1]。短波长气球模限制着等离子体能达到的最大压强，并在等离子体核心和边缘区域产生横越磁场的热输运和粒子输运[2]。因此，目前聚变研究的许多热点话题都涉及气球不稳定性。在磁流体动力学和动理学理论中，描述气球不稳定性的性质对于理解托卡马克等离子体中湍流输运的基本物理具有重要意义。动理学气球模（KBM）是由约束磁场的曲率和等离子体压强梯度激发的。以前的工作[1-2]部分涉及动理学效应中有关气球模致稳和失稳因素的讨论。KBM 的参数效应也是一个重要问题，其中可能也存在与气球模失稳和致稳相关的因素。杂质效应是重要的参数效应之一，也值得专门研究。在本文中，我们将通过回旋动理学方法来模拟研究 KBM 及其参数稳定化问题。结果证实 KBM 存在与压强梯度相关的第二稳定区，首次观察到杂质的致稳作用。本文最后讨论了有关 KBM 的稳定化方法。

1　数学物理模型

考虑具有圆形磁面的托卡马克放电，并认为磁面存在 Shafranov 位移，采用 $\hat{s}-\alpha$ 模型来描述这种平衡位形。其中，压强参数 $\alpha = -Rq^2 \mathrm{d}\beta/\mathrm{d}r, \beta$ 表示体平均热压强与磁压强之比，R 和 r 分别表示等离子体大半径和小半径。扰动场由标势（$\widetilde{\phi}$）和平行矢势（$\widetilde{A}_\parallel$）表示。在模型中考虑了离子的动理学特性，包括朗道共振效应、磁漂移效应和有限拉莫尔半径效应，以及离子渡越效应和环形漂移效应，同时包含了杂质效应。这里认为电子是无质量的，并且忽略粒子碰撞和俘获粒子效应。于是，控制系统中本征模行为的耦合方程可以由如下的电中性方程式（1）和安培定律的平行分量方程［式（2）］给出[3]：

$$\widetilde{n}_e = \widetilde{n}_i + q_z \widetilde{n}_z, \tag{1}$$

$$\nabla_\perp^z \widetilde{A}_\parallel = -\frac{4\pi}{c}(\widetilde{J}_{e\parallel} + \widetilde{J}_{i\parallel} + \widetilde{J}_{c\parallel})。 \tag{2}$$

式中，$\widetilde{n}_s = \int g_s \mathrm{d}^3 v$；$\widetilde{J}_{s\parallel} = q_s \int v_\parallel g_s \mathrm{d}^3 v$；$s = i, e$，或 z，分别代表离子、电子和杂质离子类。$\widetilde{n}_s$ 代表扰动密度，且

$$g_s = -\frac{q_s F_{Ms}}{T_s} \widetilde{\phi} + h_s J_0(\delta_s)。 \tag{3}$$

作者简介：沈勇（1969—），男，重庆人，博士，研究员，主要从事等离子体理论与模拟研究。

基金项目：国家自然科学基金（批准号：12075077）。

式中，q_s 和 T_s 分别表示 s 类粒子的电荷数和温度；J_0 是零阶贝塞尔函数；$\delta_s = \hat{v}_\perp (2b_s)^{1/2}$，$2b_s = k_\perp^2 v_{ts}^2 / \Omega_s^2$，$\Omega_s = q_s B / m_s c$；$F_{Ms} = n_{os}(\pi v_{ts}^2)^{-3/2} \exp(-v^2/v_{ts}^2)$ 是麦克斯韦分布函数。非绝热响应 h_s 由下式定义：

$$i \frac{v_\|}{qR_0} \frac{\partial}{\partial \theta} h_s + (\omega - \omega_{Ds}) h_s = (\omega - \omega_{*sT}) J_0(\delta_s) F_{Ms} \times \frac{q_s}{T_s} \left(\widetilde{\varphi}(\theta) - \frac{v_\|}{c} \widetilde{A}_\|(\theta) \right)。 \tag{4}$$

式中，$\omega_{Ds} = 2\varepsilon_n \omega_{*sT} [\cos\theta + \sin\theta(\hat{\vartheta} - \alpha\sin\theta)] \times (v_\|^2/v_{ts}^2 + v_\perp^2/2v_{ts}^2)$，$\omega_{*sT} = \omega_{*s}[1 + \eta_s(v^2/v_{ts}^2 - 3/2)]$，其中，$\varepsilon_n = L_{ne}/R$，$\eta_s = L_{ns}/L_{Ts}$，$\varepsilon_{*s} = ck_\theta T_s/q_s B L_{ns}$ 是 s 类粒子的抗磁漂移频率，k_θ 是扰动的极向波矢，$L_{ns} = -(\mathrm{dln}\, n_s/\mathrm{d}r)^{-1}$。

通过代数处理从式（1）和式（2）导出耦合积分方程[4]，以此构成离子温度梯度（ITG）模和动理学气球模特征方程组。然后通过升级的数值代码 HD7[3]，利用瑞利-里兹方法来求解这组方程。其数值结果可细致地展示托卡马克中动理学气球模的综合性质。

2 数值结果

图 1 表示在纯氢等离子体中，当 $q = 2,4$ 和 $\eta = 0,1$ 时，模的归一化增长率和实频率随 β_e 和 α 的变化情况。我们看到，当不考虑温度梯度（$\eta_i = 0$）时，KBM 模与理想 MHD 气球模非常相似，这些模可称为"类 MHD"气球模。这是由于在 $\eta_i = 0$ 时，KBM 本征模方程在 $\omega_r = \omega_{*i}$ 处退化为理想 MHD 气球模方程，于是模不稳定性的临界 β 出现在 $\omega_r = \omega_{*i}$ 处，与理想 MHD 气球模临界 β 相同。

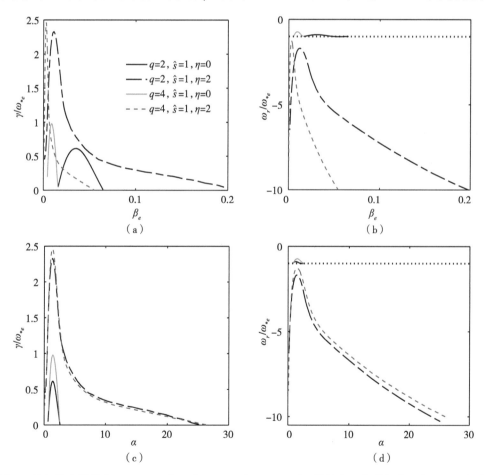

图 1　纯氢等离子体中，$q = 2, 4$ 和 η（$=\eta_i = \eta_e$）$= 0, 2$ 时，模的归一化增长率和归一化实频率随 β_e 的变化情况（其他参数为 $\varepsilon_n = 0.2$，$k_\theta \rho_s = 0.3$，$\tau_i = 1$）

（a）模的归一化增长率 γ/ω_{*e} 随 β_e 的变化；（b）归一化实频率 ω_r/ω_{*e} 随 β_e 的变化情况；

（c）归一化增长率随 α 的变化；（d）归一化实频率随 α 的变化

我们发现，对于 $q=2$，$\eta=0$（黑色实线）案例，第一理想 MHD 稳定区的临界 β_e 和 α 分别为：$\beta_{e,c1} \cong 0.012$，$\alpha_{c1} \cong 0.45$。而在 $q=2$，$\eta=2$ 的情况下（黑色虚线），在左边的使增长率变为 0 的临界 β_e 和 α 显著小于 $\beta_{e,c1}$ 和 α_{c1}。而在右边的第二临界 β_e 和 α 则分别远高于第二理想 MHD 稳定区阈值 $\beta_{e,c2}$ 和 α_{c2}。这意味着在 $\eta_i=2$ 的情况下，气球模出现了扩展不稳定性[4]。注意，在阈值变量中的下标"1"和"2"表示对应变量是第一或第二理想 MHD 稳定区临界值。

在接下来的工作中，为了更清晰地展现 KBM 的物理性质，我们研究处于 beta 空间中最大增长率对应 β_e 参数下的气球不稳定性。首先，我们通过归一化增长率和实频率与杂质电荷集中度 f_z 的依赖关系，给定不同 η，q 和不同 $\hat{s}$ 时的杂质效应，如图 2 所示。从图中可以看出，当 $l_{ez}=1(>0)$ 时，实频率对杂质电荷集中度 f_z 的依赖性随着 f_z 的增加而单调减小。当 $\eta(\equiv\eta_i=\eta_e)=1$（或 2）时，不稳定性增长率随着 f_z 的增加而降低，这表明杂质离子对 KBM 起致稳作用。而且，当 q 越大，或者 $\hat{s}$ 越大，或者 η 越大，模增长率降低得就越快。这意味着 q 或 $\hat{s}$ 或 η_i（和 η_e）越大，杂质对模的稳定作用就越强，尽管该图也表明，在一定的固定 f_z 下，q 或 $\hat{s}$ 或 η_i 越大，不稳定性增长率实际上可能更高。

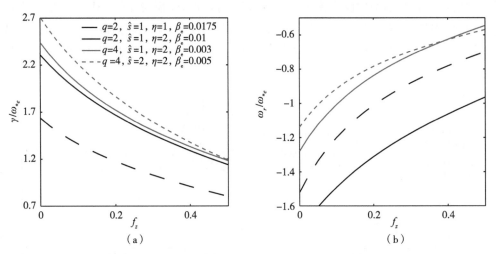

图 2　归一化增长率和实频率与杂质电荷集中度 f_z 的依赖关系（其他参数为 $\varepsilon_n=0.2$，$k_\theta\rho_s=0.3$，$\tau_i=1$）

（a）归一化增长率与杂质电荷集中度 f_z 的依赖关系；（b）实频率与杂质电荷集中度 f_z 的依赖关系

电子密度梯度是决定等离子体压强梯度大小的关键因素之一。图 3 给出了模特征值与电子密度梯度参数的相关性。应该注意的是，参数 $\varepsilon_n=L_n/R$，也就是说，ε_n 的值与电子密度梯度成反比。比较图 3 和图 1 可以看出，电子密度梯度（$1/\varepsilon_n$）和 $\beta(\beta_e)$ 同为决定压强梯度参数的关键因素。当 $1/\varepsilon_n$ 和 $\beta(\beta_e)$ 分别从接近 0 的值增加时，模增长率相应增加，直到达到临界值，然后，随着 $1/\varepsilon_n$ 和 β 的继续增大，模增长率转而迅速下降，直到变为 0，从而进入第二 KBM 稳定区。如图 3b 所示，对应于临界电子密度梯度，对应的临界压强梯度参数约为 $\alpha_{c2}\sim4\text{-}6$，远低于对应于临界 β 处的阈值 $\alpha_{c2}\sim20$（图 1）。由较高的电子密度梯度引起的较高 α（通常 $\alpha>2\text{-}4$）区域中存在扩展不稳定性，但其不稳定性窗口比由较高的 β 引起的扩展不稳定性窗口窄得多。

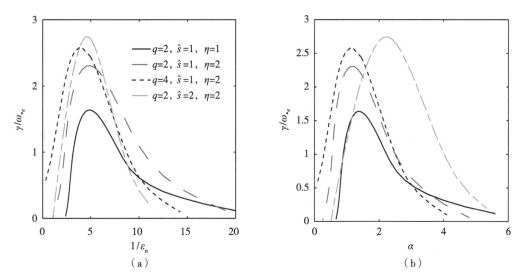

图 3 q，$\hat{s}$ 不同及 η 不同时的模特征值（其他参数与图 2 中的参数相同）

（a）归一化增长率对 $1/\varepsilon_n$ 的依赖图；（b）归一化增长率对 α 的依赖图

图 4a 和图 4b 分别绘制了模的归一化增长率对磁剪切 $\hat{s}$ 和安全因子 q 的依赖关系。每支模的增长率对 $\hat{s}$ 的依赖性都有一个拐点 $\hat{s}_c$，即增长率峰值所在的位置。只有当 $\hat{s} > \hat{s}_c$ 时，磁剪切增加才是致稳的。最大增长率出现在 $\hat{s}_c = q/2$ 处。有趣的是，磁剪切的致稳（或失稳）效应和安全因子 q 对模的效应是相反的。对比图 4a 和图 4b，可以明显地看出，当 $\hat{s}/q$ 大致小于 $1/2$ 时，模增长率将随着 $\hat{s}$ 增加，随着 q 减少，这表明这里的磁剪切和安全系数分别起到了失稳和稳定的作用。相反，当 $\hat{s}/q > 1/2$ 时，磁剪切和安全系数分别起到致稳和失稳的作用。

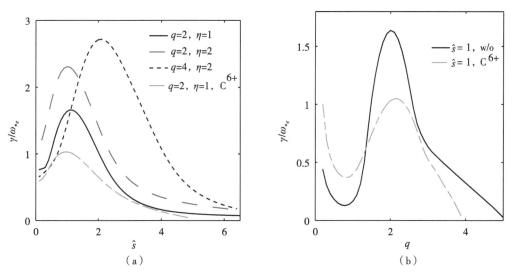

图 4 归一化增长率对 $\hat{s}$ 的依赖性（a）及归一化增长率对 q 的依赖性（b）

（其他参数与图 2 中的参数相同）

KBM 模结构如图 5 所示，参数是 $q = 2, \hat{s} = 1, k_\theta \rho_s = 0.3$。注意，这里没有绘出负 θ 区域的模结构。实际上，在负 θ 区域，ϕ 是关于原点偶对称的，而 $\widetilde{A}_\parallel$ 是关于原点奇对称的。图 5 表明，KBM 模的主要部分都在较低的 θ 区域，并且在 $\theta = 0$ 处的势扰动最大。

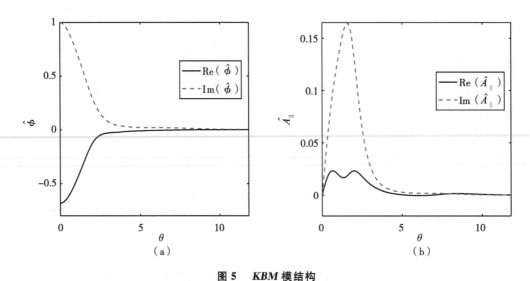

图 5   KBM 模结构

（a）归一化静电势 $\hat{\phi}$ ；（b）归一化矢势平行分量 $\hat{A}_{\parallel}$（参数 $q = 2$ ，$\hat{s} = 1$ ，$k_{\theta}\rho_s = 0.3$）

3   结论

本文通过回旋动理学模拟，定性地研究了多种参数对托卡马克动理学气球模及其稳定性的影响。模拟结果表明，就电子密度梯度来说，气球模存在第一和第二 KBM 稳定区，并具有各自的阈值。当杂质密度剖面与电子和主离子密度剖面峰化方向相同时，杂质效应对 KBM 起致稳作用。根据 KBM 的性质，可以给出一些有利于稳定 KBM 的因素。第一，我们可以考虑使等离子体中出现必要浓度的杂质，并且 q ，$\hat{s}$ 或 η_i（且 η_e）越高，杂质的稳定作用就越强；第二，使压强梯度进入或接近第二稳定区，其中之一是使电子密度梯度足够高，这样预计将形成内部或外部输运垒（ITB/ETB）；第三，根据局部参数可以找到磁剪切的拐点 $\hat{s}_c$ ，然后在 $\hat{s} < \hat{s}_c$ 的范围内尝试使 $\hat{s}_c$ 减小或使 q 增大，或在 $\hat{s} > \hat{s}_c$ 的区域内，增加磁剪切或减小 q 值，这样做都有利于削弱模的不稳定性。

参考文献：

［1］ HASTIE R J，HESKETH K W. Kinetic modifications to the MHD ballooning mode ［J］. Nuclear fusion, 1981，21（6）：651.

［2］ ALEYNIKOVA K，ZOCCO A，XANTHOPOULOS P，et al. Strongly driven surface-global kinetic ballooning modes in general toroidal geometry ［J］. Journal of plasma physics, 2018，84（6）：745840602.

［3］ DONG J Q，CHEN L，ZONCA F，et al. Study of kinetic shear Alfvén instability in tokamak plasmas ［J］. Physics of plasmas, 2004，11（3）：997 − 1005 .

［4］ SHEN Y，DONG J Q，PENG X D，et al. Extended instability of kinetic ballooning modes induced by ion temperature gradient and impurity in tokamaks ［J］. Nuclear fusion，2022，62（10）：106004.

Gyrokinetic simulation of kinetic ballooning mode and its parametric stabilization in tokamaks

SHEN Yong[1], DONG Jia-qi[1], LI Jia[2]

(1. Southwestern institute of physics, Chengdu, Sichuan 610225, China; 2. School of mathematics and Science, Chengdu university of technology, Chengdu, Sichuan 610059, China)

Abstract: Kinetic Ballooning Mode (KBM) and its parametric stabilization in tokamaks are studied qualitatively by means of gyrokinetic simulation. The circular magnetic tokamak discharge with the Shafranov shift is considered and the $\hat{s} - \alpha$ model equilibrium is employed. As a result, the existence of, and approaching way to the second KBM stable regime were identified. It was firstly revealed that impurities play a role of stabilizing when the impurity density profile peaks in the same direction to those of the electrons and main ion density profiles, owing to that compressibility effect is weakened. It shows that the mode maximum growth rate appears at the turning point of magnetic shear $\hat{s}_c = q/4 - q/2$, while the formula can be modified due to other plasma parameters such as η_i and impurity species. Some parametric stabilizations of KBM are suggested.

Key words: Kinetic ballooning mode; Parametric stabilization; The second stable regime; Impurity effect; Gyrokinetic simulation

辐射物理
Radiation Physics

目　　录

快中子辐照对 CdZnTe 探测器电学性能影响

魏雯静[1,2]，高旭东[1,2]，许楠楠[1,2]，李　彤[1,2]，雷胤琦[1,2]，李公平[1,2]*

（1. 兰州大学核科学与技术学院，甘肃　兰州　730000；2. 兰州大学特殊功能材料与结构
设计教育部重点实验室，甘肃　兰州　730000）

摘　要：碲锌镉（CdZnTe）室温核辐射探测器在核技术应用及核物理实验等领域有着广泛应用。在复杂的辐照场中，由于中子不带电的特性，会对 CdZnTe 探测器造成辐照损伤，损害探测器微观结构，影响灵敏区电阻率、反向电流等电学性能，进而影响探测器信噪比，导致探测器能量分辨率降低。本文基于半导体器件模拟仿真（TCAD），从 $1 \sim 14$ MeV 快中子能量及 1×10^{10} n/cm²、1×10^{11} n/cm²、1×10^{12} n/cm² 中子注量两方面对 CdZnTe 探测器的电阻率、空间电荷浓度分布、电场分布及 I－V 特性曲线等电学性质的影响进行模拟计算。分析可知，随着中子辐照注量的增大，探测器电阻率减小，反向电流、阴极附近区域的空间电荷浓度及内部电场强度增大，伴随死区范围增大，非平衡载流子复合概率增大。另外，在同一注量下，随着中子能量增大，反向电流、阴极附近空间电荷浓度和电场强度并未线性增长，而是呈现先增大后减小的趋势。综合考虑，快中子辐照引起的探测器电学性能的变化，可能是由于不同能量 PKA 会造成不同程度的缺陷，进而引入不同的深能级，引起载流子寿命、载流子浓度等变化进而损害了探测器的电学性能。

关键词：碲锌镉探测器；中子辐照损伤；TCAD

在科技飞速发展的推动下，高能物理研究、核反应堆及深空探测等极端辐射环境都对核辐射探测器的抗辐照、耐高温等性能提出了更具挑战性的要求，而第三代化合物半导体（如碲锌镉，CdZnTe）凭借其优异特性成为当前半导体核辐射探测器的研究热点。相较于 HPGe 探测器，CdZnTe 探测器不受低温工作环境的限制，可以在室温下进行使用，同时由于具有较大的禁带宽度、较高的电阻率，由其制成的 CdZnTe 室温核辐射探测器具有较好的抗辐照特性，并在较高的反向偏压下，具有较小的漏电流，有良好的信噪比[1-3]。中子同 γ 光子及带电粒子与物质的相互作用方式不同，中子与靶材料之间发生弹性碰撞与非弹性碰撞，其中包括核反应，故产生离位损伤的同时，还会产生其他嬗变掺杂，影响材料特性。目前已有许多学者对于 CdZnTe 探测器的辐照损伤进行了相关实验及计算模拟研究[4-6]，但对于中子辐照 CdZnTe 探测器电学性能影响的模拟计算较少[7-9]，尤其是针对快中子辐照微观缺陷与宏观性质调控机制方面的研究甚少，本文将通过 TCAD 对于中子辐照能量、注量对 MSM 型 CdZnTe 探测器电学性能的影响进行计算探究。

1　快中子能量对 CdZnTe 探测器电学性质的影响

本次计算将基于三能级补偿模型[10]，将浅施主杂质浓度设定为 1.1×10^{12} cm⁻³，将浅受主杂质浓度设定为 1.2×10^{12} cm⁻³，将深施主杂质浓度设定为 1×10^{12} cm⁻³，并将前期计算研究中得到的不同能量入射中子非电离能损 NIEL 及损伤系数等作为输入端[11]，围绕在 1×10^{11} n/cm² 的注量下，不同能量中子在材料内部建立能级模型，分析 $1.00 \sim 14.00$ MeV 快中子辐照前后 MSM 型 CdZnTe 探测器性能的变化，具体模型示意图如图 1 所示。

作者简介：魏雯静（1998—），女，山西大同人，硕士研究生，主要从事半导体辐照效应研究工作。

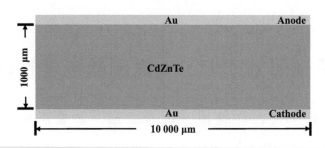

图1 Au‑CdZnTe‑Au 探测器模型示意图

1.1 能带结构

如图2所示，辐照前后，在 $|U|=0$ V 时，处于热平衡态的 CdZnTe 能带结构，可以看到中子辐照后其费米能级逐渐向导带靠拢，不再位于禁带中部，也反映出其电阻率将减小，不能实现高阻率，此种条件的晶体材料所制成的探测器不再具有优良的电学性能。表1给出了不同能量中子辐照前后费米能级位置，可以看到随着辐照中子能量的增大，费米能级位置并未产生线性变化，而是和前期快中子辐照 CdZnTe 损伤缺陷研究中所得 NIEL、N_d 随中子能量增长的变化趋势一致[11]。

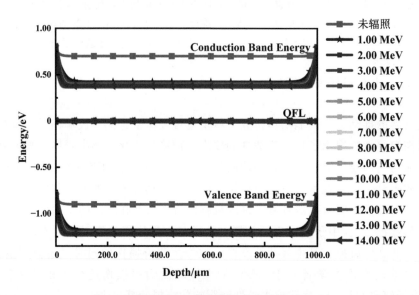

图2 不同能量中子辐照前后能带结构（$U=0$）

表1 不同能量中子辐照前后费米能级位置

中子能量/MeV	费米能级位置/eV	中子能量/MeV	费米能级位置/eV
0	$E_v+0.899$	8.00	$E_v+1.223$
1.00	$E_v+1.174$	9.00	$E_v+1.224$
2.45	$E_v+1.198$	10.00	$E_v+1.223$
3.00	$E_v+1.202$	11.00	$E_v+1.221$
4.00	$E_v+1.209$	12.00	$E_v+1.219$
5.00	$E_v+1.215$	13.00	$E_v+1.218$
6.00	$E_v+1.219$	14.00	$E_v+1.219$
7.00	$E_v+1.221$	—	—

1.2 电阻率

如表2所示，给出了0~14.00 MeV中子辐照前后CdZnTe晶体的电阻率变化，可以看到在辐照前，CdZnTe的电阻率约在10^9 $\Omega \cdot$ cm量级，而在中子辐照后，CdZnTe晶体的电阻率减小，下降到约10^8 $\Omega \cdot$ cm量级，而制成可在室温下正常使用的CdZnTe探测器所需求的是高电阻率的晶体，所以在注量为1×10^{11} n/cm²的中子辐照后，由其制成的探测器性能会恶化，影响其在辐射场中的正常运行。在相关实验探究上，Bao等[8]曾通过^{252}Cf中子源研究了快中子辐照对CdZnTe：In探测器性能的影响，发现对于5.0×10^{10} n/cm²中子辐照后，电阻率由5.5×10^9 $\Omega \cdot$ cm减小到7.9×10^8 $\Omega \cdot$ cm。这与此次模拟结果趋势一致。同时，从表2中也可以看出，随着中子能量的逐渐升高，晶体的电阻率并不是线性降低，而是呈现先减小后增大并且逐渐保持平稳的趋势。这一趋势同能带结构变化趋势及前期关于NIEL、N_d随中子能量变化的趋势相互对应[11]。

表2 不同能量辐照后CdZnTe晶体电阻率

中子能量/MeV	电阻率/$\Omega \cdot$ cm	中子能量/MeV	电阻率/$\Omega \cdot$ cm
0	1.19×10^9	8.00	4.29×10^8
1.00	7.41×10^8	9.00	4.21×10^8
2.45	6.07×10^8	10.00	4.30×10^8
3.00	5.84×10^8	11.00	4.46×10^8
4.00	5.31×10^8	12.00	4.61×10^8
5.00	4.89×10^8	13.00	4.62×10^8
6.00	4.61×10^8	14.00	4.62×10^8
7.00	4.42×10^8	—	—

1.3 空间电荷分布及内部电场分布变化

由于1.00~14.00 MeV能量点选取过于密集，不易观察分析结果，因此根据数据变化趋势，取2.45 MeV、5.00 MeV、7.00 MeV、9.00 MeV、11.00 MeV、13.00 MeV、14.00 MeV及未进行中子辐照的能量点来进行以下结果分析。如图3a所示，图中分别标明在$|U|=100$ V偏压下不同能量中子辐照探测器后所得空间电荷浓度分布，从图中可知其空间电荷浓度从阴极向阳极逐渐减小，并且，在阴极附近，空间电荷的浓度随着辐照中子能量的升高先增大后减小，并在9.00 MeV中子辐照后，空间电荷在阴极附近的浓度达到最大值。整体上看，辐照后的空间电荷浓度会大于未辐照探测器的空间电荷浓度。

此外，还得到相应能量下的内部电场强度分布情况，如图3b所示。从图3b中可以看到，探测器内部场强从阴极逐渐向阳极减小，辐照后探测器的内部场强倾斜程度变大，对于9.00 MeV中子辐照后，其场强最为陡峭，即空间电荷区最小，死区范围最大。对于载流子输运主要有两种方式：其一为由电场引起的载流子漂移运动；其二为由浓度梯度引起的载流子扩散运动。由于中子辐照引起空间电荷区变窄，死区范围增大时，大部分电子无法通过漂移被阳极吸收，只能依靠浓度梯度进行扩散输运，此时非平衡载流子被俘获或复合的概率会大大增加，从而影响探测器的非平衡载流子收集效率，损坏了探测器的电学性能。

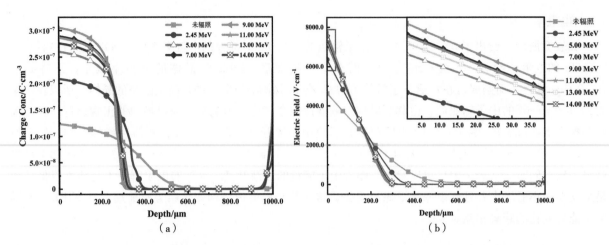

图 3 不同能量中子辐照后晶体内部空间电荷分布（a）及不同中子能量辐照前后内部电场强度分布（b）

2 快中子注量对 CdZnTe 探测器辐照损伤

本节将在 $|U|=100$ V 情况下，分别对 2.45 MeV、14.00 MeV 中子在未辐照、1×10^{10} n/cm^2、1×10^{11} n/cm^2、1×10^{12} n/cm^2 注量下的探测器 I－V 特性曲线、空间电荷分布及内建电场分布进行讨论。

2.1 I－V 特性曲线

如图 4 所示，注量为 1×10^{10} n/cm^2～1×10^{12} n/cm^2，对于能量为 2.45 MeV 和 14.00 MeV 的快中子辐照，其反向电流均大于未辐照探测器的反向电流，并且从图 5 中可知，随着注量的逐渐提高，反向电流显著增大，14.00 MeV 快中子在注量为 1×10^{12} n/cm^2 时，反向电流最大。针对快中子辐照对探测器反向电流的影响，中子能量和注量需要综合考量。在图 5 中可以明显看到，1×10^{12} n/cm^2 注量下 2.45 MeV 的反向电流要大于 1×10^{11} n/cm^2 注量下 14.00 MeV 的反向电流。所以针对该灵敏体积下，即使是较低能量的快中子辐照，其在较大注量下，对探测器的损害程度也可能不低于更高能快中子。Bao 等[9]曾通过 ^{252}Cf 中子源辐照 CdZnTe 实验得知，注量在 1×10^{10} n/cm^2 与 1×10^{11} n/cm^2 时较未辐照时反向电流增大，与本次模拟结果趋势一致。

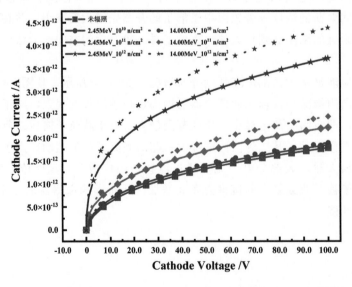

图 4 不同注量的 2.45 MeV、14 MeV 中子辐照前后 I－V 特性曲线

2.2 空间电荷分布及内部电场分布变化

图 5 所示为 2.45 MeV 和 14.00 MeV 快中子在不同注量下的空间电荷浓度分布及电场强度分布情况。由图 5a 可知，随着快中子注量的升高，对于同一能量的快中子辐照后所形成的空间电荷浓度在阴极附近区域逐渐升高，空间电荷区逐渐减小，故死区范围增大，增大了非平衡载流子的复合概率，对非平衡载流子寿命产生极大影响。保持快中子能量不变，只改变快中子注量实质上与改变深能级杂质浓度物理机制相似，中子辐照机制也是在原有材料的基础上，掺入缺陷，进而在禁带中引入缺陷能级，而引入的深能级将会形成复合中心或俘获中心，捕获非平衡载流子，非平衡载流子寿命因此而减小，探测器性能受到影响。

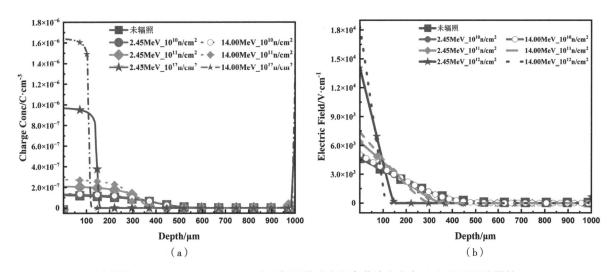

（a） （b）

图 5 不同注量的 2.45 MeV、14.00 MeV 中子辐照前后空间电荷浓度分布（a）及不同注量的 2.45 MeV、14.00 MeV 中子辐照前后电场强度分布（b）

与此同时，随着中子注量的升高，在阴极附近探测器内部电场强度将逐渐增大，如图 5b 所示。注量为 1×10^{10} n/cm^2～1×10^{12} n/cm^2 的中子辐照后在阴极区域的场强大于未辐照状态，对于 2.45 MeV，注量为 1×10^{10} n/cm^2 的中子辐照与未辐照状态相比变化较小，随着中子注量的增大，空间电荷区缩小，死区范围逐渐扩大，若中子辐照能量足够大，注量足够高时，死区范围将极大，严重影响非平衡载流子输运过程，损害探测器的电学性能。

3 结论

通过 TCAD 以中子损伤系数、NIEL 等信息作为输入参数，从快中子能量（1.00 MeV、2.45 MeV、3.00 MeV……14.00 MeV）及快中子注量（未辐照、1×10^{10}、1×10^{11}、1×10^{12} n/cm^2）两方面，通过探究其电阻率、I–V 特性曲线、能带结构、空间电荷分布及内部电场分布等方面，来综合考量中子辐照对于 Au–CdZnTe–Au 探测器电学性能的影响。中子辐照会引起能带结构变化，进而使深能级施主发生电离，形成空间电荷区，随着中子辐照能量的增大，阴极附近区域的空间电荷浓度、内部电场强度呈先增大后减小的趋势；在中子辐照后，CdZnTe 电阻率减小，并且随着中子辐照能量的增大，电阻率呈现先减小后增大并且逐渐保持平稳的趋势；随中子辐照注量的增加，其阴极附近区域空间电荷浓度、内部电场强度均增大。中子辐照后的反向电流由中子辐照注量、中子能量综合制衡，辐照后漏电流增大，并随着中子能量增大呈先增大后减小趋势，随中子注量增大而增大。

综上所述，将探测器在高压下使用，同时避免探测器接受高注量高能量的辐照，即调控晶体内部杂质浓度及缺陷能级，将有利于高能辐射场下探测器的正常运行。在本次模拟计算中所得反向电流数量级较实际情况偏小，这和计算模型设定较为理想化，未能考虑 CdZnTe 晶体表面与有氧化层的金属接触之间形成的电荷堆积及材料缺陷设定等因素相关，如 Te 夹杂相的富集会造成较大漏电流的形成，同时也和探测器的灵敏层体积相关。

致谢

感谢国家自然科学基金项目（11975006、11575074）、兰州大学超算中心及兰州大学特殊功能材料与结构设计教育部重点实验室对此项目的支持。

参考文献：

[1] 汪晓莲，李澄，邵明，等．粒子探测技术［M］．合肥：中国科学技术大学出版社，2009．

[2] ROY U N, CAMARDA G S, CUI Y, et al. Role of selenium addition to CdZnTe matrix for room – temperature radiation detector applications ［J］. Scientific reports, 2019, 9 (1)：1 – 7.

[3] JOHNS P M, NINO J C. Room temperature semiconductor detectors for nuclear security ［J］. Journal of applied physics, 2019, 126 (4)：040902.

[4] BAO L, ZHA G, GU Y, et al. Study on radiation damage effects on CdZnTe detectors under 3 MeV and 2.08 GeV Kr ion irradiation ［J］. Materials science in semiconductor processing, 2021, 121：105369.

[5] XU L, JIE W, ZHA G, et al. Radiation damage on CdZnTe：in crystals under high dose 60Co γ – rays ［J］. CrystEngComm, 2013, 15 (47)：10304 – 10310.

[6] LINGYAN X, ZHE L, LU L. High dose ion beam irradiation effects on the electrical and optical properties of CdZnTe：in crystals ［J］. Rare metal materials and engineering, 2021, 50 (6)：1941 – 1945.

[7] BARTLETT L M, STAHLE C M, SHU P K, et al. Radiation damage and activation of CdZnTe by intermediate energy neutrons ［C］//Hard X – Ray/Gamma – Ray and Neutron Optics, Sensors, and Applications, 1996, 2859：10 – 16.

[8] BAO L, ZHA G, XU L, et al. Neutron irradiation – induced defects in $Cd_{0.9}Zn_{0.1}Te$：In crystals ［J］. Materials science in semiconductor processing, 2019, 100：179 – 184.

[9] BAO L, ZHA G, ZHANG B, et al. Investigation of neutron irradiation effects on the properties of Au/CdZnTe junction ［J］. Vacuum, 2019, 167：340 – 343.

[10] PROKESCH M, SZELES C. Effect of temperature – and composition – dependent deep level energies on electrical compensation：experiment and model of the $Cd_{1-x}Zn_xTe$ system ［J］. Physical Review B, 2007, 75 (24)：245204.

[11] 魏雯静，高旭东，吕亮亮，等．中子对碲锌镉辐照损伤模拟研究［J］．物理学报，2022，71（22）：226102 – 226110.

Effectof fast neutron irradiation on electrical properties of CdZnTe detectors

WEI Wen-jing[1,2], GAO Xu-dong[1,2], XU Nan-nan[1,2], LI Tong[1,2], LEI Yin-qi[1,2], LI Gong-ping[1,2] *

(1. School of Nuclear Science and Technology, Lanzhou University, Lanzhou, Gansu 730000, China;

2. Key Laboratory of Special Functional Materials and Structure Design of Ministry of

Education, Lanzhou University, Lanzhou, Gansu 730000, China)

Abstract: Cadmium zinc telluride (CdZnTe) room temperature nuclear radiation detector has been widely used in nuclear technology applications and nuclear physics experiments. In the complex irradiation field, due to the uncharged property of neutrons, it will cause irradiation damage to the CdZnTe detector, damage the microstructure of the detector, affect the electrical properties such as resistivity in the sensitive region and reverse current, and then affect the detector signal-to-noise ratio, leading to a reduction in the detector energy resolution. Based on TCAD, we simulate the effects of $1 \sim 14$ MeV fast neutron energy and 1×10^{10} n/cm^2, 1×10^{11} n/cm^2, and 1×10^{12} n/cm^2 neutron fluence on the electrical properties of CdZnTe detectors, such as resistivity, space charge concentration distribution, electric field distribution, and I-V characteristic curves. The analysis results show that with the increase of neutron irradiation fluence, the resistivity of the CdZnTe detector decreases, the reverse current, the space charge concentration and the internal electric field intensity near the cathode increase, the range of the dead zone increases, and the non-equilibrium carrier complex probalility increases. In addition, under the same fluence quantity, with the gradual increase of neutron energy, the reverse current, the concentration of space charge and the intensity of electric field near the cathode show a trend of increasing first and then decreasing. Taken together, the changes in the electrical performance of the detector caused by fast neutron irradiation may be attributed to the fact that different energies of PKA cause different degrees of defects, which in turn introduce different deep energy levels, causing changes in carrier lifetime, carrier concentration, and so on and thus impairing the electrical performance of the detector.

Key words: CdZnTe detectors; Neutron irradiation damage; TCAD

不同偏置条件下背照式 CMOS 图像传感器中国散裂中子源辐照实验研究

王祖军[1,3]*，薛院院[1]，陈　伟[1]，郭晓强[1]，杨　翩[2]，聂　栩[3]，赖善坤[3]，
黄　港[3]，何宝平[1]，盛江坤[1]，马武英[1]，缑石龙[1]

(1. 强脉冲辐射环境模拟与效应国家重点实验室（西北核技术研究所），陕西　西安　710024；2. 西安高科技
研究所，陕西　西安　710024；3. 湘潭大学材料科学与工程学院，湖南　湘潭　411105)

摘　要：本文开展了背照式 CMOS 图像传感器（CIS）中国散裂中子源（CSNS）白光中子辐照实验研究，中子辐照实验的注量范围为 $1.0\times10^{10}\sim2.0\times10^{11}$ n/cm^2；分析了白光中子辐照诱发背照式 CIS 暗电流、暗电流非均匀性、固定模式噪声、时域噪声等增大的实验规律和损伤机理；给出了暗信号尖峰随中子辐照注量增大而增大的实验分布结果。实验结果还表明：背照式 CIS 在不同偏置辐照条件下，性能参数退化差异不明显；转换因子在中子辐照前后几乎没有发生退化。本文的实验结果及理论分析为评估背照式 CIS 中子辐照损伤效应提供了实验依据。

关键词：中国散裂中子源；白光中子；背照式 CMOS 图像传感器；中子辐照；位移损伤；损伤机理

CMOS 图像传感器（CIS）具有体积小、重量轻、功耗低、片上集成度高等优良性能，目前已在核工业、航空航天、粒子探测、消费电子等领域的成像系统中得到广泛应用[1-3]。然而，应用在核辐射、空间辐射、粒子探测辐照环境中的 CIS 会受到辐照损伤的影响，并导致器件性能退化，甚至功能失效[2-6]。与传统前照式 CIS 相比，背照式 CIS 独特的像素结构设计使得入射光子无须穿过正面绝缘层和金属布线层，从而减少了噪声、提高了量子效率和成像质量，并得到广泛应用。鉴于 CIS 为核心器件的成像系统在辐射环境中的可靠性问题备受关注，近年来，国内外均开展了大量的 CIS 辐照效应实验研究[5-9]。然而，上述实验主要针对传统前照式 CIS，背照式 CIS 的辐照效应实验开展的很少，鲜见关于背照式 CIS 的散裂源白光中子辐照实验研究报道。

本文主要以某国产背照式 PPD CIS 为研究对象，通过开展中国散裂中子源（CSNS）白光中子辐照实验，研究中子辐照诱发背照式 CIS 性能退化的实验规律，分析暗电流、暗电流非均匀性（DC-NU）、固定模式噪声（FPN）、时域噪声等辐射敏感参数的损伤机理，为评估背照式 CIS 中子辐照损伤效应提供理论基础和实验支撑。

1　辐照实验

背照式 CIS 的中子辐照实验在 CSNS 白光中子源上开展。本次实验的中子辐照注量率约为 1.4×10^6 n/（cm^2 s）。辐照过程中，背照式 CIS 分两组，一组不加偏置，辐照时管脚短接；另一组加偏置辐照，辐照时 CIS 处于正常工作状态。为研究白光中子位移损伤诱发背照式 CIS 辐射敏感参数退化的实验规律，实验过程中设置了 6 个离线测量点（辐照注量分别 1.0×10^{10} n/cm^2、3.0×10^{10} n/cm^2、5.0×10^{10} n/cm^2、7.0×10^{10} n/cm^2、1.0×10^{11} n/cm^2、2.0×10^{11} n/cm^2），中子辐照实验条件如表 1 所示。当累积辐照注量达到设置的测试点时，关闭中子束流，对 CIS 进行离线测试。待测试结束后继

作者简介：王祖军（1979—），男，湖北汉川人，研究员，博士，现主要从事光电器件与系统辐射效应及应用研究。

基金项目：国家自然科学基金项目（U2167208、11875223）；陕西省自然科学基础研究计划资助项目（2024JC－JC－QN－10）；全国重点实验室基金（NKLIPR1803，2012，2113）。

续辐照，直至累积辐照注量达到下一个测量点。白光中子的能量范围涵盖 1 eV～200 MeV 的宽广能谱[7]。辐照及测试在室温下（约 25 ℃）进行。图 1 展示了 CSNS 白光中子辐照 CIS 的实验现场。图 2 给出了 CSNS 白光中子能谱曲线。

表 1　中子辐照实验条件

芯片编号	偏置条件	辐照注量/（n/cm²）
♯1	不加偏置	1.0×10^{10}、3.0×10^{10}、5.0×10^{10}、7.0×10^{10}、1.0×10^{11}、2.0×10^{11}
♯2	加偏置	1×10^{11}、2×10^{11}

本次实验中的辐照样品为国产背照式 PPD CIS。该 CIS 为 0.18 μm CMOS 工艺、400 万像素单元、6T 像素结构。该 CIS 具有高灵敏度、低噪声等优点，其像元阵列为 2048×2048，像元尺寸大小为 6.5 μm×6.5 μm，数模转换输出为 12 位。采用卷帘曝光模式，最大读出帧频为 43 帧/秒，读出噪声约 1.6 个电子。

图 1　CSNS 白光中子辐照 CIS 的实验现场

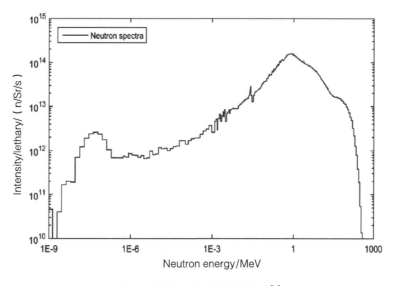

图 2　CSNS 白光中子能谱曲线[7]

2 实验结果与分析

中子辐照背照式 CIS 诱发产生的损伤主要是位移损伤，在本次实验中，中子辐照背照式 CIS 诱发产生的总剂量损伤非常小，可忽略不计。位移损伤源于中子与背照式 CIS 体 Si 晶格原子之间的弹性和非弹性相互作用。本文主要通过分析中子辐照诱发背照式 CIS 暗信号、暗电流非均匀性、固定模式噪声、时域噪声、转换增益来研究中子辐照诱发位移损伤的典型特征及性能退化的实验规律和损伤机理。

2.1 暗电流

CIS 在既无光注入又无其他方式注入信号电荷的情况下输出的电流称为 CIS 的暗电流。暗电流是 CIS 的典型辐射敏感参数。中子辐照会诱发背照式 CIS 暗电流增大。图 3 给出了背照式 CIS 的暗电流随中子辐照注量增大而增大的变化曲线。从图 3 中可以看到，背照式 CIS 的暗电流随中子辐照注量增大而增大。暗电流增大源于中子辐照诱发背照式 CIS 空间电荷区（SCR）稳定的体缺陷产生，这些体缺陷充当载流子产生中心，通过肖特基-里德-霍尔（SRH）产生暗电流[8]。从图 3 中还可以看到，在不同偏置条件辐照下，当中子辐照注量相同时，中子辐照诱发背照式 CIS 的暗电流退化程度无明显差异。这主要归因于在不同偏置条件辐照下中子辐照对背照式 CIS 的读出电路和空间电荷区的影响差异很小。

中子辐照诱发的暗电流会在背照式 CIS 部分像元中急剧增大，从而会导致暗信号尖峰产生。暗信号尖峰是指成像器件像元阵列中一部分像元的暗信号显著（通常认为大 3 倍及以上）大于其他像元（包括辐照前或辐照后），通常将这部分像元的暗场输出信号称为暗信号尖峰。图 4 给出了中子辐照背照式 CIS 诱发暗信号尖峰产生及分布。从图 4 中可以看到，随着中子辐照注量增大，暗信号尖峰显著增大。

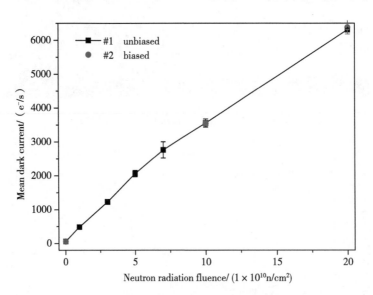

图 3　背照式 CIS 的暗电流随中子辐照注量增大而增大的变化曲线

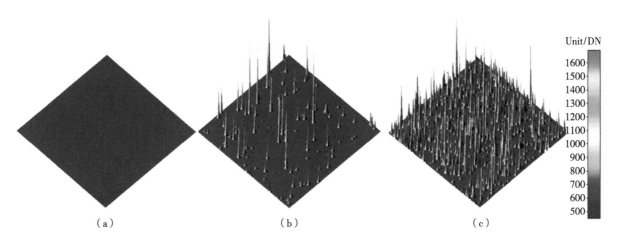

图 4   中子辐照背照式 CIS 诱发暗信号尖峰产生及分布

（a）Before radiation；（b）Neutron fluence：1.0×10^{10} n/cm²；（c）Neutron fluence：1.0×10^{11} n/cm²

2.2   暗电流非均匀性

CIS 的 DCNU 是指暗电流在器件各个像元中分布的不一致性。DCNU 是指一帧暗场图像各像元间输出信号的不均匀性，这种不均匀性源于固态图像传感器像元间输出暗电流的大小差异。图 5 给出了背照式 CIS 的暗电流非均匀性随中子辐照注量增大而增大的变化曲线。CIS 的 DCNU 与暗电流与和暗信号尖峰产生有关。DCNU 的增大源于中子位移辐照损伤诱发产生的暗信号尖峰，它们的产生增大了 CIS 的暗信号非均匀性。在不同偏置条件辐照下，当中子辐照注量相同时，中子辐照诱发背照式 CIS 的 DCNU 退化程度无明显差异，这是由于中子辐照诱发背照式 CIS 的暗电流退化程度在该辐照条件下无明显差异。此外，图 6 还给出了中子辐照前后背照式 CIS 暗信号分布曲线。从图 6 中可以看到，暗信号尖峰的数量和幅值随中子辐照注量增大而增大。中子辐照后诱发暗信号的非均匀性增大，从而导致暗电流的非均匀性也相应增大。在不同偏置条件辐照下，当中子辐照注量均为 1.0×10^{11} n/cm² 时，中子辐照后背照式 CIS 暗信号分布曲线无明显差异。因此，在不同偏置条件辐照下，当中子辐照注量相同时，中子辐照诱发背照式 CIS 的 DCNU 退化程度无明显差异。

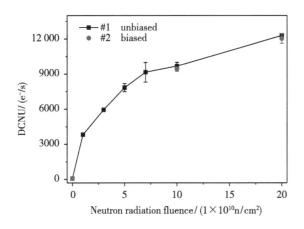

图 5   背照式 CIS 的暗电流非均匀性随中子辐照注量增大而增大的变化曲线

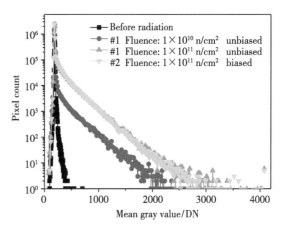

图 6   中子辐照前后背照式 CIS 暗信号分布曲线

2.3   固定模式噪声

FPN 是指在无光照条件下，单位积分时间内，CIS 光敏像元区域中各有效像元产生输出信号的均方根偏差。FPN 是一种与时间不关联且不会随连续多帧图像输出而发生变化的噪声。CIS 的 FPN 主要包括像素级 FPN 和列 FPN。像素级 FPN 主要源于 CIS 像素单元中晶体管的不匹配及像素单元中产生的暗电流和 DCNU。图 7 给出了背照式 CIS 的固定模式噪声随中子辐照注量增大而增大的变化曲线。从图 7 中可以看到，FPN 随中子辐照注量增大而增大，但辐照前后差别并不显著。相比于 ^{60} Co γ 射线辐照而言，中子诱发 FPN 增大程度较小[9]。这是由于 PPD CIS 的 FPN 退化主要由电离总剂量损伤引起，位移损伤的影响较小。位移损伤诱发 PPD CIS 的 FPN 退化主要源于中子辐照诱发 DSNU 的增大，由于 FPN 是在最短积分时间下测试，导致中子辐照后采集暗场图像的 FPN 退化不显著。在不同偏置条件辐照下，当中子辐照注量相同时，中子辐照诱发背照式 CIS 的 FPN 退化程度无明显差异。

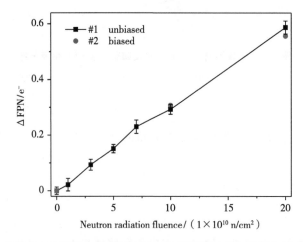

图 7　背照式 CIS 的固定模式噪声随中子辐照注量增大而增大的变化曲线

2.4　时域噪声

时域噪声是指随时间波动的噪声。时域噪声主要由暗电流散粒噪声、复位噪声、随机电码信号 (RTS) 噪声、1/f 噪声等组成。复位噪声可以通过 CDS 技术来消除[10]，因而辐照诱发的时域噪声增大主要归因于暗电流散粒噪声、RTS 噪声、1/f 噪声增大。暗电流散粒噪声与暗电流有关，且遵循泊松统计。图 8 给出了背照式 CIS 的时域噪声随中子辐照注量增大而增大的变化曲线。从图 8 中可以看到，相比于 ^{60} Co γ 射线辐照而言[9]，中子辐照诱发的时域噪声增大程度很小。这归因于源跟随器的 MOS 晶体管对中子位移损伤诱发产生的体缺陷不敏感。在不同偏置条件辐照下，当中子辐照注量相同时，中子辐照诱发背照式 CIS 的时域噪声退化程度无明显差异。

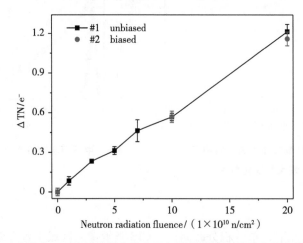

图 8　背照式 CIS 的时域噪声随中子辐照注量增大而增大的变化曲线

2.5 转换增益

CIS 的转换增益表示有效光电子导致输出图像灰度值的增量。图 9 给出了背照式 CIS 的转换增益在中子辐照前后的变化曲线。从图 9 中可以看到，CIS 的转换增益在辐照前后没有明显变化。转换增益与 CIS 的像元收集节点电容和源跟随器读出增益有关。像元收集节点电容包含光电二极管电容和收集节点中的寄生电容。本文中的中子辐照对上述电容及源跟随器读出增益的影响很小，导致转换增益几乎不变。在不同偏置条件辐照下，当中子辐照注量相同时，中子辐照诱发背照式 CIS 的转换增益退化程度无明显差异。

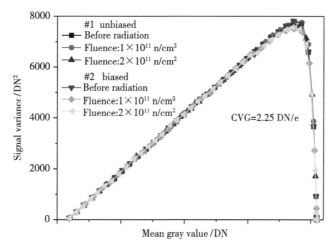

图 9　背照式 CIS 的转换增益在中子辐照前后的变化曲线

3　结论

本文通过开展背照式 CIS 的 CSNS 白光中子辐照实验，研究了中子辐照诱发背照式 CIS 性能退化的实验规律和损伤机理。实验结果表明：中子辐照注量范围为 $1.0 \times 10^{10} \sim 2.0 \times 10^{11}$ n/cm^2，CSNS 白光中子位移辐照损伤诱发 CIS 暗电流、DCNU、FPN、时域噪声增大及暗信号尖峰产生。中子辐照 CIS 诱发产生的位移损伤主要源于中子辐照损伤诱发 CIS 的 SCR 产生的稳态体缺陷。实验结果还表明转换增益在中子辐照前后几乎没有发生退化。与之前的前照式 CIS 中子辐照实验相比，背照式 CIS 性能退化程度比前照式 CIS 明显要小一些。在不同偏置条件辐照下，当中子辐照注量相同时，中子辐照诱发背照式 CIS 的性能参数退化程度无明显差异。本文的研究为背照式 CIS 的中子辐照损伤效应评估提供了理论依据和实验数据支撑。

下一步工作将深入开展背照式和前照式 CIS 的质子、中子、电子、伽马射线、X 射线等辐射粒子或射线的辐照损伤效应实验和理论模拟研究，为 CIS 抗辐射加固设计提供理论和实验技术支持。

致谢

本文中的辐照实验得到了中国散裂中子源白光中子团队的大力支持，特此致谢。

参考文献：

[1] 王军，李国宏. CMOS 图像传感器在航天遥感中的应用 [J]. 航天返回与遥感，2008，29（2）：42 - 47.

[2] 王祖军，林东生，刘敏波，等. CMOS 有源像素图像传感器的辐照损伤效应 [J]. 半导体光电，2014，35（6）：945 - 950.

[3] 王祖军，刘静，薛院院，等. CMOS 图像传感器总剂量辐照效应及加固技术研究进展 [J]. 半导体光电，2017，38（1）：1 - 7.

[4] 王祖军，薛院院，马武英，等．电离总剂量效应诱发 PPD CMOS 图像传感器性能退化的实验研究［C］//中国核学会 2017 年学术年会论文集：中国核科学技术进展报告（第五卷），2017：13－21.

[5] 王祖军，薛院院，陈伟，等．中国散裂中子源白光中子辐照诱发 CIS 单粒子瞬态响应和位移损伤的实验研究［C］//中国核学会 2019 年学术年会论文集：中国核科学技术进展报告（第六卷），2019：7－13.

[6] 王祖军，薛院院，贾同轩，等．不同剂量率伽马射线辐照 PPD CMOS 图像传感器的瞬态效应实验研究［C］．中国核学会 2021 年学术年会论文集：中国核科学技术进展报告（第七卷），2021：124－132.

[7] TAN Z, TANG J, JING H, et al. Energy－resolved fast neutron resonance radiography at CSNS [J]. Nuclear Instruments and Methods in Physics Research A, 2018, 889：122－128.

[8] VIRMONTOIS C, GOIFFON V, CORBIERE F, et al. Displacement damage effects in pinned photodiode CMOS image sensors [J]. IEEE transactions on nuclear science, 2012, 59 (6)：2872－2877.

[9] WANG Z J, XUE Y Y, CHEN W, et al. Fixed pattern noise and temporal noise degradation induced by radiation effects in pinned photodiode CMOS image sensors [J]. I IEEE transactions on nuclear science, 2018, 65 (6)：1264－1270.

[10] WANG X Y. Noise in sub-micron CMOS image sensors Ph. D. dissertation [D]. Delft, The Netherlands：Delft Univ. Technol, 2008.

Experimental research of radiation effects in backside-illuminated CMOS image sensors irradiated by China spallation neutron source under different biased conditions

WANG Zu-jun[1,3]* , XUE Yuan-yuan[1], CHEN Wei[1], GUO Xiao-qiang[1], YANG Xie[2], NIE Xu[3], LAI Shan-kun[3], HUANG Gang[3], HE Bao-ping[1], SHENG Jiang-kun[1], MA Wu-ying[1], GOU Shi-long[1]

(1. Northwest Institute of Nuclear Technology, National Key Laboratory of Intense Pulsed Radiation Simulation and Effect, Xi'an, Shaanxi 710024, China; 2. Xi'an Research Institute of High-Technology, Xi'an, Shaanxi 710024, China; 3. School of Materials Science and Engineering, Xiangtan University, Xiangtan, Hunan 411105, China)

Abstract：The radiation experiments of backside-illuminated CMOS image sensors (CIS) induced by back-streaming white neutrons in China spallation neutron source (CSNS) are presented. The neutron fluencies range from 1.0×10^{10} to 2.0×10^{11} n/cm². The radiation experiments show that the radiation sensitive parameters such as the dark current, the dark current non-uniformity, the fixed pattern noise, and the temporal noise increase with increasing neutron radiation fluence. The degradations and mechanisms are analyzed. The experimental results show that the degradations of the backside-illuminated CIS show no obvious difference, and the conversion gain also show no change before and after radiation. The experimental results and theoretical analysis in this paper provide an basis for neutron radiation damage evaluation of the BSI CISs.

Key words：China spallation neutron source; White neutron source; Backside-illuminated CMOS image sensor; Neuron radiation; Displacement damage; Damage mechanism

核测试与分析
Nuclear Measurement & Analysis

目　　录

铀氧化物粉末中总氢含量的测量方法研究

董　艺

（中核建中核燃料元件有限公司，四川　宜宾　644000）

摘　要：本研究建立了一套工作高效，结果稳定、可靠，广泛适用于核级铀氧化物粉末中总氢含量的测量方法，填补了国内铀氧化物粉末总氢测量方法的空白。本文确定了定氢仪的加热控制方式，通过对比试验确定了进样容器为镍囊，校准标准物质选用 AR6121。确定了铀氧化物粉末中总氢含量的测量分析功率为 2800～3000 W，分析加热时间为 30～70 s，不同种类的铀氧化物粉末样品的称样量范围。确定了方法的测定下限为 0.74μg/g，测量范围为 0.000 008 ％。方法测量精密度优于 5％，且适用于岗位不同型号的定氢仪，能满足核燃料生产上检验铀氧化物粉末中总氢含量的需求，研究结果对准确测定铀氧化物粉末中总氢含量具有指导意义。

关键词：总氢含量；铀氧化物粉末；定氢仪

　　研究表明，燃料棒内总氢含量过高可引起包壳管氢脆造成燃料棒破损，将严重影响核燃料组件在核反应堆内的运行安全，燃料芯块总氢是燃料棒内总氢含量的主要来源之一。燃料芯块总氢检测一直是核燃料元件制造过程中的关键控制点。目前，我单位有气相色谱法测量芯块样品中总氢含量的方法，并申报建立了国家标准 GB/T 13698—2015《二氧化铀芯块中总氢的测定》[1]，还未建立测量铀氧化物粉末中总氢含量的方法。国内也未见有关铀氧化物粉末中总氢含量测量方法的报道，但国际标准 ISO/CD 15651：2015[2] 和美国标准 ASTM C 1457[3] 中均有铀氧化物粉末中总氢含量测量方法的介绍，需要跟进国际测量水平。只是国际标准和美国标准中对粉末中总氢含量方法的描述十分简略，具体的测量方法，技术条件及操作需进一步研究。为跟进国际测量水平，弥补国内该测量方法的空白，建立铀氧化物粉末中总氢含量测量方法是有必要的。

　　其次，我单位核燃料生产任务重，各环节的废物产生量也急剧增加，库存的大量放射性废物亟待解决，而公司环境治理部及有能力的铀废物处理厂要求对含铀废物中一些杂质含量（包括总氢）进行分析检测，本研究建立的方法也可用于铀废物粉末中总氢的检测。

　　我单位现有的定氢仪（图 1）精密度高、检测结果准确可靠，适用于铀氧化物粉末中总氢含量的测量。本研究基于单位现有定氢仪及芯块样品中总氢含量的方法，进一步研究适用于铀氧化物粉末中总氢含量测量的各种条件。

图 1　定氢仪示意

　　定氢仪测量原理如下：用高纯氩气作为载气，工业氮气作为动力气。试样高温加热后释放出含氢、氮、氧（氧以一氧化碳形式存在）等元素的气体，由氩气载带，经净化、分离 CO 和 N_2，剩余

作者简介：董艺（1992—），女，四川宜宾，工程师，工学学士，核燃料元件性能测试。

H_2通过热导池检测，最终计算机通过对噪声（背景）扣除后的释放峰面积进行积分，积分结果经过校准、质量补偿、空白补偿，最终得出测量结果以 $\mu g/g$ 或百分数的形式报出。测量原理如图2所示。

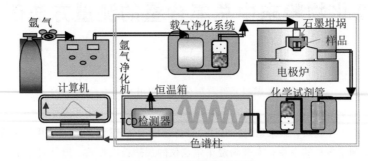

图2 定氢仪测量原理示意

1 实验部分

1.1 仪器与主要材料

（1）定氢仪：RHEN600型、RHEN602型，美国LECO。

（2）OMEGA光学高温计：OS3722-220型，温度范围900～3000 ℃，测量误差±1%，上海自动化仪表三厂。

（3）校准物质：氢标准物质AR6121，氢含量（1050±60）$\mu g/g$，美国ALPHA；氢标准物质502-708-HAZ，氢含量（259±10）$\mu g/g$，美国LECO；二水钨酸钠（优级纯），氢含量理论值12 126.4 $\mu g/g$，天津市光复精细化工研究所。

（4）一氧化碳氧化剂（舒茨试剂），YK-2型，四川太新材料研究所。

（5）进样容器：锡囊，501-059型，美国LECO公司；镍囊，502-822型，美国ALPHA。

（6）钛丝、锆管、三氧化二铝和钼块的纯度均大于99%。

（7）石墨坩埚：高温型，光谱纯。

（8）氢气（H_2），纯度不低于99.5%，含压力调节器。

（9）氮气（N_2），纯度不低于99.5%，含压力调节器。

1.2 试样处理

根据铀氧化物粉末的特性及定氢仪进样机构，需将称量好的铀氧化物粉末装入进样容器中，并用夹具封口。试样加工过程中应注意：①夹具（如镊子和钳子等）使用前用乙醇擦拭，保持洁净干燥；②试样处理过程中不能用手接触进样容器；③为防止粉末进样容器的各种装载方式影响测量结果，应将进样容器封口后完全夹扁，尽量排除其中的空气；④夹扁封口的进样容器的宽度尺寸应小于定氢仪进样口直径（10 mm）。

1.3 实验方法

仪器开机预热1 h，待各项参数稳定且达到预设值后，平行6次测定石墨坩埚空白值，进行空白校正。然后平行测定校准样品3次，进行仪器校准。打开定氢仪进样器活塞，用镊子把处理好的试样装入进样器中，于下电极放置石墨坩埚，合上下电极，仪器自动检测并显示氢含量。

2 结果与讨论

2.1 电极炉温度与功率关系

ASTM标准[3]规定，分析铀氧化物粉末总氢含量时，温度必须高于1700 ℃。目前使用的定氢仪采用电极炉对样品进行加热，但定氢仪不含对电极炉内的温度直接进行测量和显示的装置，电极炉内的温度是通过控制加热功率来实现的。为了确定电极炉内温度随加热功率变化的关系，本试验采用红外高温计对电极炉温度进行测量，使用纯金属进行验证。RHEN600 型定氢仪电极炉温度随加热功率变化的情况如图 3 所示，各物质在不同加热功率时的熔融情况见表 1。

由图 3 可知，电极炉温度随加热功率的增大而增大，因此可以通过设定加热功率来控制电极炉内温度。由表 1 可知，当加热功率控制在 2000～4000 W 时，分析样品所需加热温度便可准确控制在 1800～2600 ℃。

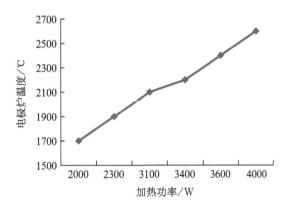

图 3　电极炉温度随加热功率的变化

表 1　各物质在不同加热功率时的熔融情况

物质	熔点/℃	加热功率/W	熔融情况	实测温度/℃
钛丝	1668	2000	完全熔融	1700
锆管	1855	2300	完全熔融	1900
三氧化二铝	2050	3100	部分熔融	2100
		3400	部分熔融	2200
钼块	2623	3600	微熔融	2400
		4000	完全熔融	2600

2.2　进样容器选择

将空锡囊和空镍囊称重后用相同方式夹扁密封，放入 RHEN600 型定氢仪中分析总氢含量，扣除石墨坩埚空白后的测定结果见表 2。由表 2 可知，两种进样容器氢含量都较低，且精密度较好。但由于锡金属的熔点（231.84 ℃）过低，锡囊在电极炉上千度的高温下瞬间融化，容易造成内部装载的氧化物粉末四散，会增加与加热相关部件的消耗，且锡囊质地较软、容易变形，对在其中装入粉末样品的操作要求较高。而将粉末装入镍囊较为简便，且金属镍的熔点（1 455 ℃）低于 1 700 ℃，熔融后满足在电极炉中释放粉末的要求。因此，选用镍囊作为后续试验的进样容器。

表 2　进样容器对比

进样容器	重量/g		总氢测定值（μg/g）		平均值（μg/g）	标准偏差
锡囊空白	0.1664	0.1652	0.64	0.67	0.67	3%
	0.1671	0.1638	0.69	0.61		
	0.1669	0.1645	0.70	0.68		

进样容器	重量/g		总氢测定值（μg/g）		平均值（μg/g）	标准偏差
镍囊空白	0.5898	0.5934	0.81	0.75		
	0.5882	0.5876	0.63	0.67	0.74	7%
	0.5964	0.5883	0.78	0.77		

2.3 校准物质的选择

为了测定铀氧化物粉末中总氢含量，需要选用物理性质和氢总量与粉末相近的物质作为校准物质。本文对比了两种粉体氢标准物质及二水钨酸钠在选定的仪器校准条件下的总氢实测量，结果见表3。选定的校准条件为 UO_2 芯块中总氢的检测条件[4]，即坩埚脱气时间 70 s，坩埚脱气功率 3800 W，吹扫时间 15 s，样品加热功率 3300 W，加热时间 70 s，积分延迟 53 s，比较器水平 1%。

表3 不同校准物质的对比

校准物质	总氢测定值/（μg/g）			平均值/（μg/g）	相对标准偏差
二水钨酸钠	12 140.60	11 444.36	12 113.20	11 899.39	3.31 %
AR6121	1 045.82	1 050.22	1 048.09	1 048.04	0.21 %
502－708－HAZ	242.94	250.49	250.38	247.94	1.75 %

由表3可以看出，3种校准物质的测定结果均满足测定要求，精密度均小于 10%，但标准物质 AR6121 稳定性最佳。且在分析过程中二水钨酸钠和标准物质 502－708－HAZ 均会消耗大量的舒尔茨试剂（将 CO 转化为 CO_2），而标准物质 AR6121 基本不消耗该试剂，体现了更高的经济效益。因此，选用标准物质 AR6121 作为铀氧化物粉末中总氢含量分析的校准物质。

2.4 分析功率的选择

目前，我单位铀氧化物粉末主要包括干法 UO_2 粉末、湿法 UO_2 粉末、U_3O_8 粉末和碱渣粉末等。所以本研究主要针对以上4种粉末进行总氢测定条件试验。

选择铀氧化物粉末的测定条件时，依据美国 ASTM 标准的温度要求和消耗 CO 氧化试剂的量两个条件来确定。

根据加热温度确定的原则，应选择温度高于 1 700 ℃时对应的功率值做分析条件实验。另外，目前使用的 RHEN600 型定氢仪分析 UO_2 芯块中总氢含量的加热功率为不低于 3 000 W，常用 3 300 W。因为铀氧化物粉末中的氢较芯块更容易释放，因此氢提取温度应低于芯块，即加热功率低于 3 300 W。设定坩埚脱气时间 70 s，坩埚脱气功率 3 800 W，吹扫时间 15 s，加热时间 70 s，积分延迟 53 s，比较器水平 1%，做测定铀氧化物粉末分析功率和加热时间选择实验。干法 UO_2 粉末分析功率测定结果见表4，湿法 UO_2 粉末分析功率测定结果见表5，U_3O_8 粉末测定结果见表6，碱渣粉末测定结果见表7，4种粉末氢含量测定结果如图4。

表4 干法 UO_2 粉末分析功率测定结果

分析功率/W	总氢测定值/（μg/g）					平均值/（μg/g）	RSD
3 000	123.24	124.79	125.85	117.72	119.17	122.15	2.90 %
2800	118.36	120.21	119.30	127.41	126.41	122.34	3.47 %
2500	122.74	122.68	121.02	124.63	118.41	121.90	1.91 %
2200	125.39	119.63	123.72	119.61	121.82	122.03	2.08 %
2000	100.24	89.64	104.21	109.68	90.82	98.92	8.71 %

表 5　湿法 UO_2 粉末分析功率测定结果

分析功率/W	总氢测定值/（μg/g）					平均值/（μg/g）	RSD
3 000	582.87	553.29	557.60	541.59	576.31	562.33	3.02 %
2800	566.20	584.39	574.17	571.29	549.92	569.19	2.22 %
2500	587.56	581.24	566.85	574.48	566.22	575.27	1.60 %
2200	578.51	584.27	547.10	546.38	588.46	568.94	3.62 %
2000	495.92	503.04	488.20	461.28	451.25	479.94	4.69 %

表 6　U_3O_8 粉末分析功率测定结果

分析功率/W	总氢测定值/（μg/g）					平均值/（μg/g）	RSD
3000	612.36	639.72	618.85	621.31	623.52	623.15	1.63 %
2800	634.58	608.43	622.37	622.26	594.54	616.44	2.49 %
2500	621.12	610.11	632.38	602.49	599.44	619.11	2.89 %
2200	633.37	641.01	635.25	612.41	591.34	622.68	3.31 %
2000	514.11	561.24	532.13	519.57	557.89	536.99	4.03 %

表 7　碱渣粉末分析功率测定结果

分析功率/W	总氢测定值/（μg/g）					平均值/（μg/g）	RSD
3000	8862.45	8799.05	8571.75	8877.62	8705.32	8763.24	1.45 %
2800	8832.85	8798.85	8687.75	8901.23	8781.56	8800.49	1.06 %
2500	8818.24	8653.24	8981.31	8915.26	8501.29	8773.87	2.24 %
2200	8499.25	8370.26	8865.79	8389.87	8713.12	8567.66	2.51%
2000	8498.96	7983.58	8562.92	7921.89	8009.21	8195.31	3.77 %

由图 4 可看出，在相同分析功率下，干法 UO_2 粉末、湿法 UO_2 粉末和 U_3O_8 粉末释放情况相近，且当加热功率达到 2200 W 后，粉末中氢的释放量基本不再增加；碱渣粉末较以上 3 种粉末难释放，当加热功率达到 2500 W 后，粉末中氢的释放量基本不再增加。也就是说，当功率大于 2200 W 时，干法 UO_2 粉末、湿法 UO_2 粉末和 U_3O_8 粉末中的氢均能够释放完全；当功率大于 2500 W 时，碱渣粉末中的氢均能够释放。但在定氢仪使用过程中，由于功率升高，高温坩埚的温度也会升高，会加速与之接触的上、下电极的损耗，且石墨坩埚中的碳会与 UO_2 发生反应生成 CO，将消耗大量的一氧化碳氧化剂[4]。因此分析功率需在保证以上 4 种粉末完全释放的同时，又不能过高。选择 2800～3000 W 作为测定铀氧化物粉末的分析功率。

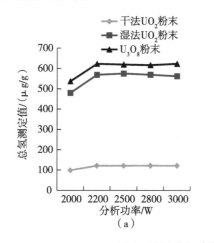 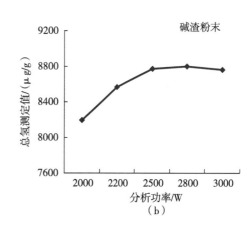

图 4　不同分析功率下 4 种铀氧化物粉末氢含量测定结果

2.5　加热时间的选择

目前方法中[4]当芯块样品分析加热时间为 70 s 时，向下取几个加热时间来做粉末条件的筛选试验，结果如表 8 至表 11 所示。使用 RHEN600 型定氢仪，设定坩埚脱气时间 70 s，坩埚脱气功率 3800 W，吹扫时间 15 s，分析功率 2800 W，积分延迟 53 s，比较器水平 1%。

表 8　干法 UO₂ 粉末分析加热时间的选择

加热时间/s	总氢测定值/（μg/g）					平均值/（μg/g）	RSD
70	125.75	118.37	127.43	122.84	120.23	122.92	3.05 %
50	119.30	122.61	124.63	118.41	123.41	121.67	2.21 %
30	123.18	121.46	123.54	119.37	119.82	121.47	1.56 %
20	125.57	124.79	122.62	118.72	119.57	122.25	2.50 %
10	104.67	108.57	103.71	105.28	99.53	104.35	4.27 %

表 9　湿法 UO₂ 粉末分析加热时间的选择

加热时间/s	总氢测定值/（μg/g）					平均值/（μg/g）	RSD
70	574.37	559.92	587.46	566.89	557.60	569.25	2.13 %
50	571.59	584.39	581.24	566.21	574.44	575.57	1.27 %
30	551.47	541.52	578.56	590.88	589.87	570.46	3.98 %
20	579.31	574.01	568.22	569.75	583.29	574.92	1.11 %
10	542.13	513.49	507.10	528.91	517.29	521.78	2.66 %

表 10　U₃O₈ 粉末分析加热时间的选择

加热时间/s	总氢测定值/（μg/g）					平均值/（μg/g）	RSD
70	634.58	608.43	621.37	622.26	619.16	621.16	1.50%
50	621.38	638.38	631.02	611.27	614.54	623.32	1.82%
30	625.14	627.22	633.38	609.47	613.32	621.71	1.61%
20	633.57	625.91	615.05	639.41	602.94	623.38	2.34%
10	526.39	566.24	555.15	532.35	527.89	541.60	3.32%

表 11　碱渣粉末分析加热时间的选择

加热时间/s	总氢测定值/（μg/g）					平均值/（μg/g）	RSD
70	8862.45	8799.05	8571.75	8877.62	8705.32	8763.24	1.45 %
50	8882.45	8659.05	8671.15	8877.62	8714.52	8760.96	1.26 %
30	8942.24	8765.54	8891.02	8715.26	8501.29	8763.07	1.97 %
20	8499.87	8870.26	8865.99	8596.13	8965.62	8759.57	2.28 %
10	8398.16	7985.05	8562.92	7886.25	8016.37	8169.75	3.59 %

表 8 至表 11 中 RSD 均小于 5%，测量值稳定性较好。从图 5 得知，4 种铀氧化物粉末的总氢含量随加热时间变化的趋势相近，均在加热时间高于 20 s 时，粉末中氢的释放量基本不再增加。也就是说，当加热时间高于 20 s 时，4 种铀氧化物粉末中的氢均能够释放完全。为同时兼顾分析时长和效率，最终选择 30 ～70 s 作为铀氧化物粉末的加热时间。

2.6　方法称样量确定

使用 RHEN600 型定氢仪，设定坩埚脱气时间 70 s，坩埚脱气功率 3 800 W，吹扫时间 15 s，分

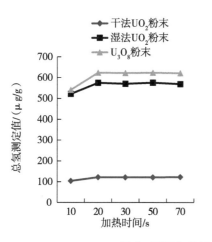 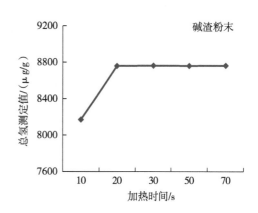

图 5   不同加热时间下 4 种铀氧化物粉末氢含量测定结果

析功率 2800 W，分析加热时间 30 s，积分延迟 53 s，比较器水平 1%；采用自动积分方式，测定标准物质 AR6121 在不同称样量下的氢含量，测量结果如表 12 所示。由于进样容器镍囊空间较小，且为了后续样品加工，最多能称 0.15 g 标样，所以将称样量范围规定在 0.01~0.15 g。

表 12   不同称样量下校准物质 AR6121 总氢含量

重量/g	总氢测定值/（μg/g）					平均值/（μg/g）	RSD
0.01	1050.22	1035.68	1059.69	1048.51	1073.18	1053.46	1.32 %
0.02	1078.64	1034.75	1053.34	1039.60	1048.94	1051.05	1.63 %
0.05	1047.40	1054.29	1078.09	1038.47	1045.55	1052.76	1.45 %
0.10	1065.82	1051.89	1039.67	1058.21	1075.26	1058.17	1.28 %
0.15	1061.85	1049.21	1054.35	1074.80	1048.23	1057.69	1.04 %

在表 12 中，当校准物质 AR6121 称样量在 0.01~0.15 g 时，它的绝对氢总量在 9.9~166.5 μg，铀氧化物粉末样品的称样量需满足粉末中氢总量在该范围之内。根据试验过程的检测结果统计，干法 UO_2 粉末的氢含量一般在 150 μg/g 以内，湿法 UO_2 粉末的氢含量一般在 600 μg/g 以内，U_3O_8 粉末的氢含量一般在 700 μg/g 范围内，碱渣粉末的氢含量一般在 9000 μg/g 以内。为保证检验生产铀氧化物粉末中氢含量测定数据的准确性，且考虑进样容器空间小和各粉末样品密度不同等因素，确定干法 UO_2 粉末的称样量在 0.1~0.3 g，湿法 UO_2 粉末的称样量在 0.02~0.25 g，U_3O_8 粉末的称样量在 0.02~0.20 g，碱渣粉末的称样量 ≤0.018 g。其他铀氧化物粉末的称样量也可根据其氢含量来确定。

2.7   测量下限及测量范围确定

目前岗位还未找到氢含量较低的铀氧化物粉末样品，我们采用直接测量镍囊空白的方式来确定方法定量测定下限。使用 RHEN600 型定氢仪，设定坩埚脱气时间 70 s，坩埚脱气功率 3 800 W，吹扫时间 15 s，分析加热功率 2800 W，分析加热时间 30 s，分析延迟 53 s，比较器水平 1%；采用自动积分方式，测定仪器系统空白值（坩埚空白＋镍囊空白），3 天测定结果汇总如表 13 所示。依据表 13 的结果，取 10 倍标准偏差作为定量测定下限，即为 0.74μg/g。

表 13　镍囊空白多次测定结果汇总（3 天）

空白测定值/（μg/g）				平均值/（μg/g）	标准偏差
0.44	0.48	0.53	0.43		
0.36	0.41	0.35	0.39		
0.37	0.40	0.33	0.42	0.391	7.4 %
0.40	0.38	0.48	0.24		
0.38	0.21	0.42	0.40		

岗位氢含量最大的样品是二水钨酸钠，因此在上述测量方法条件下，称样量较小情况下测量二水钨酸钠的氢含量，以确定方法测量范围。测定结果如表 14 所示。

表 14　较小称样量下二水钨酸钠的氢含量测定

称样量/g	总氢测定值/（μg/g）	回收率	平均值/（μg/g）	RSD
0.001 99	12 529.62	103.33%		
0.002 13	12 165.12	100.32%		
0.002 09	11 750.51	96.90%	12 045.28	3.17%
0.002 11	11 738.38	96.80%		
0.002 24	12 431.84	102.52%		
0.002 18	11 656.21	96.12		

由表 14 可知，在该测量方法条件下，称样量为 0.002g 时，二水钨酸钠的回收率在 96.12 %～103.33 %，说明在称样量为 0.002g 时，能准确测量出二水钨酸钠中的氢含量。在称样量为 0.002 g 时，该方法可满足氢含量在 10 000 μg/g 以内的铀氧化物粉末样品检测。因此，经以上试验及计算，将本方法的测量范围确定为 0.8～100 00 μg/g，即 0.000 008%～10%。

2.8　方法测量精密度

使用 RHEN600 型定氢仪，设定坩埚脱气时间 70 s，坩埚脱气功率 3 800 W，吹扫时间 15 s，分析功率 2 800 W，分析加热时间 30 s，积分延迟 53 s，比较器水平 1%；采用自动积分方式，测定干法 UO_2 粉末、湿法 UO_2 粉末和 U_3O_8 粉末、碱渣粉末和标准物质 AR6121 在不同称样量下的氢含量，测量结果如表 15 所示。

表 15　5 种粉末的氢含量测量结果统计

粉末类型	称样量/g	总氢测定值/（μg/g）					平均值/（μg/g）	RSD
干法 UO_2 粉末	0.20	118.36	120.21	119.3	127.41	126.41	122.34	3.47%
湿法 UO_2 粉末	0.20	566.2	584.39	574.17	571.29	549.92	569.19	2.22%
U_3O_8 粉末	0.20	634.58	608.43	622.37	622.26	594.54	616.44	2.49%
碱渣粉末	0.01	8832.85	8798.85	8687.75	8901.23	8781.56	8800.49	1.06%
标样 AR6121	0.10	1065.82	1051.89	1039.67	1058.21	1075.26	1058.17	1.28%

由表 15 可知，在该测量方法条件下，干法 UO_2 粉末、湿法 UO_2 粉末、U_3O_8 粉末、碱渣粉末和标准物质 AR6121 的测定结果的相对标准偏差均小于 5%，完全满足测量要求。

2.9　两台仪器测定结果对比

用两台定氢仪同时随机测定两种铀氧化物粉末样品中氢含量，结果见表 16。由表 16 可以看出，测定结果的相对标准偏差均小于 3%。

表 16　两台定氢仪测定结果对比

样品	RHEN600 定氢仪					RHEN602 定氢仪				
	M	$X_{测}$	$H_{总}$	X	RSD	M	$X_{测}$	$H_{总}$	X	RSD
445RT2050C+	0.203 8	124.79	25.43	122.17	2.84%	0.202 1	124.50	25.16	123.39	2.07%
	0.201 6	125.62	25.32			0.201 1	126.87	25.51		
	0.200 3	117.76	23.59			0.204 8	119.24	24.42		
	0.202 9	119.17	24.18			0.200 7	123.64	24.81		
	0.202 5	120.36	24.37			0.202 8	124.01	25.15		
	0.198 4	125.31	24.86			0.203 4	122.07	24.83		
445T2014C+	0.202 7	575.93	116.74	575.15	1.59%	0.200 7	579.27	116.26	573.14	1.54%
	0.204 1	588.65	120.14			0.201 9	586.14	118.34		
	0.196 8	581.24	114.39			0.198 2	563.16	111.62		
	0.200 9	572.18	114.95			0.202 5	574.16	116.27		
	0.201 5	570.75	115.01			0.199 7	564.25	112.68		
	0.203 2	562.17	114.23			0.197 1	571.88	112.72		

注：M 为样品称量，$\mu g/g$；$X_{测}$ 为样品测定结果，$\mu g/g$；$H_{总}$ 为样品测定值乘以样品重量后的氢总量，μg；$X_{测}$ 为样品测定结果平均值，$\mu g/g$。

应用文献[5]，通过 t 检验法（表 17）来验证表 16 中两组分析数据，从表 17 可以看出 t 值均小于临界值 $t_{(0.05,10)}=2.23$，表明用两台仪器测定两种铀氧化物粉末中的总氢含量没有显著性差异。因此，建立的新方法能准确报出数据。

表 17　两台仪器测定结果的 t 检验

样品	平均值（$\mu g/g$）		标准偏差		t	t 查表
	RHEN600	RHEN602	RHEN600	RHEN602		
445RT2050C+	123.17	123.39	3.47	2.56	0.69	2.23
445T2014C+	575.15	573.14	9.13	8.81	0.39	

3　结论

（1）通过实验，确定用控制功率的方式来控制加热温度，并给出了加热功率与温度的对应关系。

（2）选定了铀氧化物粉末中氢含量分析过程的进样容器（镍囊）、标准物质（AR6121）、分析加热功率 2 800～3 000 W 和分析加热时间 30～70 s。

（3）确定了方法测定下限 0.74 $\mu g/g$，测量范围 0.000 008 %～10 %。

（4）方法测量精密度优于 5%，且适用于岗位不同型号的定氢仪，能满足生产上检验铀氧化物粉末中总氢的需求，测量结果准确可靠。

4　建议

建议将铀氧化物粉末样品放入干燥器内，样品暴露在大气环境中应不超过 5 min，以确保样品不会吸收环境中的水分。

致谢

本项研究能满足核燃料生产上检验铀氧化物粉末中总氢含量的需求，取得了不错的成果。研究工作的顺利开展和完成，离不开公司和领导对科研的大力支持及提供的良好实验环境，也多承蒙理化所化学分析室主任陈长友的悉心指导，非常感谢陈主任给予的极其有益的建议和详细的指导，当然也十分感谢理化所的同事张剑、唐育刚、唐思群在本论文撰写中提出的宝贵建议，对我在科研工作上的真诚鼓励和无私帮助。"新竹高于旧竹枝，全凭老干为扶持"，此后我将不断丰富自身理论知识，努力提高自身专业素养，继承中核建中科研人的高尚品格，向上向前。

参考文献：

[1] 中核建中核燃料元件有限公司二氧化铀芯块中总氢的测定 GB/T 13698 - 2015［S］. 北京：中国标准出版社，2015.

[2] INTERNATIONAL STANDARD CONFIRMED. Nuclear energy - determination of total hydrogen content in UO_2 and PuO_2 powders and UO_2, (U, Gd) O_2 and (U, Pu) O_2 sintered pellets - Inert gas extraction method and conductivity detection method：ISO 15651—2016［S/OL］.［2023 - 09 - 07］. https：//www. iso. org10bp/ui/en/ * iso：std：iso：15651：ed - 1：v1：en.

[3] UNITED STATES. Standard test method for determination of total hydrogen content of uranium oxide powders and pellets by carrier gas extraction ASTM C1457—2000［S］. ASTM International，2016.

[4] 陈长友. UO_2 芯块中总氢检测条件优化研究［J］. 科技咨询，2015（17）：108 - 110.

[5] 全浩，韩永志. 标准物质及其应用技术［M］. 北京：中国标准出版社，2003.

Study on the determination method of total hydrogen content in uranium oxide powders

Dong Yi

(CNNC Jianzhong Nuclear Fuel Co. , Ltd，Yibin，Sichuan 644000，China)

Abstract：This study has established a set of efficient, stable and reliable method for measuring the total hydrogen content in the nuclear - grade uranium oxide powders, which fills the gap in the domestic method for measuring the total hydrogen content in uranium oxide powders. In this study, the heating control mode of the hydrogen analyzer is determined, and the sample injection container is determined to be the nickel capsule through comparative test, and the calibration reference material is AR6121. The analytical power of total hydrogen content in uranium oxide powders is 2800~3000 W, the analytical heating time is 30~70 s, and the sample weighting range of different kinds of uranium oxide powders is determined. The lower limit of the determination method is determined to be 0.74μg/g, and the measurement range is 0.000 008%~8%. The relative standard deviation of the method is less than 5%, and it is suitable for different types of hydrogen analyzers in the post. It can meet the requirements of production to determine the total hydrogen content in uranium oxide powders. The research results have guiding significance for the accurate determination of the total hydrogen content in uranium oxide powders.

Key words：Total hydrogen content；Uranium oxide powders；Hydrogen analyzer

基于旋转调制准直器的瞬发 γ 射线活化成像的模拟研究

梁旭文[1]，赵　冬[1]，贾文宝[1]，黑大千[2]，程　璨[3]，程　伟[1]

(1. 南京航空航天大学核科学与技术系，江苏　南京　211106；2. 兰州大学，

甘肃　兰州　730000；3. 江苏省计量科学研究院，江苏　南京　210023)

摘　要： 瞬发伽马中子活化成像（Prompt Gamma Activation Imaging，PGAI）是一种基于瞬发伽马中子活化分析（Prompt Gamma Neutron Activation Analysis，PGNAA）的元素分布检测方法。待测样品被中子束照射，激发核素发射瞬发伽马射线，通过对具有特征能量的伽马射线发射位置的定位实现特定核素的分布测定。本文基于时序编码成像原理，设计了一种具有编码结构的旋转调制准直器（Rotating Modulation Collimator，RMC），用其对伽马射线进行调制。调制准直器为一个直径 11.5 cm、厚度 10 cm、开孔率为 50％的铁制圆柱体，开孔方式由斜哈达玛均匀冗余编码阵列确定。使用蒙特卡罗软件 MCNP 模拟计算了一块 10 cm×10 cm 的含 Cl 样品的瞬发伽马信号响应，并由 5 mm×5 mm 组成的像素点中以一定的空间分布填充了 Cl。将模拟结果结合高斯随机误差后，利用最大似然期望最大（Maximum Likehood Expectation Maximization，MLEM）算法进行图像重建。结果显示，重建图像与原始设置图像吻合，结构相似度（Structural Similarity，SSIM）达到 0.897，信噪比为 38.2 dB，表明该方法可用于近场条件下 PGAI 测量 Cl 元素分布的测定。

关键词： 瞬发伽马中子活化成像；旋转调制准直器；蒙特卡罗模拟

瞬发伽马中子活化成像（Prompt Gamma Activation Image，PGAI）是一种新型非侵入型的元素成像技术，有望应用于工业元素分布检查。PGAI 的基本原理是通过中子激发核素到激发态，在退激发的过程中释放具有特征能量的瞬发伽马射线。通过确定特征能量伽马射线强度和出射的位置即可表征对应核素的浓度和分布[1]。

特征伽马射线的测量对探测器的能量分辨能力具有较高要求，常用于 PGNAA 及 PGAI 中的 HPGe 探测器不具备本征空间分辨能力[2]。因此在应用于小型中子源的 PGAI 技术中存在测量时间和空间分辨率的矛盾。利用基于旋转调制准直器（Rotating Modulation Collimator，RMC）的单像素成像方法可使得单探测器具备空间分辨能力[3]。

本研究将均匀冗余阵列（Uniformly Redundant Arrays，URA）引入掩膜的设计中，降低编码矩阵向量间的相关度。设计了一种采用 skew - Hadamard URA 编码的单层准直体的旋转调制准直器，完成了对空间中 Cl 元素产生瞬发伽马射线分布的模拟和图像重建。用于指导后续不同核素受中子激发伽马射线分布的测量研究。

1　原理及方法

1.1　测量原理

旋转调制准直器最基本的组成是将探测器放置于可旋转的、具有若干狭缝的孔板下，孔板本身具有对射线的屏蔽性。它们在旋转过程中的重叠模式会对入射射线产生周期性的屏蔽和衰减，从而产生一个随时间变化的信号，可以从波动的时间信号中提取成像信息，如图 1 所示。理论上用于 RMC 装置的探测器不需任何空间分辨能力[4]。

对于感兴趣区域 ROI 中的任一像素点，位于此处的 γ 射线源发射的伽马射线经过 RMC 准直后被

作者简介：梁旭文（1998—），男，四川绵阳人，硕士研究生，现主要研究方向为瞬发伽马中子活化成像。

后方的高纯锗探测器接收。此时高纯锗探测器的伽马射线计数由所有像素释放出来的 γ 射线乘上此时调制模式的探测效率累积而来。对于任意一个旋转角度 n 的调制模式下，探测器的响应 Q_n 为：

$$Q_n = \sum_{i=0}^{I} \phi_i \cdot \varepsilon_{in} \cdot K。\tag{1}$$

式中，ϕ_i 为像素 i 处的伽马通量；ε_{in} 为像素 i 调制角度 n 下的绝对探测效率；K 为其他参数乘积的常数项。

在不同调制模式（旋转角度）下的 RMC 装置进行多次测量之后，可以得到如下的理想方程：

$$\begin{bmatrix} Q_1 \\ Q_2 \\ \cdots \\ Q_N \end{bmatrix} = K \cdot \begin{bmatrix} \varepsilon_{11} & \varepsilon_{12} & \cdots & \varepsilon_{1I} \\ \varepsilon_{21} & \varepsilon_{22} & \cdots & \varepsilon_{1I} \\ \cdots & \cdots & \cdots & \cdots \\ \varepsilon_{N1} & \varepsilon_{N2} & \cdots & \varepsilon_{NI} \end{bmatrix} \times \begin{bmatrix} \phi_1 \\ \phi_2 \\ \cdots \\ \phi_I \end{bmatrix}。\tag{2}$$

式中，$[Q]$ 为探测器的响应曲线，通过采集的伽马射线能谱获得；$[\varepsilon]$ 为每个像素点在不同的旋转角度 n 下的探测效率都是不同的，通过蒙特卡罗模拟获得，将获得的探测效率矩阵称为系统矩阵；$[\phi]$ 为每个像素点上的伽马放射源强度。较复杂图像给出的响应曲线是不同强度和位置的放射源的响应曲线的线性叠加[5]。

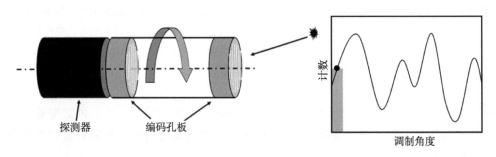

图 1   一种典型的 RMC 装置原理

当获得上述参数后，可以利用最大似然期望最大（Maximum Likelihood Expectation Maximization，MLEM）算法进行图像重建，计算出 $[\phi]$，即伽马射线源项。MLEM 算法是一种建立在泊松模型上的统计迭代重建算法，中子与物质发生非弹性散射发射伽马射线本身是一种满足泊松分布的统计模型。同时在较高统计误差条件下，迭代算法比传统数值求解更能获得质量较高的重建图像。本研究中 MLEM 的迭代公式为：

$$f_j^{k+1} = \frac{f_j^k}{\sum_i H_{ij}} \sum_i H_{ij} \frac{Q_i}{\sum_j H_{ij} f_j^k}。\tag{3}$$

式中，f_j^{k+1} 和 f_j^k 为像素 j 迭代了 $k+1$ 次和 k 次后的重建图像值；H_{ij} 为像素 j 在第 i 次调制角度下的响应值，即式（1）中 ε_{ij} 与 ϕ_j 的乘积。

1.2 装置设计

六边形的均匀冗余阵列结构最先应用于编码成像中，更适用于圆形的位置灵敏探测器或者密集的探测器阵列。本文以斜哈达玛均匀冗余阵列（Skew - Hadamard Uniformly Redundant Array，skew - Hadamard URA）构造了旋转调制准直体的编码开孔方式，这种构造方式的开孔图形是反对称的，开孔率约为 50%，能够为较弱放射源提供最佳的灵敏度。Skew - Hadamard URA 可以根据如下方法构造[6]。

①选取阶数 v，v 的取值条件满足素数 $v = 3 \bmod 4$，指一列 URA 编码以 v 个值为一个循环。

②根据公式构造 v 阶 Skew - Hadamard URA 的循环差集 D，处于 D 中的编码的开孔为 1：

$$D = \{1^2, \ 2^2, \ \cdots, \ (\frac{v-1}{2})^2\} \bmod v。\tag{4}$$

③选取两个间隔为 $60°$ 的基向量 $\vec{e_0}$ 和 $\vec{e_1}$，选取整数 r，这样所有以 $i\vec{e_0}+j\vec{e_1}$ 为中心的单元格可以被标记为：

$$l=(i+rj)\mathrm{mod}v。 \tag{5}$$

阶数 v 的选取可以形成一个较为紧密的集合，允许构造 Skew－Hadamard URA 的编码孔径数量可以适当地与空间分辨率的元素数量相匹配[7]。

本文使用铁作为准直体材料，准直体尺寸为 $\varphi11.5\ \mathrm{cm}\times10\ \mathrm{cm}$，准质孔为边长为 $5\ \mathrm{mm}$ 的正六面体。根据式（4）和式（5）确定编码阵列样式，选取阶数 $v=79$，参数 $r=19$，开孔数为 45，其编码开孔如图 2（a）所示。构造如图 2（b）所示的调制准直体对伽马信号进行调制。

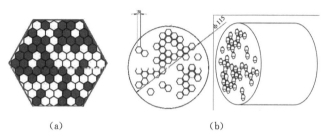

(a)　　　　　　　　　　　(b)

图 2　调制准直体结构

（a）skew－Hadamard URA 编码结构；（b）RMC 装置示意

探测器使用 ORTEC 生产的同轴型 N 型高纯锗探测器（TRANS－SPEC－N－KT 型），其相对探测效率约为 55%，Ge 晶体是直径为 $6.7\ \mathrm{cm}$、长为 $7.1\ \mathrm{cm}$ 的圆柱，中心位置有放置冷指的凹槽，Ge 晶体外层有一层 $1.5\ \mathrm{mm}$ 的 Al 层。根据厂商提供的参数建立了相关模型，如图 3。

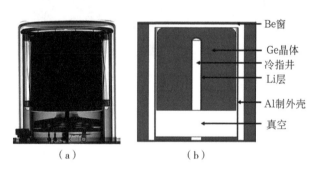

（a）　　　　　　　　　　　（b）

图 3　高纯锗结构模型

（a）X－Ray 照相；（b）MCNP 高纯锗模型

2　模拟计算与图形重建

2.1　模拟计算

在本研究中，使用蒙特卡罗模拟程序 MCNP5 完成了对含 Cl 元素发生辐射俘获后的伽马信号响应的探测仿真。根据 RMC 装置设计结构的尺寸和高纯锗探测器参数建立了几何模型，调制准直器、探测器和 ROI 中心保持在同一轴线上。将伽马源分布限定于一个 $10\ \mathrm{cm}\times10\ \mathrm{cm}$ 的二维平面中，划分为 400 个像素点 $5\ \mathrm{mm}\times5\ \mathrm{mm}$ 的网格，伽马源处于网格中心。该二维平面距离准直体距离为 $1\ \mathrm{cm}$。旋转调制准直器以 $1°$ 为间隔进行调制。将特定能量区间的一枚伽马源依次历遍每一个像素点网格，在每一个网格中依次历遍 360 个调制角度，可以获得在当前能量区间下的 400×360（像素×角度）的系统矩阵 $[\varepsilon]$。

Cl 元素与热中子发生反应产生的部分特征 γ 射线的能量如表 1 所示，其中能量为 $0.517\ \mathrm{MeV}$ 的

特征 γ 射线难以与电子对效应产生的 0.511 MeV 的 γ 射线峰区分，因此通过 1.164 MeV 的特征 γ 射线的强度对 Cl 元素进行表征。在 Cl 元素含量一定的条件下，中子通量与目标特征峰强度呈线性关系，在中子束流较弱的条件下 Cl 元素发生辐射俘获反应产生的伽马射线计数较低，统计涨落带来较大误差。在模拟中，直接通过特征能量的伽马射线源代替受中子激发的含 Cl 样品来获得更高的伽马计数。

表 1　2 MeV 以下 Cl 元素的特征伽马射线能量及截面

能量/MeV	反应截面/b	能量/MeV	反应截面/b
0.517	7.58	1.601	1.21
0.786	3.42	1.951	6.33
0.788	5.42	1.959	4.10
1.164	8.91		

在模拟仿真中，将单个像素的伽马源设置为 5 mm×5 mm×5 mm 体源，以各向同性发射能量为 1.164 MeV 的伽马射线，粒子数设置为 10^8，确保模拟结果的不确定性保持在 0.01 以下。伽马源设置位置如图 4 所示，目标区域内共存在 47 个单像素伽马体源，分别在四个象限组成如图 4a 所示的"I""N""A""T"4 个字母。在进行响应函数的模拟时不再采用 1°为一个角度间隔，而是使用 4°作为一个角度间隔，通过线性插值的方式补全响应，模拟结构如图 4b 所示。这样设定是为了匹配实验测量过程，尽可能减少图像信息损失。

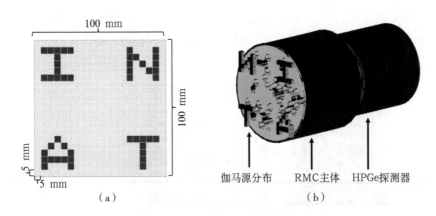

图 4　模拟调置

（a）参考源项分布；（b）MCNP 模拟结构

对于蒙特卡罗模拟结果，考虑了由于统计涨落带来的计数变化，在模拟结果中额外添加了 $\sigma^2 = N$ 的高斯误差。对计数结果进行最大值归一化后的结果如图 5 所示。

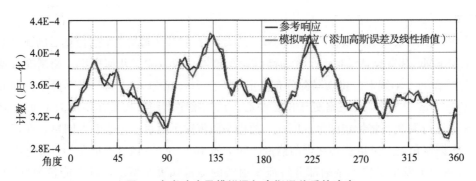

图 5　参考响应及模拟添加高斯误差后的响应

2.2 图形重建

完整的系统矩阵 $[\varepsilon]$ 已由 MCNP 模拟，经过 MLEM 算法对响应进行求解并重建图像。在我们的研究中，MLEM 算法设置的迭代次数在 10 000 时，结果已收敛。重建图像像素为 20×20，每个像素代表实际尺寸为 5 mm×5 mm。重建图像如图 6 所示。

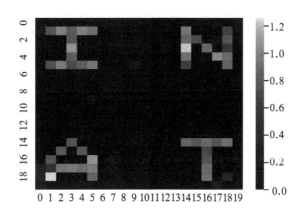

图 6　图像重建结果

选取图像的信噪比（Signal to Noise Ratio，SNR）和图像相似度（Structural Similarity，SSIM）作为重建结果的评价参数，参考图像作为对比图像。SNR 和 SSIM 的计算公式如下：

$$\mathrm{SNR}=10\cdot\log_{10}\left[\frac{\sum_0^{n_x}\sum_0^{n_y}[t(x,\ y)]^2}{\sum_0^{n_x}\sum_0^{n_y}[r(x,\ y)-t(x,\ y)]^2/N}\right]; \tag{6}$$

$$\mathrm{SSIM}=\frac{2\mu_x\mu_y+C_1}{\mu_x^2+\mu_y^2+C_1}\cdot\frac{2\sigma_x\sigma_y+c_2}{\sigma_x^2+\sigma_y^2+c_2}\cdot\frac{\sigma_{xy}+C_3}{\sigma_x\sigma_y+C_3}\,_\circ \tag{7}$$

结果表明，重建图像的 SNR 达到 38.2 dB，与参考图像的 SSIM 为 0.897。可以看出，伽马射线的成像结果与实际情况相符合，可较好地反映伽马射线的产生位置，验证了该装置设计可以用于中子与特定核素反应产生的瞬发伽马射线分布成像。但使用中子束与核素反应产生瞬发伽马射线的同时会和环境、装置材料反应产生更多的干扰信号。后续的工作需要平衡中子束流通量与伽马射线强度，准确提取出特征伽马计数，同时修正中子活化中的体效应问题。

3 结论

在本研究中，我们提出了一个单层准直的旋转调制准直器，用于近场下的特征伽马射线分布测量。通过 skew - Hadamard URA 的构造方法确定了调制器的编码设置。使用蒙特卡罗软件 MCNP 模拟计算了一块 10 cm×10 cm 区域的含 Cl 样品的瞬发伽马信号响应，并使用 MLEM 算法进行了图像重建，重建图像的 SNR 达到 38.2dB，与参考图像的 SSIM 值为 0.897。表明该 RMC 装置可以用于 PGAI 测量中 Cl 元素分布的测定。未来的工作包括进一步优化实验条件、平衡中子束流通量与伽马射线强度、准确提取出特征伽马计数，同时修正中子活化中的体效应问题，扩展到中子受激瞬发伽马射线的测量，用于医学 NSECT 或工业 PGAI 的测量。

参考文献：

［1］ VIANA R S, AGASTHYA G A, YORIYAZ H, et al. 3D element imaging using NSECT for the detection of renal cancer: a simulation study in MCNP [J]. Physics in medicine & biology, 2013, 58 (17): 5867.

［2］ 孙鸣捷, 闫崧明, 王思源, 等. 鬼成像和单像素成像技术中的重建算法 [J]. 激光与光电子学进展, 2022, 50 (2): 1-16.

[3] KIM H S, CHOI H Y, LEE G, et al. A Monte Carlo simulation study for the gamma-ray/neutron dual-particle imager using rotational modulation collimator (RMC) [J]. Journal of radiological protection, 2018, 38 (1): 299.

[4] SHARMA A C, TOURASSI G D, KAPADIA A J, et al. Design and development of a high-energy gamma camera for use with NSECT imaging: feasibility for breast imaging [J] . IEEE transactions on nuclear science, 2007, 54 (5): 1498-1505.

[5] PARK S, KIM G, LEE G. Image reconstruction for rotational modulation collimator (RMC) using non local means (NLM) denoising filter [J] . Nuclear instruments and methods in physics research section A: accelerators, spectrometers, detectors and associated equipment, 2020 (954): 161901.

[6] ZHANG Z, WANG X, ZHENG G, et al. Hadamard single-pixel imaging versus Fourier single-pixel imaging [J] . Optics Express, 2017, 25 (16): 19619-19639.

[7] GAL O, GMAR M, IVANOV O P, et al. Development of a portable gamma camera with coded aperture [J] . Nuclear Instruments and Methods in Physics Research Section A: accelerators, spectrometers, detectors and associated equipment, 2006, 563 (1): 233-237.

Simulation study of prompt gamma-ray activation imaging based on rotating modulation collimator

LIANG Xu-wen[1], ZHAO Dong[1], JIA Wen-bao[1],
HEI Da-qian[2], CHENG Can[3], CHENG Wei[1]

(1. Department of Nuclear Science and Technology, Nanjing University of Aeronautics and Astronautics, Nanjing, Jiangsu 211106, China; 2. Lanzhou University, Lanzhou, Gansu 730000, China; 3. Jiangsu Institute of Metrology, Nanjing, Jiangsu 210023, China)

Abstract: Prompt gamma neutron activation imaging (PGAI) is an element imaging method based on prompt gamma neutron activation analysis (PGNAA) . The sample is irradiated by neutrons, which excites isotopes to emit the prompt gamma-rays. The distribution of isotopes can be determined by locating the emission position of characteristic gamma-rays. In this work, we designed a Rotating Modulation Collimator (RMC) with an encoding structure to modulate gamma rays based on the principle of time encoding imaging. The modulation collimator is an iron cylinder, and the opening holes are determined by the skew-Hadamard uniformly redundant array. The characteristic gamma-rays produced by the thermal neutrons absorbed by the sample containing Cl were calculated by using Monte Carlo simulation code MCNP. The maximum likelihood expectation maximization (MLEM) algorithm is used for image reconstruction. The results show that the structural similarity (SSIM) of the reconstructed image and the original image is 0. 897, and the SNR is 38. 2 dB. The feasibility of using the rotating modulation collimator to determine the distribution of Cl in PGAI under near-field conditions was verified.

Key words: Prompt gamma-ray activation imaging; Rotating modulation collimator; Monte Carlo simulation

稳健统计法和传统统计法在八氧化三铀成分分析实验室间比对中的应用研究

王妍妍[1]，吴建军[2]

（1. 中国原子能工业有限公司，北京　100032；2. 中核陕西铀浓缩有限公司，陕西　汉中　723000）

摘　要： 以核燃料产业八氧化三铀成分分析实验室间比对数据为实例，通过使用四分位法、迭代法和传统法计算能力验证 Z 值，研究了指定值、能力评定标准差、数据分布和指定值不确定度等因素对能力验证评价结果的影响。结果表明，3 种统计方法在计算指定值时无明显差别，在计算能力评定标准差时存在差异。迭代法与传统法评价结果相近，四分位法计算得到的满意率较低。检测数据的分布情况对 Z 值计算结果有影响，当数据呈单峰、存在离群值或严重拖尾时，推荐使用迭代法；当数据呈双峰分布时，应针对双峰产生的原因进行分组，再分别进行计算。当参加者较少时，应谨慎选择统计方法和离群值检验方法，并同时满足指定值不确定度准则。避免采用单一统计方法而造成误判或脱离实际的评价结果，使比对工作更加科学和完善，对未来开展实验室间比对工作具有一定的指导意义。

关键词： 实验室间比对；稳健统计；四分位法；迭代法；传统统计

实验室间比对是按照预先规定的条件，由两个或多个实验室对相同或类似的物品进行测量或检测的组织、实施和评价[1]。在核燃料循环生产中，定期开展分析测试实验室间比对是确定分析测试实验室能力、了解实验室存在问题和实验室间差异的有效手段之一。目前，核燃料产业实验室间比对多采用单一统计方法（四分位法）对数据进行统计分析。本文试通过四分位法、迭代法和传统法三种统计方法对核燃料产业八氧化三铀实验室间比对数据进行计算，研究指定值、能力评定标准差、数据分布和指定值不确定度等因素对比对评价结果的影响，避免单纯采用某一种统计方法而出现误判或脱离实际的评价结果，使比对工作更加科学和完善。

1　几种常用统计方法

1.1　传统统计法

传统统计方法（简称"传统法"）是基于正态分布的统计方法，应用贝塞尔公式。虽然大多数实验室间比对可提供单峰和近似对称的数据，但由于实验室缺乏经验、测量不够精确、采用新测量方法或参加者未能正确处理比对样品等原因，大多数能力比对数据集包含一定比例的离群结果使原始数据往往并不符合正态分布，一个极端的离群值就可以严重影响 X（指定值）和 S（能力评定标准差）等统计参数，并导致指定值的极度增宽和偏移，影响能力验证评价结果的可靠性[2]。因此，在传统法的实际应用中，需首先采用离群值检验法识别出离群值，剔除离群值后计算平均值 $\bar{x}$ 和标准偏差 σ，以平均值和标准偏差作为指定值和能力评定标准差。对离群数据的判别一般采用拉依达检验法（3σ 准则）、格拉布斯（Grubbs）检验法、Dixon 检验法、t 检验法、F 检验法等。在国际上，常推荐格拉布斯检验法和 Dixon 检验法[3]。

1.2　稳健统计法

稳健统计技术自 20 世纪 60 年代兴起，1981 年由 P. J. Huber 正式给出稳健统计的定义，即一种稳健统计方法应该能够很好而且合理地处理假定模型；当模型有少许偏离时，结果也不受的影响。稳

作者简介： 王妍妍（1988—），女，硕士，工程师，现主要从事核燃料质量、标准化、计量与分析测试管理工作。

健统计实际上就是减少正态分布假设或异常值（离群值）对总体的影响。目前常用的稳健统计方法有两种：一种是 CNAS－GL002 推荐的中位值和标准化四分位距法[1]；一种是 GB/T 28043 推荐的迭代法[4]。

1.2.1　中位值和标准化四分位距法

中位值和标准化四分位距法（简称"四分位法"），是使用中位值（med）和标准四分位间距（NIQR）分别代替传统统计方法中的平均值和标准偏差作为总体的估计，即对检测结果总体参数的估计。中位值是分布中间位置的一个估计，标准化四分位距等于四分位距乘以因子 0.7413。四分位距是高四分位数和低四分位数的差值。对一组由小到大排列的数据，居于中间位置的数据为中位值，有一半的数据高于它，一半的数据低于它；居于下 1/4 位置的数据为下四分位数或低四分位数（Q1），该组数据的 1/4 低于 Q1，3/4 高于 Q1；居于上 1/4 位置的数据为上四分位数或高四分位数（Q3），该组数据的 1/4 高于 Q3，3/4 低于 Q3。在大多数情况下 Q1 和 Q3 通过数据值之间的内插法获得。

1.2.2　迭代法

迭代法的计算原理是将数据按从小到大的顺序排列，通过不断替换离群值，降低其权重系数从而降低离群值对最终结果的影响，即位于数据排列两端远离中位值的可疑值或离群值均以较小权重予以保留，与中位值接近的值则以较大权重参与计算，充分利用了全部测量数据的信息。迭代法包括算法 A 和算法 S，其中算法 A 用于估计数据总体的稳健平均值和标准偏差；算法 S 用于合并实验室内部给出的标准偏差或变动范围。如果实验室均给出了检测数据的实验室内标准偏差或者数据的变动范围，则可以用算法 S 给出数据再现性的标准偏差。比对工作中确定检测变量稳健平均值和标准偏差的迭代法大多为算法 A。

1.3　能力评价原则

对实验室比对结果的评价一般应包括指定值的确定、能力统计量的计算、能力评定[1]。Z 值是由指定值和标准差计算的实验室偏倚的标准化度量，作为能力统计量在国内外各项能力验证计划中得到了广泛应用[5]，实验室测定结果 x_i 的 Z 值（即 Z_i）可以采用式（1）计算：

$$Z_i = \frac{x_i - x_{pt}}{\sigma_{pt}} \text{。} \tag{1}$$

式中，x_i 为实验室测定结果；x_{pt} 为指定值；σ_{pt} 为能力评定标准差。

以 Z 值评价各实验室的测定结果：

当 $|Z| \leqslant 2$ 时，表明结果可接受；

当 $2 < |Z| < 3$ 时，表明给出警戒信号；

当 $|Z| \geqslant 3$ 时，表明结果不可接受（或给出行动信号）[2]。

当比对采用样品对时，以四分位法为例，假设结果对是从样品对 A 和 B 两个样品中获得的。首先按式（2）和式（3）计算每个参加者结果对的标准化和（用 S 表示）和标准化差（用 D 表示，保留 D 的＋或-），即：

$$S = (A + B)/\sqrt{2} \text{；} \tag{2}$$

$$D = (A - B)/\sqrt{2} \text{。} \tag{3}$$

通过计算每个实验室结果对的标准化和及标准化差，可以得出所有实验室的 S 和 D 的中位值和标准化四分位距，即 $med(S)$、$NIQR(S)$、$med(D)$、$NIQR(D)$。根据所有实验室的 S 和 D 的中位值和 $NIQR$，可以计算两个 Z 比分数，即实验室间 Z 比分数（ZB）和实验室内 Z 比分数（ZW）：

$$ZB = (S - med(S))/NIQR(S) \text{；} \tag{4}$$

$$ZW = (D - med(D))/NIQR(D) \text{。} \tag{5}$$

ZB 和 ZW 的判定准则同 Z 比分数。ZB 主要反映结果的系统误差，ZW 主要反映结果的随机误差。对于样品对，$ZB \geqslant 3$ 表明该样品对的两个结果太高，$ZB \leqslant -3$ 表明其结果太低；$|ZW| \geqslant 3$ 表明两个结果间的差值太大。

2 3 种统计方法数据计算

本文采用 2021 年核燃料产业八氧化三铀成分分析实验室间比对数据，选取铀（U）、钍（Th）、铬（Cr）、铁（Fe）和钙（Ca）5 个检测项目各实验室的测定结果，分别用四分位法、迭代法和传统法计算了样品对测定结果的标准化和、标准化差、指定值、能力评定标准差等值。依据比对评价原则，计算各实验室数据的 ZB、ZW 值。分别将计算的 $|Z|$ 值进行统计，得到 U、Th、Cr、Fe 和 Ca 采用不同统计方法时，评价满意、有问题和不满意实验室数量的比较，如表 1 所示。

表 1　3 种统计方法评价结果比较

检测项目	实验室数/个	Z值	评价结果/个								
			四分位法			迭代法			传统法（剔除离群值）		
			$\|Z\| \leqslant 2$ 满意	$2 < \|Z\| < 3$ 有问题	$\|Z\| \geqslant 3$ 不满意	$\|Z\| \leqslant 2$ 满意	$2 < \|Z\| < 3$ 有问题	$\|Z\| \geqslant 3$ 不满意	$\|Z\| \leqslant 2$ 满意	$2 < \|Z\| < 3$ 有问题	$\|Z\| \geqslant 3$ 不满意
铀（U）	16	ZB	13	2	1	14	1	1	14	1	1
		ZW	14	1	1	15	0	1	15	0	1
钍（Th）	16	ZB	16	0	0	16	0	0	16	0	0
		ZW	13	2	1	15	0	1	15	1	0
铬（Cr）	16	ZB	13	2	1	15	1	0	15	1	0
		ZW	15	1	0	15	1	0	15	1	0
铁（Fe）	16	ZB	15	0	1	15	0	1	15	0	1
		ZW	13	2	1	15	0	1	15	0	1
钙（Ca）	15	ZB	15	0	0	15	0	0	15	0	0
		ZW	15	0	0	15	0	0	15	0	0

由表 1 中的 $|Z|$ 值结果比较可得，3 种统计方法在计算 $|Z|$ 值时存在差异：迭代法与传统法计算判定为满意（$|Z| \leqslant 2$）、有问题（$2 < |Z| < 3$）和不满意（$|Z| \geqslant 3$）的实验室数量基本一致；而四分位法计算判定为满意（$|Z| \leqslant 2$）的实验室数量明显少于迭代法和传统法，具体体现在 U（ZB）、U（ZW）、Th（ZW）、Cr（ZB）和 Fe（ZW）共 5 组，占到总组数的一半。也就是说，四分位法相较迭代法和传统法，对实验室检测能力的判定更"严格"。

对于一次实验室间比对，被评价"不满意"和"有问题"的数据越多，证明该实验室测量的系统误差或随机误差越大，这样的实验室要根据评价结果查找原因并整改。不同的统计分析方法会导致"不满意"和"有问题"的数据明显不同，这直接影响了对实验室检测能力的公正性。因此，选择科学合理的数据统计方法，对实验室能力评定结论至关重要。下面将通过研究分析讨论不同统计方法对统计结果的影响。

3 3 种统计方法结果讨论

根据四分位法、迭代法和传统法的统计原理和比对评价原则，确定了指定值、能力评定标准差、数据分布情况和指定值不确定度 4 个关键参数，下面将通过对 3 种统计方法结果的讨论，研究 4 个关键参数分别对评价结果的影响。

3.1 指定值和能力评定标准差对评价结果的影响

根据统计方法的基本原理可知，指定值和能力评定标准差是计算 Z 值的关键参数。用四分位法和迭代法计算 U、Th、Cr、Fe 和 Ca 5 个检测项目的稳健平均值和稳健标准偏差，分别与剔除离群值的传统法进行比较，汇总数据如表 2 所示。

表 2　3 种统计方法计算指定值和能力评定标准差的比较

项目		四分位法		迭代法		传统法（剔除离群值）			平均值比值 $med/\bar{x}$	标准偏差比值 $NIQR/\delta$	平均值比值 med/x^*	标准偏差比值 $NIQR/S^*$
		中位值 med	标准四分位间距 $NIQR$	稳健平均值 x^*	稳健标准偏差 δ^*	离群值/个	平均值 $\bar{x}$	标准偏差 S				
U	S	119.631	0.032	119.638	0.039	1	119.641	0.036	1.00	0.90	1.00	0.82
	D	0.040	0.022	0.038	0.026	1	0.041	0.022	0.98	0.99	1.06	0.85
Th	S	35.886	2.346	36.657	2.088	0	36.659	1.845	0.98	1.27	0.98	1.12
	D	-14.177	1.245	-14.429	1.408	0	-14.332	1.637	0.99	0.76	0.98	0.88
Cr	S	27.365	0.891	27.572	1.326	0	27.506	1.309	0.99	0.68	0.99	0.67
	D	-8.521	0.957	-8.46	0.882	0	-8.415	0.906	1.01	1.06	1.01	1.09
Fe	S	161.998	7.299	161.525	7.278	1	162.253	5.921	1.00	1.23	1.00	1.00
	D	-63.958	3.394	-63.528	5.295	1	-64.116	4.418	1.00	0.77	1.01	0.64
Ca	S	84.641	5.347	86.097	5.236	0	86.097	4.617	0.98	1.16	0.98	1.02
	D	-26.870	3.486	-26.757	3.372	0	-26.757	2.973	1.00	1.17	1.00	1.03

3.1.1 四分位法与传统法的比较

四分位法与传统法在确定指定值（中位值和平均值）时，并无明显差异，中位值 med 与平均值 $\bar{x}$（除离群值外）的比值均接近于 1（10 个统计量比值的平均值为 0.99）。而在确定目标标准差（满足计划要求的变动性的合适估计值/度量）时，两种方法的结果存在明显不同。可以看到，NIQR 与 δ 的比值中，除 Th（标准化和）、Fe（标准化和）明显大于 1 外，其余 NIQR 与 δ 的比值均小于或接近于 1，即四分位法 NIQR 小于传统法标准偏差，这正体现了稳健统计法的理论——降低离群值或形态两端数据在分散度计算当中的权[6]。而正是由于 NIQR 小于标准偏差 δ，导致用四分位稳健统计法计算得到的 Z 比分数大于传统统计法。因而两种方法在用 Z 比分数评价能力验证结果时出现明显差别。这与表 1 的结果吻合，在 U（ZB）、U（ZW）、Th（ZW）、Cr（ZB）和 Fe（ZW）的计算值中，用四分位法计算比传统法更"严格"，计算出有问题和不满意的比率更高。

3.1.2 四分位法与迭代法的比较

四分位法和迭代法在确定指定值（中位值和稳健平均值）时，同样无明显差异，中位值 med 与稳健平均值 X^* 的比值均接近于 1（10 个统计量比值的平均值为 1.00）；而在确定目标标准差时，两种方法的结果存在明显不同，除 Th（标准化和）明显大于 1 外，其余 NIQR 与 δ^* 的比值均小于或接近于 1，即四分位法 NIQR 小于迭代法稳健标准偏差。因此，导致四分位稳健统计法计算的 Z 比分数大于迭代统计法，也就是说，用四分位法计算比迭代法更"严格"，计算出有问题和不满意比率更高。

表 3 列出了 3 种统计方法在计算 Z 值时，不满意和有问题的数据比率有差别的项目。由表可知，迭代法与传统法对数据的判定结果基本一致，而四分位法计算出不满意和有问题的数据比率要比迭代法和传统法多 6.25%～12.5%。

表 3　存在差异的计算方法比较

不满意和有问题比率	四分位法	迭代法	传统法
U（ZB）	18.75 %	12.5 %	12.5 %
U（ZW）	12.5 %	6.25 %	6.25 %
Th（ZW）	18.75%	6.25 %	6.25 %
Cr（ZB）	18.75%	12.5 %	12.5 %
Fe（ZW）	18.75%	6.25 %	6.25 %

3.1.3　3 种方法的原理比较

从原理上分析造成 3 种统计方法计算产生差别的原因主要如下。

在四分位法中，只利用了中位值、上四分位数、下四分位数，数据列两端的数据均不参与计算，所以四分位法将极端数据对统计结果的影响降至最低。四分位法计算的数据离散度（标准偏差）比传统统计法小，两端数据被判定为离群值的可能性较大，因此存在统计学上第一类错误（弃真）的风险。如果此时直接套用计算公式，特别是当数据过于集中时，四分位法计算结果（NIQR）明显偏小。这时会导致正常实验室上报的数据被判为"可疑值（或有问题）""离群值（或不满意）"。

在传统统计法中，任何一个参加实验室提交的数据（除离群值外）都参与计算，对统计参数都做出了贡献，而且各参加实验室提交数据的权重相同，因此传统统计法能全面地表征数据列的分布特征。同稳健统计法相比，传统统计法表征的实验室间离散度较大，判别出数据列中离群的可能性较小。在实际应用中，即使在剔除离群值之后，也很难保证剩余的数据完全符合原假定模型，特别是在比对结果中存在极端值的情况下，传统统计法给出的平均值和标准偏差会受到极端值的影响，因此采用传统统计法，容易具有统计学上第二类错误（取伪）的风险[7]。

迭代法早在 20 世纪 80 年代国外分析化学文献中应用报道[8]。此方法不需要对"离群值"进行人为干预，其原理是对按顺序排列，位于数据排列两端远离中位值的可疑值或离群值均以较小权重予以保留，与中位值接近的值则以较大权重参与计算，充分利用了全部测量数据的信息。分析化学领域，有些离群值很明显，容易删去，但有时判断离群值的分界线并不明显，不同的判别方法结论可能不同。在这种情况下，迭代法尽量减小了离群值对平均值和标准偏差的影响，给出这两个统计量的估计值。

3.2　数据分布情况对评价结果的影响

在参加实验室数量较多的情况下，数据一般近似服从正态分布（不含错误数据），满足统计假设，3 种统计方法均可使用。但在实验室数量较少的情况下（如核燃料产业实验室间比对），往往数据会偏离正态分布。以 U 和 Th 检测项目为例，分析数据分布对统计结果的影响。

3.2.1　U 检测项目

根据 U 检测数据（标准化和）分布绘制直方图（图 1），由图可知，数据端明显存在离群值。去除离群值后，重新绘制 U 数据直方图，如图 2 所示。

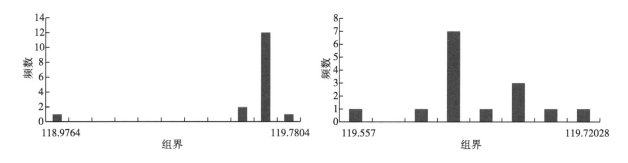

图 1　U 数据分布　　　　　　　图 2　去除离群值后 U 数据分布

由图 2 可知，剔除离群值后，数据服从正态分布，满足传统法的计算条件，因此用剔除离群值后的传统法统计结果作为参照结果，来比较四分位法和迭代法两种稳健统计法。根据表 1 的计算结果可知，迭代法计算得到的实验室满意率为 87.50%，与传统法一致，而四分位法计算得到的满意率仅为 81.25%，较传统法低，是因为四分位法计算得到的稳健标准偏差过严，可能出现了统计学"弃真"错误。四分位法虽然是目前国内能力验证机构广泛采用的数据处理方法，但此方法有一个重要前提，即所处理的数据分布应该是标准正态分布或近似于正态分布，而迭代法的特点是对数据分布没有任何假设。如果数据分布不是标准正态分布，如在正态分布基础上，单峰、分布基本对称，存在离群值即使有严重拖尾（heavy tails）现象时，它也能给出较合理的结果[7]。在这种情况，迭代法综合了稳健统计法和传统统计法的特点，既减小了离群值对统计分析结果的影响，又避免了判断离群值时采用不同规则可能带来的人为因素影响及手工计算的麻烦。

3.2.2　Th 检测项目

通常，许多数据统计处理的基础是正态分布。正态分布的特点是单峰性、对称性、有界性和抵偿性。但由于参加实验室的测试方法、测试条件往往各不相同，所以在许多情况下能力验证的结果呈偏态分布。对能力验证的结果只要求近似正态分布，尽可能对称，但分布应当是单峰。如果分布中出现双峰或多峰，则表明实验室之间存在群体性的系统偏差[1]。

对 Th 检测数据（标准化和）分布绘制直方图（图 3），由图可知，数据呈明显的双峰分布。

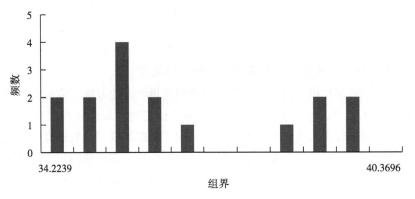

图 3　Th 数据分布

对造成 Th 检测结果系统偏差的原因进行分析，根据各参加实验室提交的检测报告，梳理出 16 个实验室检测 Th 时使用的方法。如表 4 所示，本次共有 16 个实验室参加 Th 检测结果（标准化和）比对，其中 11 个实验室使用的是 ICP - AES/ICP - OES（电感耦合等离子原子发射光谱法，简称"光谱法"），5 个实验室使用的是 ICP - MS（电感耦合等离子原子发射质谱法，简称"质谱法"）。

表 4　Th 项目各实验室检测方法汇总

实验室序号	Th 测定结果（标准化和）	检测方法	实验室序号	Th 测定结果（标准化和）	检测方法
1	36.770	ICP - MS	9	35.850	ICP - AES
2	34.578	ICP - AES	10	35.992	ICP - AES
3	35.780	ICP - AES	11	38.396	ICP - MS
4	39.244	ICP - MS	12	39.457	ICP - MS
5	38.820	ICP - AES	13	34.224	ICP - MS
6	39.810	ICP - OES	14	35.285	ICP - AES
7	35.780	ICP - AES	15	35.285	ICP - AES
8	35.921	ICP - AES	16	35.355	ICP - AES

由此可见，数据出现双峰的原因可能是由于两种检测方法造成。在这种情况下，对两种方法的数据进行分组，然后对每种方法的数据分别进行统计分析。按照检测方法分组后，重新绘制数据分布直方图，如图4、图5所示。分组后，光谱法测量数据呈近似正态分布，质谱法呈偏态分布但仍是单峰，按照《能力验证结果的统计处理和能力评价指南》CNAS-GL002（2018）的规定，满足使用统计方法进行计算的条件。

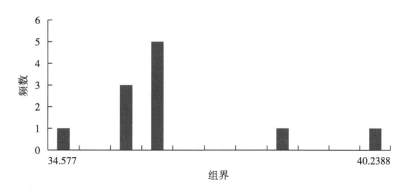

图 4　光谱法测量数据分布

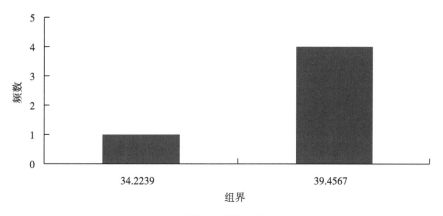

图 5　质谱法测量数据分布

将数据按光谱法组和质谱法组分组后，分别用3种统计方法计算 ZB 值，如表5和表6所示。从统计结果可以看出，迭代法与传统法计算结果基本一致，获得的实验室满意率相同；而四分位法相对迭代法和传统法更"严格"，统计得出的不满意和有问题数据更多，这与上文对 U 的统计结果分析得到的结论一致。

表 5　光谱法组统计结果

实验室序号	Th 测定结果（标准化和）	ZB		
		四分位法	迭代法	传统法（剔除 1 个离群值）
2	34.578	− 2.55	− 1.46	− 1.15
3	35.780	0.00	− 0.05	− 0.08
5	38.820	6.45	3.53	2.63
6	39.810	8.54	4.70	3.51
7	35.780	0.00	− 0.05	− 0.08

实验室序号	Th 测定结果 （标准化和）	ZB		
		四分位法	迭代法	传统法 （剔除 1 个离群值）
8	35.921	0.30	0.12	0.05
9	35.850	0.15	0.04	−0.01
10	35.992	0.45	0.20	0.11
14	35.285	−1.05	−0.63	−0.52
15	35.285	−1.05	−0.63	−0.52
16	35.355	−0.90	−0.55	−0.45
稳健平均值		35.780	35.919	35.864
稳健标准差		0.472	0.850	1.123
|Z|≤2 满意		8	9	9
2<|Z|<3 有问题		1	0	1
|Z|≥3 不满意		2	2	1
实验室满意率		72.73%	81.82%	81.82%

表 6　质谱法组统计结果

实验室序号	Th 测定结果 （标准化和）	ZB		
		四分位法	迭代法	传统法 （剔除 1 个离群值）
1	36.770	−0.89	−0.34	−0.39
4	39.244	0.46	0.66	0.75
11	38.396	0.00	0.32	0.36
12	39.457	0.58	0.75	0.85
13	34.224	−2.27	−1.38	−1.56
稳健平均值		38.396	37.618	37.618
稳健标准差		1.835	2.463	2.172
|Z|≤2 满意		4	5	5
2<|Z|<3 有问题		1	0	0
|Z|≥3 不满意		0	0	0
实验室满意率		80%	100%	100%

3.3　指定值不确定度对评价结果的影响

值得注意的是，当参加者较少时，统计方法的选择要更为谨慎。

在识别离群值方面，对于非常小的数据集，即使使用稳健统计法，也宜进行离群值检验，剔除离群值后，再计算均值或标准差更为可取[4]。对于上文 Th 项目，由于根据检测方法进行了分组，分组后质谱法组只有 5 家实验室，在使用四分位法和迭代法计算时，也应经过离群值检验。经计算，该组数据没有离群值，因此表 6 中的四分位法、迭代法统计结果有效。

在均值估计方面，实验室数据集的指定值宜符合指定值不确定度准则[4]。

$$u(x_{pt}) < 0.3\sigma_{pt}, \tag{6}$$

式中，$u(x_{pt})$ 为稳健平均值的标准不确定度，使用能力比对结果的稳健标准差 σ^* 计算，计算方法

为 $u(x_{pt}) = 1.25\sigma^* / \sqrt{p}$；$\sigma_{pt}$ 为能力评定标准差，使用已标准化的测量方法的重复性 σ_r 和再现性 σ_R 参加者的重复测量次数 m 来计算，计算方法为 $\sigma_{pt} = \sqrt{\sigma_R{}^2 + \sigma_r{}^2(1-1/m)}$。

对于实验室数量≤12 的正态分布，当剔除离群值后，使用简单均值作为指定值、结果标准差作为能力评定标准差时，会不符合指定值不确定度准则。使用中位数作为指定值，实验室数量≤18 时不能符合指定值不确定度准则。当指定值的标准不确定度 $u(x_{pt})$ 远大于能力验证中使用的能力评定标准差时，会存在一种风险，即某些实验室将会因为指定值不准确而收到行动信号或警戒信号，而不是因为实验室内部的任何原因[4]。因此，在 $u(x_{pt})$ 不可忽略时，应将其报告给参加能力比对的实验室，增加实验室评价的科学性和可靠性。

在核燃料领域，参加比对的实验室往往不超过 20 家，且采用的测量方法不尽相同。如本次 U 的测量，16 个实验室的测量方法依据了 3 种国家标准、2 种行业标准和 4 种企业标准，包含了不同的原理和方法，或即使是相同原理的方法，方法的重复性和再现性也不同。一旦数据分布不服从正态分布或近似正态分布，如双峰分布需要分组分别统计时，就会面临组内数据过少，指定值的标准不确定度过大，造成将满意数据判定为不满意或有问题的风险。

本次实验室比对因未对测量方法做统一要求，也未收集各个实验室检测方法的重复性和再现性数据，因此，本文未能计算是否满足指定值不确定度准则。未来，在组织实验室间比对时，应要求实验室给出测量方法的重复性、再现性值，以便更加准确、客观地评价各实验室的测量结果。

4 结论

①传统法、四分位法和迭代法 3 种统计方法在计算能力比对数据的指定值时没有明显差别，在计算能力评定标准差时存在差异，从而造成计算 Z 值结果的不同。迭代法与传统法结果相近，四分位法则更加"严格"，被评价为有问题和不满意数据比率更高。

②检测数据分布情况对评价结果有影响，在选择统计方法之前，应检验数据的分布状态。当数据呈单峰、存在离群值或严重拖尾时，推荐使用迭代法；当数据呈双峰分布时，应针对双峰产生的原因进行分组，再分别进行计算。

③当参加者较少时，应谨慎选择统计方法和离群值检验方法，同时应满足指定值不确定度准则，减少因指定值的标准不确定度过大，造成将满意数据判定为不满意或有问题的风险，提高实验室能力评价的科学性、客观性和可靠性。

致谢

感谢由中国原子能工业有限公司主办、中核北方核燃料元件有限公司承办的 2021 年核燃料产业八氧化三铀成分分析实验室间比对为本文的统计和分析提供了数据支撑。感谢核工业理化工程研究院理化分析检测中心关宁昕在数据分析过程中给予的技术指导。感谢中国原子能工业有限公司薛妍、张晓燕在论文写作过程中给予的帮助和指导。

参考文献：

[1] 中国合格评定认可委员会. 能力验证结果的统计处理和能力评价指南：CNAS－GL002：2018 [S]. (2018－03－29). https：//www. cnas. org. cn/fwill/nvyyzxgzcyzl1889732. shtml. 2018.

[2] 肖亚玲，王薇，王治国. ISO15189：2012 与室间质量评价 [J]. 现代检验医学杂志，2014，29 (5)：161－163.

[3] 刘洪，黄燕. 我国统计数据质量的评估方法研究：趋势模拟评估及其应用 [J]. 统计研究，2007，24 (8)：17－21.

[4] 国家市场监督管理总局，国家标准化管理委员会. 利用实验室间比对进行能力验证的统计方法：GB/T 28043－2019/ISO 13528：2015 [S]. 北京：中国标准出版社，2019.

［5］ 曹宏燕. 分析测试统计方法和质量控制［M］. 北京：化学工业出版社，2016.

［6］ 李敏，易国庆. 四分位数稳健统计方法与传统统计方法在实验室能力验证结果评价中的比较分析［J］. 中国卫生统计，2010，27（4）：431－433.

［7］ 符颖操，罗茜. 实验室间比对结果分析统计方法的探讨［J］. 理化检验：物理分册，2006，42（6）：295－299.

［8］ 郭亚帆. 稳健统计以及几种统计量的稳健性比较分析［J］. 统计研究，2007，24（9）：82－85.

Study on the application of robust statistics and traditional statistics method in interlaboratory comparison of uranosouranic oxide composition analysis

WANG Yan-yan[1] , WU Jian-jun[2]

(1. China Nuclear Energy Industry Corp, Beijing 100032, China;

2. China Nuclear Shaanxi Uranium Enrichment Co. , Ltd. Hanzhong, Shaanxi 723000, China)

Abstract：Taking the comparison data of uranosouranicoxide interlaboratory comparison in nuclear fuel industry as an example, the Z value of capability comparison was calculated by quartile method, iterative method and traditional method. The effects of assigned value, standard deviation, data distribution and uncertainty of specified value on the evaluation results of capability comparison were studied. The results show that there is no obvious difference between the three statistical methods in calculating the assigned value, but there are differences in calculating the standard deviation. The results of iterative method are similar to those of traditional method, and the satisfaction rate of quartile method is low. The distribution of detection data has an influence on the calculation result of Z value. When the data has a single peak, outliers or heavy tails, iterative method is recommended. When the data shows bimodal distribution, it should be grouped according to the causes of bimodal distribution, and then calculated separately. When there are few participants, the statistical method and outlier test method should be carefully selected, and the uncertainty criterion of assigned value should be met at the same time. Avoid misjudgment or evaluation results divorced from reality caused by single statistical method, and make the capability comparison more scientific and perfect, which has certain guiding significance for the interlaboratory comparison of nuclear fuel industry in the future.

Key words：Interlaboratory comparison；Robust statistics；Quartile method；Iterative method；Traditional statistics

基于迭代算法的碲锌镉探测器模拟 γ 能谱解析方法研究

郑洪龙[1]，虎先国[1]，李　珍[2]，王　洲[1]，石　睿[1]，

刘　崎[1]，李宇浩[1]，魏志恒[1]

（1. 四川轻化工大学，四川 自贡 643000；2. 成都理工大学，四川 成都 610059）

摘　要： 准确实现复杂 γ 能谱的解析直接影响到核素识别和核素活度计算的准确度，对于能量分辨率差的探测器测量得到的 γ 能谱，γ 能谱解析是一个非常重要的工作。碲锌镉探测器对 γ 射线的能量分辨能力比碘化钠探测器高，但相比高纯锗探测器的能量分辨率而言，其能量分辨能力依然较差。本文采用蒙特卡罗方法模拟碲锌镉探测器 γ 能谱响应函数，通过不同特征能区插值构建探测器能谱响应矩阵，结合极大似然期望最大化算法，实现复杂 γ 能谱解析。利用 MCNP 程序建立碲锌镉探测器结构模型，模拟具有重峰的复杂 γ 能谱，能谱中的特征能量及其分支比为 0.122 MeV（15%）、0.132 MeV（10%）、0.344 MeV（10%）、0.662 MeV（10%）、0.682 MeV（10%）、0.964 MeV（5%）、1.112 MeV（15%）、1.142 MeV（10%）、1.332 MeV（15%）。选取 0~1.5 MeV 的能量区间，每间隔 0.1 MeV 模拟计算一个响应函数，通过插值得到碲锌镉探测器对 γ 射线的响应矩阵，利用 MLEM 迭代算法对模拟的复杂 γ 能谱进行解析。解谱结果表明：对于原始谱中的 3 处重峰位置（0.122 MeV 与 0.132 MeV、0.662 MeV 与 0.682 MeV、1.112 MeV 与 1.142 MeV）特征能量可以被清晰分辨，对全谱特征峰位进行准确识别和特征峰面积计算，该方法提高了复杂 γ 能谱中特征能量重峰的分辨能力。

关键词： 碲锌镉探测器；能谱解析；MLEM 算法；响应函数

　　随着我国核能与核技术的大力发展，在放射性同位素测量、环境放射性样品测量、放射性废物测量等监测领域，对 γ 射线的监测技术和仪器有了更高的要求[1-3]。特别是在一些空间狭小的特殊监测现场，传统的高能量分辨率高纯锗 γ 谱仪体积大且需要制冷装置，基于碘化钠探测器、溴化镧探测器等 γ 能谱测量系统体积大且能量分辨率差，其使用受到了限制。碲锌镉探测器是一种小型常温半导体探测器，具有本征探测效率高、探测能量范围宽、在常温下工作、对湿度不敏感等特点，主要应用在核安全保障、环境监测和医学成像等领域[4-6]。碲锌镉探测器克服了高纯锗探测器需要低温制冷、价格昂贵的缺点，相比碘化钠、溴化镧等闪烁体探测器，它的能量分辨率较好[7-8]，且其体积小，更适用于狭小空间要求的特殊测量环境。在现有多种监测需求的领域涉及核素种类较多、特征能量较多，因此在测量的 γ 能谱中出现近位重峰的概率较大，对于放射性核素的准确定性分析和定量分析比较困难。本文采用蒙特卡罗方法模拟计算碲锌镉探测器 γ 能谱响应函数，通过不同特征能区插值构建探测器能谱响应矩阵，结合极大似然期望最大化算法求解，实现复杂 γ 能谱的解析，并对全谱特征峰位进行准确识别和特征峰面积计算。

1　原理与方法

1.1　γ 能谱解析方程

　　基于碲锌镉探测器测量 γ 射线的基本原理，对于一个 γ 能谱而言，它是所有被探测到的入射 γ 光

作者简介： 郑洪龙（1989—），男，四川眉山人，讲师，博士，现主要从事核辐射探测技术研究工作。

基金项目： 碲锌镉阵列探测的层析 γ 扫描图像快速重建方法研究（42204179）；核脉冲信号序列深度学习快速核素识别新方法研究（42074218）；Singer 差集自注意力机制时间编码成像新方法研究（12205210）；编码孔径成像自适应扩展视场辐射热点重建方法研究（2022NSFSC1231）。

子在每一道址上引起计数（探测器响应）的总和，在这个过程中 γ 射线为输入信号，γ 能谱为输出结果，因此输出的 γ 能谱是输入信号与探测器响应函数的卷积，其离散形式：

$$y(i) = \sum_{k=0}^{N-1} h(i-k)g(k), \quad i = 1, 2, \cdots, N。 \tag{1}$$

式中，h 为响应函数，y 为输出的 γ 能谱，g 为入射 γ 射线。式（1）可改为矩阵形式：

$$\begin{bmatrix} y(1) \\ y(2) \\ \vdots \\ y(N) \end{bmatrix} = \begin{bmatrix} h_1(1) & h_2(1) & \cdots & h_N(1) \\ h_1(2) & h_2(2) & \cdots & h_N(2) \\ \vdots & \vdots & \vdots & \vdots \\ h_1(N) & h_2(N) & \cdots & h_N(N) \end{bmatrix} \begin{bmatrix} g(1) \\ g(2) \\ \vdots \\ g(N) \end{bmatrix}。 \tag{2}$$

式中，$\boldsymbol{Y} = [y(1), y(2), \cdots, y(N)]$，$\boldsymbol{Y}$ 为输出 γ 能谱的矩阵；$\boldsymbol{H} = [h_1(1), h_1(2), \cdots, H(N)]$，$\boldsymbol{H}$ 为响应矩阵；$\boldsymbol{G} = [g(1), g(2), \cdots, g(N)]$，$\boldsymbol{G}$ 为输入 γ 射线的矩阵。采用合适的反卷积迭代算法求解上述方程，即可获得输入 γ 射线矩阵 $\boldsymbol{G}$，实现 γ 能谱解析。

1.2 响应矩阵插值方法

由式（2）可以看出，输出 γ 能谱矩阵 G 可以通过谱仪系统测量得到，响应矩阵 G 对式（2）建立准确性具有重要影响。在建立响应矩阵中，对于上千道能量的响应函数，采用蒙卡模拟结合插值方式获取。利用蒙卡程序 MCNP 以每间隔 0.1 MeV 模拟计算一个响应函数，两个模拟的响应函数间通过内插值算法求出另一个响应函数。首先，假设有两个响应函数分别是 $R_1(E_1, e)$，$R_2(E_2, e)$，如图 1 所示，将当前响应函数其分为 4 个部分。一般而言，将假定插值段分为 n 部分。然后，对于每个插值响应函数 $R_i(E_i, e)$ 的点可分类计算得到。

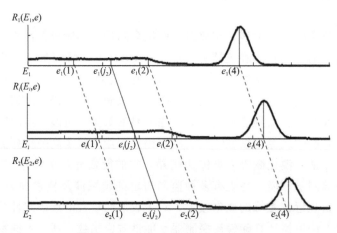

图 1　两个响应函数之间的差值方法

$$e_i(k) = \frac{E_i - E_2}{E_1 - E_2}[e_1(k) - e_2(k)] + e_2(k), \quad k \in (1, n)。 \tag{3}$$

对于每部分 k 和每个 e_i，找出匹配的一对点 $e_1(j_k)$、$e_2(j_k)$：

$$e_1(j_k) = \frac{e_i(j_k) - e_i(k-1)}{e_i(k) - e_i(k-1)}[e_1(k) - e_1(k)] + e_1(k-1); \tag{4}$$

$$e_2(j_k) = \frac{e_i(j_k) - e_i(k-1)}{e_i(k) - e_i(k-1)}[e_2(k) - e_2(k)] + e_2(k-1)。 \tag{5}$$

从响应函数 R_1，R_2 中，读出其值：

$$y_i(j_k) = R_1(E_1, e_1(j_k)), \quad y_2(j_k) = R_2(E_2, e_2(j_k)); \tag{6}$$

$$y_i(j_k) = \frac{E_i - E_2}{E_1 - E_2}\left[y_1(j_k) - y_2(j_k)\right] + y_2(j_k)。 \tag{7}$$

用上述方法在给定的区域内可生产所有的响应函数，通过填充所有的间隔区域，获取整个响应矩阵 $\boldsymbol{H}$。

1.3 MLEM 算法

针对式（2）的求解，采用性能优良的极大似然期望最大（Maximum Likelihood Expectation Maximization，MLEM）算法[9] 进行 γ 能谱解析的反卷积迭代。

MLEM 算法的迭代格式：

$$G_j^{(k+1)} = \frac{G_j^{(k)}}{\sum\limits_{i=1}^{N} H_{ij}} \sum_{i=1}^{N} H_{ij} \frac{Y_i}{\sum\limits_{l=1}^{N} H_{il} G_l^{(k)}}。 \tag{8}$$

式中，k 为迭代次数；$G_j^{(k)}$ 为经过 k 次迭代后的第 j 道址的计数；Y_i 为测量 γ 谱中第 i 道址的计数；H_{ij} 为响应矩阵；N 为 γ 能谱道址的总数。

2 探测器建模与 γ 能量响应

2.1 探测器建模

利用基于碲锌镉探测器的 γ 能谱测量系统和实验室的标准源 ^{137}Cs 和 ^{60}Co 开展 γ 能谱测量实验，如图 2 所示。其中，实验采用的标准 γ 放射源：①^{137}Cs 活度为 3.62×10^5 Bq，0.662 MeV 射线强度为 85%；②^{60}Co 活度为 3.28×10^5 Bq，1.173 MeV 射线强度为 99.87%，1.332 MeV 射线强度为 99.982%。单个 γ 能谱的测量时间为 5 min。

利用 MCNP 程序进行探测器物理建模，考虑到谱仪系统能量分辨率，对模拟能谱进行特征峰展宽。特征峰半宽度 $FWHM$ 和 γ 射线能量 E 间的关系：

$$FWHM(E) = a + b\sqrt{E + cE^2}。 \tag{9}$$

式中，a、b、c 分别为展宽参数。测量得到 0.662 MeV、1.173 MeV、1.332 MeV 对应的半高宽分别为 13.24 keV、16.94 keV、17.87 keV，求解可得：$a = 1.058 \times 10^{-3}$，$b = 1.536 \times 10^{-2}$，$c = 7.573 \times 10^{-2}$。利用 MCNP 程序建立碲锌镉探测器物理模型，如图 3 所示，材料为 CdZnTe，晶体尺寸为 10 mm×10 mm×10 mm；晶体密度为 5.605 g/cm^{-3}。

图 2 γ 能谱测量实验

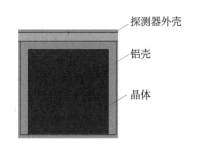

图 3 碲锌镉探测器的 MCNP 模型

2.2 响应函数与响应矩阵计算

利用上述建立的碲锌镉探测器物理模型进行响应函数计算，选取 0～1.5 MeV 的能量范围，每间隔 0.1 MeV 模拟计算一个响应函数，通过计算得到碲锌镉探测器对 γ 射线的能量响应如图 4 所示。结合上述式（3）至式（7），在给定的区域内可生产所有的响应函数，通过填充所有的间隔区域，获取整个碲锌镉探测系统对 γ 射线的响应矩阵 $\boldsymbol{H}$，如图 5 所示。

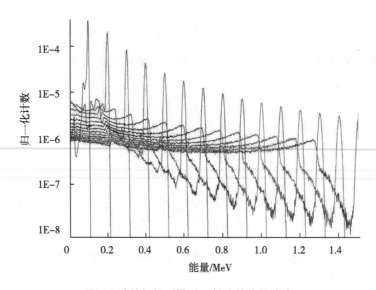

图 4　碲锌镉探测器对 γ 射线的能量响应

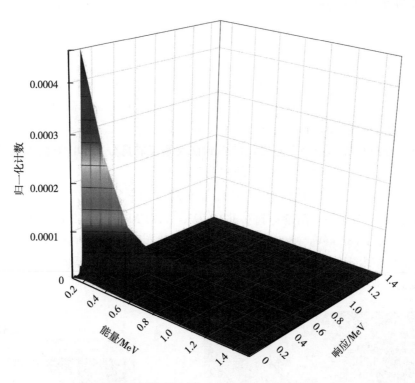

图 5　碲锌镉探测器对 γ 射线的响应矩阵 H

3　复杂 γ 能谱解析与分析

3.1　复杂 γ 能谱模拟

　　γ 能谱解析的作用主要是对相近特征能量进行分辨，由于实验室缺乏具有相近能量的这类源，因此采用模拟方式获得具有重峰的复杂 γ 能谱。单个谱中的特征能量有 0.122 MeV（15％）、0.132 MeV（10％）、0.344 MeV（10％）、0.662 MeV（10％）、0.682 MeV（10％）、0.964 MeV（5％）、1.112 MeV（15％）、1.142 MeV（10％）、1.332 MeV（15％），通过构造能量相近的特征峰，实现能谱具有重峰现象，总活度为 3.7×10^5 Bq，探测距离为 5 cm。通过模拟得到的具有重峰的能谱如图 6 所示。

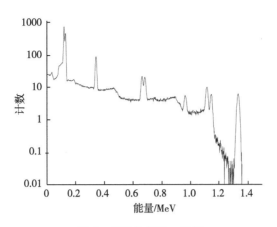

图 6 模拟的复杂 γ 能谱

3.2 γ 能谱解析与分析

利用 MLEM 迭代算法对图 6 中的复杂 γ 能谱进行解析，分别计算了迭代次数为 10 次、100 次、1000 次、4000 次时的解析谱，在不同的迭代次数情况下，获得的解析谱和原始谱对比如图 7 所示。

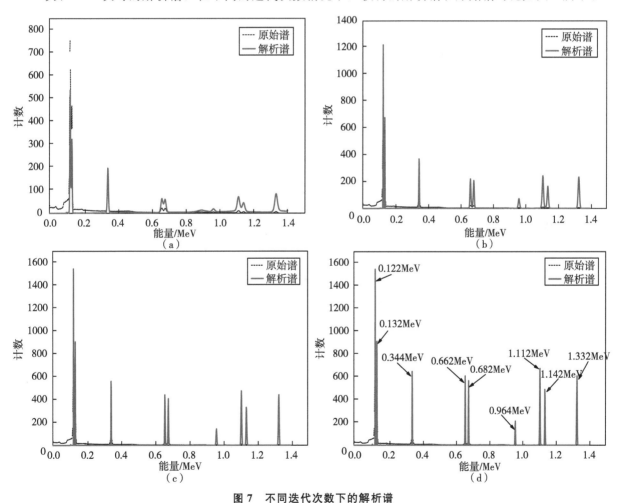

图 7 不同迭代次数下的解析谱

（a）迭代 10 次；（b）迭代 100 次；（c）迭代 1000 次；（d）迭代 4000 次

随着迭代次数的增加，原始谱的解析结果越来越好，对于原始谱中的三处重峰位置，在迭代次数为 1000 次时，基本可以实现重峰的准确分辨。在迭代次数为 4000 次时，0.122 MeV 与 0.132 MeV、

0.662 MeV 与 0.682 MeV、1.112 MeV 与 1.142 MeV 特征能量可清晰被分辨。通过能谱解析提高了能谱中特征能量的分辨能力，对全谱特征峰进行准确识别。同时分别计算了在迭代次数为 10 次、50 次、200 次、500 次、1000 次、2000 次、3000 次、4000 次时特征峰面积如表 1 和图 8 所示。

表 1　不同迭代次数的特征峰面积计算结果

迭代次数/次	能量/MeV								
	0.122	0.132	0.344	0.662	0.682	0.964	1.112	1.142	1.332
10	1885	1291	1122	677	633	335	1118	674	1365
50	1880	1301	1152	1058	1066	495	1688	1092	1651
200	1868	1318	1158	1174	1180	579	1826	1222	1793
500	1866	1324	1157	1183	1196	589	1845	1247	1829
1000	1867	1325	1154	1185	1197	588	1849	1252	1841
2000	1867	1325	1153	1185	1196	588	1848	1254	1847
3000	1867	1325	1151	1186	1196	586	1846	1253	1849
4000	1867	1325	1151	1183	1194	586	1845	1252	1849

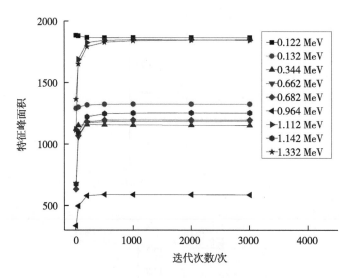

图 8　不同迭代次数下的特征峰面积

　　随着迭代次数的增加，0.122 MeV 特征能量的峰面积逐渐减小后趋于稳定，其他 8 个特征能量（0.132～1.332 MeV）的峰面积逐渐增大后趋于稳定。当迭代次数超过 2000 次后各特征能量的峰面积计算结果均稳定。

4　结论

　　本文在利用蒙特卡罗方法建立碲锌镉探测器 γ 能谱响应矩阵基础上，采用 MLEM 算法迭代求解 γ 能谱解析方程，通过解谱结果表明，该方法提高了碲锌镉探测器复杂 γ 能谱中特征能量重峰的分辨能力。基于碲锌镉探测器的 γ 能量响应函数与复杂 γ 能谱均采用模拟方法，文中工作仅是对该解谱方法的验证，实际碲锌镉探测器测量得到的 γ 能谱在特征峰的前端有拖尾，其峰形不是完全与高斯函数符合，因此后续在碲锌镉探测器 γ 能量响应函数模拟计算中，需要对展宽特征峰进一步修正，使其与实际特征峰形完全吻合。本文工作对放射性监测和 γ 能谱分析有一定参考意义。

参考文献：

[1] 查钢强，王涛，徐亚东，等. 新型 CZT 半导体 X 射线和 γ 射线探测器研制与应用展望 [J]. 物理，2013，42 (12)：862 - 869.

[2] 聂鹏，张立军，郭亚平，等. 反应堆一回路管道内表面污染 γ 核素测量 [J]. 核电子学与探测技术，2022，42 (3)：552 - 555.

[3] 杨凡. 基于清洁解控的某核电厂废物流放射性核素分析 [D]. 南昌：东华理工大学，2021.

[4] 孟欣，丁洪林，郝晓勇，等. 用于卫星探测 X、γ 射线的大灵敏面积 CdZnTe 探测器的研发 [J]. 原子能科学技术，2008 (2)：149 - 154.

[5] FATEMI S, GONG C. H, BORTOLUSSI S, et al. Innovative 3D sensitive CdZnTe solid state detector for dose monitoring in Boron Neutron Capture Therapy (BNCT) [J]. Nuclear instruments and methods in physics research A，2019 (936)：0 - 51.

[6] LEE T, KIM Y, JO A, et al. Performance of a virtual frisch - grid CdZnTe detector for prompt γ - ray induced by 14 MeV neutrons: Monte Carlo simulation study [J]. Applied radiation and isotopes, 2019 (153): 108818.

[7] BAO L, ZHA G. Q, LI J, et al. CdZnTe quasi - hemispherical detector for gamma - neutron detection [J]. Journal of nuclear science and technology, 2019, 56 (5): 454 - 460.

[8] 颜俊尧. 基于碲锌镉的阵列探测器关键技术研究 [D]. 北京：华北电力大学，2018.

[9] 李汉平，王锋，艾宪芸. 编码板成像系统 MLEM 算法优化 [J]. 核技术，2017，40 (2)：49 - 54.

An analysis method of simulated gamma energy spectrum for the CdZnTe detector based on iterative algorithm

ZHENG Hong-long[1], TUO Xian-guo[1], LI Zhen[2],
WANG Zhou[1], SHI Rui[1], LIU Qi[1], LI Yu-hao[1], WEI Zhi-heng[1]

(1. Sichuan University of Science & Engineering, Zigong, Sichuan 643000, China;

2. Chengdu University of Technology, Chengdu, Sichuan 610059, China)

Abstract: Compared with the energy resolution of the HPGe detector, it of the CdZnTe detector is still poor. To accurately identify gamma nuclide and calculate the area of characteristic peak, the analysis of gamma energy spectrum for the CdZnTe detector is very important. In this work, the MCNP program is used to build the model of CdZnTe detector and simulate the original complex gamma energy spectrum with 0.122 MeV (15%), 0.132 MeV (10%), 0.344 MeV (10%), 0.662 MeV (10%), 0.682 MeV (10%), 0.964 MeV (5%), 1.112 MeV (15%), 1.142 MeV (10%), 1.332 MeV (15%). The MCNP model of CdZnTe detector is used to calculate a response function every 0.1 MeV interval with the energy range of 0~1.5MeV, and the response matrix of the CdZnTe detector to gamma ray is obtained by the interpolation method. The original complex gamma energy spectrum is analyzed by the Maximum Likelihood Expectation Maximization (MLEM) algorithm. The result of energy spectrum analysis shows that characteristic energies of three heavy peaks (0.122 MeV and 0.132 MeV, 0.662 MeV and 0.682 MeV, 1.112 MeV and 1.142 MeV) in the original spectrum are clearly distinguished, positions of characteristic peaks in the full spectrum are accurately identified, and areas of characteristic peaks are accurately calculated. This method improves the energy resolution of heavy peaks in the complex gamma energy spectrum.

Key words: CdZnTe detector; Spectrum resolution; MLEM algorithm; Response function

实验室风险的识别与应对

符文晶，杨理琼

（中核二七二铀业有限责任公司，湖南　衡阳　421004）

摘　要： 实验室风险贯穿于实验室活动全过程。管理层应根据实验室管理、人员、设备等资源条件，结合自身运行情况和各项实验室活动内容的关键风险点，对实验室运行的各个环节进行风险分析，制定相应的应对措施。本文依据 CNAS-CL01《检测和校准实验室能力认可准则》和 DILAC/AC01《检测实验室和校准实验室能力认可准则》的相关条款规定，从实验室实际角度出发，对实验室活动相关的风险进行评价、分析并采取相应的措施。

关键词： 实验室；风险识别；应对

随着社会不断发展，生活、生产质量不断提高，质量问题日益受到关注，产品质量检测成为重中之重，实验室风险管理水平将直接影响检测质量。实验室应建立全面的风险管理体系，对潜在的不符合等情况采取风险应对的措施，提升防范和化解风险的能力，并通过纳入管理体系来提供操作指导。

1　风险的识别

1.1　风险识别的架构

根据实验室管理的要求，实验室应设置风险评估的人员或组织机构，建立相应的风险管控程序，将风险评估贯穿于整个实验室活动，对检测前、检测中、检测后和其他等方面进行风险识别，并应消除或最大程度降低风险。

1.2　检测前的主要风险因素

1.2.1　要求、标书和合同评审的风险

实验室应严格按照要求、标书和合同中规定的资质要求和能力范围进行风险控制，开展实验室活动不得超出资质和能力范围或者可能影响公正性，其风险主要包括检测标准/方法与检测样品不适应；检测标准/方法与客户需求不一致；检测委托信息不全或错误；检测委托内容缺少相关责任人员的签名或授权等风险；对合同要进行合法性、合规性评审，评估委托内容是否涉及专利、技术秘密、商业机密，是否符合国家法规及相关行业要求等法律风险；应评估实验室是否满足客户要求等保障性风险，在规定时间内，实验室设备、人员、化学试剂、环境条件等各项条件是否满足完成检测任务的要求；应对客户名称、地址、联络人、联络方式等信息的真实性进行审查，评估客户的运营信誉状况、财务状况和支付能力等财务风险。

1.2.2　信息保密的风险

实验室从客户以外的渠道得知的客户秘密（不让客户知道实验室获知了客户的秘密），应在实验室和客户之间保密，除非信息的提供方同意；客户信息、报告和数据、报价、样品等信息泄露；归档资料信息与实际不符；未按客户要求处理委托信息；在与客户沟通时，泄露其他客户的样品、资料及其他信息等风险。

作者简介： 符文晶（1989—），男，硕士，工程师，现主要从事安全管理、实验室体系运行管理、分析检测及环境监测等科研工作。

1.2.3　沟通的风险

未能将客户的检测需求有效地传递给相关人员等风险。

1.3　检测中的主要风险因素

1.3.1　检测方法的风险

主要包括未按检验检测方法进行检验检测；未识别样品基质对检验检测方法带来的干扰等风险。

1.3.2　样品风险

主要包括样品信息与委托单不符；样品保存条件不符合检测标准规定；样品在实验室内部流转或检测过程受到污染的风险。

1.3.3　人员风险

主要包括检测人员资质不足；人员不具备检测能力等风险。

1.3.4　仪器设备的风险

受技术水平、工艺、运行、检维修情况等方面的影响，仪器设备的风险主要包括检测结果出现超范围的偏差；仪器设备不满足检测要求或性能异常；计量溯源、期间核查失效；运维护记录不完整；状态标识管理不规范；设备档案缺失等风险。

1.3.5　环境的风险

主要包括开展实验室活动的环境（包括固定场所和非固定场所）条件失效或不满足检测要求等风险。

1.3.6　安全的风险

主要包括检测过程中由于工艺、环境条件及检测方式等因素导致的安全、环保、消防、职业卫生事故事件等方面的风险（如化学品灼伤或泄露、机械伤害、火灾、触电、粉尘吸入、超限值等）；未按具体检测要求穿戴防护用具；废弃物分类和处理不规范等风险。

1.3.7　信息保密的风险

主要包括在检测过程中泄露其他客户的资料和样品信息；泄露实验室受控资料、方法、数据信息等风险。

1.4　检测后的主要风险因素

1.4.1　报告的风险

检测报告或证书是实验室最终产品的体现，报告的风险主要包括报告中的描述不准确导致异议；报告或证书内容不完整或信息不真实；报告或证书审批失控或不满足要求；当报告或证书存在可疑值时未得到及时反馈；报告或证书文字描述有误；报告或证书的数据信息与原始记录（或其他数据资料）不一致；为客户提供的报告或证书的解释和咨询服务不满足客户需求；违反资质认定、认可或授权机构的管理规定而超授权范围使用认证及认可标识等。

1.4.2　检测后余样的风险

主要包括未按规定对委托的样品进行保存、销毁处理等风险。

1.5　其他方面的风险因素

1.5.1　质量管理的风险

主要包括未按照资质认定、认可或授权机构的频次要求参加质量控制、人员能力等活动；测量审核、能力验证或实验室间比对所得结果不满意；实验室未按质量控制计划、监督计划实施相关管理工作；质量管理资料缺失或不完整；内部审核和管理评审不满足实验室认可准则要求等风险。

1.5.2　记录的风险

记录是检测过程中获得数据、提供最终结论的主要组成部分，其风险主要包括记录的时间、地点、设备等信息不完整；数据核查失效或不具有可溯源性；记录填写不规范；报告或证书中的检测及审核人员、检测环境、使用设备与原始记录中的不一致；记录丢失；开展检测系列活动的时间逻辑与记录不自洽；更改、伪造数据或结果；记录描述错误等风险。

2 风险评估

2.1 风险响应

实验室应制定风险应急管理流程，识别到风险因素后应及时逐级向实验室管理层报告，实验室管理层根据实际情况组织开展风险评估。

2.2 风险的判定

风险评价可根据风险的严重度和发生频次判定风险是否可接受。

2.2.1 严重度

风险严重度如表1所示。

表 1 风险严重度

严重度		风险影响	分值
低 ↓ 高	轻微	发生后对检测报告结果和内容没有影响的风险	1
	一般	发生后对检测结果和报告有影响的风险	2
	较严重	发生后对检测结果和报告有影响的风险但未达到直接影响到质量管理体系的风险	3
	严重	发生直接影响到质量管理体系的风险	4
	非常严重	发生后可能产生经济纠纷、人身安全或者违反法律法规的风险	5

2.2.2 发生频次

风险发生频次如表2所示。

表 2 风险发生频次

序号	风险发生的频次	分值
1	极少发生	4
2	很少发生	3
3	有时发生	2
4	经常发生	1

2.2.3 可测性

风险可测性如表3所示。

表 3 风险可测性

序号	可测性描述	分值
1	没有控制措施、不能测	4
2	控制措施不能控制风险	3
3	控制措施能控制到风险可能性小且不能防止危害影响到后续流程	2
4	控制措施能相应减少风险的可能性	1

2.3 风险系数的计算

风险等级可按式（1）换算的风险系数分为低、中、高3个级别。

风险系数＝严重度分值×发生频次分值×可测性分值。 （1）

风险系数≤12 为低风险，12＜风险系数≤24 为中风险，风险系数＞24 为高风险。

3 风险的应对与控制处置措施

3.1 风险的应对

风险的应对应由实验室管理层组织人员根据相关程序要求，按照风险系数从高到低的顺序对风险进行处置。对于风险系数≤12 的低风险，实验室管理层可组织与风险所在点位相对应的科室相关人员对其进行监控；对于 12＜风险系数≤24 的中风险，实验室管理层应组织与风险所在点位相对应的科室相关人员制定风险应对措施，并对措施实施情况开展验证及评价；对于风险系数＞24 的高风险，实验室管理层应组织实验室各层级管理人员和关键岗位人员开展应对，明确风险的描述，对风险存在的后果和影响制定管控措施，再根据风险所在点位确定责任科室和责任人，确保风险可控在控。

实验室应定期对风险的识别、严重程度、应对措施及应对效果进行评估，并体现在实验室年度风险评估报告中。

实验室应尽可能地识别存在的风险，并对可能存在严重后果或影响的风险制定应急预案或处置方案。当风险扩大到不可接受的程度时，应立即启动风险应急预案或处置方案。

3.2 风险的控制处置措施

3.2.1 风险控制措施制定的原则

风险控制措施的制定应按照消除风险源、降低风险等级、个体防护的先后顺序制定相应措施。

3.2.2 风险控制措施的制定

风险的控制措施包括（但不限于）：一是消除来自实验室的风险源，如实验室定置管理规范、设备管理符合实验室环境要求等；二是降低来自物质的风险，如选用无毒或者低毒的化学试剂代替高毒的化学试剂；三是降低来自方法的风险，如用操作危险系数低的方法代替操作危险系数高的方法；四是隔离危险源，如危险物品（易制毒、易制爆、易燃、放射性等）应存储在与其环境条件相对应的独立区域，其出入库、使用、存放、处置都应实行有效监控；五是减少来自工艺的风险，如减少接触时间、加强通风、降低空气中有害气体浓度等；六是降低来自工作行为的风险，如穿戴防护用品、减少人员与有害物品直接接触等；七是降低来自本质安全的风险，如加强设备设施的基础建设、更换老化的电线等。

3.2.3 风险控制措施效果评判标准（表 4）

表 4 风险控制措施效果评判

评级	控制措施
很好	控制措施符合最佳操作规范，采用明确的标准，能够切实得到落实。高度强调：对风险清除、采用替代方式或工程控制手段
合理	有控制措施，但未能时刻得到遵循，可能有不符合最佳操作规范之处。高度强调：管理、防护性设备
不足	有部分控制措施或没有，未明确采用相应标准，控制措施中没有强调分级控制的原则

4 结语

完善的实验室风险管理体系应由上而下，全员参与。本文以实验室工作流程为主线，对检测前、检测中、检测后和其他方面等环节进行了风险的识别，并根据风险等级制定应对措施，为提升实验室风险管理提供参考。实验室通过加强风险管理可有效降低实验室运行风险，最终实现持续、有效运行。

参考文献

［1］ 庞杏林，白志军，黄愈玲，等．检测实验室的风险管理初探 ［J］．中国检验检测，2022，30（3）：56－59.

［2］ 陈锟，解晓琴．检测实验室风险要点识别 ［J］．中国检验检测，2022，28（3）：60－61.

［3］ 王明强，芮晓庆，陈顺浩，等．检验检测机构实验室的风险管理 ［J］．化学分析计量，2020，29（4）：114－119.

［4］ 张德平．检验检测实验室主要风险解析 ［J］．质量与认证，2020（9）：73－75.

Identification and response to laboratory risks

FU Wen-jing，YANG Li-qiong

(China National Nuclear Corporation 272 Uranium Industry Co., Ltd, Hengyang, Hunan 421004, China)

Abstract：Laboratory risk runs through the whole process of laboratory activities. The management shall, according to the resource conditions of laboratory management, personnel, equipment and so on, and in combination with its own operation conditions and key risk points of various laboratory activities, carry out risk analysis on each link of laboratory operation and formulate corresponding countermeasures. In this paper, according to CNAS－CL01 *testing and calibration laboratory ability accreditation criteria* and DILAC/AC01 *Testing laboratory and calibration laboratory ability accreditation criteria* relevant provisions, from the laboratory actual point of view, laboratory activities related to the risk assessment, analysis and take appropriate measures.

Key words：Laboratory；Risk identification；Response

燃料棒高温氦检漏检测方法研究

王靳瑶，汤　慧，成志飞，张小刚

（中核北方核燃料元件有限公司，内蒙古　包头　014035）

摘　要：快堆相关组件是反应堆中不可缺少的重要部件，其焊接质量直接影响组件的使用寿命和反应堆的安全运行。为保证燃料棒在焊接之后的气密性，防止燃料棒泄漏，同时模拟燃料棒入堆使用的实际工况，需对燃料棒进行常温及高温下的气密性检测，以确保操作安全。目前，对燃料棒气密性的检测都在常温下进行，暂无高温检漏的方法及标准。因此，有必要开展燃料棒高温氦检漏检测方法研究，建立相关检测方法，以保证在行业内测量标准一致，采用认可的试验方法评价现场测量方案，进而达到对产品分析过程进行有效的质量监控，确保分析数据准确、可靠。

关键词：快堆组件；燃料棒；泄漏检测；高温氦检漏

　　燃料棒是核反应堆内的重要组成部分，其密封性优劣直接决定核电站能否安全运行[1-2]。国际上大部分压水堆燃料棒密封性检测均在常温条件下进行检漏，而俄罗斯、我国实验快堆在内的燃料棒则在高温下进行检漏[2-3]，国际上鲜有针对高温条件下进行燃料棒氦检漏的相关资料[4]。因此需开展燃料棒高温氦检漏检测方法关键技术研究，研发专用检测设备，确定检测方法。

1　国内外研究状况及存在的技术问题

　　第一代低功率实验快堆于 20 世纪 40 年代开始建造，经过长时间发展，目前美国、日本、俄罗斯等国家在快堆相关组件研制和生产检测过程中积累了较多的工程经验，但其具体的相关组件无损检测技术及参数无法获取。

　　国内实验快堆组件现阶段只明确了组件、燃料棒达到的性能指标，无损检测方法及参数无法获取，无工程经验可以参考。快堆组件通过国内设计指标明确了检测方法和产品需达到的技术指标，但对检测设备信息及检测参数无设计支撑。参照压水堆燃料元件检测方法及系统进行搭建，围绕快堆组件特殊材质建立检测方法，对设计意图和使用环境进行分析，结合组件技术指标要求及当前无损检测技术，进行检测方法研究、掌握关键技术，建立检测方法和系统。

2　燃料棒高温氦检漏方法研究

　　为保证快堆燃料棒在堆内运行的安全性，燃料棒氦检漏模拟堆内运行条件下检测，需开展（450～550 ℃）条件下工程化燃料棒高温氦检漏检测方法及检测装置研究，建立燃料棒高温氦检漏方法，并制作工程化的高温氦检漏装置，确定高温氦检漏检测方法及评判标准。

2.1　温度变化与容器真空度及系统本底关系的实验

　　实验一：高温条件下系统本底检测情况

　　检测系统空载时，通过监测真空度和系统本底对高温氦质谱检测系统 20 个独立箱体在 500 ℃状态下的性能进行了测试，检测系统性能如表 1 所示。

作者简介：王靳瑶（1995—），男，内蒙古包头人，本科学历，主要从事无损检测工作。

表1　500 ℃箱体真空度、系统本底测量值

箱体编号	温度/℃	真空度/Pa	系统本底/［（Pa·m³）/s］
A1	499	7.60×10^{-4}	1.10×10^{-10}
A2	501	8.10×10^{-4}	1.50×10^{-10}
A3	500	7.40×10^{-4}	1.30×10^{-10}
A4	500	7.20×10^{-4}	1.20×10^{-10}
B1	500	8.60×10^{-4}	1.20×10^{-10}
B2	500	7.60×10^{-4}	1.20×10^{-10}
B3	499	7.70×10^{-4}	1.10×10^{-10}
B4	500	8.10×10^{-4}	1.10×10^{-10}

由表1可以看出，在空载条件下，高温（500 ℃）系统性能稳定，系统本底满足技术指标要求。

实验二：不同温度条件下标准漏孔的检测情况

对高温氦检漏系统在空载条件下，用两组标准漏孔进行常温和高温条件下的标定，标定结果如表2所示。

表2　标准漏孔常温、高温条件下的标定结果

序号	温度/℃	标准漏孔漏率/［（Pa·m³）/s］	系统检测漏率/［（Pa·m³）/s］
标准漏孔1	26	3.06×10^{-9}	3.20×10^{-9}
标准漏孔1	500	3.06×10^{-9}	3.30×10^{-9}
标准漏孔2	29	8.72×10^{-9}	8.90×10^{-9}
标准漏孔2	500	8.72×10^{-9}	8.90×10^{-9}

通过实验可以证明检测系统本身在常温和高温条件下检测参数正常，设备性能符合检测要求。

2.2　研究不同温度条件下 CN15-15 材料的放气规律

（1）CN15-15 材料在不同温度条件下的放气规律

实验一：将37根空管放置于真空腔体内，按要求加热到 500 ℃左右，每隔 100 ℃进行一次漏率测量，检测结果如表3所示。

表3　37 根空管加热到 500 ℃，每隔 100 ℃漏率检测结果

序号	测量时间	温度/℃	漏率/［（Pa·m³）/s］
1	10：10	104	1.10×10^{-10}
2	11：10	220	2.70×10^{-7}
3	12：00	325	4.10×10^{-6}
4	12：30	401	1.00×10^{-6}
5	13：20	496	2.20×10^{-7}
6	14：20	507	3.30×10^{-8}
7	14：50	405	2.30×10^{-9}
8	15：20	308	3.40×10^{-10}
9	16：00	186	1.70×10^{-10}
10	17：20	98	9.90×10^{-11}

由表 3 可以看出，在设备放入 37 根空管条件下，管材漏率在高温条件下随时间而变化。在 476℃ 时漏率为 2.20×10^{-7}（Pa·m³）/s，即材料在高温条件下放气情况严重。

实验二：将 37 根燃料棒放置于真空腔体中，按要求加热到 500℃ 左右，每隔 100℃ 进行一次漏率测量，检测结果如表 4 所示。

表 4　37 根燃料棒加热到 500 ℃，每隔 100 ℃漏率检测结果

序号	测量时间	温度/℃	漏率/［（Pa·m³）/s］
1	14：30	148	1.00×10^{-7}
2	15：00	231	1.06×10^{-7}
3	16：30	347	1.30×10^{-6}
4	16：50	409	1.10×10^{-6}
5	17：20	502	9.50×10^{-7}
6	18：20	493	1.90×10^{-8}
7	18：40	397	2.80×10^{-9}
8	19：10	298	4.70×10^{-10}
9	19：40	208	2.20×10^{-10}

由表 4 可以看出，37 根燃料棒在高温条件下随着时间变化，放气性能降低。降温后的漏率为 2.20×10^{-10}（Pa·m³）/s，满足技术指标 1.33×10^{-9}（Pa·m³）/s 的要求。但在 500 ℃ 高温保温 1 h 后检测漏率为 1.90×10^{-8}（Pa·m³）/s，检测漏率比技术要求的高。

实验三：将 37 根燃料棒放置于真空腔体内，按要求加热到 500 ℃ 左右，每隔 20 min 进行一次漏率测量，降温至常温后，每隔 20 min 再次进行检测，检测结果如表 5 所示。

表 5　37 根燃料棒加热到 500 ℃左右然后降至常温，每隔 20 min 漏率检测结果

序号	测量时间	温度/℃	漏率/［（Pa·m³）/s］
1	11：00	502	3.10×10^{-8}
2	11：20	498	2.60×10^{-8}
3	11：40	516	3.40×10^{-8}
4	12：00	504	1.80×10^{-8}
5	12：20	499	1.60×10^{-8}
6	12：40	513	9.40×10^{-9}
7	17：00	78	5.40×10^{-10}
8	17：20	72	4.90×10^{-10}
9	17：40	65	4.70×10^{-10}
10	18：00	61	3.20×10^{-10}
11	18：20	59	3.10×10^{-10}
12	18：40	56	2.10×10^{-10}

实验四：将 37 根燃料棒放置于真空腔体内，按要求加热到 500 ℃ 左右，每隔 100 ℃ 进行一次漏率测量，进行多次实验，检测结果如表 6 至表 9 及图 1 所示。

表6 37根燃料棒高温氦检漏实验第1次漏率监测结果

序号	测量时间	温度/℃	漏率/ [（Pa·m³）/s]
1	11：30	104.6	5.40×10^{-10}
2	12：25	204	2.40×10^{-8}
3	12：51	304	3.70×10^{-6}
4	13：42	394.6	8.80×10^{-7}
5	14：30	498.8	9.20×10^{-7}
6	15：26	504.6	3.30×10^{-7}
7	15：47	401.4	1.40×10^{-8}
8	16：06	304.2	3.60×10^{-9}
9	16：34	198.4	9.10×10^{-10}
10	17：58	101.6	5.20×10^{-10}
11	19：30	65.8	3.40×10^{-10}

表7 37根燃料棒高温氦检漏实验第2次漏率监测结果

序号	测量时间	温度/℃	漏率/ [（Pa·m³）/s]
1	11：16	105.3	5.90×10^{-10}
2	12：10	201.0	1.20×10^{-8}
3	12：43	304.0	2.70×10^{-6}
4	13：30	394.0	8.90×10^{-7}
5	14：15	497.2	9.80×10^{-7}
6	15：10	501.2	3.30×10^{-7}
7	15：25	394.5	1.00×10^{-8}
8	15：50	294.5	3.00×10^{-9}
9	16：25	196.3	8.20×10^{-10}
10	17：47	104.7	6.80×10^{-10}
11	19：10	60.3	5.40×10^{-10}

表8 37根燃料棒高温氦检漏实验第3次漏率检测结果

序号	测量时间	温度/℃	漏率/ [（Pa·m³）/s]
1	11：10	106.5	3.80×10^{-10}
2	12：05	201.5	2.50×10^{-8}
3	12：55	298.9	1.80×10^{-6}
4	13：41	402.5	1.00×10^{-6}
5	14：26	497.2	1.20×10^{-6}
6	15：30	501.2	1.30×10^{-7}
7	15：52	405.2	1.20×10^{-8}
8	16：14	309.2	2.50×10^{-9}
9	16：54	200.1	1.00×10^{-9}
10	18：22	104.5	8.20×10^{-10}
11	20：01	63.8	5.80×10^{-10}

表 9 37 根燃料棒高温氦检漏实验第 4 次漏率监测结果

序号	测量时间	温度/℃	漏率/〔(Pa·m³)/s〕
1	11：00	102.1	$3.60×10^{-10}$
2	11：42	198.3	$2.10×10^{-9}$
3	12：35	300.8	$2.00×10^{-6}$
4	13：17	404.7	$1.30×10^{-6}$
5	14：00	496.2	$8.30×10^{-7}$
6	15：00	495.5	$1.60×10^{-7}$
7	15：20	401.8	$1.60×10^{-8}$
8	15：40	298.3	$2.10×10^{-9}$
9	16：20	196.5	$6.20×10^{-10}$
10	17：42	107.3	$3.20×10^{-10}$
11	19：20	67.5	$2.30×10^{-10}$

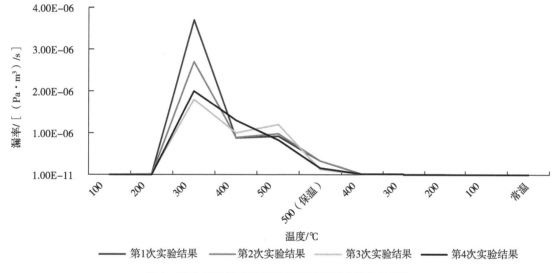

图 1 四次燃料棒高温氦检漏实验漏率监测结果对比

通过上述实验研究发现，金属材料放气主要是因为随着温度的升高，气体原子获得足够的能量后，迅速向外扩散。燃料棒在高温状态下放气规律性较强，设备重复性、稳定性较好。

燃料棒在高温条件下随着时间的变化，放气性能降低。降温后的漏率满足技术指标 $1.33×10^{-9}$ Pa·m³/s 的要求。

（2）小结

①对空包壳管进行 500 ℃高温氦质谱检测，其漏率为 $2.20×10^{-7}$（Pa·m³）/s，说明材料在高温条件下存在放气现象。

②对不同批次充氦密封的燃料棒进行 500 ℃高温氦质谱检测，其漏率量级为 10^{-7}（Pa·m³）/s，与空包壳管漏率量级相当，说明充氦密封的燃料棒在高温条件下焊缝未发生破裂。

③无论空包壳管还是充氦密封的燃料棒，降温后其漏率量级为 10^{-10}（Pa·m³）/s，说明在温度冲击过程中其焊缝未发生破裂。

④所有升降温过程漏率都在平稳变化，说明升降温过程中未出现密封焊缝的破裂。

由以上实验可以得出，采用升降温过程中监测漏率变化，比较高温条件下漏率与空管漏率，再降至常温报出漏率的方法，可判断燃料棒在高温条件下密封焊缝是否发生破裂。

2.3 焊缝局部加热整体检漏

鉴于上述实验结果发现，金属材料放气主要是因为随着温度的升高，气体原子获得足够的能量后，迅速向外扩散，采用整体加热的方法，材料的放气将影响工程化高温检漏的实施。通过讨论分析提出燃料棒整体密封、局部加热的检测方案，加热范围包括焊缝及焊接热影响区（长度≥20 mm），并保证加热部位周向和轴向均匀受热。

通过前期准备工作，确定实验方法，通过下列实验验证焊缝局部加热整体检漏的可行性。

实验一：将2根燃料棒放置于其中一组真空腔体内，按要求加热到500 ℃左右，每隔20 min进行一次漏率测量，检测结果如表10所示。

表10　2根燃料棒加热到500 ℃后每隔20 min漏率检测结果

序号	测量时间	温度/℃	漏率/[（Pa·m³）/s]
1	11：00	502	3.40×10^{-10}
2	11：20	499	3.70×10^{-10}
3	11：40	500	3.80×10^{-10}
4	12：00	500	3.20×10^{-10}
5	12：20	499	3.40×10^{-10}
6	12：40	500	3.50×10^{-10}

由表10看出，燃料棒在高温条件下随着时间变化，漏率值始终保持在10^{-10}（Pa·m³）/s量级且变化浮动较小，满足技术指标1.33×10^{-9}（Pa·m³）/s的检测要求。

实验二：将2根燃料棒分别放置于不同真空腔体内，按要求加热到500 ℃左右，每隔100 ℃进行一次漏率测量，进行多次实验，漏率检测结果如表11至表12所示。

表11　2根燃料棒高温氦检漏实验第1次实验漏率检测结果（A1箱体）

序号	测量时间	温度/℃	漏率/[（Pa·m³）/s]
1	8：30	104	5.40×10^{-10}
2	8：35	204	5.60×10^{-10}
3	8：41	304	5.80×10^{-10}
4	8：47	394	5.80×10^{-10}
5	8：52	500	6.20×10^{-10}
6	9：02	500	6.10×10^{-10}
7	9：07	401	5.70×10^{-10}
8	9：13	304	5.60×10^{-10}
9	9：20	198	5.60×10^{-10}
10	9：26	101	5.40×10^{-10}
11	9：32	65	5.20×10^{-10}

表12　2根燃料棒高温氦检漏实验第2次实验漏率检测结果（B1箱体）

序号	测量时间	温度/℃	漏率/[（Pa·m³）/s]
1	14：16	105	4.10×10^{-10}
2	14：22	201	4.10×10^{-10}

序号	测量时间	温度/℃	漏率/[（Pa·m³）/s]
3	14：30	304	4.30×10^{-10}
4	14：36	394	4.50×10^{-10}
5	14：42	497	4.60×10^{-10}
6	14：52	500	4.90×10^{-10}
7	15：00	394	4.70×10^{-10}
8	15：06	294	4.50×10^{-10}
9	15：13	196	4.50×10^{-10}
10	15：20	104	4.30×10^{-10}
11	15：26	60	3.80×10^{-10}

通过大量实验验证，采用焊缝局部加热整体检漏的检测方法，燃料棒在高温条件下受材料放气对检测结果影响较小，满足技术指标检测要求，且检测效率大幅度提升。通过多腔室、独立通道设计，开发了燃料棒高温氦检漏装置（图2）。该装置具有20个独立通道，每个通道均可单独加热和检漏，每个通道放置2根燃料棒，最多可同时完成40根燃料棒的检测。独立通道的设计降低了独生子设备故障影响检测的风险，各个通道相互备用，为生产进度提供了有力保障。

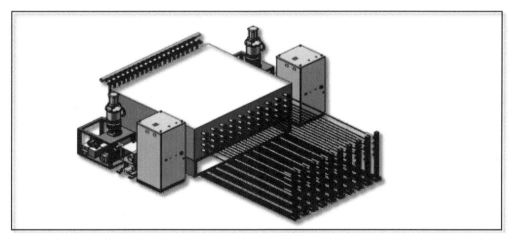

图2　高温氦检漏装置示意

3　结论

①燃料棒高温氦检漏的关键技术为高温条件下材料放气的控制，通过理论分析及大量实验最终明确高温条件下材料放气是影响检测结果的主要因素。

②通过对材料在高温条件下漏率的变化分析材料的放气量，进而分析材料在高温条件下本身的放气量与技术条件的关系，开展了高温条件下材料放气量与温度、材料表面积等影响因素关系的研究，提出了燃料棒整体密封、局部加热的检测方案，解决高温环境下材料放气对检测限值的影响，保障了产品质量，形成适合燃料棒高温氦检漏方法。

③通过多腔室、独立通道设计，开发了燃料棒高温氦检漏装置。该装置具有20个独立通道，每个通道均可单独加热和检漏，每个通道放置2根燃料棒，最多可同时完成40根燃料棒的检测。

④燃料棒高温氦检漏检测技术可直接应用于燃料组件的在线无损检测中，燃料棒高温氦检漏方法可推广应用于核电燃料元件在线检测和综合性能检测评价，不可推广应用于各类薄壁管内部缺陷的高

精度、快速无损检测。具有较强的借鉴意义与指导意义。

参考文献：

[1] 汪建红，杨通高，沈林．实验快堆转换区组件焊接工艺［J］．电焊机，2016，11（2）：25-28.

[2] 周胜．氦检漏技术在核电站蒸发器传热管密封性试验中的应用［J］．核科学与工程，2017，37（5）：818-821.

[3] 谌继明．全球首台！中核成功研制人造太阳真空室内部件热氦检漏设备［J］．中国机电工业，2018，35（4）：27-28.

[4] 刘宵，刘东立．真空度与静置放气方式对绝热材料放气性能测量［J］．低温工程，2018，33（4）：14-19.

[5] 董猛，冯焱，成永军，等．材料在真空环境下放气的测试技术研究［J］．真空与低温，2014，20（1）：46-51.

[6] 郭军．氦质谱检漏仪漏率校准方法探讨［J］．计量与测试技术，2018，47（3）：72-73.

[7] 邢建海．利用氦质谱检漏仪进行真空系统检漏［J］．价值工程，2016，39（26）：137-138.

[8] 黄文平，王成智．基于氦质谱检漏仪下的检漏技术研究［J］．电子技术与软件工程，2016，9（4）：98-99.

[9] 达道安．真空设计手册［M］．3版．北京：国防工业出版社，2004.

Research on high-temperature helium leak detection method of fuel rod

WANG Jin-yao，TANG Hui，CHENG Zhi-fei，ZHANG Xiao-gang

(China Nuclear North Nuclear Fuel Element Co. Ltd, Baotou, Inner Mengolia 014035, China)

Abstract： Fast reactor component are indispensable and important components in the reactor，and their welding quality directly affects the service life of the components anr the safe operation of the reactor. In order to ensure the air tightness of the fuel rod after welding，prevent the leakage of the fuel rod，and simulate the fuel rod used in the stack，it is necessary to test the air tightness at room temperature and high temperature to ensure the safety of operation. At present，the test of the air tightness of fuel rods is carried out at room temperature，and there is no method and standard for high temperature leak detection. Therefore it is necessary to develop a high-temperature heliun leak detection method for fuel rods to ensure that the measurement standards are consistent in the industry，and the use of mutually agreed test methods to evaluate the on-site measurement scheme to achieve effective quality monitoring of the product analysis process and ensure the accuracy of the analysis data.

Key words： Fast reactor component；Fuel rods；Leck detection；High temperature heliun leak detection

铀氧化物自动破碎、称量、分装一体化装置研制

赵晟璐，潘翠翠，杨永明，张庆明

（中核北方核燃料元件有限公司，内蒙古　包头　014035）

摘　要：在进行铀氧化物化学成分的检测时，样品的称量、分装与流转过程不仅会增加采样时间，还会增加样品被污染的风险，从而影响检测结果与检测效率。针对这一问题，研制一台铀氧化物的自动破碎、称量、分装一体化装置，实现样品自动称重分流功能，按照不同检测项目自动称重，分装到指定容器，能够大大提高样品的检测效率，同时降低样品在进行不同项目的检测时交叉污染的风险。铀氧化物自动破碎、称量、分装一体化装置实现了铀氧化物的自动破碎（样品粒径不大于 150 μm）、称量（结果精确至 0.1 mg）、分装（样品信息的自动录入和转移），可完全应用于工艺生产线中铀氧化物化学成分的检测，具有实际应用价值。

关键词：自动取样；铀氧化物；机械自动化

在核燃料生产中，核素粉末的取样分析是极其重要的环节[1]。目前，实验室关于铀氧化物中化学成分的测定，样品多为二氧化铀粉末、八氧化三铀粉末、破碎研磨后的二氧化铀芯块等，其中二氧化铀芯块需破碎为粒径不大于 150 μm 的粉末。取样后样品流转于不同组别间进行称量、分装和检测。由于取样量较大、检测项目较多，根据检测流程设计需求的输入，结合市场调研，设计完成了一套样品自动破碎、称量与分装一体化装置，调控相关参数，使铀氧化物样品实现高精度自动分配处理，在实际检测流程中具备可行性。该装置以机械化代替手工操作，简化工作流程，提高工作效率及准确性，同时降低样品流转过程中发生交叉污染的风险，具有较高的实际应用价值。

目前，国内外市场上的样品自动处理平台可通过使用集成的外部天平或称量模块进行单个样品瓶或整个样品架的粉末或固体颗粒的称量[2]，配以防震台和电离器，消除环境干扰及静电干扰，同时具备样品分装及转移、自动开盖加盖、条码扫描、样品的自动分类等功能，对接 LIMS 系统，可实现样品的自动称量分流，避免样品交叉污染，实现高精度样品自动分配处理[2-7]。

1　铀氧化物自动破碎、称量、分装一体化装置设计思路

铀氧化物自动破碎、称量、分装一体化装置主要采用模块化设计思路，包括上料区、样品自动录入模块（扫码模块）、自动开关盖、研磨破碎、样品转移、样品自动称量分装、样品转移至下料区、控制系统及软件等（图 1）。整套装置配以样品研磨装置及全自动称量系统软件，支持多种数据传输形式，同时可连接实验室信息系统管理软件接口，实现全自动化取样[9-11]。

1.1　样品瓶及上料区设计

基于铀氧化物粉末样品特性及送样要求，为保证称量精确度、防止交叉污染，配合样品自动称量模块中的倾倒动作，将原有 100 mL 塑料样品瓶改为 30 mL 的平底玻璃样品瓶盛装样品（图 2）。

作者简介：赵晟璐（1997—），女，内蒙古包头人，蒙古族，助理工程师，本科学历，主要从事核化学分析研究。

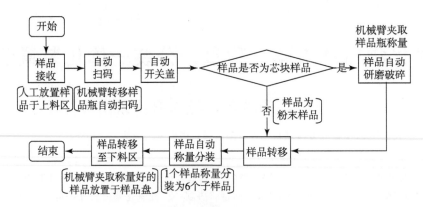

图1 装置运行流程

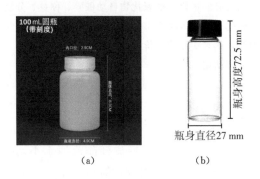

（a） （b）

图2 100 mL 样品瓶（旧）与 30 mL 样品瓶（新）

（a）100 mL 样品瓶；（b）30 mL 样品瓶

上料区主要是来料样品瓶的存放区域，根据日平均检测量及样品瓶设计上料区样品盘格架40个（图3）。

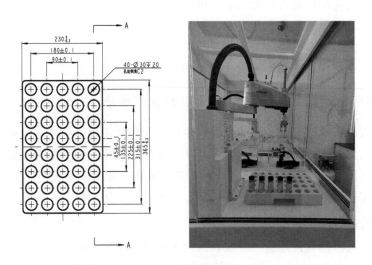

图3 样品盘

1.2 扫码模块设计

扫码模块主要用于对样品瓶上的二维码进行扫描，读取样品基本信息，该操作结合机械抓手和扫码器完成，扫码时机械抓手夹取样品瓶至扫码器位置进行360°旋转扫码，确保扫码的准确性（图4）。

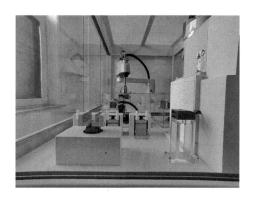

图 4　扫码及开关盖模块示意

1.3　开关盖模块设计

待检样品完成二维码信息扫描后进入自动开关盖模块，操作过程中需严格避免样品间物料交叉问题，自动开关盖模块配合机械夹爪实行瓶与瓶盖一对一称量。样品瓶自动开关盖一般采用模拟人手对样品瓶开盖操作，即旋转电机配合夹爪，进行旋转开关盖操作。

1.4　样品破碎研磨模块设计

目前实验室采用人工捣罐破碎研磨的样品制备方式，为使机械代替人工操作，调研市场常见的实验室用固体样品破碎制备仪器的结构、原理及应用领域介绍如表 1 所示。

表 1　样品破碎制备仪器性能对比

研磨仪分类	原理	粉碎样品粒径	应用领域
颚式破碎机	挤压	<0.5 mm	处理矿石、建筑材料、陶瓷、玻璃
球磨仪	撞击和摩擦作用力	<1 μm	适合对样品做精细粉碎
臼式研磨仪	挤压力和摩擦力	<10 μm	处理莫氏硬度不超过 9 的软性、硬性、脆性及糊状样品
盘式研磨仪	挤压力和摩擦力	<100 μm	土壤、矿石、玻璃、炉渣、混凝土、陶瓷、煤等样品
旋转式研磨仪	撞击和剪切	5～10 μm	从软性到中硬性的样品
刀式研磨仪	转刀旋转切割	0.5 mm	适用于软性样品，如食品样品
切割式研磨仪	剪切力和切割力	250～2 000 μm	软性、弹性、纤维质到中硬性的样品

基于制样要求，适用于研磨二氧化铀芯块至不大于 150 μm 粉末的有球磨仪、臼式研磨仪和盘式研磨仪。球磨仪和臼式研磨仪的研磨件通常包括研磨球、研磨罐、臼杆等。研磨件的材料直接影响样品粉碎效果好坏及后续分析结果，不同材料的特性对比如表 2 所示。

表 2　研磨件材料特性比对

序号	材料	硬度	密度/（g/cm³）	能量输入	耐磨性	磨损可能带来的污染
1	不锈钢	48 - 52 HRC（约 550 HV）	7.8	很高	好	Fe、Cr
2	硬质钢	58 - 63 HRC（约 750 HV）	7.85	很高	好	Fe、Cr、C（少于不锈钢）
3	碳化钨	约 1200 HV	14.8	极高	很好	WC
4	玛瑙	硬脆性，6.5～7.0 Mohs，约 1000 HV	2.65	很低	好	SiO_2
5	烧结刚玉	硬脆性，8.0～8.5 Mohs，约 1750 HV	3.9	低	好	Al_2O_3、SiO_2

序号	材料	硬度	密度/（g/cm³）	能量输入	耐磨性	磨损可能带来的污染
6	氧化锆	硬脆性，韧性好于玛瑙 7.5 Mohs，约 1200 HV	5.9	高	很好	ZrO₂、Y₂O₃（极微量，不影响分析结果）
7	特氟隆	弹性的，硬度 D56	2.1	很低	很差	F、C

考虑到样品材料的硬度和破碎特征、研磨件的抗磨损性，同时防止研磨件的磨损对样品造成污染等，选择研磨件硬度高于样品材料、能量输入高且粉碎效果好的材料，综合上述材料特性对比，选择碳化钨和氧化锆两种。

1.5 称量模块设计

结合样品瓶实际情况，采用向运动轴可翻转夹爪夹取样品瓶，以高频震动倾倒的方式，依照程序设定将样品称量至不同检测项目的称量容器内，实现粉末样品的自动取样、称量和分装。

称量模块应最大限度地保证称重的快速、准确、稳定性及耐用性，因此在该部分设计防风罩、称量天平及三级减震平台。为进一步提高样品称量效率，将称量通道设计为 3 个（图 5）。

图 5 称量模块示意

1.6 样品转移模块和下料区

机械臂集成气动夹爪，可准确抓取样品瓶，结合开关盖的旋转平台，起到开合样品瓶盖及转移的作用。机械臂具备故障自动停止及夹爪断电自动保持功能。机械臂夹爪开合角度完全覆盖不同规格的样品瓶及称量容器。夹爪抓取内侧处选用橡胶材质，可增大摩擦系数和避免磨损瓶身。同时，设计双通道机械臂模式，双机械臂协同进行。

下料区主要是按照检测项目分装容器的存放区，为防止物料交叉污染，实验室按照检测项目采用不同规格的称量容器，以称量容器为单位分批放置，各检测项目用称量容器如表 3 所示。

表 3 各检测项目用容器

现用称量容器	涉及检测项目	容器用途	设计容器
陶瓷坩埚	C、S	仪器内样品燃烧容器	陶瓷坩埚
110 mm×10 mm×10 mm 石英舟	F、Cl	管式炉样品水解容器	中转容器
100 mL 烧杯	N、P、金属杂质	溶解样品	100 mL 烧杯
10 mL 石英烧杯	富集度	溶解样品	10 mL 石英烧杯

根据样品瓶格架数量、分装容器尺寸及装置整体尺寸，设计分装容器托盘格架数量为陶瓷坩埚和

10 mL 烧杯均 40 个，100 mL 烧杯 20 个。设计图如图 6 所示。

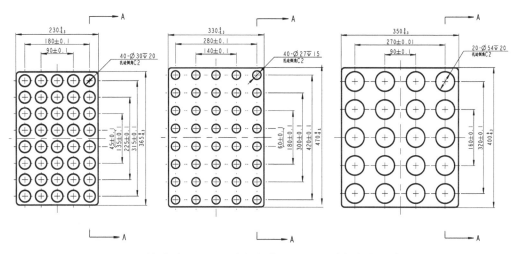

图 6　坩埚托盘、10 mL 烧杯托盘、100 mL 烧杯托盘设计图

铀氧化物自动破碎、称量、分装一体化装置设计制造完成后，装置主体结构如 7 图所示，装置主体为白色立式，由双机械臂、3 个称量通道、上料区（含样品盘格架 40 个）、扫码区及下料区（含不同尺寸称量容器格架共 3 种）组成。

图 7　铀氧化物自动破碎、称量、分装一体化装置实物图

1.7　控制系统及软件功能设计

软件可分为样品研磨及全自动称量系统软件，主要实现样品研磨、全自动称量、样品分装、数据自动上传等多模块的总体控制，同时可实现系统状态及故障报警信息的显示功能。系统具备 RS232/485、RJ45 接口，支持多种数据传输形式，同时软件系统提供实验室信息系统管理软件接口。

软件操作界面为数据库式操作，称量结果支持以历史序列查询，时间段可设，数据可上传至 LIMS 系统，可导出报表。原始数据自动保存，用于数据溯源。软件体系通过 FDA 的 CFR 及 GMP 认证。

2　结论

铀氧化物自动破碎、称量、分装一体化装置按照模块化设计思路研制和制造，装置制造完成后，通过实验对仪器称量结果与人工称量数据进行比对，比对结果满足技术指标要求，如表 4、表 5 所示。

装置通过模拟人工取样流程及前处理操作进行模块化设计（表 4），并对各模块进行设计选型，确保实现铀氧化物的各项化学成分检测项目的全自动称量，技术指标完成效果评价如表 5 所示，评价结果显示，铀氧化物自动破碎、称量、分装一体化装置可完全应用于工艺生产线上铀氧化物化学成分的检测，在满足样品自动破碎、称量、分装的前提下大大提高了检测效率。

表 4　技术指标完成评价

序号	技术指标	规定的技术指标	实现的技术指标	评价
1	实现二氧化铀芯块样品自动破碎研磨	粒径不大于 $150\ \mu m$	出料粒径：$\leqslant 150\ \mu m$	完成
2	实现铀氧化物自动称量分流功能	称量精确至 $0.1\ mg$	称量精确至 $0.1\ mg$	完成
3	装置研制	一套铀氧化物自动破碎、称量、分装一体化装置	装置实物	完成

表 5　实际应用效果完成评价

称量项目	金属杂质/g	氟氯/g	氮/g	磷/g	碳硫/g	丰度/g
目标值	0.1130	2.0000	0.5000	0.5000	0.5000	0.0200
与目标值的最大绝对误差	0.0185	0.0190	0.0167	0.0167	0.0170	0.0112

参考文献：

[1] 艾利君，周国梁，邓锡斌．一种高放射性粉末自动取样装备的研制［J］．设备管理与维修，2022（2）：98 - 99.

[2] 叶红霞．220 g/0.1mg 智能电子分析天平软件设计［D］．长沙：湖南大学，2012.

[3] 孟华，庄健，贾辉然．高精度自动称量控制系统的设计及应用［J］．仪器仪表学报，2002，23（1）：152 - 154.

[4] 柳凯，史慧芳，熊均．催泪药剂自动称量技术及装置［J］．兵工自动化，2016，35（12）：30 - 32.

[5] 杨旭东，赵治强，王志磊．粉末颗粒物料称量分装系统设计［J］．机械设计与制造工程，2018，47（3）：66 - 69.

[6] HALIMIC M, BALACHANDRAN W, HODZIC M, et al. Performance improvement of dynamic weighing sys - temsusing linear quadratic gaussian controller［C］. IMTC 2003 instrumentation and measurement tech - nology conference, 2003：1537 - 1540.

[7] 童卓，熊长江．微量药剂称量技术的应用及研究［J］．兵工自动化，2016，35（2）：79 - 81.

[8] 孙阳，孟凡军，高君．球注法装药的与注装法装药的工艺特性［J］．兵工自动化，2013，32（1）：75 - 78.

[9] 曾宪春．现代快速自动化分析实验室进展［J］理化检验（化学分册），2014，50：887 - 891.

[10] 彭一江．钢铁分析检测与自动化［J］．冶金自动化，2004，283（3）：10 - 13.

[11] 唐建伟．建立炼钢快速分析系统［J］．世界科技研究与发展，2006，28（6）：70 - 75.

Development of an integrated device for automatic crushing, weighing and packaging of uranium oxide

ZHAO Sheng-lu, PAN Cui-cui, YANG Yong-ming, ZHANG Qing-ming

(China North Nuclear Fuel Co., Ltd., Baotou, Inner Mongolia 014035, China)

Abstract: In the chemical composition detection of uranium oxide, weighing, packaging and transfer process of samples will not only increase the sampling time, but also increase the risk of contamination of the samples, which affecting the detection results and efficiency. To solve this problem, an integrated device for automatic crushing, weighing and of uranium oxide should be developed, which automatically weighing and separation function of samples. According to different detection items, automatic weighing and packaging into designated containers can greatly improve the efficiency of sample testing and reduce the risk of cross contamination of samples. Uranium oxide automatic crushing, weighing, packaging integrated device to achieve the automatic crushing of uranium oxide (sample particle size is no more than 150 μm), weighing (results accurate to 0.1 mg), packaging (sample information automatic input and transfer), can be fully applied for the chemical composition of uranium oxide detection in process production line, which has practical application value.

Key words: Automatic sampling; Uranium oxide; Mechanical automation

核工程力学
Nuclear Engineering Mechanics

目 录

基于相似性原理的人员闸门传动机构抗震分析

颜　雄[1]，黄　庆[1]，初　婷[2]，薛国宏[1]，王赤虎[1]

（1. 上海核工程研究设计院股份有限公司，上海　200030；

2. 山东核电设备制造有限公司，山东　海阳　265100）

摘　要： 人员闸门是反应堆安全壳上的重要组件，在地震工况下需保障其联锁装置的结构及功能完整性。人员闸门传动机构属于多体能动系统，机构间的运动接触关系属于结构非线性范畴，建模难度大。为此，本文提出了一种人员闸门传动机构的简化建模方法，结合设备的模态试验结果，对系统内的转盘齿轮组等复杂结构基于相似性原理进行等效动态特性简化建模。结果表明，简化后的人员闸门传动机构模型在规避了结构非线性问题的同时，其主要模态频率与试验结果的误差低于 8%，与试验结果展现出的设备动态特性基本一致。本文所提基于相似性原理的传动机构抗震模型的简化方法，可为类似能动部件的抗震分析提供参考。

关键词： 传动机构；抗震分析；相似性原理；结构完整性

　　人员闸门作为压水堆核电站安全壳压力边界的组成部分，在反应堆正常运行和停堆换料期间，应能确保安全壳压力边界部位的完整性和密封性。在正常情况下，通过手动或电动操作，可实现闸门的开启和关闭。安全壳人员闸门包括圆筒体壳体、内外舱面板、两扇密封门、传动机构、压力平衡阀、照明及应急照明装置、紧急通信装置、相关数据显示系统等各种部件。人员闸门的结构设计[1-4]、优化改进[5-8] 等方面已积累了大量的经验。

　　人员闸门传动机构属于抗震 Ⅱ 类设备，在安全停堆地震工况下，人员闸门在不破坏联锁装置的情况下仍然能够进行操作。因此，需对人员闸门传动机构进行抗震鉴定试验，考核人员闸门传动机构在地震工况下的结构完整性和功能性，验证人员闸门传动机构在发生地震后能正常运行，且联锁机构性能完好。但是，验证试验往往存在周期长、费用高等缺点。当一台设备需要应用于新厂址时，若相应位置的地震反应谱值能被之前的谱值所包络，这台设备就不需要重新进行抗震试验。然而，在新厂址地震反应谱值超过试验谱值时，依据以往的工程经验，该设备就需要重新进行抗震性能验证试验，以说明其抗震能力符合设计要求。

　　综上所述，本文拟提出一种基于相似性原则的有限元抗震计算分析方法，以替代新厂址地震反应谱值超过试验谱值时的重复性抗震试验。该有限元抗震计算分析分为两步进行：第一步，对人员闸门传动机构进行简化建模，即对系统内的转盘齿轮组等复杂结构进行等效动态特性简化处理，并与人员闸门试验件的模态试验结果进行对比，检验简化模型动态响应性能的匹配性；第二步，基于简化模型对人员闸门传动机构主要承载部件进行在新厂址地震载荷下的有限元抗震计算分析，给出设备在新厂址下的抗震性能鉴定结论。

1　结构简介

　　人员闸门传动机构抗震试验件由抗震台架和人员闸门传动机构试验件组成。其中，抗震台架由中部传动箱试验台架和外部传动箱试验台架组成；人员闸门传动机构试验件由上部中间轴、下部中间轴、连锁轴和电机等组成，外形尺寸大约 3600 mm×1100 mm×1050 mm，重约 2 t（包括安装底

作者简介： 颜雄（1997—），江西吉安人，硕士，助理工程师，现主要从事核反应堆设备力学分析工作。

基金项目： 国家电力投资集团科研项目基金（22KY06）。

架），通过 15 个连接螺栓与地震台相连（图 1）。

图 1　人员闸门传动机构抗震试验件

已知人员闸门传动机构设计温度为 149 ℃。抗震台架的材料为 Q235A，传动轴的材料为 35CrMo。依据 ASME B&PVC 第Ⅱ卷 D 篇[9] 可知，两种材料在设计温度下的物理性能和力学性能如表 1 所示。

表 1　材料物理性能和力学性能（设计温度 149 ℃）

材料	弹性模量/MPa	泊松比	密度/（kg/m³）	抗拉强度/MPa	屈服强度/MPa	许用应力/MPa
Q235A	1.95×10^5	0.30	7850	379	183	108
35CrMo	1.97×10^5	0.30	7850	689	494	—

对人员闸门传动机构试验件进行 SSE 地震试验，输入阻尼比为 5％的地震反应谱，测得设备各向基阶自振频率如表 2 所示。

表 2　设备各向基阶自振频率　　　　　　　　　　　　　　　　单位：Hz

部件	抗震试验前			抗震试验后		
	X 方向	Y 方向	Z 方向	X 方向	Y 方向	Z 方向
上部中间轴	47.5	30.0	27.5	47.0	30.5	28.0
下部中间轴	47.5	24.5	24.5	47.0	24.5	24.5
连锁轴	52.5	13.5	14.0	53.0	13.5	14.5
电机	47.5	50.0	54.0	47.0	49.5	54.0

在抗震试验前后，对人员闸门传动机构进行目视检查，目视检查结果表明，被试设备结构完整。结构检查后进行功能试验，功能试验表明：SSE 地震试验后，整个传动机构功能正常。

2　相似性分析

从结构、载荷和功能性 3 个方面对新厂址项目和试验项目人员闸门传动机构进行相似性判断。

（1）结构

新厂址项目和试验项目的人员闸门传动机构的结构相同。

（2）载荷

如果人员闸门需用于新的厂址，需将该厂址输入反应谱与已经鉴定过的项目的输入反应谱进行比对。如图 2 所示，分别为阻尼比为 5％时国内某新厂址谱值和试验谱值的水平和竖直方向包络情况。从图 2 中可以看出，新厂址的反应谱值不能被试验谱值所包络，故需要对人员闸门传动机构在新厂址地震反应谱下的应力进行重新评定。

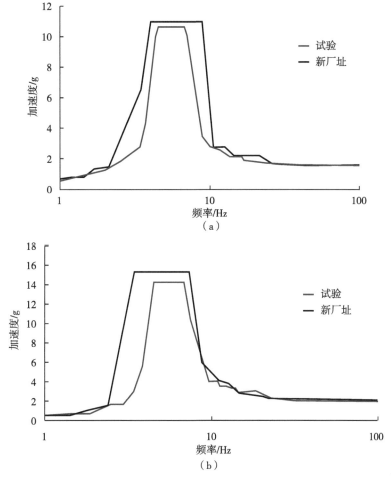

图 2 国内某新厂址谱值和试验谱值的水平和竖直方向包络情况（阻尼比 5%）

（a）水平方向包络谱；（b）垂直方向包络谱

（3）功能性

人员闸门传动机构为抗震 II 类设备，但在安全停堆地震工况下，人员闸门应在不破坏联锁装置的情况下仍然能够进行操作。已鉴定人员闸门传动机构在地震载荷后，功能正常。根据相似性准则，当人员闸门传动机构在新厂址的反应谱值下的应力结果与已鉴定试验谱值下的应力结果误差值在 10% 以内时，则可认为已鉴定项目抗震试验的结果可用于新的项目。

3 抗震鉴定

3.1 有限元模型

在对结构进行有限元抗震计算分析时，建立合适的有限元模型是关键。由于人员闸门传动机构整体尺寸过大，若全部用实体单元建模，将导致节点数和单元数过多，从而加大建模和计算的难度。考虑到人员闸门传动机构的底板、箱体、支撑板等均是典型的板壳结构，而传动轴、轴承等均是典型的梁结构，分别采用壳单元和梁单元进行模拟可以达到简化模型和减少计算量的效果。因此，本文分别采用 BEAM188 单元和 SHELL63 单元对人员闸门传动机构进行建模分析。

除此之外，对于内部接触部件而言，如齿轮之间的接触等，有限元一般很难将其接触关系直接地模拟出来。因此，本文基于相似性原理，通过壳单元上相应节点之间的耦合来模拟齿轮和齿轮间的啮合，对系统内的转盘齿轮组等复杂结构进行等效动态特性简化建模。人员闸门传动机构的载荷和边界示意如图 3 所示。

图 3　人员闸门传动机构载荷和边界示意

3.2　模态分析结果

通过对 ANSYS 程序建立的人员闸门传动机构有限元模型进行模态分析,并将其与人员闸门传动机构试验件的试验模态结果对比来验证有限元模型的准确性。表 3 分别给出了有限元计算和试验所得人员闸门传动机构各方向上第一阶固有频率的对比结果,通过对比可以发现两者的频率差异在误差允许范围内。

表 3　各方向上第一阶固有频率对比结果　　　　　　　　　　单位:Hz

	有限元计算	试验前	试验后
X 方向	43.7	47.5	47.0
Y 方向	13.8	13.5	13.5
Z 方向	13.8	14.0	14.5

3.3　两个项目地震反应谱阻尼比取 5% 的对比

对有限元模型分别进行两个项目在阻尼比 5% 下的地震反应谱分析,并对地震载荷下的两种分析结果进行对比。由表 4 可知,两者计算结果误差在 10% 以内,满足相似性准则,故已鉴定项目抗震试验的结果仍可用于新的项目。

表 4　新厂址和已鉴定试验项目分析结果对比

部件	应力类型	单位	新厂址	试验	新厂址/试验
板壳型支承件	σ_1	MPa	62.26	64.63	0.96
	$\sigma_1+\sigma_2$	MPa	101.87	105.96	0.96
线型支承件	拉应力 f_t	MPa	2.74	2.64	1.04
	剪应力 f_v	MPa	1.85	1.75	1.06
	弯应力 f_b	MPa	74.00	71.74	1.03
	变形	mm	6.08	6.25	0.97

注:齿轮等属于刚性部件,其应力和变形都很小。

3.4　抗震分析

按照 RG 1.61[10] 要求,地震反应谱阻尼比保守地取 3% 对人员闸门传动机构进行抗震分析,并按照 ASME B&PVC 第Ⅲ卷 1-NF 分卷[11] 的要求对其应力结果进行评定(图 4)。其中,地震载荷采用人员闸门安装标高处的地震反应谱作为输入。板壳型构件和线型支承部件的应力评定结果如表 5 和表 6 所示,表中计算值为应力最大值,比值为计算值与应力限值之比。

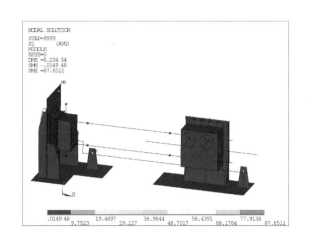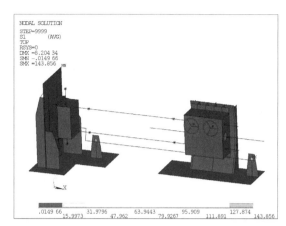

图 4　板壳型构件应力云图

表 5　板壳型构件应力评定结果

应力类别	计算值/MPa	应力限值/MPa	计算值/应力限值
σ_1	87.65	143	0.61
$\sigma_1 + \sigma_2$	143.86	216	0.67

表 6　线型支承部件应力评定结果

应力类别	计算值/MPa	应力限值/MPa	计算值/应力限值
拉应力 f_t	3.16	394	0.01
剪应力 f_v	2.34	262	0.01
弯应力 f_b	90.89	433	0.21
拉弯组合 $f_t/F_t + f_b/F_b$	—	—	0.22

由表 5 和表 6 可知，计算值与应力限值的比值均小于 1，且有较大的裕量，能够满足规范要求。

4　结论

本文基于相似性原理，提出了一种人员闸门传动机构的简化建模方法，建立了人员闸门传动机构的有限元模型并进行模态和应力分析，解决了转盘齿轮组间接触模型模拟和功能性评定的问题，得出了以下几点结论：

①本文采用 ANSYS 程序对人员闸门传动机构试验件进行了有限元简化建模，完成了模态分析及试验结果对比。结果表明，有限元模型能够准确地复现实际结构的动态响应，模型可用于开展后续的分析和论证。

②本文对人员闸门传动机构在地震载荷（地震反应谱阻尼比 3%）下进行计算分析和评定，其计算值与规范规定的应力限值之比小于 1，且有较大的裕量，能够满足规范要求。

③本文所提出的基于相似性原理的传动机构抗震模型的简化方法可为类似能动部件的抗震分析提供参考。

参考文献：

[1] 张峰，钦军伟，谢洪虎，等．核电厂人员闸门新型传动机构研发设计与分析［J］．核动力工程，2022，43（6）：

195 – 200.

[2] 谢洪虎，马文勤，张峰，等．核电厂人员闸门数字样机应用技术研究［J］．核动力工程，2019，40（4）：139 – 144.

[3] 朱健尧．基于 Adams 的人员闸门锁紧机构建模与仿真［J］．机械研究与应用，2017，30（6）：42 – 45，48.

[4] 孙文，杨中伟，于光伟，等．核电站人员闸门传动机构的方案设计［J］．机械设计与研究，2016，32（2）：31 – 34，45.

[5] 贾煜，潘春娱．一种改进的核电厂人员闸门整体密封性监测系统［A］//《环境工程》编辑部．环境工程 2017 增刊 2 下册．北京：工业建筑杂志社有限公司，2017：5.

[6] 黄金勇，周晨曦．降低海南核电人员闸门机械故障率［J］．电工技术，2021，542（8）：154 – 155.

[7] 何英勇，李强，谢洪虎，等．在役核电厂人员闸门传动齿轮优化改进［J］．核动力工程，2020，41（6）：96 – 100.

[8] 钱浩，贺寅彪，张明，等．核电站安全壳人员闸门应力分析－结构改进及其规律［J］．力学季刊，2009，30（4）：638 – 644.

[9] ASME boiler and pressure vessel code, Section II, Part D, Properties ［S］. New York: The American Society of Mechanical Engineers, 2007.

[10] Regulatory guide 1. 61, damping values for seismic design of nuclear power plants ［S］. Washington: U. S. Nuclear Regulatory Commission, 2007.

[11] ASME boiler and pressure vessel code, Section III, Division 1 – Subsecion NF, Class 1 Components ［S］. New York: The American Society of Mechanical Engineers, 2007.

Seismic analysis of the personnel gate transmission system based on the principle of similarity

YAN Xiong[1], HUANG Qing[1], CHU Ting[2],
XUE Guo-hong[1], WANG Chi-hu[1]

(1. Shanghai Nuclear Engineering Research & Design Institute Co., Ltd.,
Shanghai 200030, China;

2. Shandong Nuclear Power Equipment Manufacturing Co., Ltd.,
Haiyang, Shandong 265100, China)

Abstract: The personnel gate is an important component of the reactor containment, and the structural and functional integrity of its interlocking mechanism needs to be ensured under seismic conditions. The personnel gate transmission mechanism is a multi – body dynamic system, and the motion contact relationship between the mechanisms belongs to the structural nonlinearity category, which is difficult to model. To address the problem, this paper proposes a simplified modeling method for the personnel gate transmission mechanism, which combines the modal test results of the equipment and simplifies the modeling of the equivalent dynamic characteristics of the complex structure of the turntable gear set in the system based on the similarity principle. The results show that the simplified model of the personnel gate transmission mechanism avoids the structural nonlinearity problem while the error of its main modal frequencies is less than 8% with the test results, which is basically consistent with the dynamic characteristics of the equipment shown by the test results. The simplified method of the seismic model of the transmission mechanism based on the similarity principle proposed in this paper can provide a reference for the seismic analysis of similar energetic components.

Key words: Transmission system; Seismic analysis; Similarity principle; Structural integrity

高温堆
High Temperature Gas – cooled Reactor

目　录

HTR－PM 一回路氦气泄漏率计算方法优化

张　浩，吴　勇，曲　斌，刘石勇，任德顺

（华能山东石岛湾核电有限公司，山东　威海　264312）

摘　要： 高温气冷堆示范工程（HTR－PM）一回路冷却剂为氦气，其易泄漏的特点对一回路的密封性提出了很高要求，因此 HTR－PM 开发了针对一回路氦气泄漏率的计算方法。通过介绍 HTR－PM 一回路及与其相连接的氦气系统，确定了进行一回路氦气泄漏率计算的系统范围。本文阐述了当前 HTR－PM 一回路氦气质量的计算思路及一回路氦气泄漏率的计算公式，并分析指出了该计算方法存在的问题。通过重新确定计算基础，针对 3 种情况提出了修正后的一回路氦气泄漏率计算公式。为了使一回路氦气泄漏率计算结果更准确，提出后续研究中对质量衡算法应用的思路。

关键词： HTR－PM；一回路；氦气；泄漏率；质量衡算法

高温气冷堆示范工程（HTR－PM）是一种具有固有安全性的先进反应堆，是一种"不会熔毁的反应堆"[1-2]。其采用高纯氦气作为冷却剂，氦气压力为 7 MPa，温度范围为 250～750 ℃[3-4]。与其他冷却剂相比，氦气具有核惰性、气体常数大、载热及传热性能好等特点，然而氦气分子量小，气体漏气量与气体分子量的平方根成反比，使得其渗透能力比一般气体强得多，很容易通过各连接法兰泄漏到反应堆一回路压力边界外。HTR－PM 运行技术规格书对氦气泄漏率做了上限的控制要求，但是当一回路压力边界完整性被破坏时，氦气泄漏率将会出现异常上升甚至超限，因此对 HTR－PM 一回路氦气泄漏率进行计算，是监测一回路压力边界完整性的重要手段。

1　HTR－PM 的氦气系统

HTR－PM 采用"两堆带一机"的模式，即两个额定功率相同的反应堆模块共同向汽轮机供气。以一个反应堆模块为例，HTR－PM 一回路氦气系统流程如图 1 所示。一回路氦气主循环发生在反应堆和蒸汽发生器间，每个反应堆配置一列氦净化系统（KBE 系统），对一回路进行净化，保证杂质含量符合要求；若进行一回路充泄压操作，氦供应与贮存系统（KBB 系统）会通过 KBE 系统向一回路输气或接收一回路排气；HTR－PM 采用不停堆换料，燃料装卸系统（FCA 系统）的球路直接与反应堆一回路保持连通状态，通过气力输送系统（FCL 系统）提供足够压头的氦气驱动燃料球循环；FCA 系统运行中的排气会进入氦辅助排气系统（KBG 系统），经 KBE 系统净化后，重新返回堆芯。以上所述系统综合起来便构成了 HTR－PM 一回路氦气系统。为保证反应堆向外界释放的放射性物质量足够小，HTR－PM 运行技术规格书规定在反应堆运行工况下一回路氦气总泄漏率≤0.5％一回路系统氦气总质量/天。

作者简介：张浩（1984—），男，山东济南人，硕士，高级工程师，现主要从事高温气冷堆运行工作。

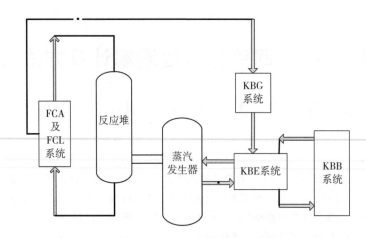

图 1 HTR‑PM 一回路氦气系统流程

2 现行计算方法及存在的问题

当前算法中，全电站氦气总质量包含以下几个部分：1 号反应堆氦气质量、2 号反应堆氦气质量、氦供应与贮存系统氦气质量、氦辅助排气系统氦气质量。每个部分的氦气质量均根据气体状态方程计算得出。气体的质量可由下式求得：

$$W = PVM/(RT)。 \tag{1}$$

式中，W 为气体的质量，g；P 为绝对压力，Pa；V 为体积，m³；M 为气体的分子量或摩尔质量（氦气为 4 g/mol）；R 为气体常数，对任何气体均为 8.314 41 J/（mol·K）；T 为温度，K。

对于各个氦气空间，其体积是确定的，需要明确各空间压力和温度。通过 HTR‑PM 运行调试结果来看，布置在氦风机入口的一回路压力测量仪表可以真实反馈一回路系统内部各处氦气压力。而氦供应与贮存系统、氦辅助排气系统的氦气空间为氦气贮存罐，贮存罐压力可通过罐体压力表直接读取，且贮存罐内部各点无温差变化，可直接使用各贮存罐内氦气测量温度进行计算，但一回路内氦气温度变动太大，需要对测点温度进行一定处理。

2.1 一回路氦气质量的计算思路

一回路内氦气包括反应堆压力容器、蒸汽发生器及热气导管内所有氦气，该部分氦气由冷氦经过堆芯加热后变为热氦，后经过蒸汽发生器向二回路传热又变为冷氦。整个循环中氦气温度一直处于升温或降温的变动状态，使得温度分布极其复杂，所以使用某一个固定温度测点并不能正确反映系统内氦气温度。

进行氦气泄漏率计算时一回路压力边界内的温度场已经达到平衡状态，各区域压力及温度基本维持不变。在 HTR‑PM 调试过程中，通过梳理一回路内温度测点布置情况，总结得出冷氦及热氦的分布特点，并据此特点将一回路氦气系统分为 9 个特征区域。每个特征区域的体积是明确的，且每个区域均布置有多个温度测点，根据各特征区域温度测点指示，求出 9 个特征区域各自的平均温度，结合区域体积，得出各区域氦气质量，从而得出一回路氦气质量。

2.2 泄漏率的计算公式

总氦气质量为一回路氦气质量、氦供应与贮存系统氦气质量及氦辅助排气系统氦气质量总和。记录 10 天内的全电站总氦气质量，$W_{总,0}$、$W_{总,1}$、$W_{总,2}$、…、$W_{总,9}$ 分别表示当天、1 天前、2 天前、…、9 天前的氦气质量，泄漏率利用 10 天内的最大质量和最小质量进行计算。

需要注意的是，一回路进行充泄压操作或新购入氦气，均会影响泄漏率的计算。因此，计算第 i 天总质量时，需要考虑 10 天内一回路充泄压操作变化的质量 $W_{充泄,i}$ 和新购入氦气质量 $W_{补,i}$。这两部分质量均可通过氦供应与贮存系统质量变化得知。第 i 天总质量 $W_{总,i}$ 减去这两部分的质量，最终得出第 i 天的氦气有效质量，以 $W_{有效,i}$ 表示。最终泄漏率计算公式如下：

$$L = \frac{Max_总 - Min_总}{Max_总} \times \frac{1}{10} \times 100\% \, 。 \tag{2}$$

式中，$Max_总$ 和 $Min_总$ 分别为 $W_{有效,0}$、$W_{有效,1}$、$W_{有效,2}$、$\cdots$、$W_{有效,9}$ 中的最大质量和最小质量。

2.3 现行计算方法存在的问题

当前的计算方法未将 1 号反应堆和 2 号反应堆一回路泄漏率分开进行计算，而是将两个反应堆作为整体进行考虑。实际上两个反应堆一回路氦气一般情况下是相互独立的，并没有任何联系，且两个反应堆泄漏率可能并不相同，若整体考虑，可能会导致单一反应堆泄漏率过大引起的运行决策影响泄漏率极小的反应堆正常运行。

当前的计算方法是根据最近 10 天的氦气质量进行滚动计算，利用 10 天内的最大质量和最小质量进行计算，无法体现最近 24 h 的泄漏率。

燃料装卸系统、气力输送系统，以及氦净化系统在充泄压、燃料球循环和冷却剂净化时，也会与反应堆相连，当前算法忽略了此部分氦气贮存空间的影响。

氦辅助排气系统压力测点布置在母管上，如果该系统氦气贮存罐与母管连通阀关闭，导致氦气贮存罐与母管隔离，则此压力测点无法反映氦气贮存罐的真实压力。

主氦风机出口布置有冷氦温度测点，主氦风机额定功率 4500 kW，对冷氦温度影响较大。主氦风机启动、停运或调节转速时，会导致邻近区域冷氦温度发生较大波动，而一回路氦气系统压力并无明显影响，这会对冷氦段特征区域的质量测量产生极大影响。即使未发生泄漏，冷氦温度的波动也会导致反应堆氦气质量计算产生较大偏差。

3 计算方法的修正

3.1 计算基础的确定

（1）一回路氦气温度。进行氦气泄漏率测量时一回路压力边界内的温度场已经达到平衡状态，将整个一回路系统作为一个整体考虑，以一回路内氦气的平均温度作为计算基础，根据一回路 9 个特征区域的平均温度 T_i 及每个区域在一回路内的体积占比 β_i，求出一回路氦气的平均温度：

$$T_{avg} = \frac{1}{\sum_{i=1}^{9} \frac{\beta_i}{T_i}} \, 。 \tag{3}$$

（2）氦净化系统氦气压力和温度。氦净化系统中设置有压力测点，以此压力作为计算基础。鉴于该系统中 90% 以上的氦气集中在氧化铜床和分子筛床，根据两个设备在氦净化系统氦气空间中的占比，其平均温度近似按照下面公式进行计算：

$$T_{avg} = \frac{1}{\frac{1}{T_1} + \frac{2}{T_2}} \, 。 \tag{4}$$

式中，T_1 为氧化铜床平均温度；T_2 为分子筛床平均温度。

（3）燃料装卸及气力输送系统氦气温度。在反应堆燃料循环过程中，提升氦气会经过冷却器后进入汇聚罐，燃料装卸及气力输送系统各位置的氦气温度几乎相等，平均温度可以取汇聚罐氦气温度和碎球分离装置氦气温度的平均值。

（4）氦辅助排气系统氦气压力。在记录氦辅助排气系统氦气质量之前将氦气贮存罐与母管之间的连通阀打开，保证母管压力能准确反映氦气贮存罐压力。

3.2 计算过程

以 1 号反应堆为例，确定计算基础后，可得出各氦气空间的氦气质量：氦辅助排气系统氦气质量 W_{KBG}，氦供应与贮存系统氦气质量 W_{KBB}，1 号反应堆氦气质量 W_{1JEA}，1 号反应堆燃料装卸及气力输送系统氦气质量 W_{1FCA}，氦净化系统第 1 列氦气质量 W_{KBE10}。

进行氦气泄漏率计算时定义以下参数：t_1 为计算初始时间，t_2 为计算终止时间，以各氦气空间计算终止时间的质量减去计算初始时间的质量，得出 ΔW_{1JEA}、ΔW_{1FCA}、ΔW_{KBE10}、ΔW_{KBB}、ΔW_{KBG} 分别为 1 号反应堆、1 号反应堆燃料装卸及气力输送系统、氦净化系统第 1 列、氦供应与贮存系、氦辅助排气系统氦气质量的变动值。考虑反应堆的实际运行方式，若计算时间区段内燃料装卸及气力输送系统、氦辅助排气系统或者氦净化系统并不与反应堆连通，则计算时应对应去除 ΔW_{1FCA}、ΔW_{KBG} 或 ΔW_{KBE10}。泄漏率计算可分为以下 3 种情况。

（1）反应堆未进行氦气充泄压操作

若过去一个计算周期内，1 号反应堆未进行氦气充泄压操作或燃料装卸气氛切换，则泄漏率可通过以下公式进行计算：

$$\phi = -\frac{\Delta W_{1JEA} + \Delta W_{1FCA} + \Delta W_{KBE10}}{t_2 - t_1}。 \tag{5}$$

（2）反应堆进行充泄压操作

若过去一个计算周期内，1 号反应堆开展过充泄压工作，燃料装卸及气力输送系统、氦净化系统会跟随反应堆充泄压，泄漏率可通过以下公式进行计算：

$$\phi = -\frac{\Delta W_{1JEA} + \Delta W_{1FCA} + \Delta W_{KBE10} - \Delta W_{KBB}}{t_2 - t_1}。 \tag{6}$$

（3）燃料装卸气氛切换操作

若过去一个计算周期内，燃料装卸系统进行了气氛切换，燃料装卸系统的部分氦气会先后经过氦辅助排气系统和氦净化系统最终进入反应堆。泄漏率可通过以下公式进行计算：

$$\phi = -\frac{\Delta W_{1JEA} + \Delta W_{1FCA} + \Delta W_{KBE10} + \Delta W_{KBG}}{t_2 - t_1}。 \tag{7}$$

4 质量衡算法在后续研究中的应用

氦供应与贮存系统内氦气贮存罐的体积是明确的，且氦气温度基本稳定在环境温度，所以当该系统进行了一回路补气或者接收一回路排气，待氦气贮存罐内温度恢复至室温，且压力稳定后，可准确计算出贮存罐内氦气量的变化，这个变化量就是一回路内氦气量的变化，因此可以通过质量衡算法，用氦供应与贮存系统氦气质量变化得到一回路冷却剂系统内的氦气质量变化。

使用质量衡算法的计算前提是需要尽可能保证反应堆功率恒定，即反应堆所要求的目标压力不变，同时反应堆内温度场处于平衡状态。在此稳定功率的前提下，密切监视一回路氦气压力下降，使用氦供应与贮存系统定时向一回路补充氦气，保证一回路氦气压力基本不变。该过程中氦供应与贮存系统内氦气的变化量就是一回路冷却剂的泄漏量，通过此方法可以准确计算一回路泄漏率。将质量衡算法的结果与泄漏率计算公式得出的结果进行对比，验证泄漏率计算公式中各参数选取的合理性，以完善泄漏率计算公式。

采用质量衡算法进行泄漏率计算，需要人为设置特定实验条件，由于目前 HTR-PM 调试阶段工况变动复杂，使用氦供应与贮存系统对一回路进行充泄压操作时，一回路状态并不稳定，不满足该方法的使用条件，其计算结果会有很大偏差，因此并未使用质量衡算法，从而无法验证泄漏率计算公式的偏差。因此应在后续 HTR-PM 调试运行中，选取较为稳定的反应堆状态，进行一回路的充泄压操作，通过质量衡算法来完善泄漏率计算公式。

目前 HTR – PM 有较多改造，一回路氦气系统某些氦气空间发生变动，同时不停堆装卸料可能导致一回路内氦气设计总体积与实际有一定偏差，可通过质量衡算法收集氦供应与贮存系统为一回路充泄压时的数据，根据一回路压力与氦供应与贮存系统贮存罐压力变化情况，计算一回路氦气实际空间体积，进一步完善泄漏率计算公式。这样就可实现不具备质量衡算法使用条件时，通过泄漏率计算公式得到准确的一回路泄漏率。

5 结论

通过分析当前 HTR – PM 一回路氦气泄漏率计算思路及计算公式，总结出该公式的一些不足之处。通过重新确定计算基础，根据一回路氦气的 3 种运行工况，提出一回路氦气泄漏率的修正计算公式。

因 HTR – PM 工程进度影响，该修正计算公式暂不具备更严格的实际验证条件，下一步将应用质量衡算法对该修正公式进行详细验证和完善，以期提高 HTR – PM 一回路氦气泄漏率计算的准确度，保证反应堆的安全稳定运行。

参考文献：

[1] 张作义，原鲲. 我国高温气冷堆技术及产业化发展 [J]. 现代物理知识，2018，30（4）：4 – 10.

[2] 张清双，杨健，师晓东，等. 高温气冷堆氦气隔离阀技术研究 [J]. 阀门，2020，231（5）：1 – 6，36.

[3] 谢锋，曹建主，李红，等. 高温气冷堆 HTR – 10 和 HTR – PM 中氚研究进展 [C] //第二届中国氚科学与技术学术交流会论文集. 成都，2017：2.

[4] 严安，孙喜明，董玉杰. 球床式高温堆堆芯气固两相流耦合模拟研究 [J/OL]. 哈尔滨工程大学学报：1 – 7 [2023 – 02 – 09]. http：//kns. cnki. net/kcms/detail/23. 1390. U. 20230106. 1128. 001. html.

Optimization of calculation method for helium leakage rate of the primary coolant loop in HTR – PM

ZHANG Hao，WU Yong，QU Bin，LIU Shi-yong，REN De-shun

(Huaneng Shandong Shidao Bay Nuclear Power Co., Ltd., Weihai, Shandong 264312, China)

Abstract：The primary coolant of High Temperature Gas Cooled Reactor Demonstration Project (HTR – PM) is helium, the characteristic of easy leakage puts forward high requirements for the sealing of primary circuit loop. Therefore, HTR – PM developed a calculation method for the helium leakage rate of the primary circuit loop. By introducing the HTR – PM primary circuit and its connected helium system, the system scope for calculating the helium leakage rate of the primary circuit is determined. This paper expounds the current calculation idea of helium mass in the primary circuit and the calculation formula of helium leakage rate in the primary circuit of HTR – PM, and analyzes and points out the problems existing in the current calculation method. By redefining the calculation basis, the modified calculation formula of primary helium leakage rate is proposed for three cases. In order to make the calculation result of helium leakage rate in the primary circuit more accurate, the idea of applying the mass constant method in the follow – up research is proposed.

Key words：HTR – PM；Primary circuit loop；Helium；Leakage rate；Mass constant method

核电站安全壳钢衬里激光跟踪 MAG 焊接工艺研究

曾凡勇[1]，陈　洪[1]，郑　军[2]，肖志威[1]，薛雅旭[1]

（1. 中国核工业第二二建设有限公司，湖北　武汉　430051；2. 清华大学机械工程系，北京　100084）

摘　要：国内某核电站安全壳钢衬里的焊接主要采用手工焊接方法，存在焊接效率低、对人工技能水平要求高等缺点，因此提出了基于激光跟踪的自动 MAG 焊接工艺。通过对不同焊接位置和不同组对间隙的焊接工艺开展试验，得到了适用于不同组对间隙的焊接工艺，并建立了相应的工艺参数库。研究结果表明：采用三维激光视觉的方式对焊缝坡口位置及组对间隙进行实时测量与跟踪，并在焊接过程中实时自动调用对应焊接工艺参数，实现了自适应焊接；采用陶瓷衬垫单面焊双面成形的焊接方式，接头焊缝成形和力学性能均满足标准要求；批量模拟焊接射线检验合格率 100%。

关键词：安全壳钢衬里；激光跟踪；焊接工艺；力学性能

以 VVER 核电堆型为例，核电站安全壳钢衬里是由底板、廊道、筒身和穹顶等组成的罐式封闭体压力容器，质保等级为 QA1 级，属于核安全 2 级设备，是隔离安全壳内部空间与外部电厂构筑物和环境的边界，也是核岛厂房起到放射性物质包容功能的最后一道屏障。华龙一号中也有类似的安全壳钢衬里结构[1]。安全壳钢衬里筒体整体外形尺寸为 44 m×45.85 m，其中筒体主要采用模块化施工，分为 4 个模块，如图 1 所示。筒体主要由环缝和纵缝拼焊而成，其中单个机组安全壳钢衬里筒体环缝焊缝长度约为 1200 m，纵缝长度约为 620 m，焊接工作量较大。

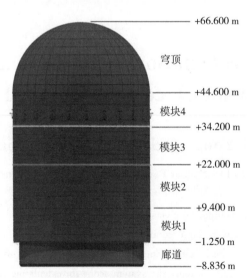

图 1　安全壳钢衬里结构

目前，安全壳钢衬里筒体的焊接主要采用焊条电弧焊[2]或半自动气保焊工艺，存在焊接质量一致性较差、焊接效率低、焊工劳动强度高等缺点。焊条电弧焊作业条件较差，焊接过程有害气体及粉尘排放多，焊工培训周期较长。高技能焊工资源的稀缺和人工成本的增加，使得传统的手工焊接方式

作者简介：曾凡勇（1992—），男，硕士生，助理研究员，现主要从事核电钢结构先进焊接工艺技术研发及推广应用等工作。

已逐渐无法适应安全壳钢衬里高效高质的焊接需求,自动化、智能化焊接技术成为未来核电建造发展的方向。

本文采用基于在线工艺自适应的智能焊接方式,实现了钢衬里自动 MAG 焊接单面焊双面成形,开展了不同组对间隙的焊接工艺试验和模拟试验,通过焊缝成形、无损检验和接头性能测试证明了该工艺的可行性和可靠性,为核电钢衬里激光跟踪 MAG 焊接工艺的现场应用奠定了基础。

1 基于在线工艺自适应的智能焊接

现场拼装时,因为钢衬里结构尺寸较大、现场环境复杂等因素,难以保证筒体组对间隙均匀一致,通过相同不变的工艺参数无法适应全部组对间隙尺寸的焊接成形。若通过人工观察的方式很难及时准确地进行工艺参数的调整,且人为调整对焊工的熔池观测技能要求较高。本文采用了基于激光视觉的智能焊接系统,实现了在线工艺自适应,其原理如图 2 所示。

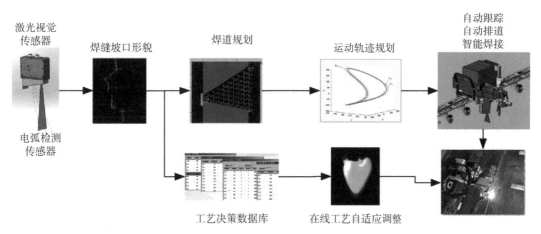

图 2 基于在线工艺自适应的智能焊接原理

焊前由激光视觉传感器对焊缝坡口形貌进行实时检测,包括位置、间隙、错边量等信息;系统根据检测结果进行自主焊道规划和运动轨迹规划,实现了自动跟踪、自动排道的功能。同时,系统根据检测到的坡口信息(间隙、错边量等)对焊接工艺进行实时调整,包括焊接电流、电压、摆动参数(摆幅、摆速、停留时间)的自动调整,实现了在线工艺自适应。焊接过程中不需要人工调整焊枪,可完全由机器自动调整跟踪焊缝的位置和高度,实现了自动焊接。

2 试验材料、设备及方法

2.1 试验材料

试验用母材为 P265GH,厚度为 6 mm,焊材采用 ER50-6 实芯焊丝,直径为 1.2 mm。P265GH 属于低合金钢,含碳量较低,具有良好的塑性和韧性,可焊性好。

2.2 试验设备

激光跟踪 MAG 焊接设备包括焊接小车、柔性轨道系统、激光跟踪焊接控制系统(控制柜)、无线遥控器和焊接电源(图 3)。焊接小车固定在磁铁吸附式柔性导轨上,柔性轨道由多组开关磁力座和柔性轨道面板组成,通过开关磁力座吸附在工装上。焊接电源采用麦格米特品牌旗下的 Artsen pro 500 标准化焊接电源及配套送丝机。

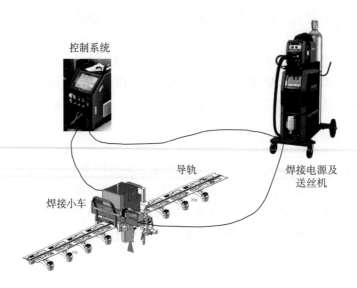

图 3　激光跟踪 MAG 焊接设备组成

2.3　试验方法

焊接工艺选择方面，MAG 焊接相比于氩弧焊、埋弧焊而言，不仅填充效率较高，且焊接位置适应性好，因此非常适合进行钢衬里的焊接。钢衬里焊缝属于密封焊缝，因此一般需进行至少两层焊缝的焊接，焊接位置主要为立焊和横焊。

传统钢衬里安装焊接采用焊条电弧焊或半自动气保焊工艺进行双面焊接[3]，焊后需清根处理，若清根不彻底容易导致缺陷产生。若采用自由单面焊双面成形焊接对组对间隙要求较高，焊接时容易焊穿。因此选择采用 MAG 焊接＋陶瓷衬垫强制单面焊双面成形工艺，不仅可免除清根工艺，还可保证焊缝背面成形良好，且焊后去除陶瓷衬垫后不会对焊缝造成永久性影响。

接头形式如图 4 所示，组对间隙为 2～6 mm，焊缝背面粘贴陶瓷衬垫紧贴母材。为了保证坡口的均匀性和加工质量，坡口采用机械刨边的方式进行加工。

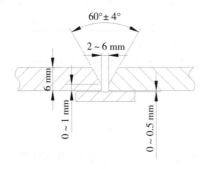

图 4　接头坡口形式及尺寸

选择 A5 型陶瓷衬垫，其成型槽宽度为 6 mm，槽深为 1.2 mm。粘贴陶瓷衬垫时要保证红色中心线与焊缝中心重合，陶瓷衬垫与母材粘贴牢固。焊前对待焊坡口两侧的母材进行打磨除锈。

3　试验结果及分析

3.1　不同组对间隙焊接试验

组对间隙直接影响焊接效率，原则上组对间隙越小，焊缝填充金属量越少，焊接效率越高；而增大组对间隙更容易焊透，但增加了焊缝填充量。现场组对时难以精确控制组对间隙，焊接过程中的焊接变形会导致间隙发生变化，反而对焊接参数的控制要求较高。鉴于此，开展了不同组对间隙的焊接工艺试验，以摸索能够适应不同间隙的打底焊接参数，保证打底焊缝的质量满足要求。

设置 5 组不同组对间隙，焊接时，通过不断增大焊接电流，观察焊缝背面熔透及成形情况，得出合适的电流范围，试验结果如表 1 所示。组对间隙越小，需要越大的焊接电流熔透母材，当焊接电流偏小时，因为未完全熔透或形成稳定的熔孔，背面成形与母材过渡不均匀；当焊接电流太大时，试件更容易焊漏。最终得到了适合不同组对间隙的推荐打底焊接电流。图 5 为不同组对间隙下的横截面宏观金相，可以看出，在不同组对间隙范围内，所有试件背面均熔透，熔透情况良好。

表 1　立焊位置不同组对间隙焊接试验

序号	组对间隙/mm	试验电流/A	焊速/（mm/s）	推荐电流/A	备注
1	0～1	90～200	1.8～3.7	110～130	电流低于 110 A 时，背部成形不均匀；焊接后正面整条焊缝高度均超过母材表面
2	1～2	80～180	1.8～2.8	100～120	电流低于 100 A 时，背部成形不均匀；电流达到 180 A 时，试件焊漏
3	2～3	70～150	1.6～2.0	90～120	电流低于 90 A 时，背部成形不均匀；电流达到 150 A 时，试件焊漏
4	3～4	60～150	1.0～1.5	85～115	电流低于 85 A 时，背部成形不均匀；电流达到 140 A 时，试件焊漏
5	4～5	60～130	0.8～1.2	80～110	电流低于 80 A 时，背部成形不均匀；电流达到 130 A 时，试件焊漏

图 5　不同组对间隙焊缝截面（由上到下组对间隙递增）

最终得到了立焊位置不同组对间隙的打底焊接参数，如表 2 所示。同样地，参照立焊位置不同组对间隙的焊接试验，对横焊位置进行相同的试验，得到了不同组对间隙的较为合适的打底焊接参数，如表 3 所示。

表 2　立焊位置不同组对间隙打底焊接参数

组对间隙/mm	焊接电流/A	焊接速度/（mm/s）	单侧摆动幅度/mm	两侧停留时间/s	摆动速度/（mm/s）
1～2	110～120	1.8～2.0	1.6～1.8	0.4	20
2～3	100～110	1.4～1.6	2.0～2.2	0.4	20
3～4	90～100	1.1～1.3	2.5～2.7	0.4	20
4～5	80～90	1.0～1.2	3.0～3.2	0.4	20

表 3   横焊位置不同组对间隙打底焊接参数

组对间隙/mm	焊接电流/A	焊接速度/（mm/s）	单侧摆动幅度/mm	两侧停留时间/s	摆动速度/（mm/s）
1～2	120～130	2.2～2.4	1.0～1.2	0.1～0.3	15
2～3	115～125	1.5～1.7	1.4～1.6	0.1～0.3	15
3～4	110～120	1.2～1.4	1.9～2.1	0.1～0.3	15
4～5	100～110	1.0～1.2	2.3～2.5	0.1～0.3	20

3.2   接头焊缝成形及力学性能

3.2.1   接头焊缝成形

完成不同组对间隙试验后，进一步摸索出盖面焊接工艺参数。将工艺参数输入控制系统中，最终得到适用于钢衬里立焊位置和横焊位置不同组对间隙焊接的工艺参数库。

为了进一步验证焊缝内部质量，对 MAG 焊接接头的宏观形貌及微观组织进行了观察分析。图 6 为立焊位置和横焊位置的宏观成形特征。可以看出，接头处熔合良好、焊缝致密，无肉眼可见的缺陷。

 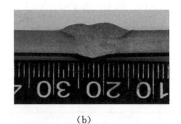
（a）   （b）

图 6   焊接接头宏观金相
（a）立焊；（b）横焊

图 7 为立焊位置焊接接头不同区域的微观组织。可以看出，接头各区域组织均无淬硬组织产生。

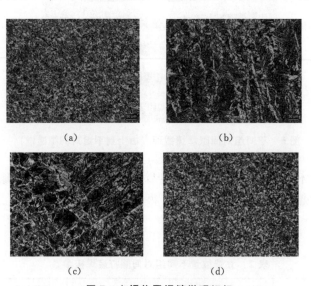
（a）   （b）

（c）   （d）

图 7   立焊位置焊缝微观组织
（a）母材区；（b）焊缝区；（c）熔合区；（d）热影响区

图 8 为横焊位置焊接接头不同区域的微观组织。可以看出，接头各区域组织均无淬硬组织产生。

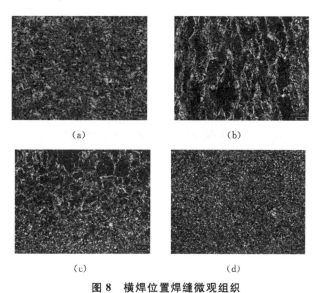

(a)　　　　　　　(b)

(c)　　　　　　　(d)

图 8　横焊位置焊缝微观组织

(a) 母材区；(b) 焊缝区；(c) 熔合区；(d) 热影响区

3.2.2　力学性能

针对焊后无损检验合格的接头，开展了拉伸、弯曲、冲击和硬度试验，以验证 MAG 焊接接头的性能是否满足标准要求。其中，拉伸试验的合格标准为接头抗拉强度不低于母材规定的最小抗拉强度（410 MPa）；弯曲试验的合格标准为导向弯曲试样在弯曲后的凸面上沿任何方向测量，在焊缝区和热影响区内都不得有超过 3 mm 的开口缺陷，导向弯曲角度为 180°；冲击试验的合格标准为 3 个试样的冲击功平均值≥13.5 J（标准要求为 27 J，因母材厚度为 6 mm，冲击试验时试样尺寸为 55 mm×10 mm×5 mm，因此冲击值要求减半），3 个试样中只允许一个试样的试验结果低于规定平均值，但不得低于规定平均值的 75%，冲击试验温度与母材冲击试验要求相同，设定为-20 ℃。

表 4 为 MAG 焊接接头的理化试验结果。可以看出，立焊位置和横焊位置焊接接头的拉伸、弯曲和冲击性能均满足标准的要求。其中，焊缝区和热影响区的冲击韧性值远高于标准要求的 13.5 J，具有较大的裕度。

表 4　理化试验结果

焊接位置	试验项目及数量	试验结果
立焊位置	拉伸试验（2 个）	483 MPa，断于母材 483 MPa，断于母材
立焊位置	弯曲试验（面弯 2 个，背弯 2 个）	均未发现缺陷
立焊位置	冲击试验（每个区域各 3 个）	焊缝区：86 J、80 J、84 J（平均值：83 J） 热影响区：52 J、32 J、40 J（平均值：41 J） 母材区：46 J、50 J、40 J（平均值：45 J）
横焊位置	拉伸试验（2 个）	467 MPa，断于母材 483 MPa，断于母材
横焊位置	弯曲试验（面弯 2 个，背弯 2 个）	均未发现缺陷
横焊位置	冲击试验（每个区域各 3 个）	焊缝区：96 J、68 J、58 J（平均值：74 J） 热影响区：74 J、74 J、42 J（平均值：63 J）

硬度试验测试点位置为距离正面/背面焊缝各 2mm 内，从母材区、热影响区、焊缝区进行测试，

测试点间距为 1~2 mm。标准要求值为小于等于 280。如图 9 和图 10 所示，可以看出，焊缝区及热影响区最大硬度值不超过 200，均小于 280，满足标准要求，也从侧面验证了接头不存在淬硬组织。硬度值从母材区、热影响区、焊缝区为递增，可以认为母材区为拉伸试验时最为脆弱的区域，与接头拉伸试验断裂位置为母材区的结果相符。

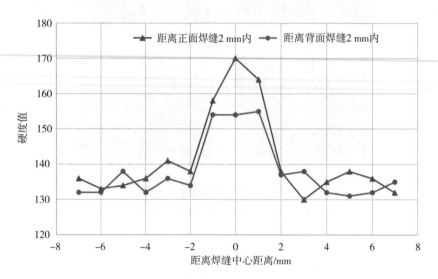

图 9　立焊位置硬度测试结果

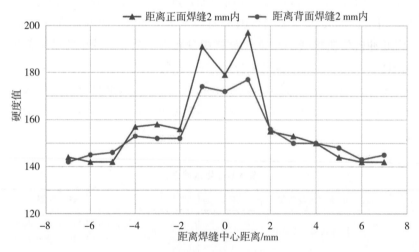

图 10　横焊位置硬度测试结果

3.3　模拟试验

为了验证工艺试验得出的焊接参数的适用性与稳定性，在立焊位置和横焊位置分别连续焊接多个试件，焊接时采用经无损检验和理化试验均合格的参数进行焊接，焊后进行射线检验。焊接环境方面，为了模拟现场环境，采用"在室外＋搭设防风棚"的方式进行焊接，如图 11 所示。

通过模拟试验，立焊位置连续焊接 8 m 长度焊缝，射线检验合格率 100％；横焊位置连续焊接 12 m 长度焊缝，射线检验合格率 100％。

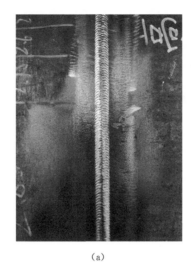

（a） （b）

图 11　模拟焊接 图 12　焊缝成形

(a) 立焊位置；(b) 横焊位置

4　结论

（1）通过不同组对间隙下的焊接试验，得到了适合不同组对间隙的焊接工艺参数和工艺参数库，焊接过程通过激光跟踪的方式可以实现自适应参数调整焊接。

（2）采用陶瓷衬垫单面焊双面成形的焊接工艺，对立焊位置和横焊位置焊接接头宏观、微观成形进行了观察，焊缝成形美观，接头熔合良好。接头各区域无明显的淬硬组织产生，各项理化性能均满足标准要求。

（3）批量模拟试验时，立焊位置连续焊接 8 m 长度焊缝，射线检验合格率 100％；横焊位置连续焊接 12 m 长度焊缝，射线检验合格率 100％。

参考文献：

［1］　汤志孟，夏倩文．"华龙一号"钢衬里全模块化施工技术［J］．中国核电，2022，15（6）：774－778.

［2］　彭姿云．核电厂安全壳钢衬里焊接的质量保证［J］．电焊机，2013，43（11）：27－30.

［3］　唐识，唐宏伟，程晓玲．核电站安全壳钢衬里焊接工艺研究及质量控制［J］．电焊机，2016，46（6）：67－74.

Study on laser tracking MAG welding technology for steel lining of nuclear power plant containment

ZENG Fan-yong[1], CHEN Hong[1], ZHENG Jun[2],
XIAO Zhi-wei[1], XUE Ya-xu[1]

(1. China Nuclear Industry 22ND Construction Co., Ltd., Wuhan, Hubei 430051, China;
2. Department of Mechanical Engineering, Tsinghua University, Beijing 100084, China)

Abstract: The welding method of the steel lining of the containment of a nuclear power plant is mainly manual welding, which has the disadvantages of low welding efficiency and high requirement of manual skill level. Through the welding process test of different welding positions and different group gap, the welding process suitable for different group gap was obtained, and the corresponding process parameter database was established. The results show that the welding groove position and the group gap were measured and tracked in real time by 3D laser vision, and the corresponding welding process parameters were automatically invoked in real time during welding, which realizes the adaptive welding. The welding method of single - side welding and double - side forming with ceramic liner was adopted, and the joint weld formation and mechanical properties meet the standard requirements. The pass rate of batch simulation welding ray inspection was 100%.

Key words: Containment steel lining; Laser tracking; Welding process; Mechanical properties

球床高温气冷堆停堆后氦气自然对流特性的数值分析

朱军兵[1,2]，陈福冰[2]

（1. 中国舰船研究设计中心，湖北　武汉　430064；2. 清华大学核能与新能源技术研究院，北京　100084）

摘　要： 失冷不失压（PLOFC）是高温气冷堆的典型事故工况。该工况下，堆内氦气的自然对流以及进一步形成的自然循环直接影响到堆芯的余热载出和堆内温度再分布，是反应堆安全评价关注的重要方面。基于 CFD 软件 Fluent 的多孔介质模型和 UDS 功能，本研究对 10 MW 高温气冷实验堆（HTR - 10）9 MW 功率水平下停堆试验工况进行了模拟，并以该工况为例分析了 PLOFC 工况下堆内氦气的自然对流特性，包括堆芯区域氦气的循环流向、流量和形成原因。进一步探究了堆芯等效导热系数和燃料球热容两个参数对氦气自然对流特性的影响，发现堆芯等效导热系数越小，自然对流强度越大；燃料球热容越大，停堆工况前期自然对流强度越小，自然循环流量越晚达到峰值，但衰减也越慢。

关键词： 球床高温气冷堆；自然对流；数值模拟；敏感性分析

　　高温气冷堆是具有第四代核能系统安全特征的先进堆型，由于安全性能好、发电效率高、系统简单、用途广泛，受到了国际上的广泛关注。高温气冷堆最突出的优势在于其通过低功率密度、负反应性温度系数、较大的温升裕度、自然的余热排出机制、高热容结构材料、高性能燃料元件实现了固有安全特性，实际消除了严重事故和大量放射性物质释放发生的可能。高温气冷堆的固有安全特性在失去强迫冷却（LOFC）工况中得到了充分体现。LOFC 是高温气冷堆的典型事故场景，根据一回路是否能维持系统压力可分成失冷不失压（PLOFC）和失冷失压（DLOFC）。PLOFC 事故发生时，主氦风机停转，一回路强迫循环冷却流量丧失，但堆芯内仍维持较高的系统压力，堆内温度分布差异及停堆后的剩余发热驱动氦气在堆芯形成自然对流，促进了堆内换热和余热载出，也使得顶部堆内构件显著升温。包括自然对流换热在内的自然传热机制结合非能动的舱室冷却系统，使得剩余发热都能通过水冷壁载出至最终热阱，即大气。与 DLOFC 这一决定燃料最高温度的包络性事故不同，PLOFC 事故下燃料最高温度一般会远低于其安全限值[1]，但顶部堆内构件和顶部空腔内金属部件（如控制棒驱动机构）的温度会有比较明显的提升。确定温升效应对结构完整性的潜在影响是十分重要的，可以为反应堆堆内构件、压力壳和舱室冷却系统的工程设计提供参考[2]。作为 PLOFC 工况的典型特征，高温气冷堆停堆后堆内氦气的自然对流以及进一步形成的自然循环直接影响堆内温度再分布，关系到反应堆事故工况下的安全性，具有重要的研究价值。本文以 10 MW 高温气冷实验堆（HTR - 10）9 MW 功率水平下停堆试验工况为例，利用 CFD 软件 Fluent 对 PLOFC 工况下堆内氦气的自然对流特性开展了数值分析。

1　HTR - 10 热工水力模型

1.1　HTR - 10 堆本体几何建模

　　HTR - 10 一回路结构系统主要包括反应堆、热气导管、蒸汽发生器等设备[3]，本研究仅需对堆本体部分进行建模。为减少计算量，选取纵向剖面进行二维几何建模，并对堆本体结构进行了简化，HTR - 10 堆本体结构及对应简化模型如图 1 所示。各区域根据材料属性可分为固体域、流体域和多

作者简介：朱军兵（1997—），男，硕士生，现主要从事反应堆热工水力计算等工作。

孔介质域三类，其中固体域包括压力壳、堆芯筒体、不含孔道的反射层、碳砖和堆底钢件支撑部件，而流体域包括压力壳内氦气空腔和氦气联箱。堆芯球床由包覆颗粒球形燃料元件随机堆积形成，其结构十分复杂，难以按照真实结构建模计算。此外，部分反射层在某些周向角度上存在冷却剂孔道或控制棒孔道[4]，在二维建模时难以体现。因此，上述区域均被简化为多孔介质域，该区域同时存在固体相和流体相，分别表示对该区域进行宏观平均后同时存在的固体成分和流体成分，两相之间存在能量交换，同时固体相会对流体相的流动产生阻力。

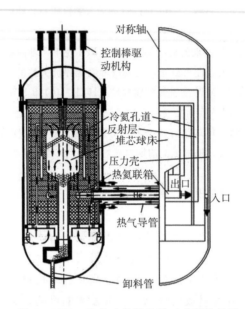

图 1   HTR - 10 堆本体结构及对应简化模型

1.2   计算模型

对于模型中的固体域，Fluent 需要求解固体导热微分方程；对于流体域，则需要求解流体的质量守恒方程、动量守恒方程、能量守恒方程；对于多孔介质域，则需要同时求解固体相和流体相的相关方程。下面以堆芯球床区为例给出质量、动量和能量的控制方程[5]。

（1）质量方程

$$\frac{\partial \rho_f}{\partial t} + \nabla \cdot (\rho_f \vec{V}) = 0 。 \tag{1}$$

（2）动量方程

$$\frac{\partial}{\partial t}(\rho_f \vec{V}) + \nabla \cdot (\rho_f \vec{V}\vec{V}) = -\nabla p + \nabla \cdot \overline{\overline{\tau}} + \rho_f \vec{g} + \vec{F} 。 \tag{2}$$

（3）能量方程

流体能量方程：

$$\frac{\partial}{\partial t}(\varepsilon \rho_f E_f) + \nabla \cdot (\rho H \vec{V}) = \nabla \cdot (k_{eff,f} \nabla \cdot T_f) + \nabla \cdot (\overline{\overline{\tau}} \cdot \vec{V}) + \rho \vec{g} \vec{V} + h_{fs} A_{fs}(T_s - T_f) 。 \tag{3}$$

固体能量方程：

$$\frac{\partial}{\partial t}[(1-\varepsilon)\rho_s E_s] = \nabla \cdot (k_{eff,s} \nabla \cdot T_s) + h_{fs} A_{fs}(T_f - T_s) + S_s 。 \tag{4}$$

式中，ρ 为密度；$\vec{V}$ 为氦气的表观速度；p 为压力；$\overline{\overline{\tau}}$ 为应力张量；$\vec{g}$ 为重力加速度；$\vec{F}$ 为固体相对流体相产生的附加阻力源项；ε 为孔隙率；E 为总内能；H 为总焓；T 为温度；k_{eff} 表示有效导热系数；h_{fs} 为固体相和流体相间的对流换热系数；A_{fs} 为比面；S_s 为固体相的内热源项；下标 f 和 s 分别表示流体相和固体相。上述模型参数和材料热物性参照德国安全标准和相关实验关系式给定。式（1）到式（4）中流体相相关方程通过 Fluent 自带的热平衡多孔介质模型求解，固体相相关方程通过构造 UDS（用户自定义标量）方程来求解。

1.3 运行参数设置

9 MW 功率水平下停堆试验在 9 MW 功率水平稳定运行一段时间后触发，因此需要先后模拟 HTR-10 的 9 MW 稳态运行工况和 9 MW 停堆瞬态工况。稳态运行时实际参数：反应堆功率为 9096 kW；一回路氦气压力为 2800 kPa；堆芯氦气入口温度为 236 ℃，出口温度为 700.6 ℃。依据上述实际运行参数进行设置完成稳态计算后，获得了 HTR-10 在 9 MW 功率水平下稳态运行的温度分布和冷却剂流场，并以此为初始条件进行了停堆工况的瞬态模拟。实际进行瞬态模拟时，假设停堆瞬间堆芯功率降为余热水平，一回路流量在 15 s 内线性减少为 0，然后将一回路进出口封闭继续计算。计算中取时间步长为 1 s，总的时间步数为 21 600。设置边界条件时，参考 Rodríguez 等[6] 的做法，给定第三类混合边界条件以模拟反应堆舱室的冷却作用。

2 氦气自然对流特性分析

计算结果表明，停堆后，氦气强迫循环流量在 15 s 内从 3.668 kg/s 线性减少为 0，随后堆内开始产生自然对流，并逐步发展成显著的自然循环回路。堆芯区域及其周围流道内的自然对流比较复杂，存在多个相互嵌套的自然循环回路，如图 2 右半部分流线图中的箭头所示。堆芯区域的氦气在靠近中轴线的内侧向上流动，在靠近侧反射层的外侧向下流动。这是因为堆芯下部区域温度高于上部区域，远离反射层的内侧区域温度高于外侧区域，温差导致氦气密度不均，进而形成浮升力使得堆芯内侧的氦气从底部向上流动，流经堆芯上部区域和顶部堆内构件并将热量释放。之后，大部分氦气沿堆芯外侧向下流回堆芯底部并进一步被冷却；小部分氦气沿控制棒孔道一直向下流动，经过小联箱、底反射层、热氦联箱和卸料管再回到堆芯底部。

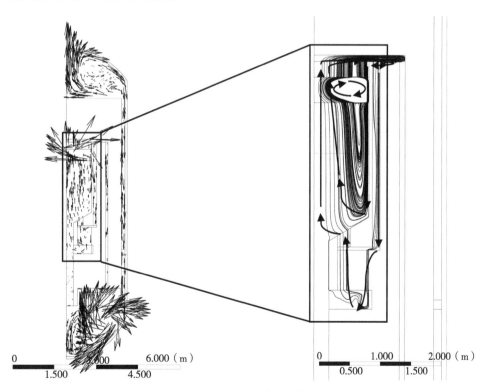

图 2　9 MW 功率水平下停堆试验时停堆 2 h 的流场

为进一步分析停堆后堆芯区域氦气的自然对流特性，定义距离堆芯顶部0.8 m处的水平截面上沿堆芯内侧向上流动的热氦流量为自然循环流量，以衡量堆芯氦气自然循环的强度。停堆试验过程中自然循环流量的大小随时间的变化如图3所示。根据自然循环流量的变化特点可将停堆过程大致分为以下4个时间段：

（1）0~15 s内，堆内仍存在强迫循环，自然循环流量为0；

（2）15~20 s内，自然循环迅速建立，自然循环流量从0快速增长到0.079 kg/s；

（3）20~2892 s内，自然循环充分发展，自然循环流量从0.079 kg/s逐渐增长到峰值0.165 kg/s；

（4）2892 s以后，随着堆芯余热的下降，自然循环强度减小，自然循环流量持续降低。

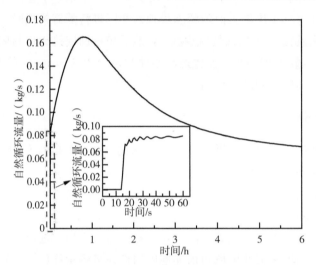

图3　9 MW功率水平下停堆试验堆芯自然循环流量

3　参数敏感性分析

为进一步研究氦气的自然对流特性，根据堆芯相关参数的不确定度对参数进行修改并重复计算，然后对比计算结果进行参数的敏感性分析。

3.1　堆芯等效导热系数

堆芯等效导热系数是通过半经验-半理论的公式计算得来的，其预测精度存在偏差，尤其是当堆芯温度较高[7]或者局部孔隙率较大[8]时，偏差更为明显。堆芯等效导热系数直接影响堆芯的导热过程和温度梯度，进而影响氦气的自然对流。郝琛等人的研究表明：堆芯的固有参数中，堆芯等效导热系数的预测存在±5%的不确定度，使得HTR-PM在DLOFC工况下的峰值温度产生了22.4 ℃的变化[9]。

本节将堆芯等效导热系数$k_{eff,s}$分别提高5%和降低5%，维持其他参数不变，进行9 MW功率水平下的稳态运行工况计算和停堆瞬态工况计算，并与基准计算进行对比。结果表明，堆芯等效导热系数每减小5%，自然循环流量峰值增加约0.0005 kg/s，如图4所示。这是因为堆芯等效导热系数越小，堆芯温度的不均匀性越大，自然对流的驱动力越大，自然循环流量也就越大。

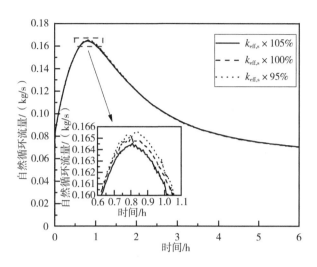

图 4 堆芯等效导热系数对自然循环流量的影响

3.2 燃料球热容

燃料球热容是堆芯的另一个重要的热物性参数,决定了堆芯的蓄热能力。燃料球热容越大,则堆芯整体温度变化越慢。郝琛等人的研究表明:燃料球热容的预测存在±2.9%的不确定度,使得 HTR-PM 在 DLOFC 工况下的峰值温度产生了 6.1 ℃的变化[9]。

本节将燃料球热容 C_V 分别提高 2.9% 和降低 2.9%,维持其他参数不变,进行 9 MW 功率水平下的稳态运行工况计算和停堆瞬态工况计算,并与基准计算进行对比,自然循环流量的计算结果如图 5 所示。结果表明:在达到峰值流量之前,燃料球热容越大,自然循环流量越小;达到峰值流量之后,燃料球热容越大,自然循环流量越大;燃料球热容越大,峰值流量出现的时间越靠后,但峰值大小基本一致。这是因为大热容能够使得堆芯保持更高的温度,使得氦气黏性更大,流动阻力也更大,但同时大热容也使得堆芯能保持更长时间的温度不均匀性。式(5)为自然对流的准则数格拉晓夫数(Gr),由其定义可知,温度梯度增大和黏性增大分别会促进和抑制自然对流[10]。停堆工况前期,黏性的影响占优,停堆工况前期后期,温度梯度的影响占优,所以燃料球热容对自然循环流量影响呈现上述特征。

$$Gr = \frac{g\alpha_V \Delta t l^3}{v^2}。 \tag{5}$$

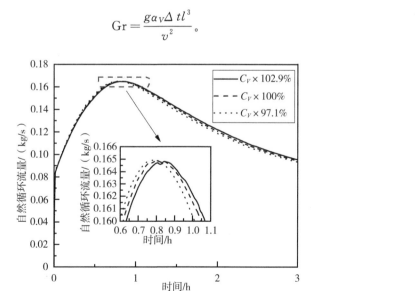

图 5 燃料球热容对自然循环流量的影响

4 结论

本研究以 9 MW 功率水平下停堆试验为例，探究了 PLOFC 工况下堆内氦气的自然对流特性。主要研究结论如下：

（1）堆芯区域及其周围流道内的自然对流比较复杂，存在相互嵌套的循环回路，产生原因为堆内温度分布不均匀。

（2）定义了自然循环流量的概念，根据自然循环流量的变化特点，将停堆过程分为"流量为 0、迅速建立、充分发展、持续降低"4 个阶段。

（3）堆芯等效导热系数影响堆芯温度梯度，进而影响自然对流强度，堆芯等效导热系数越小，自然对流强度越大。

（4）燃料球热容决定堆芯整体的降温速度，进而影响自然对流强度，燃料球热容越大，停堆工况前期自然对流强度越小，流量越晚达到峰值，但衰减越慢；影响自然对流强度的两个直接因素分别为温度梯度和氦气黏性。

参考文献：

[1] HAQUE H, et al. Thermal response of a modular HTR under accident conditions [J]. Nuclear energy, 1983, 22 (3)：201 – 210.

[2] International Atomic Energy Agency. Accident analysis for nuclear power plants with modular high temperature gas cooled reactors：Safety reports series No. 54. [R]. Vienna：International Atomic Energy Agency, 2008.

[3] WU Z, LIN D, ZHOUG D. The design features of the HTR – 10 [J]. Nuclear engineering and design, 2002, 218 (1 – 3)：25 – 32.

[4] ZHANG Z, LIU J, HE S, et al. Structural design of ceramic internals of HTR – 10 [J]. Nuclear engineering and design, 2002, 218 (1 – 3)：123 – 136.

[5] ANSYS Inc. ANSYS fluent user's guide [R]. Canonsburg, PA：ANSYS Inc, 2021.

[6] RODRÍGUEE A G, MAZAIRA L Y R, HERNÁNDEE C R G, et al. An integral 3D full – scale steady – state thermohydraulic calculation of the high temperature pebble bed gas – cooled reactor HTR – 10 [J]. Nuclear engineering and design, 2021, 373：111011.

[7] YOU E, SUN X, CHEN F, et al. An improved prediction model for the effective thermal conductivity of compact pebble bed reactors [J]. Nuclear engineering and design, 2017, 323：95 – 102.

[8] 步珊珊，陈波，杨光超，等. 高温球床壁面区域有效导热系数模型优化 [J]. 原子能科学技术，2022，56 (8)：1626 – 1632.

[9] FU L, CHEN H, ZHENG Y. Comparative study on the method of uncertainty analysis in the maximum fuel temperature of HTR – PM [C] //Proceedings of HTR 2014, Weihai, 2014.

[10] 杨世铭，陶文铨. 传热学 [M]. 4 版. 北京：高等教育出版社，2006.

Numerical analysis of helium natural convection characteristics after the shutdown of pebble bed high temperature gas – cooled reactor

ZHU Jun-bing[1,2], CHEN Fu-bing[2]

(1. China Ship Development and Design Center, Wuhan, Hubei 430064, China;

2. Institute of Nuclear and New Energy Technology, Tsinghua University, Beijing 100084, China)

Abstract: Pressurized loss of forced cooling (PLOFC) is a typical accident scenario of HTGR. Under this condition, the natural convection of helium in the reactor core and the further natural circulation, which is an important aspect concerned by reactor safety evaluation, directly affects the core residual heat removal and the temperature redistribution in the reactor. Based on the porous media model and user – defined scalar (UDS) of the CFD software Fluent, the scram test at 9 MW power level of 10 MW High Temperature Gas – cooled Reactor Test Module (HTR – 10) is simulated, based on which the natural convection characteristics of helium in the reactor under the PLOFC condition are analyzed, including, the flow direction and the flow rate of natural circulation in the core, and the cause. The influences of the effective heat conductivity of the pebble bed and the specific heat capacity of the fuel elements on the post – shutdown helium natural convection characteristics are further investigated. It is found that the greater the effective heat conductivity of the pebble bed is, the smaller the natural convection intensity is. For larger the specific heat capacity of the fuel elements, the natural convection intensity is smaller at the initial stage after shutdown, and the circulating flow rate reaches its peak later but also attenuates more slowly.

Key words: Pebble bed HTGR; Natural convection; Numerical simulation; Sensitivity analysis

球形燃料元件用核级天然石墨粉的矿源分析及应用评价

童　曦，周湘文*，高祎勋，张首驰，刘世福，刘兵

（清华大学核能与新能源技术研究院，先进反应堆工程与安全教育部重点实验室，北京　100084）

摘　要： 以山东石岛湾高温气冷堆示范工程（HTR-PM）为基础，未来我国将建设多座电功率为 600 MW 的商用高温气冷堆核电机组（HTR-600）。天然鳞片石墨是制备高温气冷堆球形燃料元件所需的核级天然石墨粉的关键原材料，但目前 HTR-PM 选用的山东平度天然鳞片石墨资源已濒临枯竭，亟须寻找适宜于 HTR-600 所需大批量球形燃料元件制备用天然鳞片石墨资源。本文选取内蒙古兴和、黑龙江鸡西和萝北三处典型天然鳞片石墨矿区样品，均为大鳞片或中等鳞片石墨，采用高温卤素纯化法将样品固定碳含量提高至 99.995% 以上。研究结果表明，不同矿区纯化石墨样品的灰分和杂质元素含量均符合 HTR 燃料元件用石墨材料的技术要求。以鸡西和兴和为代表的大鳞片石墨石墨化度高、缺陷少，有助于提高辐照稳定性，以黑龙江萝北为代表的中等鳞片石墨则具有较高的经济性，其应用可行性有待进一步实验验证。3 个矿区的石墨精粉产量均可满足未来 HTR 商用堆需求，矿石开采技术成熟，产品运输便利，作为 HTR-600 商用堆所需大批量球形燃料元件制备用核级天然石墨粉的原材料应用潜力巨大。

关键词： HTR-600；球形燃料元件；核级天然石墨粉；天然鳞片石墨；矿源分析

　　球形燃料元件作为高温气冷堆的核心部件，由基体石墨和包覆燃料颗粒组成[1-2]。基体石墨占燃料元件体积的 95% 以上，主要由 71wt% 核级天然石墨粉、18wt% 核级人造石墨粉和约 11wt% 酚醛树脂炭组成[1,3-4]。因此，核级天然石墨粉作为基体石墨的关键和主要组分，深刻影响球形燃料元件的制备、综合性能及安全使用。2022 年底，位于山东石岛湾的电功率为 200 MW 的高温气冷堆示范工程（HTR-PM）核电站实现双堆满功率运行[2,5]。以 HTR-PM 为基础，电功率为 600 MW 的商用高温气冷堆核电机组（HTR-600）的建设已被列入国家"十四五"规划纲要，未来我国将建设多座 600 MW 高温气冷堆商用核电站，需配套建设年产 300 万个球形核燃料元件的生产线。天然鳞片石墨是燃料元件用核级天然石墨粉的原材料。按照每个燃料元件消耗天然鳞片石墨 350 g 计算，未来 HTR-600 对天然鳞片石墨的需求量将超过 1000 吨/年。目前 HTR-PM 选用的山东平度天然鳞片石墨资源经过多年开采已濒临枯竭。为了满足未来 HTR-600 大批量天然石墨粉的采购需求，保障核级天然石墨粉原材料的长期稳定供应，亟须开展球形燃料元件用核级天然石墨粉的矿源分析及应用评价，为高温气冷堆这一国之重器长久稳定运行和商业化推广提供有力支持和保障，具有重要的科学意义和工程应用价值。

　　黑龙江和内蒙古是我国优质天然鳞片石墨资源的主要产地。本文选取内蒙古兴和黄土窑、黑龙江鸡西柳毛和萝北云山三处典型天然鳞片石墨矿开展研究，采用高温卤素纯化法制备得到核纯级天然鳞片石墨。通过分析石墨纯化样品的灰分及杂质元素含量、粒度、石墨化度、缺陷密度，结合矿山规模、矿山开采及作业条件、矿石及产品运输便利程度，综合评价适宜于用作 HTR-600 球形燃料元件用核级天然石墨粉原材料的矿区并进行矿区优选。

───────────────

作者简介： 童曦（1990—），女，博士，助理研究员，主要从事高温气冷堆球形燃料元件用石墨材料研发工作。
基金项目： 山东省重点研发计划（重大科技创新工程）"高性能石墨材料国产化制备关键技术研究与应用"（2020CXGC010306）。

1 实验部分

1.1 实验原材料

选择内蒙古兴和黄土窑、黑龙江鸡西柳毛和萝北云山三处典型天然鳞片石墨矿作为研究矿区，石墨样品为经过浮选和酸法提纯后固定碳含量约 99.5% 的高纯鳞片石墨，柳毛和兴和石墨样品粒径为 +100 目，萝北石墨样品粒径为 -100 目。

1.2 天然鳞片石墨的高温卤素纯化

核级天然石墨粉对灰分和杂质元素含量进行了严格限定，因此天然鳞片石墨作为核级天然石墨粉的原材料，其灰分和杂质元素含量必须满足 HTR 球形燃料元件用天然石墨粉的技术要求。采用高温卤素纯化设备对高纯鳞片石墨进行纯化，按照特定升温曲线升温，2200 ℃时通氟利昂，最高纯化温度为 2500 ℃。高温卤素纯化前的样品分别标记为鸡西-纯化前、萝北-纯化前、兴和-纯化前，纯化后的样品分别标记为鸡西-纯化后、萝北-纯化后、兴和-纯化后。

1.3 测试方法

采用 GB/T 3521—2008《石墨化学分析方法》对石墨样品灰分进行测定。采用美国珀金埃尔默仪器有限公司生产的 Nexion 300X 型等离子质谱仪（ICP - MS）和 Optima 8000DV 型等离子发射光谱仪（ICP - OES）测定样品的杂质元素含量。采用辽宁丹东百特仪器有限公司生产的 Bettersize 2600 型激光干法粒度仪测试样品的粒度。采用德国布鲁克公司生产的 D8 型 X 射线衍射仪测定样品的石墨化度，测试条件：铜靶，管压 40 kV，电流 30 mA，扫描范围：20°～50°，步长 0.01°，扫描方式为连续扫描，以纯度 99.99% 的高纯硅粉作为内标。石墨化度（G）计算公式为

$$d_{002} = \lambda / (2\sin\theta_{002})。 \tag{1}$$
$$G = (0.3440 - d_{002}) / (0.3440 - 0.3354)。 \tag{2}$$

式中，d_{002} 为（002）晶面间距，代表石墨层与层的间距；λ 为铜靶波长（0.154 18 nm）；θ_{002} 为（002）晶面衍射角。

采用德国雷尼绍公司生产的 Invia 型拉曼光谱仪测试样品的缺陷密度，激光波长 532 nm，扫描范围 1000～4000 cm^{-1}。

2 结果与分析

2.1 灰分及杂质元素含量

灰分及杂质元素含量是核级天然石墨粉的关键指标，因此天然鳞片石墨作为核级天然石墨粉的原材料，必须满足 HTR 球形燃料元件用核级天然石墨粉的技术要求。鸡西、萝北和兴和的纯化后石墨样品的灰分含量分别为 25 μg/g、19 μg/g、35 μg/g，均符合灰分≤50 μg/g 的技术指标要求，兴和-纯化后样品的灰分含量略高于鸡西-纯化后和萝北-纯化后样品。表 1 列出了各石墨样品纯化后的典型杂质元素含量。各纯化后石墨样品中均未检出中子吸收截面大的杂质元素，如 B、Sm、Eu、Cd。各纯化后石墨样品中 Si、Ca、Al、Na、K 含量相对较高，这些杂质元素属于常见造岩元素，其含量均在合格范围之内。兴和-纯化后样品中的 Si、Ca 等造岩元素含量高于萝北-纯化后和鸡西-纯化后样品，是导致其灰分含量相对较高的主要原因。

表 1　不同矿区天然石墨样品纯化后的典型杂质元素含量　　　　单位：μg/g

元素	鸡西-纯化后	萝北-纯化后	兴和-纯化后	元素	鸡西-纯化后	萝北-纯化后	兴和-纯化后
Li	0.003	0.004	0.008	Th	<0.001	<0.001	0.002
Co	0.001	0.002	0.001	Pb	0.011	0.018	0.031
Ag	<0.001	<0.001	<0.001	Si	0.227	0.126	0.439
Ti	0.001	0.002	0.003	Ca	0.066	0.058	0.096
V	0.002	0.002	0.004	Al	0.018	0.016	0.036
Ni	0.017	0.015	0.023	Na	0.006	0.008	0.011
Cr	0.002	0.003	0.002	K	0.005	0.002	0.006

2.2　粒度

表 2 为不同矿区天然石墨样品纯化后的粒度特征参数 D_{10}、D_{50}、D_{90}，分别用于表征细端粒子粒径、平均粒径和粗端粒子粒径。由表 3 可知，兴和石墨粒度最大，其次为鸡西，萝北石墨粒度最小。鸡西和兴和石墨样品粒度接近，均为典型的大鳞片石墨，D_{10} 达到 100 μm 以上，D_{50} 达到 200 μm 以上，D_{90} 达到 300 μm 以上，而萝北样品以中小型鳞片为主，其粒度小于鸡西和兴和样品，D_{50} 仅 102.6 μm。粒径小的石墨样品在高温卤素纯化过程中更有利于杂质逸出，因此萝北-纯化后样品的灰分含量较低。

表 2　不同矿区天然石墨样品纯化后的粒度特征参数　　　　单位：μm

样品名称	D_{10}	D_{50}	D_{90}
鸡西-纯化后	109.5	210.5	333.8
兴和-纯化后	114.6	226.5	352.4
萝北-纯化后	68.4	102.6	184.2

2.3　石墨化度

石墨化度是用于衡量天然石墨晶体结构与理想石墨晶体接近程度的关键指标，也是反映样品石墨化进程的重要参数。不同矿区天然石墨样品纯化后的 XRD 图谱如图 1 所示。鸡西、萝北和兴和的纯化后样品均在 26.5°附近出现一个尖锐的石墨（002）特征峰，由于加入高纯硅粉作为内标，在 28.4°附近出现 Si（111）特征峰。根据 XRD 图谱计算样品的石墨化度，纯化后石墨样品的石墨化度均大于 95%，其中鸡西-纯化后和兴和-纯化后样品的石墨化度为 98.8%，萝北-纯化后样品石墨化度为 97.7%。鸡西-纯化后和兴和-纯化后样品的鳞片尺寸大于萝北-纯化后样品，石墨化度与鳞片尺寸密切相关，鳞片尺寸越大，结晶程度和石墨微晶排布有序度越高，石墨化度越高。天然鳞片石墨较高的石墨化度有助于提高其制备的燃料元件基体石墨的综合性能及辐照条件下的稳定性。

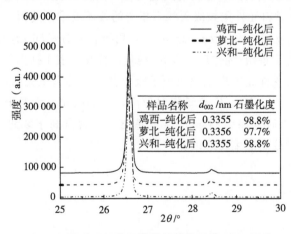

样品名称	d_{002}/nm	石墨化度
鸡西-纯化后	0.3355	98.8%
萝北-纯化后	0.3356	97.7%
兴和-纯化后	0.3355	98.8%

图 1　不同矿区天然石墨样品纯化后的 XRD 图谱

2.4 缺陷密度

缺陷密度通常采用拉曼光谱进行表征。图2为不同矿区天然石墨样品纯化前后的拉曼光谱图。纯化前的石墨样品均在1580 cm^{-1}附近显示对应于E_{2g}振动模式的有序峰G峰，以及在1360 cm^{-1}附近显示对应于A_{1g}振动模式的无序峰D峰。通常，缺陷密度采用I_D/I_G，即D峰与G峰相对强度之比进行表征，该比值越高，表明无序度越高，缺陷密度越大。而石墨样品纯化后D峰峰强显著降低，表明纯化提高了石墨微晶排布有序度。表3为不同矿区天然石墨样品纯化前后的拉曼光谱参数及缺陷密度。由表3可知，纯化前各样品的缺陷密度为0.07～0.12，纯化后降至0.03，表明纯化有效减少了石墨晶体结构中的缺陷数量，对结构中的缺陷进行有效修复。不同矿区石墨样品纯化前的缺陷密度：兴和-纯化前＜鸡西-纯化前＜萝北-纯化前，其中萝北-纯化前样品缺陷密度最高，经纯化后各石墨样品的缺陷密度均降至0.03，表明纯化不仅减少了缺陷数量，还可以有效消除各样品之间的缺陷密度差异。

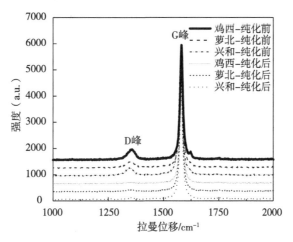

图2 不同矿区天然石墨样品纯化前后的拉曼光谱图

表3 不同矿区天然石墨样品纯化前后的拉曼光谱参数及缺陷密度

样品名称	D峰/cm^{-1}	G峰/cm^{-1}	I_D	I_G	I_D/I_G
鸡西-纯化前	1356.74	1580.88	468.57	4444.53	0.11
鸡西-纯化后	1358.42	1579.26	115.36	4081.93	0.03
萝北-纯化前	1353.40	1579.26	537.55	4419.87	0.12
萝北-纯化后	1361.76	1580.88	125.51	4354.04	0.03
兴和-纯化前	1355.07	1577.63	340.18	4622.10	0.07
兴和-纯化后	1360.09	1580.88	108.18	4153.77	0.03

2.5 矿源分析及应用评价

中国是石墨大国，石墨资源储量、产量、出口量和消费量长期以来均位居世界前列。黑龙江和内蒙古是目前我国天然鳞片石墨的主要产地，蕴藏大量优质天然石墨资源。

黑龙江石墨资源储量位居全国之首，其中天然鳞片石墨储量（按矿物量计算）占全国储量的65%[6]。黑龙江鸡西柳毛天然石墨矿位于黑龙江省鸡西市柳毛乡境内，矿石储量超3.5亿t，属于特大型石墨矿床。原矿平均固定碳含量9.76%，最高可达26.3%，主要产出大鳞片石墨。鸡西柳毛石墨矿开采历史悠久，距今已开采80多年，曾是亚洲最大的天然石墨矿。鸡西石墨产业园中聚集了以中国建材集团、贝特瑞、北汽集团为首的多家龙头企业，其中中国建材集团通过政企联合方式布局石墨新材料产业，着力于石墨在新能源领域的高值化应用，将有力推动鸡西石墨产业资源整合和平台优化。

萝北云山天然石墨矿位于黑龙江省东北部的鹤岗市萝北县境内,具有资源集中、储量大、品位高、适宜于大规模露天开采等优势,被誉为"亚洲第一矿",矿石储量超 2.7 亿 t,矿物量达 2132 万 t,属于特大型石墨矿床,国际罕见。萝北云山石墨矿原矿品位高,平均固定碳含量达 10.20%,最高可达 30%,主要产出中小鳞片石墨[7]。

内蒙古兴和黄土窑天然石墨矿位于内蒙古自治区中部乌兰察布市兴和县店子镇,矿石储量 4549.7 万 t,平均固定碳含量 3.59%,主要产出大鳞片石墨,片度通常在 1~1.5 mm,大者可达 2 mm。目前,兴和石墨矿采矿权归属于内蒙古瑞盛石墨有限公司,开发有高纯石墨、球形石墨、可膨胀石墨等多种产品。

表 4 为萝北、鸡西和兴和天然鳞片石墨矿区信息对比。萝北和鸡西石墨矿均属于特大型石墨矿且品位高,兴和为大型石墨矿但品位较低。2022 年萝北和鸡西石墨精粉(经过浮选获得的固定碳含量 90% 以上的天然鳞片石墨)产量超过 35 万 t,兴和精粉产量为 2 万 t。未来 HTR-600 球形燃料元件用核级天然石墨粉的原材料,即高纯天然鳞片石墨(固定碳含量 ≥99%)的需求量约为 1000 t/a,从 HTR 球形燃料元件用核级天然石墨粉长期大批量采购和制备角度考虑,3 个矿区均具备长期稳定供应天然鳞片石墨原材料的能力,可以对优质鳞片石墨资源进行有效储备和远景规划。

粒径是核级天然石墨粉的关键指标之一。鸡西和兴和均产出大鳞片石墨,而萝北产出中小鳞片石墨。目前 HTR-PM 球形燃料元件用核级天然石墨粉的原材料严格规定为鳞片尺寸大于 150 μm 的大鳞片石墨,性能优异但成本相对较高,经过粉碎加工后粉体平均粒径降至 20~30 μm,并且 90% 的粉体粒度小于 55 μm。倘若能用中等鳞片尺寸的天然石墨替代大鳞片石墨作为 HTR-600 球形核燃料元件用天然石墨粉的原材料,不仅可以大幅降低成本、提高资源利用率,还能有效提高 HTR 商用堆的经济性。采用中等鳞片石墨粉作为核级天然石墨粉原材料的可行性有待进一步实验验证。

综合分析认为,3 个矿区纯化石墨样品的灰分和杂质元素含量符合技术要求,石墨化度高且缺陷密度低。各矿区石墨精粉年产量均可满足未来 HTR 商用堆需求,且矿山开采及作业条件成熟,产品运输便利,未来有望成为 HTR-600 所需大批量球形燃料元件用核级天然石墨粉的原材料,应用潜力巨大。

表 4 萝北、鸡西、兴和天然鳞片石墨矿区信息对比

矿区名称	矿山规模	鳞片尺寸	平均品位	2022 年石墨精粉产量/wt
萝北云山	特大型	中小	10.20%	37
鸡西柳毛	特大型	大	9.76%	37.9
兴和黄土窑	大型	大	3.59%	2

3 结论

本文选取黑龙江萝北云山、鸡西柳毛和内蒙古兴和黄土窑三处典型天然鳞片石墨矿床开展 HTR 球形燃料元件用核级天然石墨粉的矿源分析和应用评价研究。采用高温卤素提纯法将 3 个矿区石墨样品的灰分含量降低至 50 μg/g 以下。研究结果表明,3 个矿区石墨纯化样品的灰分和杂质元素含量均符合 HTR 球形燃料元件用核级天然石墨材料的技术要求,且石墨化度均超过 95%,缺陷密度仅 0.03,表明纯化样品的微晶排布规整度和有序度较高。大鳞片石墨具有更高的石墨化度,有利于提高燃料元件的抗辐照性能,而中等鳞片石墨价格相对较低,若可实现替代大鳞片石墨进行应用,有助于提高资源利用率和商用核反应堆的经济性,可行性仍有待进一步实验验证。3 个矿区的石墨精粉年产量均可满足未来商用核反应堆的需求,矿石易采易选且交通便利,作为 HTR-600 商用堆所需大批量球形燃料元件用核级天然石墨粉的原材料应用潜力巨大。后续将继续开展采用不同矿区天然石墨制备核级天然石墨粉及基体石墨球的验证工作。

参考文献：

［1］ ZHOU X W，YANG Y，SONG J，et al. Carbon materials in a high temperature gas－cooled reactor pebble－bed module［J］. New carbon materials，2018，33（2）：97－108.

［2］ 史力，赵加清，刘兵，等. 高温气冷堆关键材料技术发展战略［J］. 清华大学学报（自然科学版），2021，61（4）：270－278.

［3］ 徐世江. 核工程中的石墨和炭素材料（第三讲）［J］. 炭素技术，2000（3）：44－48.

［4］ ZHOU X W，TANG Y P，LU Z M，et al. Nuclear graphite for high temperature gas cooled reactors［J］. New carbon materials，2017，32（3）：193－204.

［5］ ZHANG Z Y，DONG Y J，LI F，et al. The Shandong Shidao Bay 200 MWe high－temperature gas－cooled reactor pebble－bed module（HTR－PM）demonstration power plant：an engineering and technological innovation［J］. Engineering，2016（1）：112－118.

［6］ 全国矿产资源储量通报（2021年）［R］，自然资源部，2022年7月.

［7］ 郭理想，刘磊，王守敬，等. 中国石墨资源及晶质石墨典型矿集区矿物学特征［J］. 矿产保护与利用，2021（6）：9－18.

Mineral resource analysis and application evaluation of nuclear grade natural graphite powder for pebble fuel elements

TONG Xi，ZHOU Xiang-wen*，GAO Hui-xun，ZHANG Shou-chi，LIU Shi-fu，LIU Bing

(Institute of Nuclear and New Energy Technology, Tsinghua University, Key Laboratory of Advanced Reactor Engineering an Safety of Ministry of Education, Beijing 100084, China)

Abstract：Based on the high temperature reactor pebble－bed module（HTR－PM）in Shidao Bay, Shandong Province, China will build a number of 600MW commercial high temperature gas－cooled reactor nuclear power units（HTR－600）in the future. Natural flake graphite is the key raw material for preparing nuclear grade natural graphite powder for HTR pebble fuel elements. In view of the fact that the resources of natural graphite mine in Pingdu Shandong used for HTR－PM are on the verge of exhaustion. So it is extremely urgent to find natural graphite resources suitable for HTR－600 pebble fuel elements. In this paper, natural graphite samples from Xinghe in Inner Mongolia, Luobei and Jixi in Heilongjiang with large or medium flake scale were selected. The fixed carbon content of the samples were improved to over 99.995% using high－temperature halogen purification method. The results indicated that the ash content and impurity element contents of the purified graphite samples from different mining areas all met the technical requirements of graphite materials for HTR fuel elements. The large scale graphite represented by Jixi and Xinghe had a high graphitization degree and few defects, which contributed to improve the irradiation stability. The medium scale graphite represented by Luobei had a high economic efficiency, but its application feasibility needed further experimental verification. As a raw material for preparing nuclear grade natural graphite powder for large－scale pebble fuel elements required for HTR－600 commercial reactors, the graphite powder from all three mining areas have great potential with sufficient yield, mature mining technology and convenient transportation.

Key words：HTR－600；Pebble fuel elements；Nuclear grade natural graphite powder；Natural flake graphite；Mineral resource analysis

高温气冷堆压力容器一体化顶盖仿形锻造工艺研究

司梦丽，陶志勇，艾海昆

（上海电气上重铸锻有限公司，上海　200245）

摘　要： 对高温气冷堆压力容器一体化顶盖形状特点及仿形难度进行分析，通过设计上旋转砧和组合式下模专用工装模具，采用"模具内镦粗＋模具内无管嘴型腔预成型＋模具内无管嘴型腔二次成型＋模具内带管嘴型腔最终成型"的分段碾压成型方法，并通过计算机数值模拟验证了成型方案的可行性，实现了高温气冷堆压力容器用顶盖法兰、顶封头及管嘴一体化锻件仿形锻造。

关键词： 一体化顶盖；仿形；数值模拟

随着核电技术的不断发展，反应堆容器大型化、一体化是核电设备发展的一大趋势。为适应核电设备大型化、一体化的发展需求，在前期成熟反应堆容器一体化锻件制造经验的基础上，针对高温气冷堆大锻件，进一步开发新的一体化锻件成型技术十分必要[1-2]。目前，高温气冷堆压力容器用顶封头和顶盖法兰锻件仍采用分体设计（图 1），本文将针对高温气冷堆压力容器用顶盖法兰、顶封头及管嘴一体化锻件（简称"一体化顶盖锻件"）成型方案开展前期预研，为高温气冷堆锻件未来发展提供技术基础[2-3]。

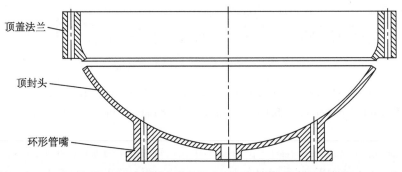

图 1　高温气冷堆压力容器顶盖法兰、顶封头及管嘴示意

高温气冷堆压力容器一体化顶盖锻件(图 2a)由大直径法兰（外径约 6650 mm，内径约 5250 mm）、球面封头（外球半径约 3450 mm，内球半径约 3100 mm）和环形管嘴（外轮廓直径约 4100 mm）三部分组成，总高度约 2800 mm，锻件毛坯重量约 300 t，具有直径大、高度高、型腔深及形状复杂等特点，属于超大尺寸异形封头类锻件。针对此类大尺寸异形锻件，为提升材料利用率、降低钢锭重量，需采用内外轮廓仿形方案进行锻造成型。高温气冷堆压力容器一体化顶盖锻件尺寸规格和仿形难度，较 AP1000 压力容器一体化顶盖锻件(图 2b)均有较大提升，难以采用传统简单碾压成型方案进行仿形[4-5]。本文将针对高温气冷堆压力容器一体化顶盖锻件的结构特点，借助计算机数值模拟技术，开发一种分段碾压成型的仿形工艺方案。

作者简介： 司梦丽（1988—），女，黑龙江绥化人，硕士，高级工程师，现主要从事大型锻件锻造工艺研究工作。

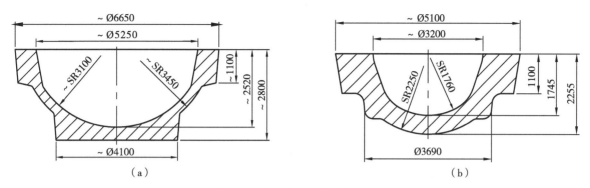

图2 一体化顶盖锻件毛坯对比

（a）高温气冷堆压力容器；（b）AP1000压力容器

1 方案设计

1.1 传统仿形方案

传统一体化顶盖锻件仿形方案，通常采用先预制规则饼形厚板或带管嘴凸台饼形厚板，然后预成型内腔，再通过一次旋转碾压实现球面封头的最终仿形（图3）。该仿形方案适用于尺寸规格相对小、内腔浅的一体化顶盖锻件[4-5]。

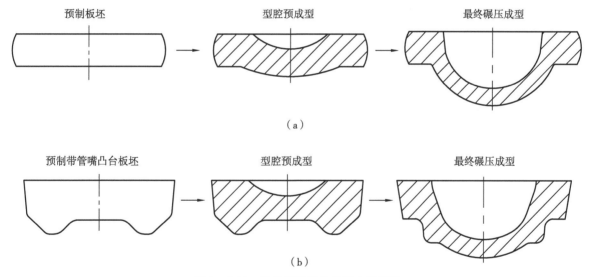

图3 传统一体化顶盖锻件仿形方案示意

（a）AP1000压力容器一体化顶盖锻件（不带管嘴）；（b）AP1000压力容器一体化顶盖锻件（带管嘴）

1.2 高温气冷堆压力容器一体化顶盖锻件仿形方案

高温气冷堆压力容器一体化顶盖锻件具有直径大（最大直径约6650 mm）、高度高（总高度约2800 mm）、型腔深（深度约2520 mm）、形状复杂的结构特点，其型腔深度占总高度比例约0.9，法兰内外径比例约0.8，难以通过传统一次碾压成型方式仿形。

根据高温气冷堆压力容器一体化顶盖锻件的结构特点，设计专用仿形工装模具，拟采用多次分段碾压成型方案，即分为4个阶段：模具内镦粗阶段、模具内无管嘴型腔预成型阶段、模具内无管嘴型腔二次成型阶段和模具内带管嘴型腔最终成型阶段，如图4所示。该仿形方案将实现更大尺寸规格的法兰、封头和管嘴一体化锻件近净成形，与传统一体化顶盖锻件仿形方案相比，仿形程度更高。

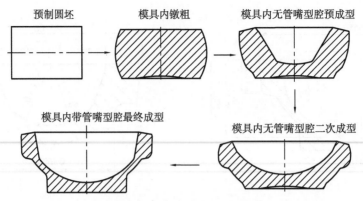

图 4 高温气冷堆压力容器一体化顶盖锻件仿形方案示意

2 模具设计

高温气冷堆压力容器一体化顶盖锻件模具如图 5 所示。

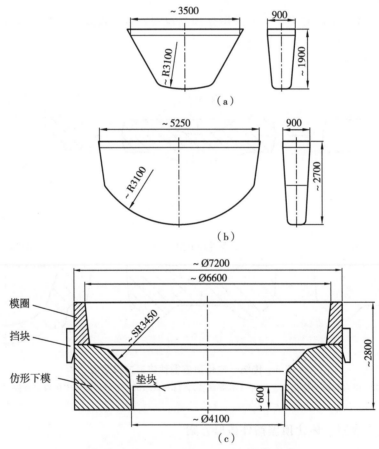

图 5 高温气冷堆压力容器一体化顶盖锻件模具示意
（a）上旋转砧 1；（b）上旋转砧 2；（c）组合式下模

2.1 上模设计

上模分为上旋转砧 1 和上旋转砧 2。由于高温气冷堆压力容器一体化顶盖锻件型腔直径大、深度深，锻件需要分阶段仿形。上旋转砧 1 用于前期无管嘴型腔预成型阶段，上旋转砧 2 用于后期无管嘴型腔二次成型和带管嘴型腔最终成型阶段。

2.1.1 上旋转砧1

如图 5a 所示，上旋转砧1采用上厚下薄、上大下小的对称扁平砧结构。其下侧两边的大倾角斜面，可避免旋压初始阶段，锻件型腔表面形成折叠，同时，在型腔预成型旋压后，型腔内壁形成平缓锥面，可避免后续采用上旋转砧2旋压时锻件型腔形成折叠。通过采用尺寸相对小的上旋转砧1旋压型腔，实现一体化顶盖锻件型腔的预成型。

2.1.2 上旋转砧2

如图 5b 所示，上旋转砧2仍采用上厚下薄、上大下小的对称扁平砧结构。上旋转砧2采用底部大圆弧面和两侧小倾角斜面设计。通过上旋转砧2底部大圆弧面设计，采用旋压方式，实现对一体化顶盖锻件型腔的最终仿形。

2.2 下模设计

为实现高温气冷堆压力容器一体化顶盖锻件仿形并兼顾模具制造成本，采用组合式下模，由仿形下模、模圈和垫块三部分组成，如图 5c 所示。"仿形下模和垫块"组合用于镦粗和无管嘴型腔预成型阶段，"模圈、仿形下模和垫块"组合用于无管嘴型腔二次成型阶段，"模圈和仿形下模"组合用于带管嘴型腔最终成型阶段。

2.2.1 仿形下模

仿形下模内球面和内圆柱面分别与一体化顶盖锻件球形封头段外球面和环形管嘴段外圆轮廓相匹配，用于实现球形封头段和环形管嘴段外轮廓仿形。为更好地保证法兰段下平面直角处的成型效果，仿形下模上部内侧采用锥面设计。

2.2.2 模圈

模圈由模圈主体和挡块组成。模圈内轮廓与一体化顶盖锻件法兰外圆轮廓匹配。模圈内圆设计有拔模角，防止锻件卡模。模圈和仿形下模之间设置挡块，便于对中和限位。

2.2.3 垫块

通过把垫块垫于仿形下模内孔位置，可以降低前期3个阶段（镦粗、无管嘴型腔预成型以及无管嘴型腔二次成型）的成型高度，进而降低前期成型难度，为最终成型提供良好基础。

垫块利用上表面中间高、边缘低的设计，使锻件在前期3个阶段（镦粗、无管嘴型腔预成型以及无管嘴型腔二次成型），底面形成边缘凸、中间凹的形状。在撤出垫块后的带管嘴型腔最终成型阶段，锻件底部边缘凸出部分可以补偿环形管嘴下端角部位置填充不足量，从而保证该位置的成型效果。

3 工艺方案

基于对高温气冷堆压力容器一体化顶盖锻件的结构分析和仿形方案及模具设计，制定仿形工艺流程如表1所示。

表1 仿形工艺流程

序号	变形过程	变形示意
1	模具内镦粗	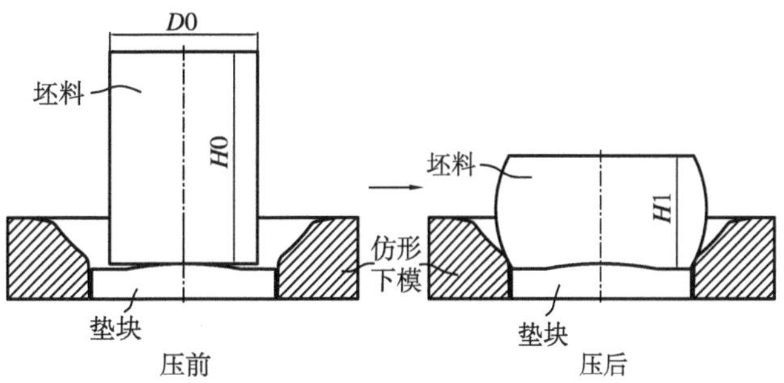

序号	变形过程	变形示意
2	模具内无管嘴型腔预成型	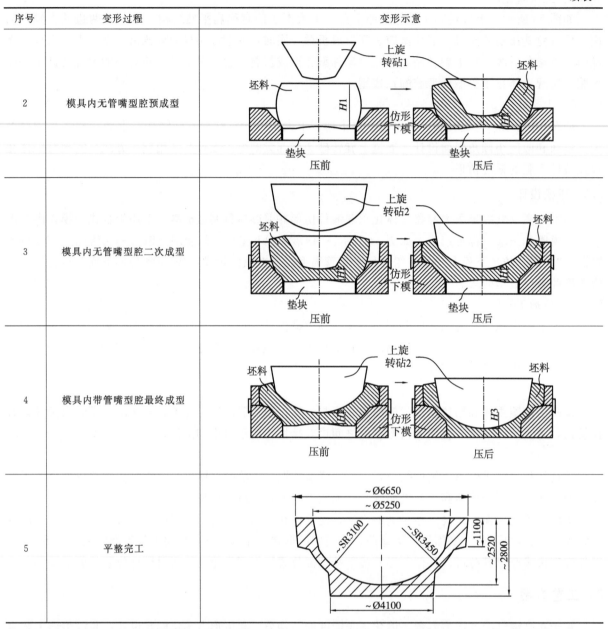
3	模具内无管嘴型腔二次成型	
4	模具内带管嘴型腔最终成型	
5	平整完工	

4 数值模拟

为验证高温气冷堆压力容器一体化顶盖锻件仿形工艺方案可行性，利用 DEFORM-3D 有限元分析软件对锻件仿形主要工序进行了 1∶1 数值模拟，主要模拟参数如表 2 所示，模拟结果如图 6 所示。从模拟结果可以看出，锻件法兰、封头及管嘴位置最终充型效果较好，整体成型效果良好，基本满足工艺预期。

表 2　主要模拟参数

初始坯料尺寸/mm	坯料划分网格数/个	摩擦因子	换热系数/〔N/（mm·s·℃）〕
Φ3200×4900	120 000	0.7	1.5

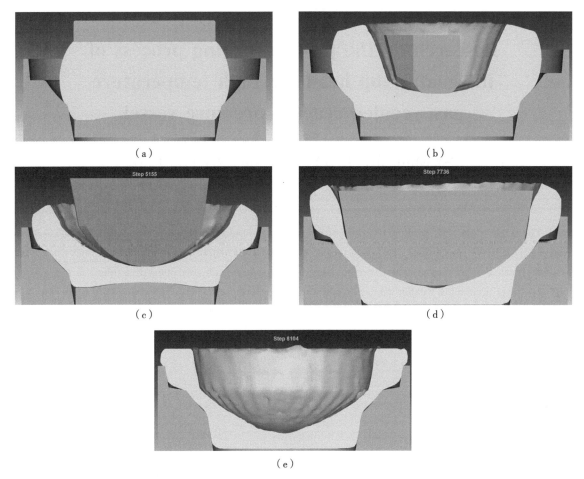

（a）

（b）

（c）

（d）

（e）

图 6　高温气冷堆压力容器一体化顶盖锻件仿形锻造数值模拟

（a）模具内镦粗；（b）模具内无管嘴型腔预成型；（c）模具内无管嘴型腔二次成型；（d）模具内带管嘴型腔最终成型；（e）平整完工

5　结论

　　本文针对高温气冷堆压力容器一体化顶盖锻件仿形锻造工艺进行前期预研。利用两个上旋转砧和组合式下模，采用分阶段旋压方法，将仿形过程分为模具内镦粗、模具内无管嘴型腔预成型、模具内无管嘴型腔二次成型和模具内带管嘴型腔最终成型 4 个阶段，通过计算机数值模拟验证了仿形方案的可行性，开发了一种高温气冷堆压力容器一体化顶盖锻件分段碾压仿形工艺方法。

参考文献：

[1]　朱正清．现代大型反应堆压力容器材料的研制与发展［J］．核动力工程，2011，32（S2）：1－4.

[2]　雷鸣泽．高温气冷堆产业推广及应用前景［J］．中国核电，2018，11（1）：26－29.

[3]　史力，赵加清，刘兵，等．高温气冷堆关键材料技术发展战略［J］．清华大学学报，2021，61（4）：270－278.

[4]　叶志强，凌进，贾天义，等．一体化顶盖成形的碾压方法：中国，ZL 2009 1 0057935.2［P］．2012－12－05.

[5]　董凯．核电压力容器的顶盖锻造方法：中国，ZL 2017 1 1212659.3［P］．2020－10－16.

Research on the profile forging process of integrated top head for high temperature gas – cooled reactor pressure vessel

SI Meng-li, TAO Zhi-yong, AI Hai-kun

(Shanghai Electric SHMP Casing & Forging Co. , Ltd. , Shanghai 200245, China)

Abstract: The shape feature and profiling difficulty of integrated top head for high temperature gas – cooled reactor pressure vessel (HTR RPV) is analysed. The profile forging of HTR RPV integrated top head which is comprised of flange, top head and nozzle is realized by designing specific upper and lower forging dies and subsection rolling forging method including "upsetting, preforming without nozzle, second forming without nozzle and final forming with nozzle which are all accomplished inside the die". The feasibility of the process is verified by computer numerical simulation.

Key words: Integrated top head; Profiling; Computer numerical simulation

HTR-PM 主氦风机电磁轴承控制系统调试方法及经验反馈

孙惠敏[1]，邢校萄[2]，周振德[1]，汪景新[1]，何婷婷[2]，

严义杰[2]，杜际瑞[2]

（1. 华能核能技术研究院有限公司，上海　200126；

2. 华能山东石岛湾核电有限公司，山东　威海　264312）

摘　要：主氦风机是高温气冷堆一回路的关键设备，用于驱动一回路冷却剂氦气循环。氦气流经反应堆堆芯，将堆芯热量带出，并通过蒸汽发生器将热量传递到二回路，二回路的水转变为蒸汽后驱动汽轮发电机发电。主氦风机采用电磁轴承支撑转子，具有非接触无摩擦运行、不需要润滑剂、不会对一回路冷却剂产生污染的特点。电磁轴承控制系统是保证主氦风机长期可靠运行的关键系统，也是主氦风机调试过程中的难点及重点。本文主要介绍高温气冷堆示范工程主氦风机电磁轴承控制系统的基本组成和功能、调试方法及调试经验。本文研究成果能够为后续高温堆项目主氦风机的调试和维护提供借鉴，为主氦风机可靠性提升及进一步优化提供参考。

关键词：高温气冷堆；HTR-PM；主氦风机；电磁轴承；控制系统

　　HTR-PM 在 2006 年被列入《国家中长期科学和技术发展规划纲要（2006—2020 年）》国家科技重大专项，HTR-PM 是以我国已建成投运的 HTR-10 高温气冷实验堆为基础，将把我国具有完全自主知识产权的高温气冷堆这一重大高新技术成果转化为现实生产力，是产学研相结合的一项标志性工程。主氦风机是高温气冷堆一回路关键设备，功能类似于压水堆的主泵，用于驱动冷却剂在一回路循环，将反应堆堆芯产生的热量通过蒸汽发生器传递至二回路。HTR-PM 主氦风机为大型、立式、高速、变频风机，采用电磁轴承支撑转子，是电磁轴承应用在大型立式风机中全球最大的一台。电磁轴承控制系统是由传感器、控制器和功率放大器组成的一套闭环伺服控制系统，是控制转子稳定悬浮的重要系统。

1　概述

1.1　主氦风机介绍

　　主氦风机是高温气冷堆一回路冷却剂氦气的循环风机，相当于压水堆的主泵。在反应堆启动、功率运行和停堆各种工况下，主氦风机驱动冷却剂氦气循环流动，当氦气流过反应堆堆芯时，带走裂变热，然后流经蒸汽发生器，将热量传递给二回路中的水，使得水变为蒸汽，蒸汽推动汽轮发电机发电。

　　主氦风机安装在蒸汽发生器顶部，是大型立式单级离心风机，用电机驱动，叶轮悬臂安装在电机下轴端。主氦风机整体设置在蒸汽发生器壳体内的上部，处于一回路介质氦气冷却剂的压力环境内。对应于主氦风机的蒸汽发生器壳体部分称主氦风机壳体，主氦风机壳体由端盖、筒体和变径段三部分构成，通过法兰连接。风机进气管与蒸汽发生器氦气侧的出口冷氦气管承插连接。主氦风机的进气管、风机挡板、前隔板和扩压器组合到蜗壳上，并通过蜗壳法兰安装在主氦风机壳体上。驱动电机、

作者简介：孙惠敏（1989—），男，内蒙古乌兰察布人，工程师，硕士，现从事高温气冷堆仪控系统研究和设计。

基金项目：山东省重点研发计划资助项目：高温气冷堆型号设计优化及燃煤替代应用研究（2022SFGC0501）。

后隔板和叶轮也通过蜗壳法兰安装在主氦风机壳体上。蜗壳法兰、电机底座和后隔板组合成中间法兰,其上侧为电机腔,下侧为风机腔,两腔都处于一回路压力的氦气环境中,中间法兰穿轴孔的迷宫设计阻止了下侧风机腔中的热氦气直接流入上侧电机腔内。

主氦风机采用电磁轴承承载,电磁轴承设置在电机腔氦气冷却剂的环境内。中间法兰及主氦风机壳体内侧包覆隔热层。在电机轴上端装有辅助叶轮,驱动氦气循环冷却,流经电磁轴承(特别是下电磁轴承)和驱动电机,再通过设置在主氦风机壳体端盖内的冷却器,由冷却水将热量带到主氦风机壳体外。驱动电机轴采用中空结构,以便部分冷氦气吹到下电磁轴承。

1.2 电磁轴承控制系统基本组成和功能

主氦风机电磁轴承控制系统由传感器、信号处理板卡、电磁轴承控制器、功率放大器等主要部件组成,如图 1 所示。传感器包括位置传感器、转速传感器和磁通传感器。信号处理板卡用于将传感器信号进行运算和转换,输出标准的电流信号或脉冲信号。电磁轴承控制器用于接收传感器采集的信号,并能通过合理复杂的逻辑运算,输出控制信号至功率放大器,功率放大器输出高频变化的直流动力给电磁铁绕组。

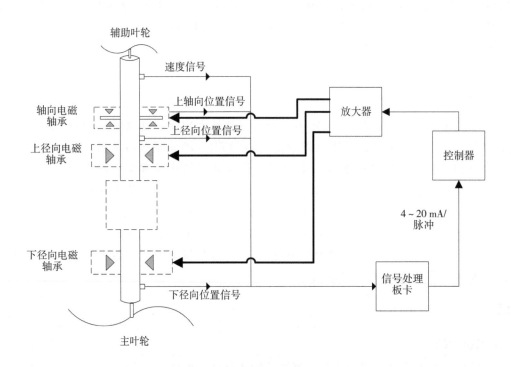

图 1 电磁轴承控制系统

主氦风机电磁轴承控制系统控制的对象属于 5 个自由度的轴承系统,包括轴向、上径向和下径向,而转动的自由度是由电机控制的(图 2)。电磁轴承系统能承受主氦风机在各种运行工况下的径向和轴向载荷,并有一定裕度。轴向载荷包括转子重量和叶轮的气动力(方向向下)。径向载荷由机械偏心离心力和电磁拉力组成,每个径向电磁轴承应能满足各自的载荷[1]。电磁轴承控制系统通过对称布置在 4 个象限内的非接触式位置传感器,获得每个自由度上转子与定子之间的距离信息。测得的间隙信号与设定信号做比较,对差值放大,控制电磁线圈的电流,电磁力使转子悬浮在轴心。

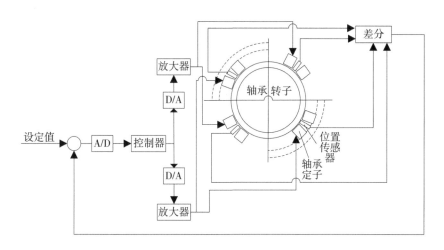

图 2　径向控制原理

2　HTR－PM 电磁轴承控制系统调试方法介绍

电磁轴承控制系统调试是主氦风机调试的核心内容，也是最难的部分，在国内，将电磁轴承技术应用在如此大型立式风机中尚属首次，无成熟的调试经验可借鉴，示范工程主氦风机调试攻坚组用了一个半月的时间完成了主氦风机电磁轴承控制系统的调试工作，具体步骤如下：

（1）就地电缆检查

就地电缆检查的对象是电磁轴承本体上的动力线圈以及各类传感器连接的电缆，直接从舱室外控制柜或 I/O 柜的外部电缆处检查。检查的内容包括温度、振动信号线的直阻和对地绝缘；检查位置、转速、磁通反馈信号线的直阻、电感以及对地绝缘，检查电缆屏蔽是否可靠连接；检查动力电缆对地绝缘以及线圈直阻和电感。这些测量数据也是以后设备故障排查的重要依据。

（2）目视检查

目视检查包括检查机柜和所有内部部件是否存在明显的缺陷，以及所有固定装置是否安全可靠，还包括检查所有电缆是否正确端接，以确保现场电缆未短接且所有现场电缆均按要求端接。目视检查还包括查看机柜冷却系统压力是否在正常范围，如果不在还需要补充冷却剂。

（3）电磁轴承控制器上电

这个阶段要检查全部供电回路，保证供电回路均可靠连接，设备均正常工作。最后打开控制器电源，确保控制器供电电压稳定。

（4）传感器供电检查

这一部分检查是测试供给位置传感器的激励频率是否在预期范围内，还将验证速度信号处理板卡和磁通反馈板卡的供电电源是否正常。

（5）线圈上电检查

这一部分检查的目的是验证功率放大器能否将电流驱动到对应的线圈上，还要确认电流超限报警和跳机功能是否正常。HTR－PM 主氦风机电磁轴承系统是 5 个自由度，轴向上有 2 台功率放大器，径向每个自由度对应一台功率放大器，因此需完成 6 台功率放大器输出的验证。

（6）功率放大器带宽测试

这个测试是为了保证功率放大器的性能与现场电缆和磁体的匹配性。

（7）位置传感器初步标定

该任务首先是得到位置传感器驱动信号和输出信号之间的相位。在工厂调试中实际已经完成了位置传感器的标定，但考虑到运输、安装等不可预估情况，需要在现场进行再次标定。由于主氦风机已经安装在压力容器顶部，因此在打开主氦风机上顶盖的情况下，仅对上径向位置传感器进行检查，在这个过程中，通过电磁轴承控制器人机界面来手动控制转子的移动，对传感器的测量值与就地利用百分表测量的实测值进行比对，对位置传感器的增益和偏置进行修正。

（8）首次悬浮测试

通过之前的步骤，电磁轴承系统已经具备了悬浮的条件，利用电磁轴承控制器人机界面手动进行悬浮操作，监测各项数据。这个测试的目的是保证稳定和安全的悬浮，并验证控制器参数。

（9）初步回路增益测试

这个测试的目的是确保配置了所有必需的控制参数，以便从机器获得可接受的动态性能。将测量开环传递函数，并相应地调整控制器参数。

（10）磁通设置

本内容旨在设置磁通反馈参数，以提高功率放大器的带宽和降低长电缆的噪声。

（11）接口测试

在这个阶段，将验证控制器和分布式控制系统（DCS）之间数据传输和定义的正确性。测试应包括从电磁轴承控制器输出到 DCS 的机组状态信号及各类报警信号，也包括从 DCS 系统下发到电磁轴承控制器的指令信号，要确保电磁轴承控制系统和 DCS 系统对信号常开常闭代表意义定义的一致性。正常情况下，电磁轴承控制器和 DCS 系统还会配置通信接口，通过通信接口能将电磁轴承的更多运行信息传递至 DCS 系统。

（12）转动测试

该测试的范围是在部分负载下以最高速度运行，以检查轴承的调整是否满足动态运行要求。在进行测试前，必须确保系统供电的可靠性，防止意外失电导致转子跌落事件的发生。在这个测试过程中，机器的速度将以 500～1000 rpm 为一个转速平台，每升到一个转速平台后都要在该转速下运行一段时间，改时间依据现场调试规程。在每个转速平台下都要记录机器的运行参数，如果发生超限保护停车，必须要将运行事件和数据下载下来，利用专用软件对停车数据进行分析，优化控制系统的参数。机器运行过程中对电磁轴承的温度也要时刻监视和记录。

（13）正常运行工况下的连续运行测试

这个试验的目的是保证机器在正常运行工况下电磁轴承系统能长期稳定运行。测试的范围和持续时间由现场实际情况决定。

3 调试过程经验反馈

（1）功率放大器利用 IGBT（绝缘栅双极晶体管）输出高频高压电源，所用动力电缆如果过长（>150 m），电缆的容抗和阻抗会造成回路振荡和过电压，对于高频感应负载，如磁体，存储在电缆中的能量不能在负载中释放，还会被负载反射回功率放大器，这会导致过载或过电压。因此，在主氦风机控制柜与就地的电缆路径设计越短越好，这样能极大提高电磁轴承系统的可控性，并降低调试难度。

（2）HTR-PM 电磁轴承控制系统调试在转动测试试验过程上花了最长的时间，这是由于转速信号一直无法准确测量并显示，转速信号参与转子的悬浮控制，在低转速下（<1500 rpm）转速信号对悬浮控制影响很小，但高转速下转速信号对控制系统的稳定性影响很大，转速波动超过一定限度的话就会导致某些参数超限而触发停机。HTR-PM 电磁轴承控制系统速度传感器采用的是电涡流速度传感器，从传感器到信号处理板卡间的电缆长度及路径上的干扰源对转速信号均有较大的影响，因此在工厂调试时要考虑到这一点，尽可能与现场实际情况保持一致，降低现场调试的难度。

（3）转速信号的幅值是周期性变化的，且周期与转子的转速负相关，这是由转子的动力学特性决定的，如图 3 所示。因此，在调试过程中对于每个转速平台下的保持时间长度一定大于一个周期的长度，尤其是在低转速下，这样才能完全验证转速信号的准确性。

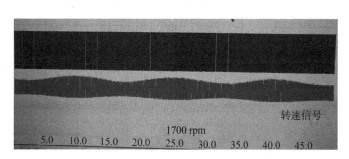

图 3　转速信号波形

4　结论

电磁轴承系统应用在大型、立式、高速、变频的主氦风机上属于全球首创，无成熟调试经验，而 HTR－PM 示范工程主氦风机电磁轴承控制系统调试完成后，经过了热试和临界的长时间转动考验，证明主氦风机电磁轴承控制系统调试是成功的，但调试过程中发现的良好经验反馈是后续工程项目主氦风机研制的重要输入，从设计、制造、调试上进行全过程优化，相信主氦风机能更加安全可靠。

参考文献：

[1]　张征明，王宏，等．华能山东石岛湾核电厂高温气冷堆核电站示范工程最终安全分析报告（第 5 章）［R］．北京：清华大学核能技术设计研究院，2021：52-61.

Commissioning method and experience feedback of the magnetic bearing control system of Helium circulator in HTR – PM

SUN Hui-min[1], XING Xiao-tao[2], ZHOU Zhen-de[1],
WANG Jing-xin[1], HE Ting-ting[2],
YAN Yi-jie[2], DU Ji-rui[2]

(1. Huaneng Nuclear Energy Technology Research Institute Co., Ltd., Shanghai 200126, China;
2. Huaneng Shandong Shidao Bay Nuclear Power Development Co., Ltd., Weihai, Shandong 264312, China)

Abstract: Helium circulator is one of the key components in the reactor primary loop of the high – temperature gas – cooled reactor, used to drive the Helium cycle of the primary coolant. Helium flows through the reactor core, taking heat out of the core and passing it through the steam generator to a secondary loop, which make the water convert into steam to drive a turbo – generator to generate electricity. The Helium circulator uses magnetic bearings to support the rotor, which has characteristics of non – contact and frictionless operation, and does not need lubricant, and does not pollute the primary loop. The magnetic bearing control system is the key system to ensure the long – term reliable of the Helium circulator, it is also a difficult and key point in the debugging process of the Helium circulator. The paper mainly introduces the basic composition and function, debugging method and commissioning experience of the magnetic bearing control system of HTR – PM, The research results of this paper can provide reference for the subsequent commissioning and Helium circulator in high – temperature reactor projects, and provide reference for the reliability improvement and further optimization of the Helium circulator.

Key words: High temperature gas – cooled reactor; HTR – PM; Helium circulator; Magnetic bearing; Control system

高温气冷堆极端高温石墨环境下的温度测量

任　成，孙艳飞，杨星团

（清华大学核能与新能源技术研究院，北京　　100084）

摘　要：高温气冷堆是一种在我国取得迅速发展的先进核能系统。反应堆堆芯内温度在正常运行条件下限值为 1200 ℃，在事故工况下应被限制在 1600 ℃以下。有别于其他堆型，高温堆芯中形成了一种由碳砖和石墨基燃料元件构成的石墨环境。这种特殊高温石墨环境给接触式直接温度测量带来很大困难。常见的热电偶保护套管材料在极端高温石墨环境下极易被腐蚀或炭化，造成脆断和失效。清华大学核能与新能源技术研究院建立了一个材料性能测试装置，模拟了高温堆内的高温石墨环境，实验温度可达 1600 ℃，覆盖了高温气冷堆正常运行和事故工况下的整个温度范围。在实验装置中采用多支特制热电偶进行了测试实验，设计出适用于高温气冷堆极端高温石墨环境下的热电偶材料和结构形式。

关键词：高温气冷堆；温度测量；特制热电偶；石墨极端环境

高温气冷堆是第四代核电系统的典型代表，因其固有的安全性、高效性，以及作为高温热源的广泛应用等优点而受到关注。世界上第一个第四代核电商业示范项目——一座 200 MW 的高温气冷堆示范电站已在山东省石岛湾建成，更多的项目正在推进中。与水堆不同，高温气冷堆堆芯中的材料或装置面临着特殊的工况环境。除核辐射外，球床堆芯内温度在正常运行条件下限值为 1200 ℃，在事故工况下应被限制在 1600 ℃以下[1]。由于燃料元件的基体材料和堆芯周围的反射层均由石墨或碳砖制成，因此在堆芯中形成了特殊的高温石墨环境[2]。大多数金属或非金属材料在高温石墨环境中很容易被腐蚀而失效，面临金属粉化和内部渗碳问题。

众多科研院所，尤其是清华大学核能与新能源技术研究院，一系列与高温气冷堆相关的科学研究实验正在配套实施着，为我国巩固高温气冷堆技术的领先地位提供保障[3]。在实验中，温度场的监控是一项通用且极为重要的技术需求。但在高温气冷堆的高温石墨环境中，常规热电偶使用效果不佳。高温石墨的腐蚀问题十分严峻，碳元素会在热电偶保护套管表面结焦、渗碳或发生反应，在金属内部形成大量碳化物，严重降低其机械性能和使用寿命，使保护套管发生损坏。同时使保护套管的气密性下降，内部偶丝受腐蚀而变质，发生热电势漂移。目前，尚缺少一种面向高温气冷堆实验中 1600 ℃高温石墨环境能够长期、稳定、可靠地完成温度测量任务的特殊热电偶，实验室相关测温技术手段需要提升。

1　热电偶渗碳失效现象

高温气冷堆相关热工实验中需要大量使用石墨球、石墨构件、碳毡保温材料等碳素材料。测温仪表经常需要直接接触石墨材料，很多时候甚至需要内埋在石墨构件中。在本课题组的实验经历中，一些常用的耐高温材料在高温石墨环境中都发生过腐蚀、渗碳甚至失效问题[4]。为本课题组在实验中使用的美国铠装钨铼热电偶，其所使用的粉末冶金制造的钼保护套管在某次高温碳气氛炉中经过 1600 ℃高温实验约一周后的损伤情况如图 1 所示。

作者简介：任成（1984—），男，副研究员，现主要从事反应堆热工水力仪表等科研工作。

基金项目：中核领创科研项目"核反应堆用铠装热电偶高可靠性冷端设计与制备技术研究"（20222009064）。

（a） （b）

图 1　美国铠装钨铼热电偶保护套管损伤情况

（a）美国 Nanmac 钼保护套管；（b）保护套管断面比较

经过高温石墨环境实验以后，粉末冶金钼保护套管材质韧性大幅下降，脆性特征明显，稍加碰触即断裂成小节。保护套管表面变黑失去金属光泽，有许多微小裂纹。选取高温区与低温区断裂钼保护套管断面进行比较发现，高温区保护套管断面受到碳元素渗透变黑，失去金属光泽。保护套管遭渗碳，失去对热电偶的保护作用，因此在实验中观察到采集到的温度数据存在较大的波动。

本课题组使用的另一支热电偶是瑞士的铌锆合金作保护套管的柔性钨铼热电偶，也发生了较为严重的渗碳，保护套管失去韧性，稍微弯曲即断裂，断裂面整齐，沿径向和轴向分布，如图 2 所示。

图 2　瑞士柔性钨铼热电偶保护套管损伤情况

两者共同的特点是由于追求使用方便及灵活，采用的是薄壁保护套管及铠装工艺。尽管所用材料耐高温，但在石墨环境中，碳元素很快在热电偶保护套管表面结焦、渗碳或发生反应，渗入金属内部形成大量碳化物，严重降低其机械性能和使用寿命，使保护套管脆化、断裂，使内部偶丝遭腐蚀而变质，偶丝之间的绝缘性下降，发生热电势漂移，最终导致热电偶失效。

2　材料筛选实验装置

清华大学核能与新能源技术研究院建立了一个材料筛选实验装置[5-6]，如图 3 所示。该实验装置构建了一个模拟高温气冷堆堆芯的高温石墨环境，模拟测试区域温度可达到 1600 ℃，可用于对测温元件材料和结构进行考验筛选。

如图 3 所示，材料筛选实验装置采用石墨电阻炉的形式。炉体中心为一根一体化设计的石墨电极，两端接低电压大电流直流电源，最大加热功率 50 kW。电极外设石墨均温套筒，以减小周向加热不均匀效应。环形测试区高 1000 mm、宽 100 mm。保温层包括侧保温层和上下保温层。侧保温层由整体成型的硬质碳毡围桶构成；下保温层为硬质碳毡，以承受炉膛重力；上保温层采用软质碳毡。上下保温层较厚，能尽量减小整个装置的轴向散热，使炉膛呈一维径向散热形式。侧保温层与上下保温层之间的接缝采用迷宫形式，以减小热辐射损失。最外层由水冷壁外筒及水冷端盖构成。

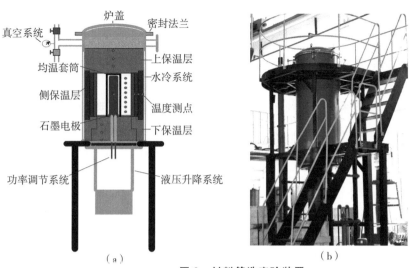

图 3   材料筛选实验装置

（a）实验装置示意；（b）实验装置实物

在材料筛选实验装置中进行了真空状态下和气体保护环境下的实验。测试区升温到 1400 ℃和 1600 ℃左右，数据采集系统采集了不同时刻系统各部分温度，典型测点的结果如图 4 所示。在不同的加热功率下，测试区温度可分别达到 1400 ℃和 1600 ℃，并可以保持在该温度下，轴向恒温区足够长，在侧保温层中形成了稳定的温度梯度。

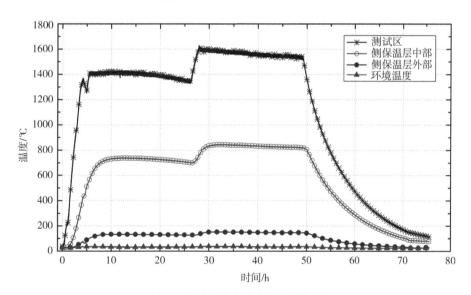

图 4   材料筛选实验装置测试结果

3   热电偶高温考验实验

3.1   热电偶对比实验

在前期的实验中，课题组发现在涉及高温堆极限条件（1600 ℃石墨环境）时，薄壁铠装工艺制作的热电偶保护套管由于壁厚过薄，较容易被渗碳破坏，平均使用寿命较短，无法胜任长周期的实验需求。因此，为适应一些极限条件实验的需求，需要牺牲一部分便捷性，采用体积较大、壁厚较厚的保护套管，制作特殊的装配型热电偶，优点是更耐久、更可靠，缺点是无法柔性安装、响应时间较长。可以采用"一偶多芯"的多测点方式进行一定程度的弥补。此外，对于高达 1600 ℃的温度区间，国际标准热电偶中的贵金属热电偶，价格过于昂贵，对实验预算要求较高，可以使用非标准热电偶。

例如，已建立国家标准的钨铼热电偶，热电势稳定，价格低，可在 2000 ℃ 时长期稳定使用，短期使用最高温度可到 2800 ℃[7]。

基于上述改进设计方案，课题组找到了 3 家国内钨铼热电偶厂商，根据各自生产能力和技术水平，协商提供了 3 支不同的定制装配型钨铼热电偶试制产品。分别是：

方案一：A 公司，保护套管采用直径约 12 mm 的高压锻打钼管。内部绝缘结构采用抽真空、充氩气方式防氧化。一偶三芯。

方案二：B 公司，保护套管采用直径约 14 mm 的高压锻打钼管。内部绝缘结构采用氧化镁粉末实体填料防氧化。一偶三芯。

方案三：C 公司，保护套管采用直径 25.4 mm 的进口碳化硅管。内部绝缘结构采用实体填料防氧化。一偶三芯。

上述方案最重要的改进在热电偶的保护套管。方案一和方案二采用了锻打钼管作保护套管，这种钼管和美国热电偶产品所用的粉末冶金钼保护套管的区别是通过锻打增加金属钼的致密性，通过机械钻孔使钼棒形成钼管，套管壁厚 3～4 mm，能较好地保护内部偶丝。缺点是无法柔性变形，同时热电偶长度受限于深钻孔技术。方案三是对比考察其他材料的保护套管的使用效果，缺点是管径过粗、强度不够。在偶丝绝缘方面，存在两种方案：一种是采用氧化镁粉末实体填充，排出保护套管内的空气；另一种是抽真空并充入氩气保护，减少高温条件下碳在介质中的扩散，这种方案要求有一定的设备。两种方案主要用于比较惰性气体保护和实体填充材料两种绝缘结构的效果。

3 支试制热偶实物如图 5 所示。

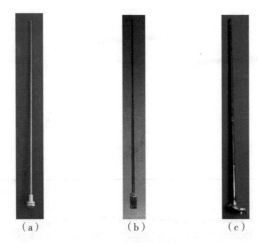

图 5　3 支试制热偶实物

（a）方案一；（b）方案二；（c）方案三

实验区如图 6 所示，在装入热电偶后，在测试区内填装石墨球（模拟燃料元件），热电偶埋在石墨球床内，直接接触石墨球。

3 种改进型钨铼热电偶都采用一偶三芯的设计，3 个测点从上到下排列，T1、T2、T3 为方案一热电偶的 3 个测点，T4、T5、T6 为方案二热电偶的对应测点，T7、T8、T9 为方案三热电偶的对应测点。每一支热电偶上、中、下 3 个测点在材料测试装置球床区的高度相同，且在球床轴向温度分布近似均匀的前提下，测点温度应该接近。本次极端高温石墨环境实验持续了 20 天，480 h不间断。其中 1600 ℃ 以上测试条件约 13 天，共计 320 h，包括真空状态下 240 h 以及充氩气状态下约 80 h（工况切换时刻对应图 7 中的中途温度凹陷处）。实验过程中，3 支热电偶的不同表现如图 7 所示。

（a） （b）

图 6　测试装置内部

（a）装入热电偶；（b）装入石墨球后

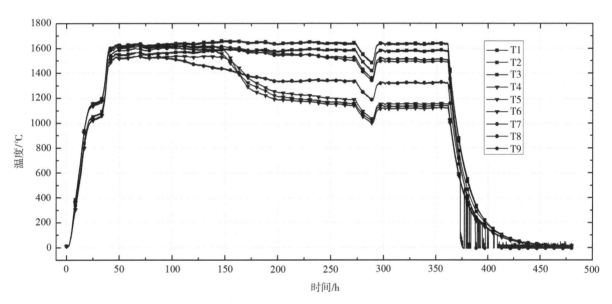

图 7　3 种钨铼热电偶长期稳定性对比

方案一热电偶在整个实验中表现最为稳定，在整个 1600 ℃保温过程中，没有发现明显的信号减弱现象。方案二热电偶在真空状态下，1600 ℃左右坚持了约 4 天，100 h 后，3 个测点都开始下滑，下滑速度快，最终稳定在 1100 ℃显示上（实际炉内温度并没有下降，仍在 1600 ℃左右）。可以认为在 100 h 以后，该热电偶偶丝已被腐蚀，造成了电势漂移。方案三热电偶在真空状态下，1600 ℃左右坚持了约 2 天（50 h），其中下测点示值下滑明显，上、中两侧点示值下滑缓慢。下测点在降温过程中最终彻底损坏，示值时有时无。通过 3 种不同设计方案的钨铼热电偶在高温石墨环境下的表现可以看出，方案一优于其他两个方案。

实验完成后，我们将 3 种钨铼热电偶从测试装置中拆除，进行相应的拆解受损分析。先看表现较差的方案二和方案三热电偶。方案二热电偶整体仍保持完好，锻打钼管并未损坏，显示了这种厚壁保护套管的优势。但其表面渗碳严重（原银色表面局部发黑），且最直接的受损原因是碳元素已渗透到最里层，内部偶丝被腐蚀（已变黑）。可看出内部填充实体绝缘材料的偶丝绝缘方案的不足之处，一旦碳元素渗透保护套管，将很快渗透到偶丝位置，腐蚀偶丝。方案二热电偶受损情况如图 8 所示。

(a)   (b)

图 8　方案二热电偶受损情况

方案三热电偶受损则更为严重，其碳化硅保护套管顶端已被破坏（封闭顶端与管身之间连接处），内部的偶丝和绝缘材料都已融化，如图 9 所示。

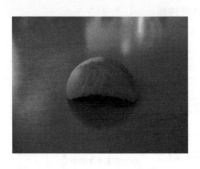

(a)   (b)

图 9　方案三热电偶受损情况

方案一热电偶虽通过了长周期实验的考验，但热电偶保护套管其实也已受损，顶部有裂痕，表面渗碳严重，但与方案二不同的是，内部偶丝并未损坏，可见内部填充惰性气体的偶丝绝缘方案能一定程度上延缓碳元素的渗透速度。方案一热电偶受损情况如图 10 所示。

(a)   (b)

图 10　方案一热电偶受损情况

对比方案一、方案二与方案三，可看出高压锻打钼管仍是更好的保护套管选择；对比方案一、方案二可以看出采用内部抽真空、填充惰性气体的偶丝绝缘方案更有利于延缓碳元素的渗透速度，延长热电偶使用寿命。但长期接触石墨，钼管受渗碳影响仍严重，对于长周期的应用需考虑进一步改善设计。

3.2 增设通道管

前阶段实验发现，锻打厚壁钼管保护热电偶可以满足长时间稳定测温需求，但热电偶与石墨球在1600 ℃高温环境中直接接触仍会发生较严重的渗碳现象。这直接造成两个问题：一是热电偶在高温石墨环境中使用的可靠性下降，渗碳程度不可控；二是一旦热电偶损坏，将难以更换。因此，考虑在测试区增加通道管设计。通道管有两层作用：一是将热电偶与石墨隔离，避免直接接触；二是热电偶受损后，可更换热电偶继续实验。缺点是热电偶响应时间下降。

此次实验采用3支一偶三芯热电偶，均是方案一公司生产，继续改进热电偶保护套管生产工艺，采用长1.6 m、直径14 mm、壁厚3 mm的耐高温高压锻打钼管，实物如图11所示。

图 11 全锻打钼管保护热电偶实物

通道管的材料选择碳化硅。前期实验中发现碳化硅与石墨能相容，碳化硅管在1600 ℃高温石墨环境中本体并没有大的损坏（与之对比，实验中有高纯刚玉管在1600 ℃高温石墨环境中熔毁的实例）。选用了3种碳化硅通道管，分别是采用进口无压烧结、国产无压烧结以及国产重结晶技术生产的碳化硅管。重结晶碳化硅管表面具有较强的颗粒感，无压烧结碳化硅管表面光滑平整，具有更好的致密性，但无压烧结技术目前在国内尚不成熟，小批量非标产品难以找到生产商，而进口无压烧结管则尺寸不太合适，难以按需生产。在解决生产问题后，应优先选择国产无压烧结碳化硅管。

(a)   (b)   (c)

图 12 碳化硅通道管实物

（a）进口无压烧结；（b）国产无压烧结；（c）国产重结晶

本次极端高温石墨环境考验实验分成两步完成，总耗时约650 h，其中1600 ℃的保温阶段持续约425 h。3支热电偶在实验全程均正常工作，再次验证了热电偶设计方案及生产工艺的可靠性。注：图13a图中曲线的异常波动为接插件松动造成，并非热电偶异常，修理后热电偶信号恢复正常。图13b图中曲线在170h处有小的波动是实验过程中冷却水短暂失水造成的。

实验后拆解发现，3支热电偶及通道管均保持完整，热电偶钼保护套管表面仍保持金属光泽，未见明显渗碳现象。图14为使用通道管和未使用通道管的锻打钼管保护套管的对比图，可以明显看出通道管对热电偶的保护作用。碳化硅通道管被证实可用于极端高温石墨环境。

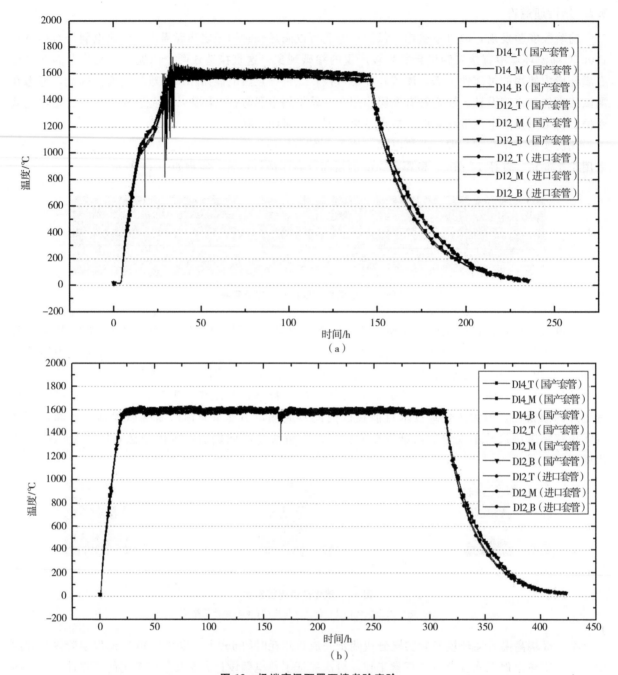

（a）

（b）

图 13　极端高温石墨环境考验实验

（a）高温石墨考验实验阶段 1；（b）高温石墨考验实验阶段 2

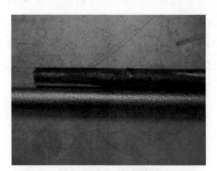

图 14　锻打钼管保护套管情况对比

4 结论

经过多轮极端高温石墨环境的考验实验，课题组最终设计出适用于高温气冷堆极端高温石墨环境下的热电偶材料和结构形式。具体设计方案如下。

抗碳蚀钨铼热电偶组件如下。

- 分度号："WRe5/26"。
- 测温精度：I 级±0.5%.t。
- 测温范围：0~1700 ℃。
- 保护套管：耐高温高压锻打钼管，直径 14 mm，壁厚 3 mm，带封头直管。
- 通道管：选用国产无压烧结碳化硅保护管，外径 25 mm，内孔 18+0.3 mm；上段不锈钢连接管，顶端带卡套真空密封装置，用于安装固定钨铼热电偶。
- 绝缘材料：选用六孔刚玉芯，材质为高纯 Al_2O_3，直径 6 mm，耐温 1700 ℃。
- 绝缘方式：抽真空后充入氩气保护。
- 偶丝直径：标准直径 0.5 mm。
- 偶芯支数：多支式。
- 冷端方式：标准接插件。

参考文献：

[1] WU Y Y, REN C, LI R, et al. Measurement on effective thermal diffusivity and conductivity of pebble bed under vacuum condition in High Temperature Gas‐cooled Reactor [J]. Progress in nuclear energy, 2018 (7): 195-203.

[2] 查美生，仲朔平，陈仁. 10 MW 高温气冷实验堆反应堆压力容器热电偶贯穿件 [J]. 核动力工程，2001，22 (1): 30-35.

[3] WU Y Y, REN C, YANG X T, et al. Repeatable experimental measurements of effective thermal diffusivity and conductivity of pebble bed under vacuum and helium conditions [J]. International journal of heat and mass transfer, 2019, 141: 204-216.

[4] REN C, YANG X T, LI C X, et al. Design of the material performance test apparatus for high temperature gas‐cooled reactor [J]. Nuclear science and techniques, 2013, 24 (6): 132-136.

[5] 李聪新，任成，杨星团，等. 高温气冷堆用碳毡材料导热系数测量及反问题计算 [J]. 原子能科学技术，2014，48 (11): 1976-1984.

[6] 李聪新，任成，杨星团，等. 高温气冷堆环境模拟装置动态传热特性建模分析 [J]. 原子能科学技术，2015，49 (6): 1080-1087.

[7] 王魁汉. 温度测量实用技术 [M]. 北京：机械工业出版社，2007.

Temperature measurement in the extreme graphite environment of high temperature gas - cooled reactor

REN Cheng, SUN Yan-fei, YANG Xing-tuan

(Institute of Nuclear and New Energy Technology, Tsinghua University, Beijing 100084, China)

Abstract: The high temperature gas - cooled reactor (HTGR) is an advanced nuclear power system that has being developed rapidly in China. The temperature in the reactor can reach 1200 ℃ under normal operation condition and should be limited under 1600 ℃ under accident condition. Unlike other types of reactors, the high - temperature reactor core is a graphite environment composed of carbon bricks and graphite based fuel elements. This special high - temperature graphite environment poses great difficulties for direct contact temperature measurement. Common thermocouple protective sleeve materials, which are commonly used in high - temperature conditions, can be easily corroded or carbonized in this graphite extreme environment at high temperatures. A material performance test apparatus was built in Institute of Nuclear and New Energy Technology of Tsinghua University to simulate a testing environment with high temperature and graphite environment similar as that confronted in the real reactor core of HTGR. Test temperature in the apparatus can be elevated up to 1600 ℃, which covers the whole temperature range of the normal operation and accident condition of HTGR. Temperature measurements using specially - made thermocouples were implemented in the test apparatus. Applicable materials and structure of thermocouples were screened out for the extreme environment of high temperature gas - cooled reactor.

Key words: High temperature gas - cooled reactor; Temperature measurement; Specially - made thermocouples; Graphite extreme environment

使用 Dynamo 实现核岛建筑构件数据自动化的研究

于　江

（中核能源科技有限公司，北京　100193）

摘　要： 数据被誉为"数字经济的新石油"。核电设计涉及专业众多，系统庞大复杂，模型中带有大量的建筑信息数据，这些信息的添加、编辑与管理一直都是模型中相当繁复且机械化的作业。使用 Revit 中的 Dynamo 程序，以组织连接预先设置好的节点（Node）的逻辑来处理信息，对于核岛建筑构件数据自动化有很好的支援。同时，利用外部数据的易编辑与可传递优势，将 Microsoft Excel 与 Revit 模型进行资料连接，通过导入修改后的外部数据，可以实现建筑构件数据同步的能力。本文以某核岛厂房房间与门窗建筑构件的信息数据作为研究对象，从标识编码数据的自动标识与核查、构件三维空间的自动定位与修改两个方面来研究建筑构件数据自动化的应用。本研究可以减少手动输入数据所产生的错误以及浪费的时间，提高核岛建筑构件的设计效率与准确度。

关键词： BIM；Dynamo；建筑信息；数据自动化；数据同步

BIM（Building Information Modeling）技术经过这些年的发展，在核电工程领域的应用已成趋势，且持续强劲成长。核电设计是多专业配合、强调准确性与安全性的领域，建筑信息数据量巨大，一方面，依靠手动输入数据的传统方法既耗时又容易出错；另一方面，利用 Revit 软件自身明细表工具来管理数据又相对封闭，导致核电设计行业遭受数据效率低下的困扰。令人欣慰的是，Dynamo 作为 Revit 软件自带的可视化编程设计程序，能够利用定量和定性数据作为设计驱动力，形成"数据驱动设计"的新价值手段。

Dynamo 不仅可以快速地从模型访问和查询建筑构件数据，还可以使用自定义公式和自定义节点处理数据，对内部数据进行列表整合并实现与 Excel 外部数据的同步。所谓数据同步，就是利用 Excel 处理数据的高效优势，将 Revit 软件的建筑构件数据导出为 Excel 文档进行处理，再借助 Dynamo 将数据赋予建筑构件。本文基于这种数据处理的方法，从自动标记与核查、自动定位与修改两个方面来研究建筑构件数据自动化的应用。该方法赋予原本孤立的数据以生机，大大提高了处理数据的效率，并为核电设计的数据自动化提供一个新思路。

1　自动标识与核查

1.1　建筑构件的标识数据

核岛土建设计的 Revit 模型带有大量的建筑信息数据，科学地标识数据能够提高核电设计的数字化及信息共享化。建筑构件的标识编码遵循约定的一套成熟体系，要求每个被标识对象的标识应符合全厂唯一的原则，并可从标识追溯其功能、逻辑位置、物理位置。

房间可以看作具备容纳功能的建筑构件，其标识的准确与否对其他工艺的布置起到关键作用。以某核岛的房间编码为例，建构筑物内房间的完整标识编码由建构筑物代码、标高代码与房间编号组成，如"LLL99 101"，其中，LLL 为建构筑物代码，L 为字母，表示建构筑物名称；99 为标高代码，表示楼层标高，二者对照关系如表 1 所示，101 为房间编号，从 001 至 999 按照序列选用。

作者简介：于江（1990—），男，硕士，中级工程师，现主要从事核电 BIM 建筑设计工作。

表1　标高代码对照表

地下代码	地下标高/m	地上代码	地上标高/m
80	−0.99～−0.01	00	0.00～0.99
81	−1.99～−1.00	01	1.00～1.99
82	−2.99～−2.00	02	2.00～2.99
83	−3.99～−3.00	03	3.00～3.99
84	−4.99～−4.00	04	4.00～4.99
85	−5.99～−5.00	05	5.00～5.99
...	...	...	...
98	−18.99～−18.00	68	68.00～68.99
99	≤−19.00	69	69.00～69.99

除了标识编码，房间还有名称、防火（小）区编码、辐射分区、系统编码、房间做法等诸多标识数据。通常来讲，这些数据是采用手动方式逐个输入 Revit 模型的，由于标识数据繁多，难免会因疏忽而出现数据错误并且花费大量时间，后期进行核查修改更是困难。

1.2　标高数据转换为标高代码

在 Revit 中完成基本的墙体、楼板等房间限定构件标识后即可按需创建房间，创建房间时只需输入设定好的房间名称、房间编号，而不用输入建构筑物代码与标高代码，这在一定程度上减少了数据输入工作量，如图1所示。

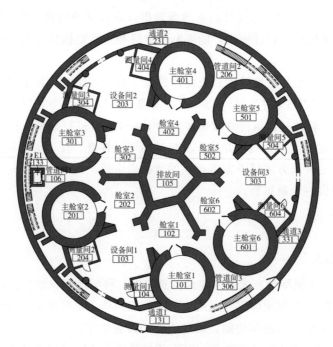

图1　初始房间标识编码平面图

在 Revit 中创建房间应遵循一定的工作流程。放置房间时应确保已经为其建立了标高信息，为了利用标高信息，楼层平面标高的命名方式采用相对高程的命名方式，如"−11.00 m 层；±0.00 m 层；5.50 m 层。"房间空间信息依靠"标高"与"上限"参数进行约束，因此在创建房间时其标高信息便作为数据存储在"标高"参数中。使用 Dynamo 可以直接访问模型数据并按照一定的编程逻辑将这些标高数据转换为标高代码。

1.2.1 读取标高数据

使用 Dynamo 读取房间标高数据的基本逻辑：首先获取文档的房间类别族的所有房间元素，然后使用节点读取房间的"标高"参数，形成了一系列标高数据的列表。为了处理方便，根据标高数据中是否包含负号将房间分为地上部分与地下部分，节点连接如图 2 所示。

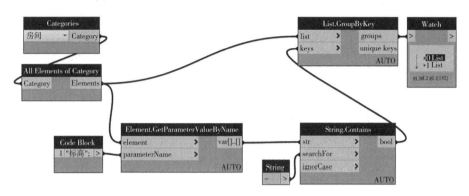

图 2　读取房间标高数据节点

1.2.2 转换标高数据

使用 Dynamo 读取的房间标高数据是字符串列表，可以继续使用节点将其转换为标高代码，对地上与地下标高数据应分开处理。对于地上标高，应删除每个标高数据中首尾字符串，仅保留数字并取整数处理后按照固定两位的格式显示。对于地下标高，删除不相关的字符串后对数字进行取整处理，然后与数字 80 相加，且保证最大值为 99。节点连接如图 3 所示。

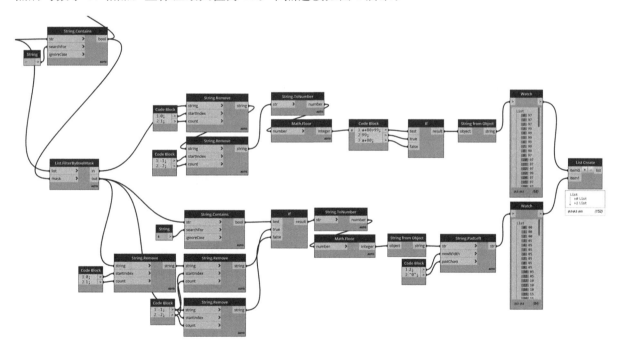

图 3　转换房间标高数据节点

1.3　自动完善标识编码

在获取每个房间的标高代码后，只需按照房间标识编码的构成原则将建构筑物代码、标高代码与房间编号组合即可完善标识编码。建构筑物代码统一采用 LLL 表示核岛厂房，其他建构筑物代码应根据实际进行选择。此时，再使用 Dynamo 访问房间模型最初的"编号"参数读取房间编号，然后使用 Dynamo 的赋值节点将这些内部处理好的数据重新赋值给房间的"编号"参数，节点连接如图 4 所示。

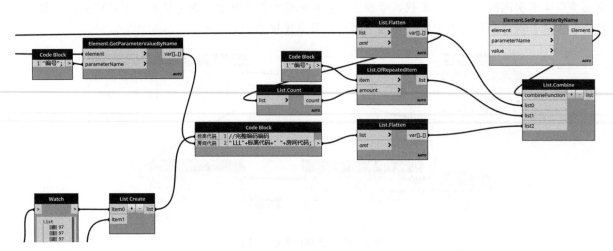

图 4 自动完善标识编码节点

这些节点按照预先设置好的逻辑组织连接起来，组成一个具有特定功能的程序，这个程序可以应用在类似的项目上，以实现批量化与自动化，这便是 Dynamo 处理数据的优势。这时，只要运行一次该程序，整个 LLL 核岛厂房的房间标识编码就可自动被完善，如图 5 所示。

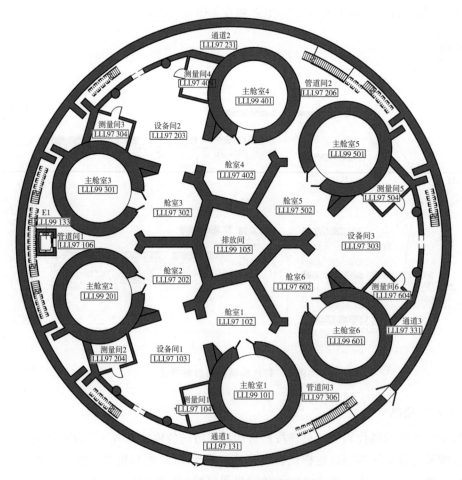

图 5 完善后的房间标识编码平面图

1.4　自动核查标识编码

伴随着设计的深入，建模工作会不断跟随新的设计需求而进行修改，因此房间的楼层标高也会被修改。设计周期越长，积累的房间修改量越大，人工核对越容易出现疏忽。繁多而有规律的标识数据理论上都可以使用 Dynamo 来达到自动核查的目的，为了清晰阐述自动核查的应用，仍然以房间编码标识为研究对象。

存在问题：对房间的标高进行了调整而对应的标识编码未及时调整，如某房间标识编码"LLL97 101"，由于标高由 -17.20 m 层调整为 -15.00 m 层，对应的标识编码应为"LLL95 101"。

自动核查：使用 Dynamo 编程对房间标高数据与标识编码的标高代码进行核查，如果二者不一致则会显示出不同的标识编码以供修改确认（暂时冻结赋值节点），确认完毕后只需解冻节点则自动将其修改为对应的标高代码，实现标识编码的自动核查。

自动核查标识编码的程序只需在上述节点的基础上修改部分节点即可，如图 6 所示。

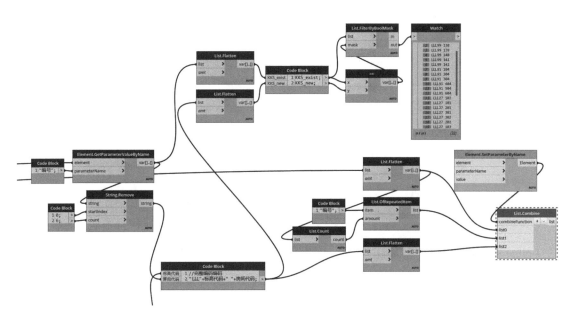

图 6　自动核查标识编码节点

2　自动定位与修改

2.1　构件数据与 Excel 数据同步

数据具有标识、定位、显示特性的多重功能，这些数据在 Revit 中可以用许多不同的形式表示。Revit 建模的优势之一就是构件自带三维定位信息，这些数据可以用来作为自动定位与修改使用。利用 Dynamo 的节点可以直接访问模型数据，并允许在不同的数据格式之间进行转换，从而让数据得以传输。

在核岛的建筑设计中，因各系统协调而产生建筑构件的修改是不可避免的。以建筑构件门为例，会因系统分区、辐射分区、管线设备的调整而进行门类型与位置的修改，修改数据往往以 Excel 表格形式进行汇总。传统的设计思路是以 Excel 表格作为参考，手动修改门的类型与位置信息，会产生漏改、误改的问题。借助 Dynamo 进行可视化编程则可以读取 Excel 数据，将 Excel 数据与构件数据同步，使用数据驱动建筑门构件，从而实现门构件的自动定位与修改。

2.2 数据的标准化

实现数据自动化的前提是数据标准化。以核岛某一层门的修改为例，其位置如图 7 所示。为论述方便，将待修改门的修改要求用符号表示为"→1500——向箭头方向移动 1500 mm　＊——修改门类别　♯——修改门类型（尺寸）"，门㊶更改成与门㊵一致，门㊷至门㊼沿墙移动，门㊽至门㊾更改类型，尺寸变大。

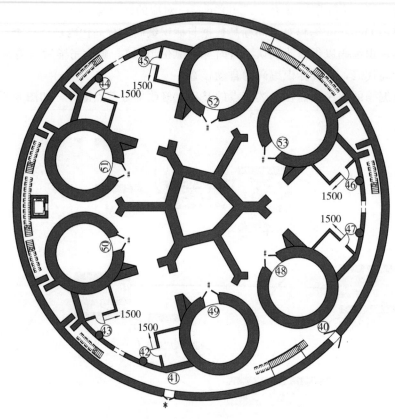

图 7　待修改门平面图

门修改数据以 Excel 表格形式进行汇总，修改数据已加粗倾斜显示，如表 2 所示，其格式内容应该与 Revit 模型内部数据一致，这种标准化的数据能够被 Dynamo 识别。

表 2　门修改表

标高	注释	族	类型	沿墙移动
−16.50m 层	40	防护密闭门和防护密闭门	FMPZ1625	
−16.50m 层	41	*防护密闭门和防护密闭门*	*FMPZ1625*	
−17.20m 层	42	单扇防火门（无窗）	F1226	*1500*
−17.20m 层	43	单扇防火门（无窗）	F1226	*1500*
−17.20m 层	44	单扇防火门（无窗）	F1226	*−1500*
−17.20m 层	45	单扇防火门（无窗）	F1226	*−1500*
−17.20m 层	46	单扇防火门（无窗）	F1226	*−1500*

标高	注释	族	类型	沿墙移动
−17.20m 层	47	单扇防火门（无窗）	F1226	*1500*
−17.20m 层	48	防护密闭门（带企口）-双扇	*FPY2621*	
−17.20m 层	49	防护密闭门（带企口）-双扇	*FPY2621*	
−17.20m 层	50	防护密闭门（带企口）-双扇	*FPY2621*	
−17.20m 层	51	防护密闭门（带企口）-双扇	*FPY2621*	
−17.20m 层	52	防护密闭门（带企口）-双扇	*FPY2621*	
−17.20m 层	53	防护密闭门（带企口）-双扇	*FPY2621*	

注：沿墙移动时，斜向上为正，斜向下为负；水平移动时，向左为正，向右为负。

2.3 读取 Excel 数据

使用 Dynamo 读取 Excel 的各列数据，门构件的标高数据显示了楼层信息，注释则是每个门唯一的标识码，用来定位门构件。族、类型是 Revit 中现有的族数据，若没有，应提前建立这些门构件族。沿墙移动数据列是门构件在附着的墙体上移动的距离。

使用 Dynamo 的数据导入节点读取表格中各列的数据，如图 8 所示。

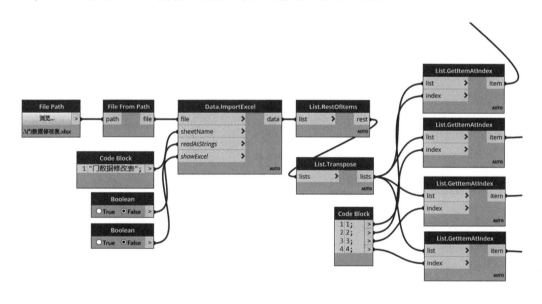

图 8　读取 Excel 数据节点

2.4 处理数据

2.4.1 自动更改门类别与类型

使用 Dynamo 处理数据的基本逻辑：通过注释数据在 Revit 模型中定位门构件，族与类型数据用于确定门构件信息。门类别是门的功能，门类型是对应类别下不同的尺寸要求。节点连接如图 9 所示。

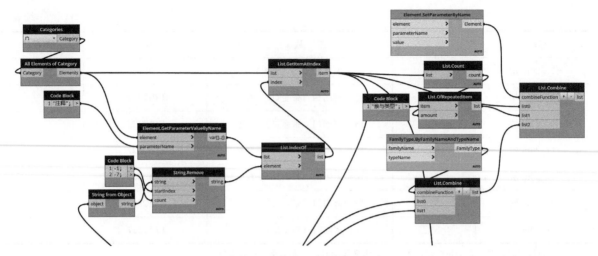

图 9 更改门类别与类型节点

2.4.2 自动三维定位

沿墙移动列的数据反映了门构件的位置调整,为简化处理,默认门构件的移位不会超出附着的墙体,且附着的墙体不是曲线墙体。

首先读取门构件的定位点坐标以及附着墙体的方向,然后沿着该墙体的方向移动对应的距离。为将数据规范化,Dynamo 节点会对墙体所属向量的方向进行判断处理,从而制定相对合理的规则:当门沿墙移动时,斜向上为正,斜向下为负;水平移动时,向左为正,向右为负。节点连接如图 10所示。

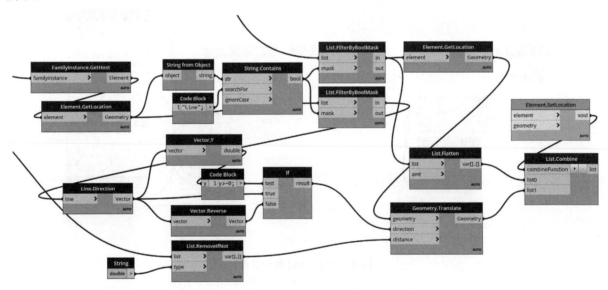

图 10 定位门位置节点

运行程序后,发现门构件修改成功,构件的数据实现了自动更新,如图 11 所示。

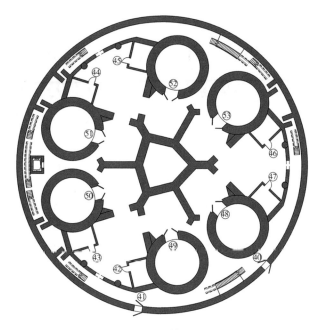

图 11　修改后的门平面图

3　结论

本文使用 Dynamo 可视化编程实现了房间、门构件的标识与定位数据的自动化，对于提高核岛的 BIM 设计效率起着良好的借鉴作用，这种思路可以拓展到管道设备、结构体、埋件等其他构件，从而提升整个核岛设计体系。作为"数字经济的新石油"，数据已愈显价值，利用编程挖掘其价值是核岛设计的重要方向，核岛设计的数据自动化将会得到更大的拓展。

参考文献：

［1］　罗嘉祥，宋姗，田宏钧 . Autodesk Revit 炼金术：Dynamo 基础实战教程［M］. 上海：同济大学出版社，
　　　 2017：7.

［2］　孙东坡 . 基于 Dynamo 的连续刚构桥自动化建模及监控数据可视化［J］. 施工技术，2023（2）：47 - 51.

［3］　王茹珍，王庆国 . 基于 Dynamo 的族构件精准放置建模方法研究［J/OL］. 土木建筑工程信息技术，2023 - 04 -
　　　 20. https：//kns. cnki. net/kcms/detail/11. 5823. TU. 20230420. 1009. 006. html.

［4］　THABET W，LUCAS J，SRINIVASA S. Linking life cycle BIM data to a facility management system using revit
　　　 dynamo［J］. Origanization，technology and management in construction，2022，14（1）：2539 - 2558.

［5］　THABET W，LUCAS J. Using dynamo for model - based delivery of facility asset data［C］//Creative Construc-
　　　 tion Conference 2019. Budapest University of Technology and Economics，2019：914 - 921.

Research on data automation of nuclear island building components using dynamo

YU Jiang

(Chinergy Co. , Ltd. , Beijing 100193, China)

Abstract: Data has been hailed as "the new oil of the digital economy" . Nuclear power design involves many disciplines, the system is huge and complex, and the model contains a large amount of building information data. The addition, editing and management of these information has always been a rather complicated and mechanized operation in the model. Use the Dynamo program in Revit to process information by organizing and connecting the pre – set nodes logic, which has good support for the automation of nuclear island building component data. At the same time, using the advantages of easy editing and transferability of external data, and data linking between Microsoft Excel and Revit models, the ability to synchronize building component data can be realized by importing modified external data. This paper takes the information data of rooms, doors and windows of building components in a nuclear island factory building as the research object, and studies the application of building component data automation from two aspects: automatic improvement of code identification and data verification, automatic positioning of components in three – dimensional space and style modification. This research can reduce errors and wasted time caused by manual data input, and improve the design efficiency and accuracy of nuclear island building components.

Key words: BIM; Dynamo; Building information; Data automation; Data synchronization

高温气冷堆控制棒驱动机构和金属堆内构件表面处理介绍

王　方，米大为，李　翔

（上海第一机床厂有限公司，上海　201308）

摘　要： 控制棒驱动机构和金属堆内构件是高温气冷堆的两大主要设备，长期工作在高温、氦气、辐照环境下，且部分零件服役前需要长时间存放在海边潮湿环境中。为了增加零件表面硬度、减小摩擦系数、提高零件的抗辐照性能和海边环境下的耐腐蚀性，需要对金属堆内构件和控制棒驱动机构的部分零件进行表面处理，包括镀镍、渗氮、磷化、镀膜等。本文对这 4 种表面处理具体的工艺流程和技术难点及解决措施进行了分析讨论，可为后续项目类似零件的表面处理提供参考。

关键词： 高温气冷堆；控制棒驱动机构；金属堆内构件；表面处理

　　控制棒驱动机构和金属堆内构件是高温气冷堆的两大主要设备。堆内构件主要的承重和补偿热膨胀差部件——支承滚柱组件中的上盖板、下盖板以及滚柱零件长期处在高温、氦气、高辐照的工况下承受重量，为了增加该类零件的表面硬度、提高耐磨性，以及防止在高温氦气气氛中长期接触表面的相互咬合，需要对滚柱与上、下盖板零件的工作表面进行氮化处理。堆内构件的上支承板要求具有可拆卸的功能，其上所有部件采用具有防松措施的螺栓连接，为了降低摩擦系数、防止在拆装时咬死及增强耐腐蚀性，上支承板螺栓表面需要进行磷化处理。

　　控制棒驱动机构长期工作于 150 ℃干燥氦气中（上密封筒、屏蔽密封筒及转向件外壳为反应堆压力边界的一部分，工作温度为 250 ℃），并承受较高剂量的辐照，驱动机构中不允许存在油脂等易挥发、不耐辐照的润滑脂，且在反应堆正式运行前将长期处于海边潮湿盐雾环境下，为了保护其零部件不受海边潮湿盐雾空气腐蚀的作用，且在高温氦气下服役时减轻运动副表面之间的摩擦磨损，需要对控制棒驱动机构中的所有轴承、限位装置中的导程螺杆，以及棒位指示器蜗轮和棒位指示器蜗杆等运动副表面进行固体润滑处理，即真空镀超润滑碳膜（类金刚石薄膜，DLC）。为了提升零部件表面的耐腐蚀能力，需要对驱动机构主要零部件如上密封筒、屏蔽密封筒、转向件外壳，以及限位装置、主减速器、棒位指示器等组件的大部分零件进行镀镍防锈处理。

　　本文针对以上几种表面处理在高温堆控制棒驱动机构和金属堆内构件中的应用进行了详细介绍，并结合工程实践对上述表面处理方法的工艺流程和技术难点及解决措施进行了分析，可为后续项目类似零件的表面处理提供参考。

1　渗氮

1.1　渗氮简介

　　渗氮也称为氮化，它是一种以氮原子渗入钢件表面，形成一层以氮化物为主的渗层的化学热处理方法。常见的渗氮方法有气体渗氮、离子渗氮。渗氮常用于提高工件表面硬度、增强耐磨性。

作者简介： 王方（1976—），女，上海交通大学材料科学博士，现任上海第一机床厂有限公司专业副总工程师，从事核电产品表面处理工作。

1.2 渗氮技术要求

在进行精加工之后，滚柱和上、下盖板工作的外表面均需进行渗氮处理，以提高表面硬度、增强耐磨性。滚柱采用40CrNiMo锻件、上盖板和下盖板采用42CrMo锻件加工而成。要求滚柱和上、下盖板在渗氮之后的渗氮层深度应大于0.20 mm，滚柱表面硬度不小于HRC45，上、下盖板表面硬度不小于HRC50。

1.3 渗氮工艺流程

1.3.1 渗氮前的准备

进行渗氮处理前，工件及随炉试样需要按照要求进行调质预备热处理，以使其获得所需的基体硬度及性能；对待渗氮零件、随炉试样及渗氮设备进行清洁；对于非渗氮表面，采取有效措施做好防渗处理；在渗氮前应进行零件的定位、热电偶的安装等事宜，热电偶及相关控制、记录仪表应在标定有效期内。

1.3.2 渗氮装炉

渗氮装炉时，需要注意工装的清洁，不得有油污和铁锈；零件装在炉子有效加热区内，以确保零件温度均匀，随炉安放供检测的试样；对于非渗氮表面需要注意检查防渗涂层是否完整、防渗工装是否安装到位。

1.3.3 渗氮处理及出炉

渗氮温度应控制在460~560 ℃，可采用离子渗氮或气体渗氮工艺，渗氮保温时间根据渗层深度要求及装炉量确定。气体渗氮和离子渗氮的渗氮介质均为氨气。在渗氮过程中对主要参数如温度、压力、气体流量等进行测量和记录。

渗氮保温时间终了，关闭电源，待炉温降到100 ℃以下出炉。

1.3.4 渗氮后检验

（1）外观检验

零件渗氮后，目测检查渗氮件的外观质量。零件渗氮后表面应无裂纹、剥落、磕碰伤、氧化皮及肉眼可见的疏松等缺陷。

（2）表面硬度试验

渗氮后，按照GB/T 230—2004《金属洛氏硬度试验》或GB/T 4340.1—2009《金属材料　维氏硬度试验　第1部分：试验方法》的规定在随炉试样上检测渗氮层表面硬度。若采用GB/T 4340.1—2009，检验后需按照GB/T 1172—1999《黑色金属硬度及强度换算值》换算成洛氏硬度值。滚柱随炉试样渗氮层表面硬度应大于HRC45，上、下盖板表面硬度应大于HRC50。

（3）渗氮层深度检验

渗氮后，按照GB/T 11354—2005《钢铁零件渗氮层深度测定和金相组织检验》中的金相法测定随炉试样的渗氮层深度，渗氮层深度应大于0.20 mm。

1.4 渗氮难点及解决措施

由于上、下盖板属于异形件，零件上孔、槽较多，在500 ℃左右的温度下长时间渗氮时容易产生变形，从而影响零件的尺寸及位置精度。通过设计专用的渗氮工装、优化零件的装挂方式，以及采用阶梯升温的方式，并控制渗氮过程的升温和降温速度，使变形在可控范围内。

2 镀镍

2.1 镀镍简介

通过电解或化学方法在金属或某些非金属上镀上一层镍的方法，称为镀镍。镀镍分电镀镍和化学镀镍。镀镍常用于提高工件表面的耐腐蚀性。

2.2 镀镍技术要求

控制棒驱动机构中使用的 SA508-3 低合金钢、DT4C 纯铁、20♯ 低碳钢、38CrSi 合金钢等材料制成的零件在海边潮湿盐雾环境下的耐腐蚀性较差，因此需要对这些零件的表面进行镀镍防锈处理。镀镍按 GB/T 13913—2008《金属覆盖层 化学镀镍-磷合金镀层 规范和试验方法》中的相关要求进行。上密封筒、屏蔽密封筒、转向件外壳这 3 种零件除堆焊层表面外，其余表面进行镀镍防锈处理，螺纹部分镀层厚度不超过 $15\mu m$，其余镀层厚度为 $30\sim50\mu m$。控制棒驱动机构其余零件的镀层厚度均为 $10\sim15\mu m$。

2.3 镀镍工艺流程

2.3.1 工件的准备

工件镀镍前应进行脱脂和电解清洗等清洁处理，每项处理后均应进行水洗，清洗工艺不应使基底金属产生麻点或晶间腐蚀，应保持尺寸要求。镀覆应在无不连续水膜的表面上进行。零件镀镍前应进行充分的活化，可采用 25%～30% 盐酸进行活化处理，以保证镀层与基体之间的结合力。

2.3.2 镀镍工艺

采用化学沉积方法在零件表面制备镀镍层。镀镍主要工艺参数如下：硫酸镍 $20\sim30$ g/L，次磷酸钠 $20\sim30$ g/L，pH 值 $4\sim5$，镀液温度 $80\sim90$ ℃。镀件出镀液后进行彻底的漂洗和干燥。

2.3.3 镀后去氢处理

对于抗拉强度高于或等于 1000 MPa 的零件，镀镍后应按 GB/T 19350—2012《金属和其他无机覆盖层 为减少氢脆危险的钢铁预处理》的规定进行去氢处理。

2.3.4 镀镍后检验

（1）外观检验

镀镍后，目测检查镀镍层的外观质量。镀层表面应光滑且无明显缺陷，如麻点、裂纹、气泡、起皮、脱落和漏镀。

（2）镀层厚度检验

镀镍后，按照 GB/T 13913—2008《金属覆盖层 化学镀镍-磷合金镀层 规范和试验方法》附录 B 中的方法对镀层厚度进行检验，镀层厚度需满足图纸要求。

（3）附着力检验

产品镀镍时，每槽随产品带镀镍试样。镀镍后，按照 GB/T 5270—2005《金属基体上的金属覆盖层 电沉积和化学沉积层 附着强度试验方法评述》中的弯曲试验方法进行附着力检验，试样弯曲断裂后，镀层应无剥落。

（4）耐腐蚀性检验

产品镀镍时，每槽随产品带镀镍试样。镀镍后，按照 GB/T 10125—2012《人造气氛腐蚀试验 盐雾试验》进行不少于 48 h 的持续盐雾腐蚀试验，基底金属应无可见的腐蚀迹象。

2.4 镀镍难点及解决措施

上密封筒、屏蔽密封筒、转向件外壳这 3 种零件尺寸较大、形状复杂且镀镍要求较高。对于同一个零件，图纸要求在同一个平面上存在镀镍区域和非镀镍区域，容易造成非镀镍面难保护。采用防镀涂料及设计专用的镀镍工装，可解决局部镀镍的难题。

3 镀膜

3.1 镀膜简介

镀膜采用物理气相沉积（也叫 PVD）技术。物理气相沉积是在真空条件下，将金属气化成原子或分子，或者使其离子化成离子，直接沉积到工件表面形成涂层的过程，其沉积离子束来源于非化学因素，如蒸发镀、溅射镀、离子镀等。

3.2 镀膜技术要求

控制棒驱动机构采用的镀膜技术为离子镀超润滑碳膜（类金刚石薄膜，DLC）。镀膜零件涉及多种材料，轴承套圈采用 Cr4Mo4V 轴承钢、限位装置导程螺杆采用 40CrNiMoA 合金钢、棒位指示器蜗轮采用 QAL9-4 铝青铜、棒位指示器蜗杆采用 40CrNiMoA 合金钢加工而成。镀膜后，要求薄膜厚度为 $2.5\pm0.5\mu m$，薄膜附着力≥15 N，空气中摩擦系数≤0.1。

3.3 镀膜工艺流程

3.3.1 镀膜前准备工作

DLC 镀膜前，对工件进行清洁处理及清洁检查；对镀膜设备真空室进行清洁，检查设备密封圈等是否完好、设备各部件是否处于正常工作状态；无须镀膜的工件表面应采取有效措施进行保护；用工装对待镀工件进行装夹，确保工件待镀表面无遮挡。

3.3.2 安装工件

将装夹好的工件按次序固定于真空室的样品架上，确保工件的待镀表面正对靶源。

3.3.3 DLC 镀膜工艺

DLC 镀膜前，抽真空至 1.0×10^{-3} Pa 以下，通入氩气和乙炔，打开基底偏压刻蚀表面 20 min，并设定基底偏压和靶电流，制备过渡层及 DLC 固体润滑膜。制备 DLC 薄膜时，在规定的范围内设置沉积温度、靶电流、靶电压、氩气分压、乙炔分压及转速等参数。

3.3.4 镀膜后检验

（1）外观检验

试样进行 DLC 镀膜后，应目测和采用显微镜对外观质量进行检查，膜层表面应为黑色、有光泽，不应有裂纹、针孔等缺陷。

（2）薄膜厚度检验

试样进行 DLC 镀膜后，应按照 GB/T 6463 的规定进行膜层厚度检查，膜层厚度应满足 $2.5\pm0.5\ \mu m$ 的要求。

（3）附着力检验

试样进行 DLC 镀膜后，应按照 JB/T 8554 的规定进行膜层附着力检查，膜层附着力应不低于 15 N。

（4）摩擦系数检测

试样进行 DLC 镀膜后，在摩擦试验机上通过球-盘接触的方式检测薄膜在空气中的摩擦系数。采用直径为 10 mm 的 GCr15 钢球，法向载荷为 5 N，转盘转速为 1000 ± 2 r/min，即线速度为 1 m/s，球固定不动，空气相对湿度≤50%，空气中摩擦系数应满足≤0.1 的要求。

3.4 镀膜难点及解决措施

控制棒驱动机构零件镀膜后要求膜层厚度应满足 $2.5\pm0.5\ \mu m$ 的要求，空气中的摩擦系数满足 ≤0.1 的要求。由于薄膜厚度公差较窄以及规定的摩擦系数较小，因此对镀膜工艺提出了很高的要求。通过合理控制镀膜靶材、镀膜时气体成分及比例、镀膜参数，制备的薄膜可满足设计要求。

4 磷化

4.1 磷化简介

磷化是常用的表面处理技术，原理上应属于化学转换膜处理，主要应用于钢铁表面磷化。钢铁在磷化液（某些酸式磷酸盐为主的溶液）中处理，在表面沉积形成一层不溶于水、结晶型磷酸盐转化膜的过程，称为钢铁的磷化。按磷化液成分进行分类，磷化可分为锌系磷化、锌钙系磷化、锰系磷化、铁系磷化等。

4.2 磷化技术要求

上支承板螺栓采用 42CrMo 合金钢材料制成，要求的磷化膜厚度为 5～10 μm，采用锰系磷化进行表面处理。

4.3 磷化工艺流程

4.3.1 磷化前的准备

在磷化处理前，工件需进行以下处理：①除油，将机加工后的工件浸入碱槽中去除油脂；②水洗，使用流动自来水冲洗工件，冲洗残留在工件上的除油剂；③去除氧化物，采用酸洗处理方法去除工件表面上的氧化物；④冲洗，待磷化处理的工件在流动的水中彻底冲洗；⑤表面活化处理（表面调整），采用表调剂对工件表面进行活化处理。

4.3.2 磷化工艺

采用锰系磷化方法制备磷化膜。表调后立即将工件放入锰系磷化液中，磷化液控制参数如下：主要采用磷酸二氢锰配制磷化溶液，总酸度 40～60 点，游离酸度 4～6 点，温度 90～98 ℃。

磷化后，首先将工件在流动的冷水中冲洗，然后浸入温度为 50～70 ℃的磷酸-铬酸电解液中钝化 1～2 min，最后在热空气中或温度为 80～110 ℃的烘箱中干燥最少 5 min。

4.3.3 磷化后检验

（1）外观检验

工件磷化后，目测检查磷化膜的外观质量。磷化膜颜色应为浅灰色到灰黑色，膜层应结晶致密、连续和均匀，工件表面不得有锈蚀或绿斑、局部无磷化膜、严重挂灰等缺陷。

（2）膜厚检验

产品磷化时，每槽随产品带一个磷化试样。磷化后，采用磁性法或显微检验法对试样的膜厚进行检验，膜厚应为 5～10 μm，试样的膜厚即代表产品的膜厚。

4.4 磷化难点及解决措施

零件磷化后容易出现膜层质量问题，如磷化膜结晶粗糙多孔、耐腐蚀性差而表面出现锈蚀现象。针对磷化膜结晶粗糙多孔现象，采取以下措施进行解决：加强中和及清洗，去除零件表面的残液；采用双氧水调整过多的亚铁离子；控制酸浓度和酸洗时间，避免零件表面过腐蚀。对于磷化膜表面出现锈蚀现象，采取以下措施进行解决：调节游离酸和总酸度的比值，获得均匀细致的磷化膜；加强中和和清洗，去除零件表面的残液。

5 结论

高温堆控制棒驱动机构和金属堆内构件涉及的表面处理包括渗氮、镀镍、镀膜、磷化等多种方法。本文对以上 4 种表面处理方法在高温堆控制棒驱动机构和金属堆内构件中的应用进行了详细介绍，并结合工程实践对其工艺流程和技术难点及解决措施进行了分析，可为后续项目类似零件的表面处理提供参考。

Introduction to surface treatment of HTR control rod drive mechanism and metal reactor internals

WANG Fang, MI Da-wei, LI Xiang

(Shanghai No. 1 Machine Tool Works Co. , Ltd. , Shanghai 201308, China)

Abstract: Control rod drive mechanism and metal reactor internals are two main equipment in high temperature gas – cooled reactor (HTR) and serve in harsh environments such as high temperature, helium and nuclear radiation. Some parts need to be stored in humid seaside environment for long time before service. In order to increase the surface hardness, reduce the friction coefficient, improve the radiation resistance and corrosion resistance in the seaside environment of the parts, it is necessary to perform surface treatment on some parts of metal reactor internals and control rod drive mechanism including nickel plating, nitriding, phosphating, solid lubrication, etc. This article analyzes and discusses the specific process flow, technical difficulties, and solutions of above surface treatment, which can provide reference for surface treatment of similar parts in subsequent projects.

Key words: High temperature gas – cooled reactor; Control rod drive mechanism; Metal reactor internals; Surface treatment

高温气冷堆超临界蒸汽动力循环特性研究及优化分析

范弘毅，李晓伟*，吴莘馨，孙立斌

（清华大学核能与新能源技术研究院，先进核能技术协同创新中心，

先进反应堆工程与安全教育部重点实验室，北京　100084）

摘　要： 高温气冷堆的一回路冷却剂出口温度可达 750 ℃，远高于压水堆的 330 ℃，因而其蒸汽发生器能产生温度和压力达到超临界的主蒸汽，进而达到更高的发电效率。由于高温气冷堆蒸汽发生器与火电厂锅炉存在着多种区别，其二回路热力循环特性也存在区别。基于 Ebsilon 软件研究了主蒸汽温度、给水温度、主蒸汽压力等参数对发电效率、汽耗率的影响，并讨论了若干循环改造手段对发电效率的影响和可行性。

关键词： 高温气冷堆；超临界循环；蒸汽发生器

　　高温气冷堆是第四代先进反应堆，具有固有安全、高温、在线连续装卸料等优点[1]。高温气冷堆（HTR - PM）冷却剂出口的氦气温度高达 750 ℃，但受到核级高温材料性能限制，目前蒸汽发生器的主蒸汽温度不高于 570 ℃。目前我国在火电超临界热力循环上已有成熟的技术，但由于高温气冷堆的特点，其二回路热力循环系统的设计与火电系统存在以下区别：①膨胀过的蒸汽难以回到蒸汽发生器进行再热；②为保证乏汽干度不低于 0.89，超临界机组可能需要进行汽水分离再热；③给水温度受限，不能高于一回路冷却剂温度。因此，有必要针对高温气冷堆超临界热力循环的特性进行研究，并有针对性地提出可能的优化方案。

　　针对核电厂二回路热力循环特性及优化方案有很多研究。朱书堂等[2]提出了不同的高温气冷堆超临界循环一次再热方案，并对比分析运行特性；王晗丁等[3]分析了火电厂和核电站汽轮机参数区别，提出热经济性评价指标；周正道等[4]提出了 AP1000 机组抽汽供热方案并研究分析其区别；杨勇平等[5]提出了"循环拆分法"，用于分析循环重构的效率变化。目前针对高温气冷堆超临界热力循环的研究较少。Ebsilon 是德国 STEAG 公司开发的热力循环仿真软件，其操作简便、具有图形界面、计算精度高，适宜用于热力循环仿真计算。宫卫平等[6]、任鑫等[7]使用 Ebsilon 研究了热电联供负荷分配方式的优化，陈颖等[8]使用 Ebsilon 研究了 AP1000 机组核气联合循环系统的性能及优化，均取得了较好的效果。

1　模型建立

　　中核集团与清华大学共同开展了百万千瓦高温气冷堆超临界发电研究项目，设计了百万千瓦超临界蒸汽发生器二回路热力循环的初步方案，主蒸汽参数为 25.4 MPa、570 ℃。机组有 1 个高压缸、1 个中压缸、3 个低压缸，1 个高压加热器、1 个除氧器、5 个低压加热器；中压缸、低压缸各设 4 级抽汽，其中中压缸第 1 级抽汽用于汽水分离再热，第 2 级用于高压加热器，第 3 级用于除氧器，中压缸第 4 级与低压缸全部 4 级抽汽用于 5 个低压加热器。

　　在 Ebsilon 中建立百万千瓦超临界高温气冷堆二回路热力循环模型并作为设计工况，模型如图 1 所示。

作者简介： 范弘毅（1998—），男，博士生，现主要从事高温气冷堆蒸汽发生器等科研工作。

基金项目： 中核集团多模块高温堆超临界发电技术研究项目（ZHJTJZYFGWD2020）。

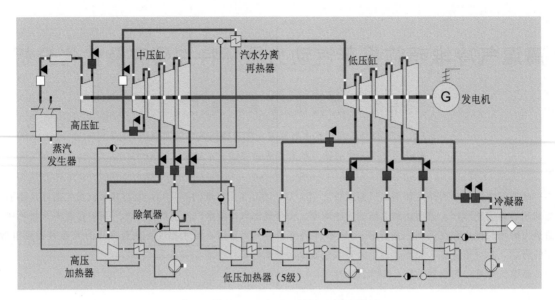

图 1　在 Ebsilon 中建立的热力循环模型

将仿真模型的计算值与设计值对比，如表 1 所示。

表 1　仿真模型计算值与热平衡图设计值对比

项目		计算值	设计值	相对偏差
中压缸抽汽质量流量/ (kg/s)	二抽	36.812	38.463	4.29%
	三抽	46.260	45.072	−2.64%
	四抽	41.806	42.144	0.80%
低压缸抽汽质量流量/ (kg/s)	一抽	38.487	38.660	0.45%
	二抽	31.831	32.102	0.84%
	三抽	26.008	26.147	0.53%
	四抽	36.867	38.064	3.14%
发电功率/（MW）		1140.5	1167.09	2.28%

仿真值与计算值的相对偏差不超过 4.29%，因此仿真模型可用。

在设计工况中，根据提供的运行参数计算得到模型中各组件的标称值；在非设计工况中，改变某些参数值，各组件根据标称值和组件特性计算得到其余运行参数。本研究中实际使用的模型相比图 1 进行了部分修改，如图 2 所示。其与原系统的区别在于：

（1）增加了两级高压加热器，分别使用高压缸抽汽、中压缸一抽蒸汽加热给水；

（2）增加了进蒸汽发生器再热回路；

（3）增加了调节汽水分离再热器抽汽流量的控制器，用于控制低压缸乏汽干度。

上述改造内容在设计工况下关闭，因此，修改后的模型仍可以适用该热平衡图进行设计工况的计算；在非设计工况下，根据研究内容的不同，上述改造内容可按需启用或关闭。

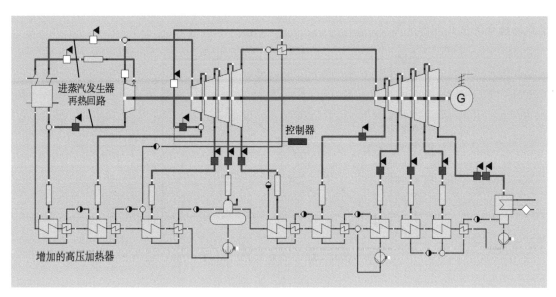

图 2　修改后的热力循环模型

2　计算结果与讨论

2.1　主蒸汽温度对循环的影响

目前高温气冷堆亚临界蒸汽发生器的主蒸汽温度为 570 ℃，超临界蒸汽发生器的主蒸汽温度设计为 540 ℃。由于一次侧热氦的温度高达 750 ℃，因而蒸汽发生器的主蒸汽温度有进一步上升的空间，但目前的设计主要受到材料许用应力的限制。

在 540～600 ℃的范围内改变主蒸汽温度，发电效率和汽耗率的变化如图 3 所示。

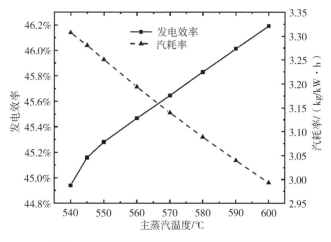

图 3　发电效率和汽耗率与主蒸汽温度的关系

当主蒸汽温度提高时，工质在蒸汽发生器中的平均吸热温度提高，因而热效率提高；工质在循环中的比焓降提高，因而热耗率降低。由图 3 可知，在 540～600 ℃范围内，主蒸汽温度每提高 10 ℃，发电效率平均提高 0.19 个百分点，汽耗率平均降低 0.053 kg/kW·h，即大约 1.6%。

2.2　给水温度对循环的影响

目前高温气冷堆的冷氦温度为 250 ℃，为保证一定的传热温差，蒸汽发生器的给水温度设计在

205 ℃。通过调整用于回热加热器的抽汽级数和抽汽量，在 190～250 ℃的范围内改变给水温度，发电效率和汽耗率的变化如图 4 所示。

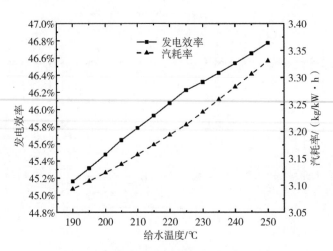

图4 发电效率和汽耗率与给水温度的关系

当增加回热、给水温度提高时，工质在蒸汽发生器中的平均吸热温度提高，因而热效率提高；循环中工质的部分热量被抽走用于加热凝结水和给水，而非用于做功，因而热耗率提高。由图 4 可知，在 190～250 ℃的范围内，给水温度每提高 10 ℃，发电效率平均增加 0.27 个百分点，汽耗率平均增加 0.04 kg/h，即大约 1.2%。

2.3 主蒸汽压力对循环的影响

由工程热力学知识可知，在主蒸汽温度不变的情况下，压力升高时，朗肯循环效率先升高再降低，而且循环效率取极大值的压力随主蒸汽温度升高而升高。由于高温气冷堆的热氦温度很高，提高压力尚有利于提高发电效率。令主蒸汽压力在 13～29 MPa 的范围内变化，在主蒸汽温度保持 570 ℃不变、汽轮机特性不变、中压缸排汽均进行汽水分离再热的情况下，发电效率和汽耗率的变化如图 5 所示。

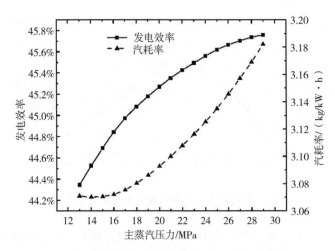

图5 发电效率和汽耗率与主蒸汽压力的关系

可以看出，发电效率随主蒸汽压力升高而增加，但增加的幅度递减。主蒸汽压力为 13 MPa 时，提高 1 MPa 可使效率增加 0.18 个百分点；当主蒸汽压力高达 28 MPa 时，提高 1 MPa 只能使效率增加 0.02 个百分点。对于汽耗率，其在 13～16 MPa 的范围内基本不变，压力在 16 MPa 以上时汽耗率随压力升高而增加，主要是主蒸汽的比焓随压力升高而降低，有效焓降减少导致。

2.4 热力循环优化讨论

2.4.1 进蒸汽发生器再热

在火电厂中，通常将在汽轮机中膨胀过的蒸汽引入锅炉进行再热，以提高循环效率。在核电厂中，有两个方面原因导致难以实现直接用核功率进行再热：其一是蒸汽往返蒸汽发生器和汽轮机之间需要穿过反应堆一回路压力边界；其二是膨胀后的蒸汽体积通常是新蒸汽的数倍，因而需要直径更大的管道。这两点对蒸汽发生及再热器的设计提出了很大的挑战。然而，依然可以对进蒸汽发生器再热的循环进行模拟，研究再热对循环效率的提升程度。

计算结果表明：当蒸汽温度为 540 ℃ 时，再热可使循环效率从 44.9％ 提升至 46.2％；蒸汽温度为 570 ℃ 时，再热可使循环效率从 45.6％ 提升至 47.0％。而且再热使得蒸汽具有足够高的过热度，因而不需要汽水分离再热即可使乏汽干度达到 0.89 以上。

2.4.2 新蒸汽再热

由于进蒸汽发生器再热的实现存在困难，另一种再热方案是使用新蒸汽进行再热，即从蒸汽发生器产生的新蒸汽中引出一部分，用于加热膨胀后的蒸汽，放热后的新蒸汽直接与给水混合，回到蒸汽发生器。

计算结果表明：当蒸汽温度为 540 ℃ 时，新蒸汽再热可使循环效率从 44.9％ 提升至 45.2％；蒸汽温度为 570 ℃ 时，新蒸汽再热可使循环效率从 45.6％ 提升至 46.1％。效率的提升不大，主要原因是新蒸汽放热后温度仍然较高，与给水混合时不可逆损失较大，而且此时给水温度达到 240 ℃ 左右，不适用于当前的蒸汽发生器设计。

2.4.3 亚临界循环增加汽水分离再热

由于亚临界蒸汽过热度高，一般无须设置汽水分离再热即可控制乏汽干度在 0.89 以上。高温气冷堆示范工程（HTR-PM）的主蒸汽压力为 14 MPa、温度为 570 ℃，其二回路循环设计方案不带汽水分离再热器，发电效率为 41.6％。在第 2.3 节讨论主蒸汽压力变化的计算中，使用的系统是含有汽水分离再热器的，基于该系统计算主蒸汽压力 14 MPa 的循环方案效率为 44.5％。

有汽水分离再热的循环方案效率更高的原因在于，为使得乏汽干度达到 0.89 以上，低压缸设计的内效率较高。两种循环方案的低压缸各级等熵效率如表 2 所示。

表 2 不同循环方案中低压缸各级等熵效率

级别	无汽水分离再热方案	有汽水分离再热方案
1	85.4％	96.8％
2	92.6％	92.8％
3	95.7％	95.1％
4	77.9％	83.4％
5	41.4％	56.5％

3 结论

本文分析了高温气冷堆二回路与常规火电二回路的区别。基于现有热平衡图和 Ebsilon 软件建立了百万千瓦高温气冷堆超临界蒸汽发生器二回路循环模型，研究了各参数变化对发电效率、汽耗率的影响，并讨论了若干循环改造手段对发电效率的影响及可行性。得到的主要结论如下：

（1）提高主蒸汽温度可以提高发电效率、降低汽耗率；在 540～600 ℃ 范围内，主蒸汽温度每提高 10 ℃，发电效率平均提高 0.19 个百分点，汽耗率平均降低 0.053 kg/kW·h；

（2）提高给水温度会提高发电效率和汽耗率；在 190～250 ℃ 的范围内，给水温度每提高 10 ℃，发电效率平均增加 0.27 个百分点，汽耗率平均增加 0.040kg/kW·h；

（3）在主蒸汽温度为 570 ℃的前提下，提高主蒸汽压力会提高发电效率和汽耗率；发电效率的提高程度随压力升高递减，汽耗率的提高程度基本随压力升高递增；

（4）膨胀做功后的蒸汽进蒸汽发生器再热可以显著提高发电效率，无须汽水分离再热即可使乏汽干度满足要求；使用新蒸汽再热也可提高发电效率，但会使给水温度过高；

（5）高温气冷堆亚临界热力循环不采用汽水分离再热器即可满足汽轮机排汽湿度要求，但增加汽水分离再热可以提高低压缸内效率，从而提高发电效率。

后续将进一步结合反应堆一回路温度及蒸汽发生器热工水力设计，对高温气冷堆二回路热力循环进行分析和优化。

参考文献：

[1] ZHANG Z, WU Z, WANG D, et al. Current status and technical description of Chinese 2×250 MWth HTR-PM demonstration plant [J]. Nuclear engineering and design, 2009, 239 (7)：1212-1219.

[2] 朱书堂，张作义. 模块式高温气冷堆超临界循环一次再热方案研究 [J]. 原子能科学技术，2008（8）：720-723.

[3] 王晗丁，周涛. 核电站与火电厂汽轮机参数及热力系统的比较分析 [J]. 中国电力教育，2010（S1）：662-664.

[4] 周正道，华志刚，包伟伟，等. AP1000 核电机组供热方案研究及分析 [J]. 热力发电，2019，48（12）：92-97.

[5] 杨勇平，辛团团，许诚. 热力循环流程重构能效分析新方法：循环拆分法 [J]. 中国电机工程学报，2021，41（20）：7003-7014.

[6] 宫卫平，管洪军，李宏伟，等. 基于 EBSILON 仿真软件的联机供热负荷分配优化 [J]. 山东大学学报（工学版），2021，51（4）：77-83.

[7] 任鑫，王渡，齐结红，等. 基于 EBSILON 的热电厂热电负荷分配优化研究 [J]. 热能动力工程，2023，38（1）：82-89，146.

[8] 陈颖，王渡，丁文博，等. 基于 EBSILON 核气联合循环系统性能及参数优化研究 [J]. 热能动力工程，2022，37（2）：8-15.

Investigation on characteristics and optimization of HTGR super-critical thermodynamic cycle based

FAN Hong-yi, LI Xiao-wei*, WU Xin-xin, SUN Li-bin

(Key Laboratory of Advanced Reactor Engineering and Safety, Ministry of Education,
Collaborative Innovation Center for Advanced Nuclear Energy Technology, Institute of
Nuclear and New Energy Technology, Tsinghua University, Beijing 100084, China)

Abstract： The temperature of outlet coolant of a high-temperature gas-cooled reactor (HTGR) is 750℃, much higher than that of a pressurized water reactor, 330℃, thus enabling the steam generator to generate supercritical steam, achieving higher power generation efficiency. Since there are various differences between the steam generator of an HTGR and the boiler of a thermal power plant, there are also differences in the characteristics of its secondary circuit thermaldynamic cycle. Based on the Ebsilon software, the effects of parameters such as main steam temperature, feedwater temperature, and main steam pressure on power generation efficiency and steam consumption rate are investigated. The effects and feasibility of several modifications on power generation efficiency are discussed.

Key words： HTGR; Super-critical cycle; Steam generator

高温气冷堆金属堆内构件堆芯壳筒体切削加工防变形技术研究

邢会平

（上海第一机床厂有限公司，上海　201308）

摘　要：高温气冷堆核电站示范工程金属堆内构件的堆芯壳组件是反应堆的关键部件，属大尺寸薄壁直圆筒形结构的高精度大型部件，为国内首次制造，与其他反应堆壳体相比，内径更大，长度更长，壁厚更小，且精度要求更高。在制造过程中，由切削加工所产生的变形将直接影响制造的最终结果，对结构变形和切削变形的控制，须贯穿该组件的全部制造过程。为实现对整个堆芯壳组件几何形状的控制，关键是要在防变形技术上有创新和突破，为高温气冷堆金属堆内构件的制造提供可靠的工艺基础。

关键词：堆芯壳；制造；防变形；工艺

高温气冷堆核电站是清华大学核能与新能源技术研究院自主创新设计的，是我国在民用商业核电站领域拥有完整知识产权的创新产品。

金属堆内构件设备是高温气冷堆核电站示范工程一回路系统中的关键核岛主设备，该设备为直径 5440 mm、壁厚 40 mm、高度 20.060 m 的薄壁筒体结构，主要由堆芯壳、上支承板、下支承板、定位板、压板等零部件组成[1]。

高温气冷堆核电站示范工程金属堆内构件的堆芯壳组件是反应堆的核心部件。因为筒体总高较高，长径比较大，制造过程采用卷筒焊接单节筒体，然后机加工环焊缝坡口，再分别进行对接焊，拼接形成整个堆芯壳组件的制造方案。因此在制造过程中，由切削加工所产生的变形将直接影响制造的最终结果，为实现对整个堆芯壳组件几何形状的控制，为保证金属堆内构件的堆芯壳组件在焊接之后整体尺寸精度满足要求，需要在制造过程中加强防变形技术控制。

1　筒体切削加工的技术方案

1.1　堆芯壳组件的主要材料

金属堆内构件堆芯壳的主体材料为耐高温的铬钼合金钢 12Cr2Mo1R 钢板和铬钼合金钢 12Cr2Mo1 锻件（图 1）。

图 1　堆芯壳示意

作者简介：邢会平（1988—），男，山东博兴人，高级工程师，本科，主要从事机加工工艺研究。

1.2 堆芯壳组件的主要制造方案

堆芯壳的基本制造方案如下。

制造完成各节筒体后，再分别制造完成 4 段 1/4 筒体：上部堆芯壳-1、上部堆芯壳-2、下部堆芯壳-1、下部堆芯壳-2。然后分别加工环焊缝坡口，两两进行对接焊，制造形成上部堆芯壳与下部堆芯壳。在上、下部堆芯壳制造完成后，分别加工上部堆芯壳与下部堆芯壳的环焊缝坡口，通过最后一道环焊缝焊接，完成堆芯壳的最终制造。

堆芯壳的基本制造工艺流程如图 2 所示。

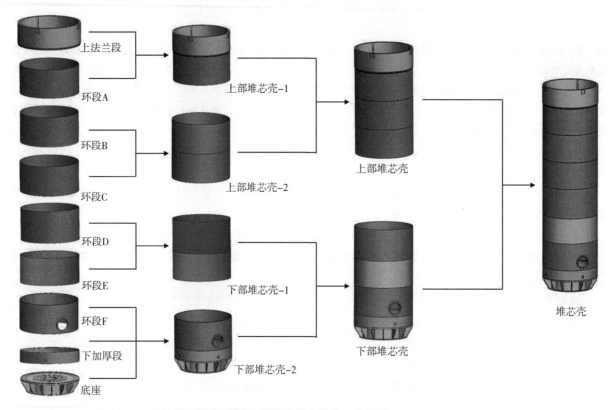

图 2 堆芯壳基本制造工艺流程

1.3 堆芯壳筒体切削加工的主要精度要求

因为整个堆芯壳两端精加工需要在 3 条环焊缝之前加工完成，因此，3 条环焊缝焊接坡口的加工精度是堆芯壳最终尺寸的保证。

由于堆芯壳筒体主体直径为 5540 mm，壁厚仅为 40 mm，易发生变形，筒体坡口的机加工及加工后的保持有很大难度。

对于筒体切削加工的基本要求为：焊接坡口平面度 0.25 mm，与水平基准的平行度 0.25 mm，与轴线基准的同轴度要求为 0.2 mm；筒体环焊缝对中后要求：环段内外壁的错变量≤2.0 mm，焊接坡口钝边错位均值≤0.25 mm。以上精度要求需要在筒体切削加工时实现，才能保证坡口对中时满足设计要求。

1.4 堆芯壳各筒体切削加工的技术方案

由于筒体为大长度、大直径、薄壁直筒形结构，且形位误差和尺寸误差的精度要求较高；在全部制造过程中极易因壳体变形而产生不符合设计要求的情况。为了保证切削加工能满足设计的精度要求，综合考虑各方面因素，首先确定了筒体切削加工时的技术方案。

切削加工应满足金属堆内构件及堆芯壳组件的设计要求，最主要的是防止筒体的变形，防变形的基本要求为可控制、可预测。

因堆芯壳组件采用分节焊接组成的方案，切削加工防变形的控制阶段主要分为 1/4 高度筒体的焊接坡口加工、1/2 高度筒体的焊接坡口加工两个阶段；在分阶段控制的基础上，使整体组件制造精度达到设计要求。

综合考虑设计要求、堆芯壳结构特性、结构物实际要素、制造过程等特定因素，主要分 3 个阶段对切削加工过程进行了研究，分别为切削加工前的测量与校正、切削加工过程中的保持、切削加工后坡口圆度的保持。

（1）切削加工前，首先通过适当结构的内支撑工装，使用适当的操作方法，在适当的位置对壳体进行支撑。

筒体在机床上定位后，需要对坡口附近位置进行测量，若尺寸不满足工艺要求，需要通过局部支撑等其他方式使靠近焊接坡口位置的筒体圆度达到工艺圆度要求。

（2）切削加工过程中，通过合理控制切削进给量，降低被切削物的温度和逐步释放、平衡因切削而产生的材料内应力变化，进而减小切削物形状的变化，并通过切削加工位置附近内支撑的支撑保持作用，使筒体坡口的各尺寸要求满足设计要求。

（3）切削加工完成后，需要适当结构的工装用于保持筒体的焊接坡口，结合筒体内部的内支撑工装，使筒体翻身后保持焊接坡口的精度。

2　堆芯壳筒体切削加工防变形的研究过程

堆芯壳筒体切削加工过程中的主要研究内容包括专用内支撑工装、筒体的测量及计算方法、切削加工过程中的变形控制以及切削加工完成后的变形控制。

2.1　专用内支撑工装研究

在卷筒的内径尺寸和形位误差满足图纸要求后，按一定的间距在环段内安装若干个内支撑工装（图3）。

图 3　内支撑工装示意

筒体在机床上定位后，需要对坡口附近位置进行测量，需要使用靠近焊接坡口位置的内支撑工装进行筒体圆度微调（弹性变形即可），使靠近焊接坡口位置的筒体圆度达到工艺圆度要求，然后才可进行焊接坡口的机加工；其他内支撑工装的安装需达到：在不使环段产生塑性变形的前提下加强环段的刚度，使环段在加工制造过程中不会因移动、翻身、局部外力而产生不可逆的塑性变形。

2.2　加工位置的测量及计算方法研究

（1）测量点的选取

筒体在机床台面固定之后，在距离筒体坡口一定距离处选取一个截面，并从 0 度开始，间隔 11.25°，将截面圆 32 等分，选择 32 个测量点并进行标记，如图 4 所示。

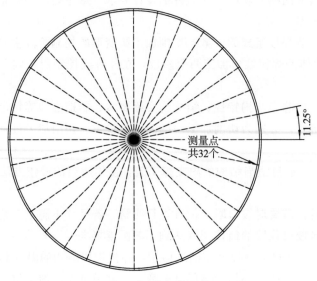

图 4 测量点位示意

（2）跳动值的测量

测量点位置确定以后，如图 5 所示，旋转机床台面，测量筒体内壁的跳动值并进行记录。

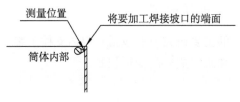

图 5 测量位置示意

（3）筒体内部对应测量点直径的测量

筒体内壁跳动值记录完成后，使用内径千分尺，按（1）所确定的测量点测量筒体内径，记录 16 个两两对应的测量点的距离（图 6）。

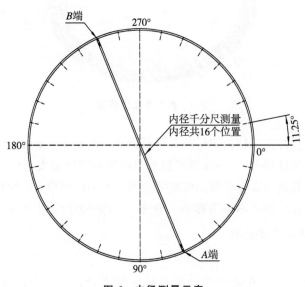

图 6 内径测量示意

（4）测量点距离理论轴心距离的计算

根据各测量点的跳动值及对应测量点直径的测量值，可以推理计算出 32 个测量点距离筒体理论中心的实际距离；

首先定义变量：定义内径千分尺在 0°～90°～180°范围内的测量端为 A 端，则对应的 180°～270°～0°范围内的测量端为 B 端。

①A 端对应的测量点跳动值为 $A_i(i=1,2,3,\cdots,16)$，跳动值"＋"表示靠近轴心，跳动值"一"表示远离轴心；

②B 端对应的测量点跳动值为 $B_i(i=1,2,3,\cdots,16)$，跳动值"＋"表示靠近轴心，跳动值"一"表示远离轴心；

③内径千分尺测量的实测值为 C。

距离计算示意如图 7 所示。

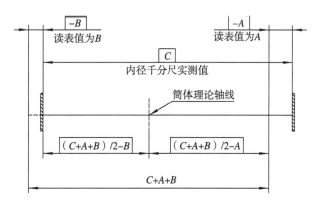

图 7　距离计算示意

根据推理可得出计算公式如下：

A 端测量点距离筒体理论轴心的距离为

$$D_i=\frac{C+A_i+B_i}{2}-A_i。\tag{1}$$

B 端测量点距离筒体理论轴心的距离为

$$E_i=\frac{C+A_i+B_i}{2}-B_i。\tag{2}$$

例如：

设 11.25°位置跳动值 $A_1=-0.56$；对应 191.25°位置跳动值 $B_1=0.38$；设 11.25°～191.25°内径千分尺实测内径值 C 为 5360.21。按式（1）可计算得出 A_1 位置对应的测量点距离理论轴心的距离为

$$D_1=\frac{C+A_1+B_1}{2}-A_1$$

$$=\frac{5360.21+(-0.56)+0.38}{2}-(-0.56)$$

$$=2680.575。$$

按式（2）可计算得出 B_1 位置对应的测量点距离理论轴心的距离为

$$E_1=\frac{C+A_1+B_1}{2}-B_1$$

$$=\frac{5360.21+(-0.56)+0.38}{2}-(-0.38)$$

$$=2679.635。$$

通过以上推理过程可得出，根据各测量点的跳动值及对应测量点的内径值，可以根据式（1）和式（2）得出各测量点距离理论轴心的实际距离，据此可确定筒体坡口加工前的圆度是否满足工艺要求，若不满足工艺要求，可通过内支撑对筒体进行局部调整，以满足工艺要求。

2.3 切削加工过程中的变形控制研究

在堆芯壳筒体的切削过程中，根据筒体材料特性并参考相关专业手册[2]，选取合适的刀具，通过合理控制切削进给量，有效地降低被切削物的温度，并使切削过程中因材料去除而产生的内应力变化能逐步释放、平衡因切削而产生的材料内应力变化，进而减小切削物形状的变化。

同时通过切削加工位置附近内支撑的支撑保持作用，实现筒体坡口各尺寸满足设计要求。

2.4 切削加工完成后的变形控制研究

堆芯壳筒体在切削加工完成后，如何有效保持筒体坡口的圆度也是保证焊接坡口对中时能满足设计要求的关键。为此，专门研究设计了专用的坡口保护环，结合筒体内部内支撑的支撑作用，用于在筒体翻身后临时存放时能有效保持加工位置的精度，减少加工位置的变形。设计的坡口保护环如图 8 所示。

图 8　坡口保护环示意

3　结论

高温气冷堆核电站示范工程金属堆内构件的堆芯壳组件为反应堆的关键部件，与其他反应堆壳体相比，制造要求更高、难度更大。

根据堆芯壳筒体的结构特性，对筒体切削加工前、切削加工过程中、切削加工后 3 个阶段的防变形技术进行了研究。主要研究内容为切削加工前的测量与校正、切削加工过程中的保持及控制进给量、切削加工后通过工装保持加工位置，并根据筒体的结构特性设计了内支撑环及坡口保护环等专用工装。

以上研究为高温气冷堆金属堆内构件堆芯壳组件的制造提供了可靠的工艺基础和保证。

参考文献：

[1] 王毅，韩建成，李巨峰. 高温气冷堆核电站示范工程金属堆内构件设备的国产化实践 [J]. 电力建设，2010，31（12）：122－126.

[2] 杨叔子. 机械加工工艺师手册 [M]. 北京：机械工艺出版社，2006.

Research on anti – deformation technology of HTGR metallic reactor internals core shell barrel cutting

XING Hui-ping

(Shanghai No. 1 Machine Tool Works Co. , Ltd. , Shanghai 201308, China)

Abstract: The core shell assembly of metallic reactor internals in HTGR NPP demonstration project is a key component of the reactor, and it falls into large – size thin – walled straight cylindrical structure high precision large component which is manufactured for the first time in China. Compared with other reactor shells, it has a larger inner diameter, a longer length, a smaller wall thickness and higher precision requirements. In the course of manufacturing, the deformation produced by cutting will directly affect the final result of manufacturing. The control of structural deformation and cutting deformation must be implemented throughout the manufacture of such assembly. In order to achieve geometry control of the entire core shell assembly, the key is to be innovative and make breakthroughs on anti – deformation technology so as to lay reliable technological foundation of HTGR metallic reactor internals manufacturing.

Key words: Core shell; Manufacturing; Anti – deformation; Technological

增材制造技术应用于核电蒸汽发生器
分离器单元制造的可行性研究

甘玉麟，易　飞，王勇华

［东方电气（广州）重型机器有限公司，广东　广州　511455］

摘　要： 增材制造技术是一种以数字模型文件为基础，运用粉末状金属等可黏合材料，通过逐层打印的方式构造物体的一种快速成型技术。本文将传统焊接技术与增材制造技术结合，从构建数字模型、增材制造工艺、焊接技术工艺进行研究，制造了核电蒸汽发生器分离器单元样机，满足核电相关标准的检验要求。分离器样机的成功制造表明了增材制造技术在核电行业上应用具备可行性。

关键词： 增材制造；核电；汽水分离器

本文介绍增材制造技术应用于核电蒸汽发生器分离器单元制造。

增材制造是通过添加粉末材料层来制造具有复杂形状构件的制造技术，在国际标准 ISO/ASTM 52900 中，增材制造的定义为将材料从 3D 模型数据连接成零件的过程[1-2]。

汽水分离装置是压水堆核电站蒸汽发生器的关键部件，其作用是保证蒸汽发生器出口的饱和蒸汽湿度低于 0.25％的湿度指标，确保核电站安全、经济地运行[3]。本文研究中小型化高效汽水分离器样机（简称"分离器"），采用增材制造与传统焊接技术相结合的混合技术制造。先建立增材制造用数字模型，然后采用增材制造技术中的选区激光熔融工艺一体化制造 2～3 个模块，最后将这 2～3 个增材制造模块对接焊连接，完成分离器样机的制造。

1　研究内容

本项目根据分离器结构特点，结合增材制造技术与传统焊接技术，开展模块增材制造工艺、增材制造制品焊接技术研究，最终完成分离器的制造。主要内容如下。

（1）基于分离器原型设计建立数字模型。

（2）开展分离器增材制造工艺参数研究。

（3）开展增材制造部件焊接技术研究。

2　分离器制造技术

2.1　分离器设备规格

分离器屏障等级为 NC 级、功能等级为 NC 级、抗震类别为 NA，规范级别为 NA，质量保证等级为 QNC 级。

分离器由 3 个增材模块通过焊接连接的方式制造，3 个模块分别为分离器部件 1、分离器部件 2、分离器部件 3，规格如表 1 所示。

作者简介：甘玉麟（1993—），男，2020 年毕业于广东工业大学机械工程专业，硕士，工程师。现就职于东方电气（广州）重型机器有限公司，从事综合工艺工作。

表 1   分离器设备规格

增材模块名称	外径	高度	重量	材质
分离器部件 1	φ298	520 mm	40 kg	022Cr17Ni12Mo2
分离器部件 2	φ298	700 mm	50 kg	022Cr17Ni12Mo2
分离器部件 3	φ245	205 mm	6.1 kg	022Cr17Ni12Mo2
分离器样机	φ298	1460 mm	98 kg	装配件

2.2   分离器制造总技术路线

样机由 3 个增材模块组成：分离器部件 1、分离器部件 2、分离器部件 3，分离器制造分为构建数字模型、增材打印、坡口加工、焊接，如图 1 所示

图 1   分离器总技术路线

2.3   分离器局部支撑优化

以分离器部件 1 为例，在分离器部件中增加了适合增材模块打印的支撑，如图 2 所示。

（1）在原设计的基础上，在出气筒罩与上升筒的悬空部分增加支撑片。

（2）在原设计的基础上，优化了分离器水封板结构，由水平结构变为带角度结构，避免悬空打印。

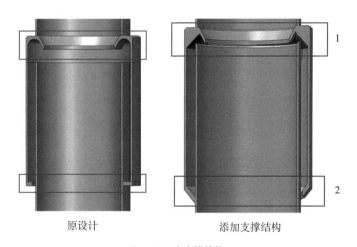

原设计   添加支撑结构

注：1、2 为支撑结构。

图 2   分离器支撑结构

2.4   分离器增材模块制造

2.4.1   增材制造原材料

（1）粉末

由同一批次棒材、采用同一制粉生产设备、按相同工艺连续制粉。

（2）制粉

采用电极感应熔化高纯氩气雾化法（EIGA）或等离子旋转电极法（PREP）制造。

（3）化学成分

增材制造使用的原材料为 022Cr17Ni12Mo2 牌号（S31603）不锈钢粉末，粉末按照 GB/T 1220—

2007 要求制备并按照 GB/T 39251—2020 的规定验收，同时不锈钢粉末还满足以下要求：

O≤0.050％（质量比）；

N≤0.010％（质量比）；

S≤0.015％（质量比）；

P≤0.030％（质量比）。

（4）密度

松装密度≥4.28 g/cm³；

振实密度≥4.76 g/cm³。

（5）球形度

粉末的球形度≥0.90。

（6）流动性

粉末流动时间应≤20 s/50 g。

（7）外观质量

粉末外观银灰色，无异物和结团现象。

2.4.2 增材制造

（1）技术路线

增材制造分为打印制造过程和后处理过程，整个过程主要为工艺开发、设备准备、粉末烘干、基板清理、数据导入、充惰性气体、打印过程监控、清理粉末、热处理、后处理等工序。基本制造流程如图 3、图 4 所示。

图 3　打印制造过程技术路线

图 4　后处理过程技术路线

（2）基材

采用 304 不锈钢基板，使用前须确保基板表面磨平，平整度控制在 0.05 mm 以内，表面无毛刺、气孔、裂纹等缺陷，使用工业酒精进行清洗，确保基板表面清洁无油污。

（3）设备

分离器部件采用 HBD‑350T、HBD1000 设备进行打印，设备成型尺寸分别为 325 mm×325 mm×400 mm、600 mm×600 mm×1000 mm。

（4）打印

打印前：刮刀调平、粉末准备、成型室清洁、氧含量和风量的调节。

打印后：静置 30 分钟，将换热单元取出并进行粉末处理，随后连同基板一起进行去应力热处理。

2.4.3 增材制造制品性能检测

为了检验增材部件的性能，采用在同一基板上设置的、预制品一同打印的随炉样品验证产品的性能，随炉样品进行化学成分分析、致密度测试、金相检查、晶间腐蚀试验、室温拉伸试验、硬度试验，结果满足相关标准要求。

2.5 分离器焊接工艺

由于增材模块两两对接处具有薄壁特征（壁厚 5 mm），薄壁不锈钢与普通碳钢焊接工艺相比，工艺要求严格，质量要求高，同时由于薄壁组焊时要严格控制组对坡口、组对间隙、错边量等来提高安装质量，故本文使用焊丝（TIG）ER316L 和采用钨极氩弧焊的方式进行焊接，焊接结果满足设计要求，焊后如图 5 所示。

图 5　焊后分离器样机

3　检查

在课题的研制过程中，需要对分离器样机的增材模块和对接焊缝两个部分进行相对应检查，检查要求详见表 2 所示。

表 2　检查内容

增材模块	对接焊缝
目视检查	
尺寸检查	
渗透检验	
增材射线检验	焊缝射线检验

3.1　目视尺寸检查

在产品制造过程中使用照明光源、低倍放大镜、内窥镜、照相机、粗糙度样板、焊检尺、卷尺、游标卡尺等对增材模块及分离器进行目视尺寸检查，在对增材模块目视检测过程中，虽发现其表面粗糙度略高（Ra≤12.5μm）外，但检查结果满足 NB/T 20003.7—2010 相关要求及设计要求。

3.2　渗透检查

对增材模块及对接焊缝进行渗透检验，检验结果满足 NB/T 20003.4—2010 要求。

3.3　射线检查

射线检验分为两个部分：增材模块射线检验和对接焊缝射线检验，检测按 NB/T 20003.3—2010 第 12 章要求进行，检测结果满足 NB/T 20003.2—2010 第 12.11 节对 3 级焊接接头的要求。

4　结论与展望

分离器样机的成功研制并检验合格，表明了增材制造技术应用于核电蒸汽发生器分离器单元制造是可行的。

通过构建增材模块数字模型、增材模块制造、增材模块焊接最终完成了分离器样机的制造。从分离器样机的成功制造得出以下结论：

（1）数字模型构建需考虑增材打印的支撑结构。

（2）增材模块制造需经过粉末烘干、基板清理、数据导入、充惰性气体、打印过程监控、清理粉末、热处理、后处理等步骤。

（3）增材模块对接焊缝可采用钨极氩弧焊的方式进行焊接，从而保证焊缝质量。

（4）增材模块制造过程中其表面粗糙度较高，需进一步研究提升表面粗糙度。

参考文献：

［1］ 薛飒，王庆相，梁书锦，等 . 激光增材制造难熔金属研究进展 ［J］. 稀有金属材料与工程，2023，52（5）：1943 - 1953.

［2］ SARMAH ANUBHAV，DESAI SUCHI K，CROWLEY AVA G，et al. Additive manufacturing of nanotube - loaded thermosets via direct ink writing and radio - frequency heating and curing ［J］. Carbon，2022（200）：307-316.

［3］ 李勇，黄振，李林坤，等 . "华龙一号" 蒸汽发生器汽水分离器性能研究 ［C］//中国核学会 . 中国核科学技术进展报告（第五卷）：中国核学会 2017 年学术年会论文集第 3 册（核能动力分卷）. 北京：中国原子能出版社，2017：430 - 434.

Feasibility study on the application of additive manufacturing technology in the manufacturing of nuclear power steam generator separator units

GAN Yu-lin，YI Fei，WANG Yong-hua

［Dongfang Electrical（Guangzhou）Heavy Machinery Co.，Ltd.，Guangzhou，Guangdong 511455，China］

Abstract：Additive manufacturing technology is a kind of rapid prototyping technology, which is based on digital model files and uses adhesive materials such as powder metal to construct objects by printing layer by layer. This article combines traditional welding technology with additive manufacturing technology to study the construction of digital models, additive manufacturing post - processing processes, and welding technology processes. A prototype of the nuclear power steam generator separator unit is manufactured, which meets the inspection requirements of nuclear power related standards. The successful manufacturing of the prototype demonstrates the feasibility of additive manufacturing technology in the nuclear power industry.

Key words：Additive manufacturing technology；Nuclear power；Moisture separator

液滴聚并弹跳去除石墨颗粒实验研究

李衍智，都家宇，闵　琪*，吴莘馨，孙立斌

（清华大学核能与新能源技术研究院，北京　　100084）

摘　要：我国设计和研发的球床式高温气冷堆可以通过球形燃料元件在堆芯内的缓慢移动实现不停堆连续换料。其球形燃料元件包覆的石墨层在不停堆换料过程中不可避免地会产生非球形石墨粉尘颗粒，并由冷却剂氦气携带进入一回路设备，在破口事故下，石墨粉尘还存在释放到环境中的潜在风险。本文实验开展了超疏水表面上液滴聚并起跳去除石墨粉尘颗粒的研究，探究了在超疏水表面上百微米大小的非球形石墨颗粒对半径为 0.8～1.1 mm 液滴的聚并弹跳行为的影响，探索了液滴尺寸与液滴形态变化、起跳速度、颗粒包覆情况的物理规律。实验结果表明位于两液滴间的石墨颗粒可以限制液桥生长、提前液桥的碰壁时间、缩短液滴的起跳时间、提高液滴的起跳速度。此外，液滴还可以同时携带多个石墨颗粒起跳，有效清洁超疏水表面上的石墨颗粒，这为球床式高温气冷堆内石墨粉尘去除提供了一个新的思路。

关键词：石墨颗粒；自清洁；颗粒自发输运；液滴弹跳；高温气冷堆

球床模块式高温气冷堆具有固有安全性高、发电效率高、经济性好等特点，是国际公认的第四代先进反应堆堆型之一[1]。其中，石墨大量用于球床模块式高温气冷堆的一回路结构材料及燃料球材料，这不可避免地会产生石墨粉尘并随冷却剂流动输运至一回路的其他位置[2-4]。石墨粉尘沉积会导致反应堆维护和检修困难，甚至引发反应堆运行事故。在一回路内石墨粉尘沉积表现为放射性分布变化、高温堆内燃料元件循环管道堵塞；在发电设备内石墨粉尘沉积可能导致设备短路；在破口事故下，带有放射性的石墨颗粒逃逸到环境中将造成外界大气放射性污染[5]。此外，石墨粉尘沉积还会带来燃料元件、蒸汽发生器、回热器等一回路关键换热设备的换热恶化[6-8]。总体来说，石墨粉尘沉积的研究具有重要的科学和工程意义。

近年来，学者们主要关注反应堆内的石墨粉尘运动特性和沉积规律，针对石墨粉尘的产生[9-10]、扩散[6]、沉积[5,8,11]及重悬浮[12]这几个阶段均提出了相应的模型。但是对实现石墨粉尘去除的研究还比较少，而石墨粉尘去除技术才是解决石墨粉尘沉积问题的关键。由于界面间范德华力的存在，去除沉积颗粒一般需要采用能动的手段，如冲洗[13]、刷除[14-15]、振动[16]、电场除尘[17]、人工除尘[18]等。与传统的能动清洁方式相比，颗粒自清洁是一种更加高效的颗粒去除方式。一般来说，颗粒自清洁有两种途径：一种是颗粒受到液滴的撞击后以弹跳或滚动的方式离开表面。安全壳喷淋系统正是基于第一种颗粒去除机制实现放射性气溶胶颗粒去除。但是这种机制仍然存在能量输入，不是理想的自清洁方式[19]。另一种机制则是颗粒与液滴合并后释放表面能，液滴携带颗粒起跳离开表面。大量的研究表明液滴聚并起跳时仍有大量的自由能，具有高效输运颗粒的潜力[20-26]。

综上所述，本文基于液滴聚并自发起跳机制，探索了一种石墨颗粒高效自发清洁的新形式。本工作实验开展了超疏水表面上液滴聚并弹跳去除非球形石墨粉尘颗粒的研究，探究了在超疏水表面上百微米大小的非球形石墨颗粒对半径为 0.8～1.1 mm 液滴的聚并弹跳行为的影响，探索了液滴尺寸与液滴形态变化、起跳速度、颗粒包覆情况的物理规律。实验结果表明，位于两液滴间的石墨颗粒可以限制液桥生长、提前液桥的碰壁时间、缩短液滴的起跳时间、提高液滴的起跳速度，石墨颗粒也由此

作者简介：李衍智（1998—），女，博士在读研究生，现主要从事高温气冷堆、液滴动力学研究。

基金项目：国家自然科学基金面上项目（51976104）。

获得竖直方向速度并向上输运。此外，液滴还可以同时携带多个石墨颗粒起跳，有效清洁超疏水表面上的石墨颗粒，这为球床式高温气冷堆内石墨粉尘去除提供了一个新的思路。

1 实验材料及方法

1.1 超疏水表面制备方法

在本文工作中，我们采用了化学氧化和硅烷沉积法制备超疏水平坦表面和超疏水铜棒。以超疏水表面制备为例，首先，分别用 600 目、800 目、1500 目的砂纸打磨铜片（纯度为 99.9%，尺寸为 20 mm×20 mm×5 mm），然后用乙醇和去离子水超声清洗 5 分钟。将清洗后的样品浸入稀释的盐酸（17%v/v）中 1 分钟，随后用去离子水冲洗并用氮气吹干。为了在样品表面构造纳米尺度的结构，将样品浸入 95 ℃的 $NaClO_2$、$NaOH$、Na_3PO_4（3.75∶5∶10 wt%）混合热碱溶液中加热约 40 分钟。由于样品尺寸差异，化学氧化过程可能会延长，直到样品表面被致密的氧化铜薄膜覆盖。氧化后的样品再次用去离子水清洗并用氮气吹干。最后，将样品浸入 1 mM/L 的三氯硅烷正己烷溶液进行低表面能处理约 1 小时，然后在 150 ℃下高温加热样品约 30 分钟，使样品具有超疏水特性。如图 1 所示，经过超疏水处理的样品表面平衡接触角为 $\theta = 166° \pm 3°$。

图 1 超疏水表面及液滴接触角示意

1.2 石墨颗粒性质

在液滴聚并弹跳实验中，我们采用了不规则形状的石墨颗粒，特征参数如表 1 所示。石墨颗粒参数的测量方法如下：石墨颗粒的高度 h、宽度 w、长度 l 基于实验图像测量得到；球形度 $\Phi = 4\pi(3V_p/4\pi)^{2/3}/S_p$ 由后期计算得到，这里 V_p 和 S_p 分别代表石墨颗粒的体积和表面积；平衡接触角 θ_e 为平衡状态下石墨颗粒与半径 1 mm 去离子水滴接触角；平均颗粒质量 m_a 取 100 颗石墨颗粒的 3 次测量平均值。

表 1 石墨颗粒重要特征参数

石墨颗粒特征参数	数值
高度 $h/\mu m$	240±20
宽度 $w/\mu m$	250～460
长度 $l/\mu m$	260～560
球形度 Φ	0.62～0.76
平衡接触角 $\theta_e/°$	87～120
密度 $\rho_p/(kg/m^3)$	1980
平均颗粒质量 $m_a/\mu g$	79.2±10

1.3 实验设置及实验过程

实验装置的原理如图 2 所示，实验装置由一个高速摄像机及（Phantom，VEO1010L）、一个 LED 光源（金贝 EFⅡ-150）、一个手动三轴工作台组成。注射器针头在超疏水平坦表面挤出两个等大的液滴（$\rho = 998$ kg/m³，$\gamma = 72.8$ mN/m，$\mu = 1$ mPa·s）。然后用镊子将石墨颗粒轻轻转移至超疏水表面，再用超疏水铜棒（$D = 300~\mu m$）调整颗粒位置和两液滴质心连线的相对位置。接着用另一根超疏水铜棒以小于 10^{-4} m/s 的速度将一个液滴推向另一个液滴。这里韦伯数 We 约为 10^{-7}，因此铜棒带来的额外动能相较于液滴释放的表面能可以被忽略。高速摄像机以每秒 10 000 帧的速度采集图像，分辨率为 1024 像素×804 像素，记录液滴从静止到不再脱离超疏水表面过程的形态变化。在后期处理过程中，我们采用 MATLAB 编程跟踪液滴的边界和形心，并基于二维视频图像中液滴形心轨迹提取液滴的实际位置和运动速度。本研究中所有实验均在室温 25 ℃环境下进行。

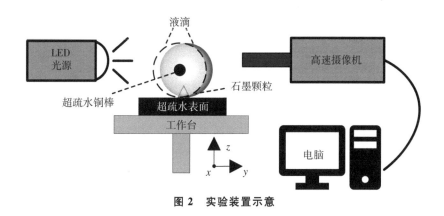

图 2 实验装置示意

2 结果与讨论

2.1 液滴聚并携带石墨颗粒起跳的动力学过程

图 3 展示了半径为 0.8 mm 液滴在超疏水平坦表面上聚并弹跳过程的形变规律。根据液滴的形变特征，我们将液滴聚并弹跳过程分为合并阶段、接触阶段和滞空阶段。从两液滴相互接触形成液桥到液桥撞击固体表面的阶段称为合并阶段，液桥接触固体表面到液滴脱离底面的阶段称为接触阶段，液滴脱离表面至液滴回落且不再脱离表面的时刻称为滞空阶段。

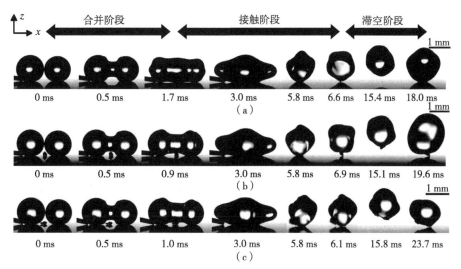

图 3 液滴聚并弹跳过程快照

（a）无颗粒；（b）携带单颗石墨颗粒；（c）携带三颗石墨颗粒

当两个液滴聚并起跳而不携带石墨颗粒时，如图 3a 所示，在负曲率的作用下，两液滴连接处形成液桥并迅速膨胀，直到液桥在 $t=1.7$ ms 撞击超疏水表面。在接触阶段（$t=1.7\sim6.6$ ms），液瓣抬起并往回收缩，液滴形态逐渐演化为纺锤形（$t=5.8$ ms）。随后由于液滴合并释放的自由能，液滴获得了竖直方向的速度并在 $t=6.6$ ms 时起跳脱离超疏水表面。在滞空阶段（$t=6.6\sim18.0$ ms），由于液滴气液界面毛细波的传递，液滴形态发生剧烈变化，液滴表面接触超疏水表面 $1\sim2$ 次。最后液滴在 $t=15.4$ ms 时到达最高点，随后 $t=18.0$ ms 落回表面并不再脱离表面。

图 3b 展示了液滴聚并携带单颗石墨颗粒起跳的形态演化过程，此时石墨颗粒放置于两液滴质心连线的中央。由于颗粒的作用，液滴于 $t=0.9$ ms 时撞击颗粒表面，约缩短了合并阶段时长的一半。根据液滴在 3 ms 及 5.8 ms 的液滴形态，携带一颗石墨颗粒的液滴聚并起跳接触阶段形变过程与无颗粒的起跳过程基本一致。值得注意的是，随着液桥继续膨胀，颗粒被完全包裹在液桥内部，直到液瓣收缩至纺锤形（$t=5.8$ ms），颗粒表面才重新暴露在空气中。随着液滴不断上升，颗粒表面的气固界面逐渐增加，直到颗粒脱离超疏水表面（$t=6.9$ ms）。在滞空阶段，在重力和表面张力的共同作用，石墨颗粒始终浮于液滴表面并位于液滴的正下方。最后液滴在 $t=15.1$ ms 时到达最高点，颗粒在 $t=15.4$ ms 时到达最高点，随后 $t=19.6$ ms 落回表面并不再脱离表面。

图 3c 展示了液滴携带三颗石墨颗粒起跳的形态演化过程，此时一颗石墨颗粒放置于两液滴质心连线的中央，分别放置一颗石墨颗粒与左右两个液滴接触。受到中间石墨颗粒的阻碍，液滴在 1.0 ms 时撞击颗粒表面。与单颗石墨聚并起跳类似，中间石墨被液桥完全包覆直至液滴形态演化为纺锤形。可以看到，因为液滴形态变化受到石墨颗粒的影响，液滴在 5.8 ms 时形态与上述两种情形略有不同。且由于石墨颗粒处于液滴的底部，固—固界面处黏附力较小，接触阶段时间缩短，液滴于 $t=6.1$ ms 脱离超疏水表面。在滞空阶段，三颗石墨颗粒均位于液滴表面靠下部分并做小幅移动。液滴在 15.8 ms 到达最高点，最终于 23.7 ms 回落至超疏水表面。

2.2 液滴聚并携带石墨颗粒起跳性能

为了了解液滴聚并携带单颗石墨颗粒起跳性能，本部分分别针对液滴起跳性能和颗粒输运性能开展了定量分析。

对于液滴起跳性能而言，液滴的无量纲起跳速度 v^* 是描述起跳效率关键的参数。这里，无量纲速度 $v^*=v/(\gamma/\rho R)^{0.5}$，$v$、$\gamma$、$\rho$ 和 R 分别是液滴起跳速度、表面张力、流体密度和液滴半径。图 4 为液滴无量纲起跳速度 v^* 随液滴半径 R 变化的情况。可以发现，携带石墨颗粒的液滴起跳速度总体高于没有携带石墨颗粒的液滴情况。在液滴半径为 0.8 mm 时液滴的起跳速度最大，v^* 约为 0.31，较平坦表面增加了 24%。换言之，石墨颗粒可以增强液滴聚并弹跳的起跳速度。原因在于石墨颗粒一方面引入了更大的固液接触面积，增强了液滴释放的自由能；另一方面，在接触阶段石墨颗粒被完全包覆在液桥内部，液滴内部的压力场分布由此发生变化，在减少液滴内部黏性耗散的同时提高了液滴释放的自由能转化为有效动能的效率。此外，随着液滴半径的逐渐增大，石墨颗粒对液滴压力场的影响减弱。因此，液滴起跳速度逐渐减小。

对于颗粒输运性能而言，颗粒的起跳高度越高，越容易受到风或重力的影响，不再回落到超疏水表面。图 5 为颗粒最大高度 H_p 随液滴半径 R 变化的情况。当液滴半径为 0.8 mm 时，颗粒最大高度达到顶点 $H_p\sim0.44$ mm，而当液滴半径大于 0.9 mm 后，颗粒高度迅速下降。液滴半径大于 1.0 mm 后，液滴最大高度在 0.15 mm 左右保持稳定。可以发现，颗粒的最大高度随液滴半径的增大而减小，与无量纲液滴起跳速度随液滴半径变化的趋势基本一致。这与图 3b 中液滴与颗粒在滞空阶段中石墨颗粒受重力影响始终位于液滴底部的相对位置规律相符。

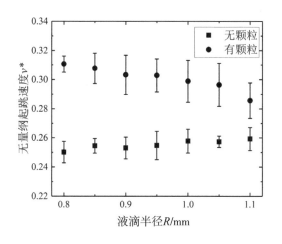

图 4　液滴无量纲起跳速度

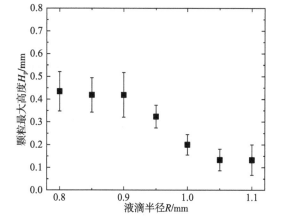

图 5　最大颗粒高度

2.3　研究展望

本文主要研究了两个液滴聚并起跳去除单颗石墨颗粒的动力学特性，同时探讨了两个液滴聚并起跳去除三颗石墨颗粒的形态特征。结果表明，在液滴半径为 0.8 mm 情况下，聚并携带三颗石墨颗粒起跳的液滴性能与颗粒性能均优于单颗石墨颗粒情况。液滴无量纲起跳速度 $v^* \sim 0.33$，较平坦表面提高了 32%，较单颗颗粒情况提高了 6.5%；中央颗粒的最大高度 $H_p \sim 0.52$ mm，较单颗颗粒情况提高了 18%。特别是，在真实的安全壳喷淋条件下，液滴与颗粒相互作用模式较为复杂，液滴同时与多颗颗粒合并起跳的情形更加普遍。因而在后续的研究中，有必要系统性地开展两个液滴聚并起跳去除多颗石墨颗粒的动力学规律，分析温度场和石墨颗粒扩散特性等因素对石墨颗粒去除的影响。

3　结论

本文开展了超疏水平坦表面上液滴聚并弹跳去除非球形石墨颗粒的实验研究，系统性地探究了液滴与颗粒在聚并弹跳过程的行为规律，发现液滴可以携带单颗或多颗石墨颗粒起跳离开超疏水表面，这为模块球床式高温气冷堆一回路及安全壳内石墨颗粒沉积问题提供了一种新的解决思路。本文的主要结论如下：

（1）石墨可以增强液滴的起跳速度，携带单颗石墨颗粒的液滴起跳速度总体高于没有携带石墨颗粒的液滴，液滴最大起跳速度 $v^* \sim 0.31$，较平坦表面增加了 24%。

（2）液滴聚并起跳可以有效去除石墨颗粒，携带单颗石墨情况下，颗粒竖直方向位移最大为 $H_p \sim 0.44$ mm。

（3）在液滴半径为 0.8 mm 时，携带三颗石墨颗粒液滴起跳性能和颗粒去除性能均优于携带单颗石墨起跳的情况。

致谢

感谢清华大学能源与动力工程系段远源教授对相关实验的支持，在此向段教授表示衷心的感谢。

参考文献：

［1］　U. S. DOE Nuclear Energy Research Advisory Committee and the Generation IV International Forum. A Technology Roadmap for Generation IV Nuclear Energy Systems ［R］. GIF - 002 - 00，December 2002.

［2］　MOORMANN R. Fission product transport and source terms in HTRs：experience from AVR pebble bed reactor ［J］. Science and technology of nuclear installations，2008，1 - 14.

[3] 雒晓卫. 10 MW 高温气冷堆中石墨粉尘行为研究 [D]. 北京：清华大学，2004.

[4] 雒晓卫，于溯源，张振声，等. HTR - 10 产生石墨粉尘量的估算及其尺寸分布 [J]. 核动力工程，2005，26 (2)：203 - 208.

[5] 陈涛. 石墨粉尘高温气冷堆温度梯度边界层内沉积规律研究 [D]. 北京：清华大学，2017.

[6] 魏明哲，张易阳，吴莘馨，等. 颗粒—壁面相互作用对石墨粉尘在高温气冷堆蒸汽发生器换热管表面沉积过程的影响 [J]. 原子能科学技术，2016，50 (8)：1369 - 1374.

[7] 魏明哲，张易阳，吴莘馨，等. 高温气冷堆石墨粉尘在蒸汽发生器换热管束间输运和沉积规律研究 [C] //中国核学会核能动力分会反应堆热工流体专业委员会. 第十四届全国反应堆热工流体学术会议暨中核核反应堆热工水力技术重点实验室 2015 年度学术年会论文集. 2015：722 - 727.

[8] 彭威，甄亚男，杨小勇，等. 高温气冷堆热气导管中石墨粉尘沉积特性分析 [J]. 原子能科学技术. 2013，47 (5)：816 - 821.

[9] 彭威，张天琦，甄亚男，等. 高温气冷堆泄压工况中蒸汽石墨粉尘起尘规律实验研究 [C] //中国科学院合肥物质科学研究院固体物理研究所，中国颗粒学会超微颗粒专业委员会，中国地质大学（武汉），等. 中国颗粒学会超微颗粒专委会 2013 年年会暨第八届海峡两岸超微颗粒学术研讨会论文集. 2013：51 - 52.

[10] 胡扬，陈志鹏，于溯源. 高温气冷堆堆用石墨机械磨损颗粒粒径分析 [C] //中国科学院合肥物质科学研究院固体物理研究所，中国颗粒学会超微颗粒专业委员会，台湾大同大学，等. 中国颗粒学会超微颗粒专委会 2011 年年会暨第七届海峡两岸超微颗粒学术研讨会论文集. 2011：84 - 88.

[11] 陈志鹏，于溯源. 高温气冷堆一回路管道内石墨粉尘沉积模型分析 [J]. 过程工程学报，2010，10 (S1)：211 - 215.

[12] 彭威，张天琦，甄亚男，等. 高温气冷堆蒸汽发生器中石墨粉尘重悬浮规律研究 [J]. 原子能科学技术，2013，47 (9)：1560 - 1564.

[13] PAWAR S K, HENRIKSON F, FINOTELLO G, et al. An experimental study of droplet - particle collisions [J]. Powder technology, 2016 (300) 157 - 163.

[14] MANI M, PILLAI R. Impact of dust on solar photovoltaic (PV) performance：research status, challenges and recommendations [J]. Renewable and sustainable energy reviews, 2010, 14 (9)：3124 - 3131.

[15] ANDERSON M, GRANDY A, HASTIE J, et al. Robotic device for cleaning photovoltaic panel arrays [M] // Mobile robotics：Solutions and challenges. 2010：367 - 377.

[16] MAZUMDER M K, HORENSTEIN M N, SHARMN R, et al. Electrostatic removal of particles and its applications to self - cleaning solar panels and solar concentrators [M] //KOHLI R, MITTAL K L. Developments in surface contamination and cleaning. Oxford：William Andrew Publishing, 2011：149 - 199.

[17] VASILJEV P, BORODINAS S, BAREIKIS R, et al. Ultrasonic system for solar panel cleaning [J]. Sensors and actuators a：physical, 2013 (200)：74 - 78.

[18] ELNOZAHY A, ABDEL R A, HAMZAH A, et al. Performance of a PV module integrated with standalone building in hot arid areas as enhanced by surface cooling and cleaning [J]. Energy and buildings, 2015 (88)：100 - 109.

[19] 于汇宇，谷海峰，孙中宁，等. 喷淋去除气溶胶的模型及实验研究 [J]. 哈尔滨工程大学学报，2023，44 (5)：815 - 822.

[20] WISDOM K M, WATSON J A, QU X, et al. Self - cleaning of superhydrophobic surfaces by self - propelled jumping condensate [J]. PNAS, 2013, 110 (20)：7992 - 7997.

[21] SONG Y, JIANG S, LI G, et al. Cross - species bioinspired anisotropic surfaces for active droplet transportation driven by unidirectional microcolumn waves [J]. ACS applied material interfaces, 2020, 12 (37)：42264 - 42273.

[22] YANG X, ZHUANG K, LU Y, et al. Creation of topological ultraslippery surfaces for droplet motion control [J]. ACS Nano, 2021, 15 (2)：2589 - 2599.

[23] CHEN X, WU J, MA R, et al. Nanograssed micropyramidal architectures for continuous dropwise condensation [J]. Advanced functional materials, 2021, 21 (24)：4617 - 4623.

[24] SCHARFMAN B E, TECHEJ A H, BUSH J W M, et al. Visualization of sneeze ejecta：steps of fluid fragmenta-

tion leading to respiratory droplets [J] . Experiments in fluids, 2016, 57 (2): 24.

[25] NAM Y, KIM H, SHIN S. Energy and hydrodynamic analyses of coalescence - induced jumping droplets [J] . Applied physics letters, 2013, 103 (16): 161601.

[26] LI Y Z, DU J, WU Y, et al. How macrostructures enhance droplet coalescence jumping: A mechanism study [J]. Colloids and surfaces A: physicochemical and engineering aspects, 2023, 658: 130740.

Experimental study on removal of graphite particles by coalescence - induced droplet jumping

LI Yan-zhi, DU Jia-yu, MIN Qi*, WU Xin-xin, SUN Li-bin

(Institute of Nuclear and New Energy Technology, Tsinghua University, Beijing 100084, China)

Abstract: The high temperature gas - cooled reactor (HTGR) can realize continuous refueling through the slow movement of spherical fuel elements in the reactor core. The graphite layer covering on the spherical fuel element inevitably generates non - spherical graphite dust in the refueling process of the non - stop reactor, which are carried out by the coolant helium gas. In the event of LOCA, the graphite dust may be potentially released into the environment. In this paper, an experimental study was carried out on coalescence - induced droplet jumping carrying graphite particles on the superhydrophobic surface, and the influence of cent micron - sized aspheric graphite particles of different heights on the droplets jumping behavior with a radius of 0. 8 - 1. 1 mm was explored. The effects of droplet size on droplet morphology change, departure velocity and particle wrapping condition were investigated. The experimental results show that the graphite particles located beneath the centroid of two droplets is able to restrict the growth of the liquid bridge, shorted liquid bridge impact time and the droplet departure time, and enhance droplet departure velocity. More importantly, the droplet can also detach with multiple graphite particles at the same time, which provides a new idea for graphite dust removal in HTGR.

Key words: Graphite particle; Self - cleaning; Self - propelled particle transport; Coalescence - induced droplet jumping; High - temperature gas - cooled reactor

高温气冷堆核事故应急技术支持系统研发与应用

刘　　傲，张立国，刘　　涛*，童节娟

（清华大学核能与新能源技术研究院，北京　100084）

摘　要： 核事故应急是核安全纵深防御体系的最后一道屏障。近年来，核事故应急越来越受到国家的重视，做好核应急工作是保障国家安全的重要环节，也是提高核能公众可接受性的重要手段。我国自主研发的球床式高温气冷堆（HTR）作为第四代先进核电技术的代表，从设计上实现了固有安全性，完备的核事故应急技术支持体系对于该堆型的进一步推广应用和公众可接受性的提高具有重要作用。本文基于 HTR 堆型的设计特点和事故特征，从事故状态诊断、应急源项估计、事故后果评价、操作干预水平 4 个方面开展了有针对性的研究，提出了基于领域知识智能化的应急关键技术，开发相应的支持系统应用到了 HTR 核电厂的工程实践中，为操作人员提供决策支持。本文的工作为小型模块化先进反应堆的核事故应急技术研发奠定基础。

关键词： 高温气冷堆；核事故应急；领域知识智能化；系统研发

核应急是一个综合性的课题，从阶段上可以大致分为应急准备和应急响应两个方面，这两个方面相辅相成，相互影响，不能割裂。每个核电厂都会建立配套的核应急技术支持系统，集成了核应急中重要的技术要点[1]。作为核安全纵深防御体系的最后一道屏障，核事故应急对于核设施、人员和环境的保护至关重要。目前，国内外核应急技术的发展基本是基于大型水冷堆堆型建立的，其最突出的特点是可能产生堆芯损伤，因此，应急工作的展开也主要是以诊断与预测堆芯损伤为主，此外，针对大型水冷堆的核事故应急技术支持体系，目前国内公开发表的文章多是以软件设计、界面开发、数据管理为主，缺少对于核心的核事故应急技术理论的介绍与推广[2-4]。为了缓解公众担忧，核电需要朝着安全性能更高、技术更先进的方向发展，我国自主研发的球床式高温气冷堆[5]（HTR）是第四代先进核电技术的代表，具有反应性负反馈调节机制、系统简化、冗余停堆系统、不停堆换料等设计特点，从设计上实现了固有安全性，消除了触发场外应急响应行动的可能性，成为实现双碳目标的重要能源选项。HTR 堆型与大型水冷堆的放射性核素种类、释放特点、事故类型等均存在较大差异[6]，依据现有的核事故应急技术支持系统的开发经验，本文从事故状态诊断、应急源项评估、事故后果评价、操作干预水平四大方面，顺应核应急的发展趋势，发展新型技术，开发了一套相对完备的适应于 HTR 堆型的核应急技术支持系统，对于推动本堆型的发展具有重要意义，对其他小型模块化先进反应堆也具备参考价值。

1　事故状态诊断

对于事故状态的判断，传统的人工判断方法对人的依赖性和要求较高，且易出错；而以神经网络为代表的数据驱动方法泛化能力低、可解释性差[7]。综上考虑，针对高温气冷堆核电厂，本文提出一种基于领域知识智能化的事故状态诊断方法[8]，并应用配置到 HTR 核电厂的核应急决策支持系统中，本章节将展开介绍。

1.1　贝叶斯推理网络

核电站模型的构建由领域专家完成，充分利用已有的对于核电厂的事故认知，以保证模型的完整

作者简介： 刘傲（1998—），女，河北人，在读博士研究生，主要研究高温堆概率安全分析、核应急等。

性和合理性[9]。通过参考最终安全分析报告、概率安全分析报告等，梳理出在不同的事故情景下，产生变化的变量及各个变量之间的因果关系，同时结合核电厂的监测系统所能提供的监测数据，从定性和定量两个方面进行事故推理的贝叶斯网络建模[10]。定性部分的网络建模结果如图 1 所示，其余为定量部分。贝叶斯建模的定量过程，主要是分析网络模型中涉及的各个节点的状态，以及对应的条件概率表（父节点在某一状态时，子节点各可能状态的概率），如表 1 所示。

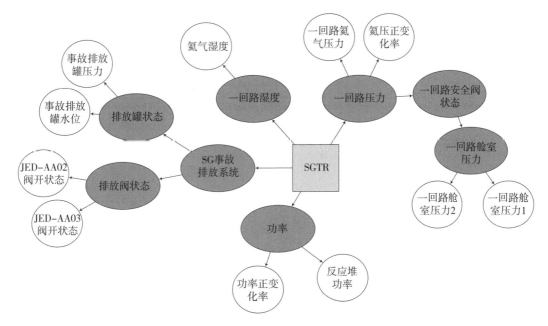

图 1   一回路进水事故贝叶斯网络模型

表 1   条件概率表示例

父节点：LOCA	子节点：一/二回路质量流量比		
0 – no；1 – yes	0 – normal	1 – higher	2 – lower
0	0.9	0.05	0.05
1	0.05	0.05	0.9

由核电站获得证据信息后，输入核电站模型，并结合贝叶斯网络推理算法，自动计算在已有证据信息的条件下，模型中事故节点和系统节点的后验概率分布，实现对这些变量状态的判断，即实现了对事故状态的自动推理计算、减少了判断过程对人的依赖。

1.2   数据预处理方法

监测信号为模型推理提供了输入，一般为连续变量，需要对其进行预处理，将连续信号离散化，即用到模糊理论。此外，核电厂对各个监测变量采集过程中，能存在多个传感器对应同一参数的情况，需要通过证据理论将多源信息转化为单一的证据信息，将证据信息作为贝叶斯网络的证据输入。

1.2.1   模糊处理

在对核电厂故障诊断前，需要有足够的证据信息作为支撑才能判定核电厂的运行状态。证据信息是指在核电厂事故中，如安全壳温度偏高、冷却剂流量降低等征兆信息，用以判断核电厂可能处于某种故障的状态。但在实际监测中，监测参数是实际运行数据，如稳压器压力为 7.6 MPa，就需要通过模糊处理[11]，用隶属函数将该数值转化为其分别可能处于偏高、偏低、正常状态的概率。以蒸汽发生器压力为例进行说明。

压力在不同的数值条件下处于不同的状态，采用三角化分段函数描述参数所处的不同状态。在本文中，隶属函数大部分采用三角形、梯形和图 2 中的降半梯形和升半梯形。对于各隶属函数中的参数，可参照核电站的系统设计说明和事故分析说明等资料，此外，工程人员或专家判断也是这些参数确定的重要来源。

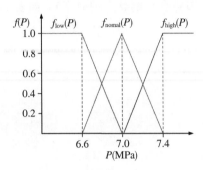

图 2　模糊处理示例

$$f_{低压}(P)=\begin{cases}1, & P<6.6\\ \dfrac{7.0-P}{7.0-6.6}, & 6.6\leqslant P\leqslant7.0 \\ 0, & P>7.0\end{cases} \quad f_{常压}(P)=\begin{cases}0, & P<6.6\\ \dfrac{P-6.6}{7.0-6.6}, & 6.6\leqslant P\leqslant7.0\\ \dfrac{7.4-P}{7.4-7.0}, & 7.0<P\leqslant7.4\\ 0, & P>7.4\end{cases}$$

$$f_{高压}(P)=\begin{cases}0, & P<7.0\\ \dfrac{P-7.0}{7.4-7.0}, & 7.0\leqslant P\leqslant7.4\\ 1, & P>7.4\end{cases}。 \tag{1}$$

1.2.2　多源数据融合

在模糊处理完成之后，对于同一变量存在多个监测信号的情况，需要进行多源数据分析，将多个数据测点转化为一个证据信息，在贝叶斯网络中也只对应一个节点，即贝叶斯网络是以变量为单位，而不是传感器。这里采用了 DS 融合方法，该理论的具体内容可参考文献［12］，这里不再赘述。上述贝叶斯网络的推理和数据预处理均通过开发了 Python 算法程序，实现在线自动推理。多源数据融合示例如图 3 所示。

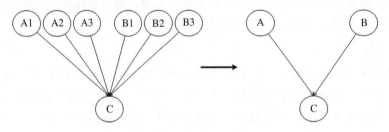

图 3　多源数据融合示例

1.3　系统开发与应用

针对高温气冷堆的核应急技术支持系统，本模块属于第一部分，即诊断模块，系统流程图如图 4 所示。模块包含的子模块有：①实时数据监测子模块；②模型展示子模块；③状态诊断子模块。部分代表性界面示意如图 5 所示。

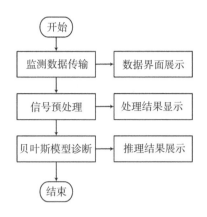

图 4 诊断模块系统流程

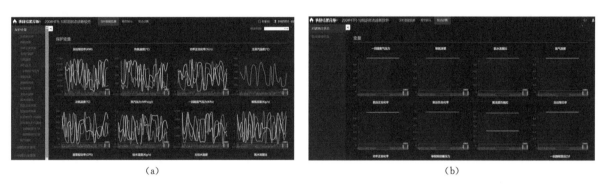

（a） （b）

图 5 代表性界面示意

2 应急源项估计

2.1 源项评估机理

2.1.1 释放类的匹配

基于对事故状态的实时判断，源项估计模型可以实时估计相应的源项。本文提出了基于领域知识智能化的源项估计技术：该部分充分利用了已有的概率安全分析（PSA）中的事件树模型，通过建立当前事故状态与已构建的事件序列之间的映射关系，匹配到事件序列的终态，即释放类，从而输出当前事故情景下，各事故释放类的可能性大小，并进行排序，如图 6 所示[13]。

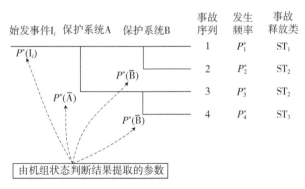

图 6 释放类映射示意

2.1.2　释放量的计算

高温气冷堆应急中的事故源项分析主要为应急决策和行动制定提供支持,因此应急中的事故源项估计要采用现实和最佳估计的源项假设和分析方法,释放路径上放射性物质的缓解和消除及释放时间必须都要考虑进来,缓解和消除路径主要考虑隔离阀的位置、事故排放系统作用等[14]。释放时间分成瞬时释放、短期释放和长期释放。此外,对有充分实测数据基础的参数采用期望值而非保守的设计值,实现快速且准确的应急源项估计。按照释放类进行分类的方法可以对每一类分别给出源项结果,这样不仅节约时间和成本,简单易操作,并且相对准确。计算某一事故情景下,释放到环境中的放射性物质的量的流程如图7所示。

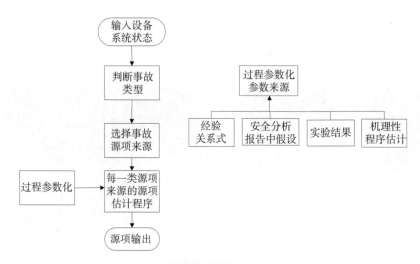

图7　事故源项估计一般流程

2.2　系统开发与应用

源项估计模块的系统设计包含4个步骤:事故类型、事故源项、源项参数与释放途径,相应的界面如图8所示。

图8　源项评估界面

3 事故后果评价

针对高温气冷堆核电厂，本研究以 HTR-PM 为例，开发了适用的后果评价模型[15]，共包括以下 3 个模块：①风场计算模块；②扩散与剂量计算模块；③防护措施模拟模块。此外，还进行了多模块释放的后果研究，建立了时空统一模型，开发了相应的软件工具[16]。结果表明，由于高温气冷堆示范工程事故源项都比较小，在各种气象条件下，其所致场外剂量均不超过早期防护行动的干预水平，因此，不会因场外可能受到过高的辐射照射而采取场外防护行动的情况。图 9 展示了后果评价模块的界面示意。

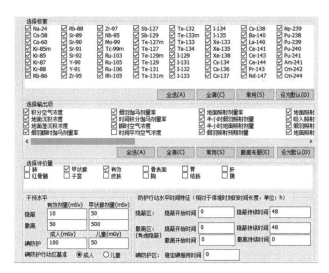

图 9 事故后果评价模块界面示意

4 操作干预水平

操作干预水平（Operational Intervention Level，OIL）是一套可以直接利用监测结果提出防护行动建议的标准，其默认值需要在应急准备阶段预先指定，通常体现为剂量率或放射性物质的活度、食品或水样品中的放射性核素浓度等[17]。根据业内规定，OIL 已经成为核或辐射应急准备与响应中不可缺少的一部分[18]。截至目前，IAEA 依次发布了 4 个关于 OIL 的技术文件[17,19-21]，主要可以分为两大类：一是目前国内核电厂 OIL 制定所基于的 IAEA-TECDOC-955 文件中的方法；二是以 IAEA-EPR-NPP-OIL（2017）为代表的新版 OIL 制定方法。IAEA 提供的参考文件及研究方法，基本都是以水冷堆为研究对象展开的，HTR 堆型与其存在较大的不同，需要进行适应性调整。针对高温气冷堆核电厂的 OIL 制定，本研究针对上述两种体系均开展了研究。

4.1 基于 IAEA-TECDOC-955

操作干预水平的概念既考虑了优化后的通用干预水平和通用行动水平，又考虑了事故后依据厂址周围实测的环境监测数据进行修正，较好地实现了干预水平与行动水平的概念在应急响应中的应用。操作干预水平是基于事故电厂的实际工况和环境监测数据，采取对应的防护行动，防止随机效应带来风险的重要手段。通过操作干预水平推荐的防护行动包括隐蔽、撤离、碘防护、临时避迁和食品与饮用水控制。当监测数据表明有哪一条操作干预水平值被超越，那么，就应该建议执行相应的防护行动。

在应急响应过程中，实际应用操作干预水平前，应根据事故工况和环境监测数据进行重新计算。本研究选取了 HTR-PM 设计基准事故中具有放射性释放后果的所有典型事故，通过考虑每种事故源项释放相关的排放源高度、风速分布、稳定度及混合层高度分析、降水分布分析，进行相关 OIL

的修订，如图 10 所示。

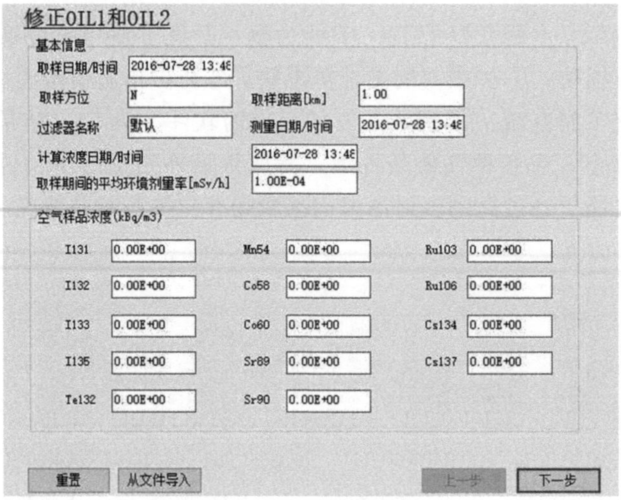

修正OIL1和OIL2
基本信息
取样日期/时间
2016-07-28 13:48
取样方位
N
取样距离[km]
1.00
过滤器名称
默认
测量日期/时间
2016-07-28 13:48
计算浓度日期/时间
2016-07-28 13:48
取样期间的平均环境剂量率[mSv/h]
1.00E-04
空气样品浓度(kBq/m3)
I131
0.00E+00
Mn54
0.00E+00
Ru103
0.00E+00
I132
0.00E+00
Co58
0.00E+00
Ru106
0.00E+00
I133
0.00E+00
Co60
0.00E+00
Cs134
0.00E+00
I135
0.00E+00
Sr89
0.00E+00
Cs137
0.00E+00
Te132
0.00E+00
Sr90
0.00E+00
重置
从文件导入
上一步
下一步

图 10　OIL 修正界面示意

4.2　基于 IAEA－EPR－NPP－OIL（2017）

目前，我国核电厂操作干预水平还是依据福岛事故前发布的 IAEA－TECDOC－955 技术文件，但是 955 版本 OIL 操作起来较烦琐，需要事故发生前和发生期间的双重修正，相关的活度浓度指标的确定比较慢，剂量率监测值不稳定导致频繁修正等。另外，为了实现国际核应急的接轨，IAEA－EPR－NPP－OIL（2017）体系在国内的推广应用是下一步该领域的研究趋势，因此本研究主要从方法论的层面，以 HTR 堆型为例，探索了新版 OIL 确定体系对于不同堆型的可行性。通过梳理 IAEA 报告中给出的 OIL 确定流程，以及充分考虑不同堆型释放特点存在的差异，本研究提出了适用于 HTR 堆型的 OIL 确定方法[22]。以 HTR－PM 为研究对象，以 OIL1 为例，验证了本方法的可行性，得到了 HTR－PM 核电厂的 OIL1 曲线，如图 11 所示，最终确定其 OIL1 默认值为 500 μSv/h，为 IAEA 推荐的基于水冷堆默认值的一半。

DN65
DN10
SGTR
HPTP
SFDA
OIL 1γ[μSv/h]
Time[day]
LC1
LC2
LC3
LC4
T1
T2
T3
T4
SG5
SG6
SG9
SG10

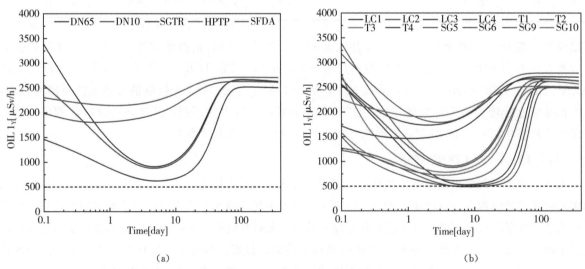

(a)　　　　(b)

图 11　HTR－PM 的 OIL 计算结果

5 结论

核事故应急是核安全的重要组成部分，是纵深防御的最后一道防线。这一环节涉及非常繁复的分工、协作、数据汇总、专业分析和资源调度等内容，是一个典型的复杂系统。针对核应急工作的技术支持部分，开发一套包括应急关键技术的辅助决策支持系统，涵盖对专业人员分析事故状态、源项、后果及应对措施的有效协助，是目前业内主流的做法。本研究针对目前正在进入商用阶段的具有第Ⅳ代核能技术特征的新型能源系统，高温气冷堆核电厂，开发了一套匹配的核应急技术支持系统，涵盖事故状态诊断、源项分析、事故后果评价、操作干预水平四大关键技术模块，具备良好的工程应用价值。

参考文献：

［1］ 毛位新，蒙美福，傅煌辉，等．核应急专家辅助决策系统：CN219179960U［P］．2023－06－13．

［2］ 李斌，柳超，唐天翼．核应急指挥系统设计［J］．计算机与数字工程，2015，43（5）：934－939．

［3］ 毛位新，蒙美福，傅煌辉，等．核应急指挥系统在核事故应急演习中的应用与思考［J］．核安全，2022，21（5）：21－27．

［4］ 金莉，顾健，黄鸿．福清核电厂应急管理体系的经验和实践［J］．辐射防护，2022，42（5）：473－480．

［5］ ZHANG Z，WU Z，WANG D，et al. Current status and technical description of Chinese 2×250 MWth HTR－PM demonstration plant［J］．Nuclear engineering and design，2009，239（7）：1212－1219．

［6］ 蓝海键，刘振军，王刚．应用于高温气冷堆的核应急辅助决策系统的研究与应用［J］．自动化博览，2019，318（12）：89－93．

［7］ ELNOKITY O，MAHMOUD I I，REFAI M K，et al. ANN based sensor faults detection，isolation，and reading estimates－SFDIRE：applied in a nuclear process［J］．Ann Nucl Energy，2012，49：131－142．

［8］ 赵云飞．高温气冷堆核事故应急决策技术的若干关键问题［D］．北京：清华大学核能与新能源技术研究院，2016．

［9］ CELEUX G，CORSET F，LANNOY A，et al. Designing a Bayesian network for preventive maintenance from expert opinions in a rapid and reliable way［J］．Reliability engineering & system safety，2006，91：849－856．

［10］ ZHAO Y F，TONG J J，ZHANG L G，et al. Pilot study of dynamic Bayesian networks approach for fault diagnostics and accident progression prediction in HTR－PM［J］．Nuclear engineering and design，2015，291：154－162．

［11］ ZADEH L A. Fuzzy sets［J］．Information and control，1965，8：338－353．

［12］ SMARANDACHE F，DEZERT J. Advances and applications of DSmT for information fusion［M］．Rehoboth：American Research Press，2006．

［13］ 吴国华．压水堆核事故应急决策中的源项估计快速方法研究［D］．北京：清华大学核能与新能源技术研究院，2019．

［14］ WANG J，ZHANG L，QU J，et al. Rapid accident source term estimation (RASTE) for nuclear emergency response in high temperature gas cooled reactor［J］．Annals of nuclear energy，2020，147：107654．

［15］ 丁宏春．多堆核事故概率后果评价技术及应用的关键问题研究［D］．北京：清华大学核能与新能源技术研究院，2019．

［16］ DING H，TONG J，RASKOB W，et al. An approach for radiological consequence assessment under unified temporal and spatial coordinates considering multi－reactor accidents［J］．Annals of nuclear energy，2019，127：450－458．

［17］ IAEA. Safety standards for protecting people and the environment. Criteria for use in preparedness and response for a nuclear or radiological emergency. General safety guide No. GSG－2［R］．Vienna：IAEA，2011．

［18］ 国际原子能机构．核或辐射应急的准备与响应［S］．Vienna：IAEA，2016．

［19］ IAEA. Generic assessment procedures for determining protective actions during a reactor accident［R］．IAEA－TECDOC955，Vienna：IAEA，1997．

[20] IAEA. Emergency preparedness and response. Actions to protect the public in an emergency due to severe conditions at a light water reactor [R] . EPR – NPP Public Protective Actions 2013, Vienna. 2013.

[21] IAEA. Operational intervention levels for reactor emergencies [S] . EPR – NPP – OIL. Vienna; IAEA, 2017.

[22] LIU A, LIU T, ZHANG L, et al. Research on non – LWRs operational intervention level based on HTR [J] . Progress in nuclear energy, 2023, 159; 104642.

Development of nuclear emergency technical support system for high temperature gas – cooled reactor

LIU Ao, ZHANG Li-guo, LIU Tao*, TONG Jie-juan

(Institute of Nuclear and New Energy Technology, Tsinghua University, Beijing 100084, China)

Abstract: Nuclear emergency serves as the final layer of defense in the comprehensive safety system. In recent years, the importance of nuclear emergency response has been increasingly recognized by governments worldwide. Effectively managing nuclear emergency is vital for ensuring national safety and enhancing public acceptance. As a representative of advanced GEN Ⅳ reactors, China has made significant strides in developing the pebble bed high – temperature gas – cooled reactor, which boasts inherent safety features. To promote wider adoption and enhance public acceptance of this reactor type, a comprehensive nuclear emergency technical support system is crucial. This paper takes into account the unique design characteristics and accident scenarios associated with HTR, focusing on four key areas: accident state diagnosis, emergency source term estimation, accident consequence evaluation, and operational intervention levels. By harnessing domain knowledge intelligence, this research proposes essential emergency response techniques and develops the corresponding support system. These efforts aim to provide decision support for operators in the practical implementation of HTR nuclear power plants. The work presented in this paper lays the foundation for the development of nuclear emergency technologies for small modular advanced reactors.

Key words: High – temperature gas – cooled reactor; Nuclear emergency; Intelligentization of domain knowledge; System development

高温气冷堆蒸汽发生器高温氧化防腐技术应用

袁晓宝，魏荣帅，冶金辉

［哈电集团（秦皇岛）重型装备有限公司，河北　秦皇岛　066206］

摘　要：根据高温气冷堆蒸汽发生器 T22 换热管特点及高温氧化防腐机理，提出了高温氧化防腐技术在高温气冷堆蒸汽发生器 T22 换热管中的应用。简要介绍了高温氧化防腐特点、高温氧化工艺及设备组成。研究了高温氧化防腐技术在 T22 换热管应用效果，基于国内首台第四代高温气冷堆示范工程经验，给出了高温氧化防腐技术在工程应用中严格控制各环节的必要性。

关键词：高温气冷堆；T22 换热管；高温氧化；防腐

目前，高温气冷堆蒸汽发生器（SG）换热管的余热段和蒸发段采用了 T22 管材，该铬钼高温铁素体钢在美标 ASME SA213/SAZ13M 标准中称为 T22[1]。T22 管主要用于 300 MW、600 MW 等大容量电站锅炉管壁温度≤580 ℃的过热器及管壁温度≤540 ℃的蒸汽管道和联箱，T22 小口径管主要用于金属壁温在 580 ℃以下的过热器和再热器等受热面[2-3]。T22 作为锅炉钢并没有不锈钢那样的耐蚀性，作为耐热钢普遍应用于锅炉换热管、蒸汽发生器、石化设备中，材料表面不做防腐。在一般条件下可采用的防腐手段很多，如涂层、防锈油、钝化、磷化、镀层、气相缓蚀封装等或这些方法的复合使用。但用于高温气冷堆蒸汽发生器运行温度高、产品形状复杂、清洁度控制严格、组装后涂层无法去除且设备制造周期长等条件下，实际可以采用的防腐技术极其有限。根据高温使用、核反应堆一回路工况条件、加工安装周期以及蒸汽发生器设备表面清洁度技术条件的要求等严苛制约，结合国外高温气冷堆核电站研究与制造经验[4]，T22 换热管在储运、加工蒸汽发生器过程中采用高温氧化成膜防腐技术。

1　高温氧化防腐机理及优点

1.1　高温氧化防腐机理

纯铁在高温氧化过程中，表面的铁元素与氧可以形成 FeO、Fe_3O_4 与 Fe_2O_3 三种氧化物，氧化物状态及 Fe 上形成的氧化物相如图 1 所示[5]。由 Fe－O 状态相图（图 1）可知，在 570 ℃以下，铁的氧化膜由 Fe_3O_4 与 Fe_2O_3 组成，这种氧化膜组织较为致密，抗氧化性较为优良。当温度高于 570 ℃时，氧化膜由内向外依次是 FeO、Fe_3O_4、Fe_2O_3，厚度比为 100：（5～10）：1，即 FeO 层最厚，Fe_2O_3 层最薄，由于比低温时多了 FeO 成分，其氧化膜抗氧化性急剧下降。

FeO 属于 P 型半导体氧化物，有岩盐型立方晶体结构，熔点 1377 ℃的 FeO 在低温时是不稳定存在的，高温时铁离子容易借助 FeO 内大量的阳离子空位进行扩散，加速了氧化物/氧界面处的氧化反应，因此，FeO 的大量存在使氧化膜的抗氧化性降低。T22 表面形成的高温氧化膜结构组成中应尽可能避免生成 FeO。Fe_3O_4 分子与其金属原子的体积比（PBR）接近 1：1[6]，氧化膜完整并致密，适合作保护性氧化膜成分。

作者简介：袁晓宝（1988—），男，本科，高级工程师，现主要从事核电设备材料及技术研究等工作。

基金项目：国家重大专项后补助项目"高温气冷堆蒸汽发生器 T22 换热管高温氧化防腐技术研究"（2018ZX06903017）。

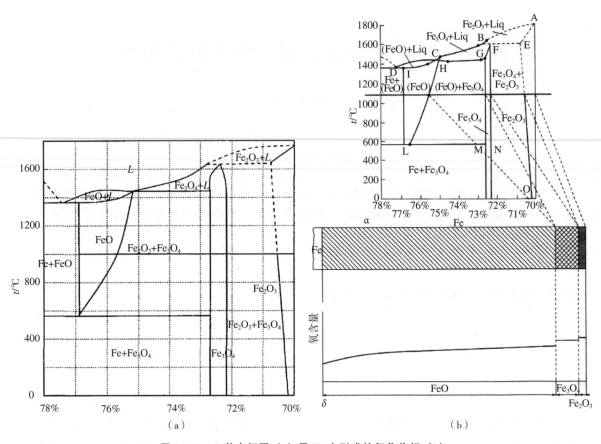

图1 Fe-O状态相图 (a) 及Fe上形成的氧化物相 (b)

1.2 高温氧化防腐优点

在特殊温度下高温氧化后形成约5 μm的氧化物Fe_3O_4，Fe_3O_4为磁性氧化物，属于P型半导体，具有尖晶石型复杂立方结构，从室温至熔点（1538 ℃），其结构非常稳定。由于Fe_3O_4结构比FeO、Fe_2O_3的缺陷浓度少，离子难以在其中穿过，阻止了进一步氧化反应的进行，因此，Fe_3O_4不但稳定，而且抗氧化性好，且氧化膜的膨胀系数非常接近换热管基体。

对于高温气冷堆蒸汽发生器运行温度高、产品形状复杂、清洁度控制严格、组装后涂层无法去除的制约，与传统膜层相比，高温氧化防腐膜层薄、附着力高，氧化膜层成分除氧以外其他元素与基材一致，在换热管制造阶段的消应力热处理阶段形成，对T22换热管不产生任何副作用。

2 高温氧化防腐在高温气冷堆蒸汽发生器中的应用

2.1 高温氧化防腐对象

高温气冷堆蒸汽发生器T22换热管的截面尺寸为 ϕ19×3 mm[7-8]，直管长约59 m，螺旋盘管后高约7 m，单个蒸汽发生器由19个螺旋换热管组件构成，每个换热组件中包含35根换热管，共665根换热管。每个换热组件分为5层。

T22换热管的制造加工过程决定了高温氧化在螺旋盘管阶段进行，其特殊的热处理要求决定了T22换热管表面高温氧化防腐膜的形成工艺须完全在T22热处理制度下进行，即在盘管消应力热处理阶段。

2.2 高温氧化防腐工艺

2.2.1 前处理

前处理设备：受 T22 换热管尺寸、形状、效率与装备条件限制，必须采用专用多头自动喷砂机进行前处理。设备及材料主要包括多头自动喷砂机、压缩空气动力循环系统、压缩空气干燥系统、磨料。

前处理工艺：多头自动喷砂机利用压缩空气推动磨料对 T22 换热管表面进行清理，通过切削、铲刮、磨蚀方式来改变其表面状态，工艺过程如图 2 所示。通过该工艺实现如下效果：

（1）T22 换热管表面的氧化皮及油污等污染物完全被清除掉，使其表面积增大，提高氧化层的附着力；

（2）分散结构体内在残余应力，硬化工件表面，增加工件表面对塑性变形和断裂的抵抗能力，并使工件表层产生压应力，提高其疲劳强度；

（3）减少表面缺陷和机械加工所带来的损伤，从而降低应力集中；

（4）粗化工件表面，提高工件表面粗糙度，以便使氧化膜具有致密性和良好的附着性。

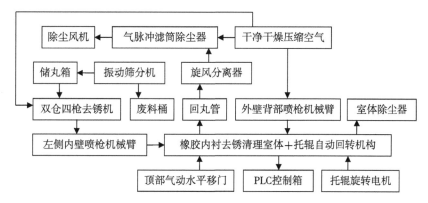

图 2 换热管前处理工艺示意

主要工艺参数：影响前处理质量的主要工艺参数有动力大小、磨料粒径、机械臂移动和旋转速度、温湿度环境、压缩空气质量，必须将工艺参数配合得当才能得到理想的前处理效果。

2.2.2 高温氧化

高温氧化设备：主要包括真空热处理炉、氧气供应系统。

高温氧化工艺：在不改变 T22 换热管制造工艺流程的基础上，消应力热处理温度与高温氧化成膜温度相统一，通过消应力热处理降温过程在一定的气氛条件下保温一段时间，形成高温氧化膜，工艺过程如图 3 所示。通过该工艺实现如下效果：

（1）氧化膜主要成分为 Fe_3O_4，膜层薄、附着力好、致密；

（2）氧化膜不含核电禁止的卤素、低熔点金属污染；

（3）氧化膜的元素组成除氧外，与钢基体一致；

（4）达到理想的防腐蚀效果。

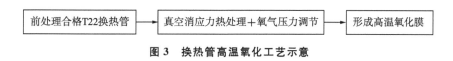

图 3 换热管高温氧化工艺示意

主要工艺参数：影响高温氧化膜质量的主要工艺参数有温度、保温时间、氧气压力、清洁度，必须将工艺参数配合得当才能得到符合要求的氧化膜，达到理想的防腐蚀效果。

2.3 防腐效果评价

考虑到换热管的材料特点、复杂结构和制造环境条件，通过进行 Whatman 滤纸试验、孔隙率和连续性试验、附着性试验、耐草酸试验、耐硫酸铜腐蚀试验、耐盐雾腐蚀试验、完整性与致密性试验、稳定性试验、模拟反应堆启动、运行和停堆试验来通过试验评估验证氧化膜的质量和高温氧化的防腐效果。结果表明，产品达到了预期效果。

2.4 高温氧化防腐注意事项

高温气冷堆蒸汽发生器 T22 换热管高温氧化处理前，必须考虑前处理效果、表面清洁状态、环境条件，摸索出前处理和高温氧化工艺最佳工艺参数和验收合格指标；操作过程中要控制好清洁度和环境条件，严格按照工艺试验和评定的工艺参数进行操作；高温氧化后要做好表面防护，避免二次污染；完成高温氧化后要严格按照标准要求进行验收。该技术在国内首台高温气冷堆蒸汽发生器上得到应用。

3 结论

高温气冷堆蒸汽发生器 T22 换热管高温氧化防腐技术工程应用，在国内属于首次，填补了 T22 换热管铁素体不耐蚀钢在高盐高湿度条件下长时间不腐蚀的国内空白，具有重大实用价值，解决了高温气冷堆蒸汽发生器 T22 换热管腐蚀问题，为高温气冷堆可靠安全运行提供保障。随着这项技术的逐渐推广和设计完善，工程经验积累会更多，效益会更加明显。

参考文献：

[1] 潘峰，颜云峰，徐宝顺，等. 高压锅炉管用 T22 钢的热处理研究 [J]. 管加工，2010，39 (1)：60 - 66.

[2] MANNA G, CASTELLO P, HARSKAMP F, et al. Testing of welded 2. 25CrMo steel in hot high pressure hydrogen under creep conditions [J]. Engineering fracture mechanics, 2007, 74 (6): 956 - 968.

[3] MORO L, GONZALEZ G, BRIZUELA G, et al. Influence of chromium and vanadium in the mechanical resistance of steels [J]. Materials chemistry and physics, 2008, 109 (2 - 3): 212 - 216.

[4] HENRY C, ELTER C. Thermohydraulic verification during THTR steam generator commissioning [C] //PALOMERO C F, GREBENNIK V. Tech of steam generators for gas - cooled reactors. Vienna, AUT: Int. Atomic Energy Agency, 1988: 204 - 209.

[5] 李铁藩. 金属高温氧化和热腐蚀 [M]. 北京：化学工业出版社，2003：52, 169 - 173.

[6] PILLING N B, BEDWORTHR E. The oxidation of metals in high temperature [J]. Journal of institute of metals, 1923, 29: 529.

[7] 王迎苏. 高温气冷堆核电站在我国的商业化前景 [J]. 中国核电，2008，1 (3)：206 - 211.

[8] 李巨峰. 高温气冷堆核电站蒸汽发生器国产化探讨 [J]. 电力技术，2010，19 (17 - 18)：106 - 109.

Corrosion – resistance application of high temperature oxidationin the high temperature gas – cooled reactor steam generator

YUAN Xiao-bao, WEI Rong-shuai, YE Jin-hui

(Harbin Electric Corporation (QHD) Heavy Equipment Company, Qinhuangdao, Hebei 066206, China)

Abstract: Based on the speciaity of the high temperature gas – cooled reactor (HTR) steam generator heat exchange tube material T22 and the mechanism of high temperature oxidation corrosion – resistance. Corrosion – resistance application of high temperature oxidation in the high temperature gas – cooled reactor steam generator heat exchange tube material T22 was advanced. The characteristic of high temperature oxidation corrosion – resistance, technics and equipments compose of high temperature oxidation were introduced simply. Effects of temperature oxidation corrosion – resistance were studied in the heat exchange tube material T22. Base on experiences about internal first the four high temperature gas – cooled reactor project, necessary requirements of temperature oxidation corrosion – resistance in the project controlled strictly were brought.

Key words: High temperature gas – cooled reactor; T22 heat exchange tube; High temperature oxidation; Corrosion – resistance

高温气冷堆核电站示范工程新燃料运输技术优化研究

王金华，张作义，李　悦，郝予琛，吴　彬，张　巍，

马　涛，王海涛，刘　兵

（清华大学核能与新能源技术研究院，先进核能技术协同创新中心，

先进反应堆工程与安全教育部重点实验室，北京　100084）

摘　要： 高温气冷堆作为第四代核电技术，其安全特性和发展潜力被广泛认可，中国在研发了高温气冷试验堆后，目前又完成了高温气冷堆核电站示范工程的建设，实现了并网发电，在此基础上继续开展后续高温气冷堆商业推广核电技术的研发。为了实现高温气冷堆核电站示范工程核燃料的运输，研发了新燃料运输容器，实现了工程用核燃料的安全运输，解决了工程运行的关键问题，保障了示范工程反应堆装料和临界的节点要求，但现有的高温气冷堆核燃料运输容器存在运输容量较小和效率较低的问题，难以满足后续高温气冷堆商业应用核电厂新燃料运输对经济性的要求，为此，需要基于高温气冷堆示范工程已有经验，对新燃料运输技术进行优化研究，配合研制容量更大的运输和贮存容器及配套设备，以提高核燃料运输效率，降低核燃料运输成本，为后续高温气冷堆的推广应用提供技术支撑。

关键词： 高温气冷堆；核电厂；核燃料；运输容器；贮存容器

1　概述

为了应对全球气候变化，减少碳排放，国内外多个国家都在积极推动先进核电技术的研发和应用。我国在积极发展大型压水堆核电技术的同时，也在积极推动高温气冷堆技术的发展，高温气冷堆具有良好的固有安全特性，除了可以用于安全发电，还可用于高温工艺供热、制氢等，对于核能在未来工业中的综合利用具有重要意义。

为发展高温气冷堆技术，我国在综合考虑之后，选取球床型高温气冷堆作为研发方向，经过几十年的探索，成功攻克了包覆燃料颗粒和石墨基体球形燃料元件的加工制造技术，如图 1 所示，该项技术为球床型高温气冷堆的工程建设奠定了坚实的基础。

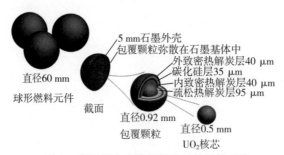

图 1　高温气冷堆球形燃料元件结构示意

1992 年，通过 863 计划的支持，热功率 10 MW 的高温气冷实验堆获得立项，1995 年开工建设，2000 年反应堆达到临界，2003 年实现了机组的满功率运行，验证了球床型高温气冷堆的技术可行性，为后续的示范工程建设和运行提供了宝贵的经验[1]。

在 10 MW 高温气冷实验堆的技术基础上，我国积极推动高温气冷堆工程的示范应用，2006 年高

作者简介： 王金华（1977—），男，研究员，博士，现主要从事高温气冷堆工艺系统和装备的研究设计工作。

温气冷堆示范工程被列入国家科技重大专项，2012年正式开工建设，2021年反应堆达到临界，同年实现并网发电，为后续高温气冷堆的推广和商业应用奠定了坚实的基础。

2 燃料运输技术

核电厂反应堆运行离不开核燃料，核燃料的贮存和运输，对于保障核电厂的稳定运行和安全生产至关重要。

从10 MW高温气冷实验堆开始，核燃料的贮存和运输安全就是各方关注的重要设计内容。从新燃料生产车间到10 MW高温气冷实验堆的运输均在厂区内，接送燃料的运输路线专门划定。在新燃料运输过程中，新燃料贮存桶固定在车上以防倾倒，速度和加速度都受到严格限制，以防止元件互相碰撞或和桶壁碰撞。

新燃料贮存桶运至10 MW高温气冷实验堆厂房内的核燃料贮存中心，该中心作为专门存放核燃料的场所，面积约36平方米，可以容纳50个新燃料贮存桶，如图2所示。

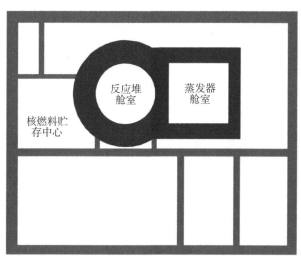

图2 10 MW高温气冷实验堆核燃料贮存中心

每个新燃料贮存桶的直径设计为448 mm，高度为560 mm。每个新燃料贮存桶内可以装入200个新燃料元件。在核燃料贮存中心内，新燃料贮存桶的排列方式为5×10，共可存放10 000个新燃料元件。新燃料贮存桶通过几何排列方式和结构材料，可以保证在各类工况下始终处于次临界状态。

核燃料贮存中心内安装有红外报警探头及监听和电视监视系统，并接至10 MW高温气冷实验堆报警控制中心。贮存中心内除燃料元件桶外没有其他的机械设备和电气设备，没有可燃物，贮存中心门外装有烟感和温感报警探头，报警主机设置在10 MW高温气冷实验堆的消防中心。

德国AVR高温气冷堆曾经用过的新燃料运输罐的设计与上述10 MW高温气冷堆的新燃料贮存桶类似，采用内桶和外桶双层结构，如图3所示。在内桶内可以装入并固定33根塑料管，每根塑料管内可以放入10个燃料元件，因此，每个内桶内可以装入330个燃料元件。

内桶的颜色为黑色，外桶的颜色为黄色，内外桶均设有加强肋，内桶可以完全放入外桶内。内桶的尺寸：外径500 mm、内径470 mm、高度730 mm，外桶的尺寸：外径622 mm、内径560 mm、高度867 mm，内外桶的桶盖均通过螺栓固定在桶体上。

3 高温气冷堆示范工程的燃料运输

不同于10 MW高温气冷实验堆，高温气冷堆示范工程的功率大，堆内核燃料用量多，为了实现规模化大批量制造，核燃料的生产由中核北方核燃料元件有限公司（202厂）承担。

图 3　AVR 高温堆新燃料运输罐

核燃料生产之后，首先暂存在 202 厂的库房内，根据高温气冷堆示范工程现场的进度安排，按计划分批从 202 厂所在的内蒙古包头运输至工程所在地山东荣成，目前主要采用公路运输，由于是厂外运输，燃料运输容器需要满足相关标准的技术要求，能够在发生 9 m 跌落、1 m 贯穿、火烧和水浸等假想的严重事故之后，仍然保证燃料的包容性和临界安全，对外部环境的影响满足相关的安全要求，为此，由中国核电工程有限公司负责，联合清华大学核能与新能源技术研究院，针对高温气冷堆示范工程核燃料运输的实际需求，研制了专用的新燃料运输罐[2]，如图 4 所示。

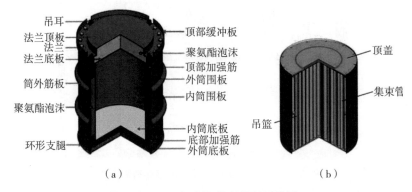

图 4　HTR - PM 高温堆新燃料运输罐
（a）外容器；（b）内容器

该型新燃料运输罐，也是由内外两层罐（内容器和外容器）构成的，内容器主要由罐体和顶盖构成，顶盖通过螺栓固定在罐体上，内容器的内部设置有集束管及吊篮，吊篮设置在外圈，用于固定罐内的集束管，燃料元件可以装入筒状的塑料袋内，然后插入集束管。每根集束管内可以放入 20 个燃料元件，容器内共计设有 151 根集束管，理论上可以装入 3020 个燃料元件，但根据前期安全分析和试验鉴定的结果，为了实现各类假想事故后燃料元件的完好性和不散落到新燃料运输罐外，决定部分集束管内不装入燃料元件，而是作为支撑和保护结构，最终确定的内容器容量是 2180 个燃料元件。

外容器用于在燃料运输过程中及各类跌落、穿刺和火灾等假想事故工况下保护内容器[3]，所以为了应对上述各类工况，外容器设计得比较坚固，外容器也主要由罐体和顶盖构成，顶盖也是通过螺栓固定在罐体上。外容器的罐体和顶盖内部均填充缓冲隔热材料，可以吸收震动和冲击的能量，并在火灾燃烧工况下将高温气体阻挡在内容器外部，以保护内容器的包容完整，防止燃料元件散落到运输容器外部。

HTR - PM 高温堆新燃料运输罐采用开顶集装箱运输，一个 40 尺集装箱，可以运输 9 台外容器，外容器的直径约 1.2 m，高度约 1.7 m，每台外容器满载燃料元件后的重量约 2.3 t，每个集装箱可以运输 19 620 个燃料元件。集装箱采用通用的半挂汽车进行运输，单次可以运输 4 车，因此一个批次可以运输 78 480 个燃料元件。

4　高温气冷堆商用项目的燃料运输技术

随着高温气冷堆示范工程的临界和并网发电，主要的设备和工艺系统的性能和可靠性逐步得到示范验证[4]，随着国内外减排政策的要求逐步提高，将推动高温气冷堆技术尽快开展商用推广，以满足清洁能源供给和高参数工艺热应用的国内外市场需求。

由于每个反应堆模块的热功率约为 250 MW，可以根据市场需求，提供多模块高温气冷堆发电和供热机组，根据用户要求可采用 2 模块、4 模块、6 模块、8 模块和 10 模块等不同的机组和组合，提供清洁电力和高温蒸汽，解决化工和冶金等各行业的绿色能源需求。

随着发电和供热机组功率的提高，高温气冷堆商用项目所需的燃料元件数量将显著增加，如采用 HTR－PM 高温堆新燃料运输罐，将会发现运输效率和成本难以满足高温气冷堆商用项目对燃料运输经济性的要求，而经济性对商用项目的可持续发展至关重要，因此，迫切需要在以往高温堆新燃料运输罐和相关技术的基础上进行优化设计，研发新型的新燃料运输和贮存容器，在满足燃料运输安全性的前提下，有效解决燃料运输对经济性的要求。

根据上述要求，由清华大学核能与新能源技术研究院负责，针对高温气冷堆商用项目对燃料运输经济性和安全性的实际需求，研制了专用的新型新燃料运输货包，包括燃料运输容器和燃料贮存容器，如图 5 所示。

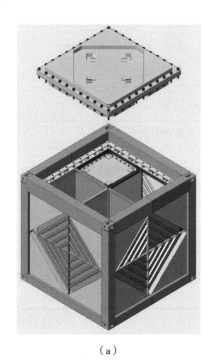 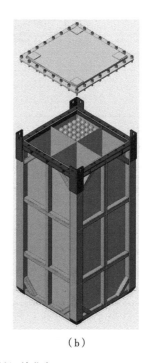

（a）　　　　　　　　　　　　　　　　　（b）

图 5　高温气冷堆新型新燃料运输货包
（a）运输容器；（b）贮存容器

所研发的新燃料运输货包为立方体，主要由外部的燃料运输容器和内部的燃料贮存容器构成，立方体的形状可以最大限度地利用运输和贮存空间，以增加运输容量和提高运输效率[5]。

燃料贮存容器为框架式结构，主要由筒体和顶盖构成，顶盖通过螺栓固定在筒体上部的法兰上。筒体由型钢框架承力，四周和底部焊接钢板作为燃料包容边界，钢框架的 4 根立柱顶部设有吊装孔，以便定位和吊装，贮存容器内燃料的次临界安全主要依赖容器本体的结构材料，为增加安全裕度，可在框架材料的空心管内填充中子吸收材料，以确保燃料的次临界状态，保证燃料在贮存和运输中各类工况下的临界安全。

　　燃料运输容器同样为框架式结构，也由筒体和顶盖构成，顶盖通过螺栓固定在筒体顶部的法兰上。筒体由型钢框架承力，四周和底部焊接钢板作为容器的包容边界，为了满足国家相关标准对放射性物品在运输过程中跌落冲击和火烧等假想事故后的安全要求[6]，燃料运输容器的包容边界设计为内外双层钢板结构，内部填充隔热缓冲材料，钢框架的 8 个顶角设有吊耳，用于容器锁紧固定和吊装操作。通过多年的研发和理论计算，目前该型核燃料运输容器在理论上已经可以满足国家相关标准对其在运输过程中各类工况下的安全要求，后续将按规定对其开展相关的鉴定试验，并结合理论分析确定容器的最终设计方案。

　　目前设计的运输容器，内部设有隔板和加强肋，将运输容器内腔分为 4 个独立隔间，可以分别放入 4 台贮存容器。燃料贮存容器为瘦高形的立方体，内部均分为 4 格，每格内可以规则化放入 1220 个燃料元件，规则化排列存储将有助于燃料装取实现流水线自动化操作，由此每台新燃料贮存容器内可以容纳 4880 个燃料元件，每台新燃料运输容器可以贮存和运输 19 520 个燃料元件，如采用通用的半挂汽车进行运输，单车至少可运输 3 台运输容器，如图 6 所示。

图 6　高温气冷堆新型新燃料货包运输

　　采用新型新燃料货包，一车可运输 58 560 个燃料元件，单次可以运输 4 车，因此，一个批次可以运输 234 240 个燃料元件，单批次的燃料运输量与示范工程相比将有明显提高。

5　总结

　　历经几十年，我国接续攻克高温气冷堆技术难关，先后建成了 10 MW 高温气冷实验堆和模块式高温气冷堆示范工程，成功实现了反应堆临界和并网发电，验证了高温气冷堆的技术可行性，引领了世界先进核能技术的研发和应用。

　　高温气冷堆的运行离不开核燃料，为此，我国先后为 10 MW 高温气冷实验堆和高温气冷堆示范工程研发了运输和贮存容器，实现了球形核燃料贮存运输技术从无到有的跨越，保障了 10 MW 高温气冷实验堆和高温气冷堆示范工程核燃料的供应，为反应堆装料临界和稳定运行提供了重要条件。

　　为了应对高温气冷堆商业应用的需求，在既往技术的基础上进行优化，开发新型的燃料运输和贮存容器，以满足商业项目对燃料运输经济性的严格要求，将助力高温气冷堆在清洁能源发电和高温工艺供热等领域的推广应用。

致谢

　　本项目研究由国家科技重大专项（ZX069）和多模块高温堆超临界发电技术研究项目（中核科发［2020］311 号）提供资助，在此表示感谢。

参考文献：

[1]　KURT KUGELER，ZHANG Z Y，Modular high‒temperature gas‒cooled reactor power Plant ［M］. 北京：清华
大学出版社，2020.

[2]　李宁，张洪军，徐小刚 . CNFC‒HTR 新燃料运输容器结构设计与验证 ［J］. 科技视界，2016（8）：204‒
205，185.

[3]　刘杨，汪俊 . 高温气冷堆燃料运输容器热工计算分析 ［J］. 核动力工程，2017，38（5）：1‒4.

[4]　ZHANG Z Y，DONG Y J，LI F，et al. The Shandong Shidao bay 200 MWe high‒temperature gas‒cooled reactor
pebble‒bed module（HTR‒PM）demonstration power plant：an engineering and technological innovation ［J］. En-
gineering，2016（1）：112‒118.

[5]　郝予琛，王金华，王海涛，等 . HTR‒PM600 新燃料贮存容器跌落冲击安全性能 ［J］. 清华大学学报（自然科
学版），2022（10）：1668‒1674.

[6]　放射性物品安全运输规程：GB11806—2019 ［S］. 北京：中国环境出版社，2019.

Optimization of new fuel transportation technology for high temperature gas cooled reactor nuclear power plant

WANG Jin-hua, ZHANG Zuo-yi, LI Yue, HAO Yu-chen, WU Bin,
ZHANG Wei, MA Tao, WANG Hai-tao, LIU Bing

(Institute of Nuclear and New Energy Technology Collaborative Innovation Centre of Advanced Nuclear
Energy Technology Key Laboratory of Advanced Reactor Engineering and Safety of Ministry of
Education Tsinghua University, Beijing 100084, China)

Abstract：As the fourth generation nuclear power technology, high temperature gas cooled reactor have been widely recog-
nized for its safety characteristics and development potential. After developing high temperature gas cooled test reactor,
China has now completed the construction of a demonstration project for high temperature gas cooled reactor nuclear pow-
er plants, achieving grid connected power generation. Based on this project, further research and development of commer-
cial promotion of nuclear power technology for high temperature gas cooled reactors will continue. In order to achieve the
transportation of nuclear fuel for the demonstration project of high temperature gas cooled reactor nuclear power plant, a
new fuel transportation container has been developed, which has achieved the safe transportation of nuclear fuel for engi-
neering purposes, solved key issues in engineering operation, and ensured the node requirements for reactor loading and
criticality in the demonstration project. However, some high temperature gas cooled reactor nuclear fuel transportation
containers currently have problems with small transportation capacity and low efficiency, It is difficult to meet the eco-
nomic requirements for new fuel transportation in commercial applications of high temperature gas cooled reactors in nu-
clear power plants. Therefore, based on the existing experience of high temperature gas cooled reactor demonstration pro-
jects, it is necessary to research and optimize the new fuel transportation technology. The development of larger capacity
transportation and storage container could improve the efficiency of nuclear fuel transportation, reduce the cost of nuclear
fuel transportation, and provide technical support for the promotion and application of high temperature gas cooled reac-
tors in the future.

Key words：High temperature gas cooled reactor；Nuclear power plant；Nuclear fuel；Fuel transportation container；Fuel
storage container

压力容器螺栓在位超声检验系统研制

金启强，陈　亮

（中核武汉核电运行技术股份有限公司，湖北　武汉　430000）

摘　要：根据 AMSE 的要求，高温气冷堆压力容器螺栓需要进行体积和目视方法检验。因为高温堆停堆不开盖实施换料的特点，压力容器螺栓无法移出后进行检验。国内外对主螺栓的检测主要集中在取出状态下实施，针对其特殊环境特点，研究了一套压力容器螺栓在位超声检验系统，达到了 ASME Ⅺ 卷能力验证要求，并通过了国家核安全局组织的能力验证，国际上率先完成了 2 台高温气冷堆压力容器主螺栓役前检查。

关键词：高温气冷堆；在位检查；主螺栓

核电站反应堆压力容器主螺栓（以下简称"主螺栓"）是反应堆压力容器本体和顶盖之间的连接紧固件，长期在高温、高压、高放射性环境下工作，是反应堆压力容器中重要的受力易损部件，容易在受力区域产生危害性缺陷[1-2]。为了确保核电站安全可靠运行，ASME 规范中规定在主螺栓制造过程中以及运行电厂的每个换料维修周期内对主螺栓实行体积和表面方法的检查[3]。

适用于国内 ASME 规范的 AP1000 堆型核电厂以及其他堆型的压力容器螺栓在实施检验时处于拆卸状态，通过吊装方式将螺栓放置于超声检验设备上，以达到超声检验目的；当超声检验发现缺陷信号后，通过表面检验方法对缺陷进行核实并定位。而高温气冷堆压力容器主螺栓在运行寿期内处于在位状态，无法对检验区域实施表面检查，从而要求超声检验系统具备极高的缺陷识别能力和精度定位能力。

针对高温堆主螺栓特殊工况特点，开展主螺栓在位超声检验技术研究，最终形成了具有自主知识产权的高温气冷堆压力容器螺栓在位超声检验系统，填补了国内核电厂压力容器螺栓在位超声检验技术的空白。

1　检验对象及方法

目前石岛湾高温气冷堆压力容器螺栓的材质为 SA540 – B24 – CL3，长度为 1.6 m，螺纹规格为M140×4 mm，体积检验的范围为螺栓的螺纹区和光杆区近表面 1/4 英寸。

根据 ASME Ⅺ IWB – 2500 主螺栓超声检测规范要求，设计专用检测装置携带超声探头从螺栓中心孔内壁进行扫查，检查时探头夹具沿螺栓轴向垂直步进，同时周向连续旋转，形成螺旋式扫查，从而实现对螺栓螺纹区和光杆区的全体积超声检验，如图 1 所示。

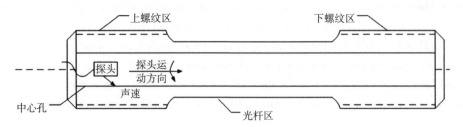

图 1　超声检验方法

作者简介：金启强（1987—），男，工程师，硕士，主要从事核电站设备无损检测技术研究和无损检验技术应用工作。

2 检验系统研制

2.1 机械系统

反应堆压力容器螺栓检验系统中的机械部分主要由旋转探头组件、轴向传动组件以及抱紧装置组件组成，如图 2 所示。

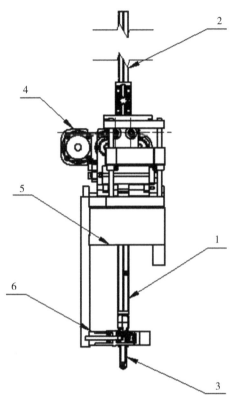

1—旋转探头组件；2—齿轮杆；3—超声探头；4—轴向传动组件；5—定位水槽；6—抱紧装置组件。

图 2 机械装置

旋转组件由一个小型直流电机提供动力源，电机与探头通过滑刷连接，可避免多圈数运动时电缆缠绕的问题，实现超声信号和控制信号的传输。探头旋转组件与轴向传动组件中的齿轮杆连接，齿轮杆的设计为中空结构，便于各组件的线缆布置。螺栓检查装置与螺栓上端面结合面通过橡胶密封圈密封，在齿轮杆带动超声探头从螺栓中心孔向下运动时，中心孔内的耦合剂受到挤压会反流入检查装置的耦合剂储存箱内，反之则进行耦合剂的补给，从而实现耦合剂的循环利用。

2.2 控制系统

反应堆压力容器主螺栓在位超声检验系统的控制系统由控制器（MCD‒SC）、双轴电机、控制电缆以及控制软件（AMOC‒G1.0，如图 3 所示）组成。

控制软件进行运动轨迹编辑，将运动轨迹信号发送给控制器，控制器驱动周向和轴向电机运动并接收编码反馈，之后控制器将编码信号转换为超声仪可识别的单端信号，实现压力容器螺栓的控制功能。

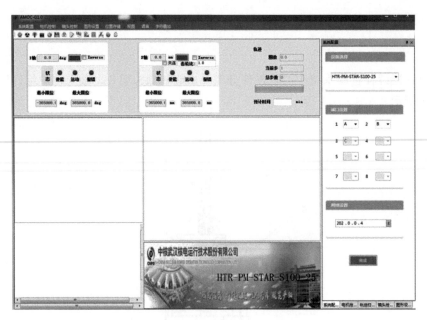

图 3 控制软件

2.3 超声仪和软件

反应堆压力容器封头螺栓超声检验系统采用自研的 MUA - 80 多通道超声仪和配套的螺栓专用超声检验软件 USDA - S1.0。软件具有超声波数据采集、信号处理、A \ B \ C 型成像图、M 型条形图、峰值测量、缺陷位置测量、软增益等主要功能。同时，该仪器还具备编码器接入功能，能够实现缺陷的精确定位，如图 4 所示。

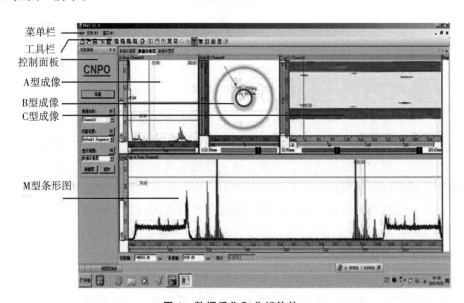

图 4 数据采集和分析软件

2.4 超声组件

检验时探头采用螺旋向上或向下的运动方式。螺栓中心孔内壁上可能存在磷化层、不平整等，均会引起探头耦合的不稳定，使超声采集信号失真。

针对该问题，将探头组件设计为自适应对分式结构，使探头在中心孔上下运动过程中，始终保持与内壁紧密贴合，减少了设备晃动对超声信号的影响，提高了检验信号的稳定性、重复性，降低了缺陷漏检概率。

3 试验研究

3.1 试块

根据 ASME 规范中的要求，试验过程选取了高温气冷堆同批次加工制造的压力容器螺栓备件作为试验试件。ASME 规范要求可检出缺陷的最小深度为 2.4 mm，在该试验试件的上下螺纹区及光杆区上各增加了一组深度分别为 0.5 mm、1.0 mm、2.0 mm 的直切槽，其中螺纹区中深 0.5 mm 的直切槽反射面积仅为 5 mm²，且位于螺纹根部，以确认检验系统的最小缺陷检出能力。试验试件的具体信息如表 1 所示。

表 1 缺陷信息

序号	反射体类型	刻槽信息		
		用途	槽宽/mm	位置/mm
1	上螺纹区 2.4 mm 直切槽	灵敏度设置	0.2	上螺纹区第 40 齿根（334）
2	上螺纹区 2.0 mm 直切槽	辅助对比	0.2	上螺纹区第 30 齿根（374）
3	上螺纹区 1.0 mm 直切槽	辅助对比	0.2	上螺纹区第 20 齿根（414）
4	上螺纹区 0.5 mm 直切槽	辅助对比	0.2	上螺纹区第 10 齿根（454）
5	上螺纹区 0.5 mm 直切槽	辅助对比	0.2	上螺纹区第 3 齿根（482）
6	上螺纹区 0.5 mm 直切槽	辅助对比	0.2	上螺纹区第 1 齿根（490）
7	光杆区 0.5 mm 直切槽	辅助对比	0.2	距螺栓上端面 534
8	光杆区 1.0 mm 直切槽	辅助对比	0.2	距螺栓上端面 574
9	光杆区 2.0 mm 直切槽	辅助对比	0.2	距螺栓上端面 614
10	光杆区 2.4 mm 直切槽	灵敏度设置	0.2	距螺栓上端面 654

3.2 探头

通过对试验试件进行不同频率和不同角度的探头探测试验发现，使用 2～5 MHz、40°～60°的横波斜探头检验螺栓光杆区域内的缺陷时，所有不同深度和位置的缺陷均能被发现且信噪比好。

同样，使用上述频率和角度的探头进行螺纹区域内的直切槽检验，结果差异较大。其中，使用 2 MHz、45°探头进行螺纹区域内的缺陷探测时，螺纹区域内 0.5 mm 的直切槽信号信噪比较好，能明显地发现缺陷回波信号和螺纹齿根信号，其余角度探头也均能发现 0.5 mm 直切槽的信号，但是信噪比和信号分辨力较 45°探头弱，故选择 2 MHz、45°探头作为该类型螺栓的主要探测探头。

3.3 试验结果

采用上述试验试件和探头进行测试，上螺纹区和光杆区直切槽的测试结果如表 2 所示，信号分析如图 5 所示，缺陷均能被有效发现，且具备较好的分辨力和定位精度。

表 2 测试结果

序号	缺陷类型	设计轴向位置/mm	实测轴向位置/mm	轴向位置偏差/mm	设计周向位置/°	实测周向位置/°	周向位置偏差/°
1	螺纹区 40 齿 2.4 mm 槽	334	336	2	0	2	2
2	螺纹区 30 齿 2.0 mm 槽	374	375	1	0	1	1
3	螺纹区 20 齿 1.0 mm 槽	414	414	0	0	−1	1

序号	缺陷类型	设计轴向位置/mm	实测轴向位置/mm	轴向位置偏差/mm	设计周向位置/°	实测周向位置/°	周向位置偏差/°
4	螺纹区10齿0.5 mm槽	454	456	2	180	180	0
5	螺纹区3齿0.5 mm槽	482	483	1	180	181	1
6	螺纹区1齿0.5 mm槽	490	477	3	0	−1	1
7	光杆区0.5 mm槽	534	540	6	180	180	0
8	光杆区1.0 mm槽	574	582	8	300	300	0
9	光杆区2.0 mm槽	614	618	4	60	61	1
10	光杆区2.4 mm槽	654	660	6	0	1	1

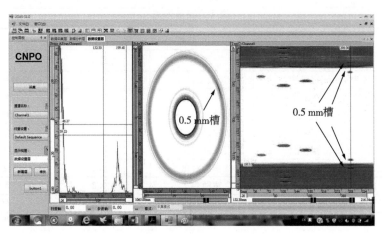

图5 信号分析

4 现场应用

中核武汉核电运行技术股份有限公司研制的高温气冷堆压力容器螺栓超声检验系统已经成功应用在国内的石岛湾核电厂高温气冷堆1♯和2♯反应堆压力容器螺栓检查项目中，克服了全部的外部困难条件，取得了圆满成功（图6）。

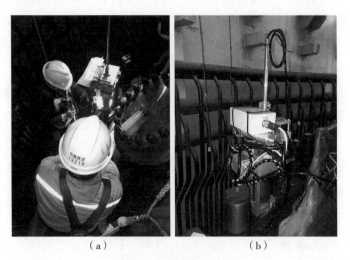

（a）　　　　　　　　　　　（b）

图6 现场实施照片

5 结论

高温气冷堆压力容器螺栓超声检验系统的研制，解决了高温气冷堆压力容器螺栓无法移出检验的难题，其检出率及定位精度均满足相关标准要求，为相同类型部件在位检查提供了实践参考。

参考文献：

[1] 徐家龙. 螺栓内孔超声波探伤无损检测装置及检测方法：中国，CN101413925A [P]. 2009-4-22.

[2] 张国丰，张宝军，严智，等. 核电厂反应堆压力容器主螺栓超声检测方法研究 [J]. 核动力工程，2013，34 (4)：143-146.

[3] 张宝军，张国丰，严智，等. 核电厂主螺栓超声自动检测技术研究与实现 [J]. 压力容器，2013 (5)：64-69.

Development of in – situ ultrasonic inspection system for pressure vessel bolts

JIN Qi-qiang，CHEN Liang

(CNNC Wuhan Nuclear Power Operation Technology Co., Ltd., Wuhan, Hubei 430000, China)

Abstract： According to the requirements of AMSE, HTGR pressure vessel bolts shall be inspected by volumetric and visual methods. Due to the characteristic of high temperature reactor shutdown without opening the cover for refueling, the pressure vessel bolts cannot be removed for inspection. The inspection of main bolts at home and abroad mainly focuses on the state of removal. In response to its special environmental characteristics, a set of in – situ ultrasonic inspection system for pressure vessel bolts has been studied, which meets the requirements of ASME Ⅺ capacity verification and has passed the capacity verification organized by the National Nuclear Safety Administration. It has taken the lead in completing the pre – service inspection of main bolts for two high – temperature gas – cooled reactor pressure vessels internationally.

Key words： High Temperature Gas – cooled Reactor；In – situ inspection；Main bolt